教育部国家教材建设重点研究基地成果
智 能 制 造 专 业 群 系 列 教 材

模具制造 CAM 技术

主　编　庄　敏　何渊斌
副主编　谢茂青　田镇基　陈文军
　　　　罗颖渊　李嘉宁　宋凯杰
主　审　郑丽梅　匡　瑛

科 学 出 版 社
北　京

内 容 简 介

本书是教育部国家教材建设重点研究基地成果教材，是国家示范专业、骨干专业成果教材，基于专业工作领域模块化、工作任务项目化、职业能力具体化的课程理念进行编写。

本书主要介绍典型模具零件的 CAM 仿真加工，包括 4 个工作领域、10 个工作任务、20 个职业能力，以企业模具零件的生产案例、典型工作任务组织教学单元，每个案例均为企业真实生产案例。本书配套 3D 动态仿真视频、多媒体课件等立体化配套资源，书中穿插有二维码资源链接，将纸质资源与数字资源有机结合，方便教学和随时随地移动学习。

本书可作为应用型本科、高职院校智能制造专业的教学用书，也可供相关领域从业者参考。

图书在版编目（CIP）数据

模具制造 CAM 技术/庄敏，何渊斌主编. —北京：科学出版社，2022.5

教育部国家教材建设重点研究基地成果 智能制造专业群系列教材

ISBN 978-7-03-071013-0

Ⅰ. ①模… Ⅱ. ①庄… ②何… Ⅲ. ①模具-计算机辅助制造-应用软件-职业教育-教材 Ⅳ. ①TG76-39

中国版本图书馆 CIP 数据核字（2021）第 259236 号

责任编辑：张振华 刘建山 / 责任校对：王万红

责任印制：吕春珉 / 封面设计：东方人华平面设计部

科学出版社出版

北京东黄城根北街 16 号

邮政编码：100717

http://www.sciencep.com

三河市良远印务有限公司印刷

科学出版社发行 各地新华书店经销

*

2022 年 5 月第 一 版 开本：787×1092 1/16

2022 年 5 月第一次印刷 印张：19 1/2

字数：450 000

定价：59.00 元

（如有印装质量问题，我社负责调换〈良远〉）

销售部电话 010-62136230 编辑部电话 010-62135120-2005

前　言

为了切实解决目前高职院校机械设计制造类专业教材不能满足国家三教改革和培养技术技能型人才的需要的问题，杭州科技职业技术学院与教育部国家教材建设重点研究基地——华东师范大学职业教育与成人教育研究所共同组织一批学术水平高、教学经验丰富、实践能力强的老师与行业、企业一线专家，在充分调研的基础上，共同研究、编写了《模具制造 CAM 技术》等一系列面向智能制造产业领域的新形态融媒体教材。

本书分成 4 个工作领域、10 个工作任务、20 个职业能力，10 个工作任务分别是：CAD/CAM 的编程，模框加工工艺设计及 CAM 仿真加工，型腔零件加工工艺设计及 CAM 仿真加工，型芯零件加工工艺设计及 CAM 仿真加工，模具流道加工工艺设计及 CAM 仿真加工，电极零件加工工艺设计及 CAM 仿真加工，模具表面刻字加工工艺设计及 CAM 仿真加工，模具零件钻孔加工工艺设计及 CAM 仿真加工，复杂型芯加工工艺设计及 CAM 仿真加工，复杂型腔加工工艺设计及 CAM 仿真加工。

本书具有以下亮点和特色。

（1）充分吸收教育部国家教材建设重点研究基地——华东师范大学职业教育与成人教育研究所三教改革的新型成果，基于专业工作领域模块化、工作任务项目化、职业能力具体化的课程理念编写。

（2）以企业模具零件的生产案例、典型工作任务组织教学单元，内容上体现新技术、新工艺、新规范，反映典型岗位所需的职业能力。

（3）基于“互联网+”思维。将 3D 动态仿真视频等数字资源以二维码链接形式融入教材，扫描二维码即可观看相关学习资源，方便随时随地移动学习。

（4）针对教学的需要，提供立体化教学资源包，内容丰富、形式多样。

本书由杭州科技职业技术学院庄敏、何渊斌担任主编；杭州科技职业技术学院谢茂青，广东省机械技师学院田镇基，杭州科技职业技术学院陈文军、罗颖渊、李嘉宁、宋凯杰担任副主编；机械行指委秘书长、机械工业发展中心副主任郑丽梅，华东师范大学匡瑛教授担任主审。

在本书的编写过程中，得到了浙江大学单岩副教授、上海第二工业大学杨荣祥高级讲师、杭州职业技术学院杨权毅等同人的大力支持，在此表示衷心的感谢！同时，恳切希望广大读者对本书提出宝贵的意见和建议，以便修订时加以完善。

目　　录

工作领域 A　模具加工基础

工作任务 A1　CAD/CAM 的编程……3

职业能力 A1-1　了解 CAD/CAM 软件编程的实现过程……3

【核心概念】……3

【学习目标】……3

基本知识：模具 CAD/CAM 及软件编程的实现过程……3

A1-1-1　模具 CAD/CAM……3

A1-1-2　CAD/CAM 软件编程的实现过程……5

能力训练：完成 UG NX CAM 的基本操作……8

课后作业……13

职业能力 A1-2　了解 NX CAM 编程过程……13

【核心概念】……13

【学习目标】……13

基本知识：导航器的基本操作及符号……13

能力训练：熟悉导航器的基本操作……17

课后作业……19

工作任务 A2　模框加工工艺设计及 CAM 仿真加工……20

职业能力 A2-1　熟练完成模具 A 板开模框工艺设计……20

【核心概念】……20

【学习目标】……20

基本知识：开框的概念及方式……20

A2-1-1　开框的概念……20

A2-1-2　开框的方式……20

能力训练：完成模具 A 板工艺过程卡和加工刀具卡的编制……21

课后作业……25

职业能力 A2-2　熟练完成模具 A 板开模框 CAM 仿真加工……25

【核心概念】……25

【学习目标】……25

基本知识：基础对象的创建以及型腔铣和平面铣……25

A2-2-1　创建基础对象……25

A2-2-2 型腔铣 …… 44
A2-2-3 平面铣 …… 47
能力训练：完成模具 A 板零件 CAM 仿真加工 …… 48
课后作业 …… 60

工作领域 B 模具主要零件仿真加工

工作任务 B1 型腔零件加工工艺设计及 CAM 仿真加工 …… 63
职业能力 B1-1 熟练完成自行车尾灯型腔加工工艺设计 …… 63
【核心概念】 …… 63
【学习目标】 …… 63
基本知识：型腔的类型、模型分析及工艺过程规划 …… 63
B1-1-1 型腔的类型 …… 63
B1-1-2 型腔模型分析及工艺过程规划 …… 65
能力训练：自行车尾灯型腔零件制造工艺过程卡及加工刀具卡的编制 …… 66
课后作业 …… 69
职业能力 B1-2 熟练完成自行车尾灯型腔 CAM 仿真加工 …… 69
【核心概念】 …… 69
【学习目标】 …… 69
基本知识：加工模型结构的分析 …… 69
B1-2-1 层分析 …… 69
B1-2-2 拐角分析 …… 70
B1-2-3 圆角分析 …… 71
B1-2-4 拔模分析 …… 71
B1-2-5 指定矢量、平面、限制范围 …… 72
B1-2-6 距离、半径、角度 …… 73
B1-2-7 退出时保存面颜色 …… 73
B1-2-8 分析几何体 …… 73
能力训练：自行车尾灯型腔 CAM 仿真加工 …… 74
课后作业 …… 94
工作任务 B2 型芯零件加工工艺设计及 CAM 仿真加工 …… 95
职业能力 B2-1 熟练完成旋钮座型芯零件加工工艺设计 …… 95
【核心概念】 …… 95
【学习目标】 …… 95
基本知识：型芯的结构形式及质量检测方法 …… 95
B2-1-1 型芯的结构形式 …… 95

B2-1-2　型芯的质量检测方法 …… 95
能力训练：旋钮座型芯制造工艺过程卡和加工刀具卡的编制 …… 96
课后作业 …… 99
职业能力 B2-2　熟练完成旋钮座型芯零件 CAM 仿真加工 …… 99
【核心概念】 …… 99
【学习目标】 …… 99
基本知识：型腔铣切削模式及其相关设置 …… 99
B2-2-1　型腔铣切削模式 …… 99
B2-2-2　设置切削步距 …… 102
B2-2-3　设置公共每刀切削深度及切削层 …… 104
B2-2-4　设置型腔铣切削参数 …… 106
B2-2-5　设置非切削移动参数 …… 112
B2-2-6　设置切削区域与修剪边界 …… 115
B2-2-7　设置进给率和速度 …… 116
能力训练：完成旋钮座型芯 CAM 仿真加工 …… 117
课后作业 …… 139

工作任务 B3　模具流道加工工艺设计及 CAM 仿真加工 …… 140

职业能力 B3-1　熟练完成模具流道加工工艺设计 …… 140
【核心概念】 …… 140
【学习目标】 …… 140
基本知识：流道系统、流道类型及其常见加工方式 …… 140
B3-1-1　流道系统 …… 140
B3-1-2　流道类型 …… 141
B3-1-3　流道的常见加工方式 …… 142
能力训练：模具流道零件制造工艺过程卡及加工刀具卡的编制 …… 143
课后作业 …… 145
职业能力 B3-2　熟练完成模具流道 CAM 仿真加工 …… 145
【核心概念】 …… 145
【学习目标】 …… 146
基本知识：固定轴曲面铣及固定轴曲面轮廓铣 …… 146
B3-2-1　固定轴曲面铣 …… 146
B3-2-2　固定轴曲面轮廓铣 …… 147
能力训练：完成模具流道 CAM 仿真加工 …… 161
课后作业 …… 169

工作领域 C　模具其他零件加工

工作任务 C1　电极零件加工工艺设计及 CAM 仿真加工……173

职业能力 C1-1　熟练完成电极数控加工工艺设计……173

【核心概念】……173

【学习目标】……173

基本知识：放电加工原理、特点及要求……173

C1-1-1　放电加工原理……173

C1-1-2　放电加工的特点及要求……173

C1-1-3　电极及其结构……174

能力训练：电极加工零件制造工艺过程卡及加工刀具卡的编制……175

课后作业……177

职业能力 C1-2　熟练完成电极 CAM 仿真加工……177

【核心概念】……177

【学习目标】……177

基本知识：深度轮廓加工及 UG NX 中与其配合使用的功能……178

C1-2-1　深度轮廓加工……178

C1-2-2　UG NX 12.0 中与“深度轮廓加工”配合使用的功能……178

能力训练：完成酒杯型腔放电加工程序的编制……180

课后作业……190

工作任务 C2　模具表面刻字加工工艺设计及 CAM 仿真加工……191

职业能力 C2-1　熟练完成模具表面刻字加工工艺设计……191

【核心概念】……191

【学习目标】……191

基本知识：模具雕刻的主要形式与雕刻机……191

C2-1-1　模具雕刻的主要形式……191

C2-1-2　雕刻机……191

能力训练：模具表面刻字加工工艺过程卡及加工刀具卡的编制……192

课后作业……194

职业能力 C2-2　熟练完成模具表面刻字整体 CAM 仿真加工……194

【核心概念】……194

【学习目标】……194

基本知识：几何体的选择与文本深度……194

C2-2-1　几何体的选择……194

C2-2-2　文本深度……195

能力训练：模具表面刻字整体 CAM 操作……195

课后作业……206

工作任务 C3 模具零件钻孔加工工艺设计及 CAM 仿真加工……207

职业能力 C3-1 熟练完成灯罩盖 A 板钻孔加工工艺设计……207

【核心概念】……207

【学习目标】……207

基本知识：钻孔的工艺特点及钻孔工序类型……207

C3-1-1 钻孔及其工艺特点……207

C3-1-2 钻孔工序类型……208

能力训练：模具 A 板钻孔工艺过程卡及加工刀具卡的编制……208

课后作业……211

职业能力 C3-2 熟练完成灯罩盖 A 板钻孔 CAM 仿真加工……211

【核心概念】……211

【学习目标】……211

基本知识：钻孔加工的相关设置与钻孔操作的创建步骤……211

C3-2-1 钻孔加工的几何体设置与刀具……211

C3-2-2 循环类型及参数设置……213

C3-2-3 创建钻孔操作的一般步骤……215

能力训练：完成模具点位打孔 CAM 操作……216

课后作业……223

工作领域 D 复杂模具零件仿真加工

工作任务 D1 复杂型芯加工工艺设计及 CAM 仿真加工……227

职业能力 D1-1 熟练完成护膝型芯数控加工工艺设计……227

【核心概念】……227

【学习目标】……227

基本知识：定位基准的选择、工件的装夹与切削用量的优化选择……227

D1-1-1 定位基准的选择……227

D1-1-2 工件的装夹……228

D1-1-3 切削用量的优化选择……229

能力训练：护膝复杂型芯制造工艺过程卡及加工刀具卡的编制……229

课后作业……232

职业能力 D1-2 熟练完成护膝型芯零件 CAM 仿真加工……233

【核心概念】……233

【学习目标】……233

基本知识：刀轨可视化设置与刀轨后处理……233

D1-2-1 刀轨可视化设置……233

D1-2-2 刀轨后处理 ……234
能力训练：完成护膝型芯 CAM 操作 ……235
课后作业……257

工作任务 D2 复杂型腔加工工艺设计及 CAM 仿真加工……258

职业能力 D2-1 熟练完成保护盒型腔零件加工工艺设计……258
【核心概念】……258
【学习目标】……258
基本知识：加工方法的选择、加工阶段和工序的划分、加工顺序和走刀路线的确定……258
D2-1-1 加工方法的选择……258
D2-1-2 加工阶段和工序的划分……258
D2-1-3 加工顺序和走刀路线的确定……259
能力训练：保护盒型腔加工工艺过程卡及加工刀具卡的编制……260
课后作业……263
职业能力 D2-2 熟练完成保护盒型腔 CAM 仿真加工……263
【核心概念】……263
【学习目标】……264
基本知识：CNC 在线传输、U 盘传输与 CF 卡传输……264
D2-2-1 CNC 在线传输……264
D2-2-2 U 盘传输……267
D2-2-3 CF 卡传输……268
能力训练：完成保护盒型腔 CAM 仿真加工……271
课后作业……300

参考文献……301

A

工作领域

模具加工基础

随着社会的不断发展，利用计算机帮助人们处理各种信息，进行产品从设计到制造全过程的信息集成和信息流自动化，已成为主流趋势。计算机辅助设计/计算机辅助制造能够将传统彼此相对独立的设计与制造工作作为一个整体来考虑，实现信息处理的高度一体化。

工程技术人员在由人和计算机组成的系统中，以计算机为辅助工具，可以完成产品的数值计算、产品性能分析、实验数据处理、计算机辅助绘图、仿真及动态模拟等工作，从而提高产品的设计质量，缩短产品的开发周期，降低产品的生产成本。

工作任务 A1 CAD/CAM 的编程

职业能力 A1-1 了解 CAD/CAM 软件编程的实现过程

【核心概念】

CAD/CAM：计算机辅助设计（computer aided design）与计算机辅助制造（computer aided manufacturing）的简称。计算机辅助设计是指设计人员利用计算机及图形设备进行设计。计算机辅助制造是指利用计算机进行生产设备管理控制和操作。

【学习目标】

1．了解 CAD/CAM 技术的基本内容和系统组成。
2．了解 CAD/CAM 软件编程的实现过程。
3．会 UG NX 12.0 CAM 的基础操作。
4．培养严谨、客观、认真分析问题的工作作风。

基本知识：模具 CAD/CAM 及软件编程的实现过程

A1-1-1　模具 CAD/CAM

1．CAD/CAM 技术

CAD/CAM 是指利用计算机帮助人们处理各种信息，进行产品从设计到制造全过程的信息集成和信息流自动化。CAD/CAM 能够将传统彼此相对独立的设计与制造工作作为一个整体来考虑，实现信息处理的高度一体化。

CAD 是指工程技术人员在人和计算机组成的系统中以计算机为辅助工具，完成产品的数值计算、产品性能分析、实验数据处理、计算机辅助绘图、仿真及动态模拟等工作，从而提高产品的设计质量，缩短产品的开发周期，降低产品的生产成本。

CAM 有广义和狭义两种定义。广义 CAM 是指利用计算机辅助人们完成制造信息处理的全过程，包括工艺过程设计、工装设计、数控编程、生产作业计划、生产过程控制和质量监控等。狭义 CAM 是指 NC（numerical control，数值控制，简称数控）程序编制，包括刀具路径规划、刀位文件的生成、刀具轨迹仿真及数控代码的生成。

2．CAD/CAM 技术在生产制造中的意义

产品是市场竞争的核心，它从需求分析开始，经过设计及制造变成可供用户使用的成品。

传统的产品生产流程如图 A1-1 所示。根据用户的要求，在经验、实验数据及有关产品标准规范的基础上进行产品设计，编制技术文件，绘出产品图样；根据产品图样和技术文件进行生产准备工作，编制工艺规程，设计工具、夹具、量具，制订计划，安排生产，生产过程中需要对产品进行质量控制；产品出厂后根据用户的要求对产品进行改进。产品生产采用的这种方法称为顺序法。在设计过程中，计算机可以大量地存储数据，快速地检索和处理数据，并且具有很强的模型构造和图形处理能力，以及高速运算和逻辑分析能力，可完成复杂的工程分析计算。在制造过程中，计算机可以有效地辅助设计人员进行产品的构思和模型的构造（概念设计），对设计的产品性能进行模拟仿真，计算机辅助绘制工程图样和编辑文档，辅助工艺人员和管理人员编制工艺规程，制订生产计划和作业调度计划，控制工作机械（机床、机器人等）工作，并在加工过程中进行质量控制等。

随着 CAD/CAM 技术的不断发展，有人提出了一种新的系统工程方法，称为并行法。并行法的思路就是并行、集成地设计产品及其开发的过程。并行法要求产品开发人员在设计阶段就考虑产品整个生命周期的所有要求，包括质量、成本、进度、用户等要求，以便最大限度地提高产品开发效率及一次成功率。由图 A1-1 可见，顺序法中信息流是单向的，并行法中信息流是双向的。

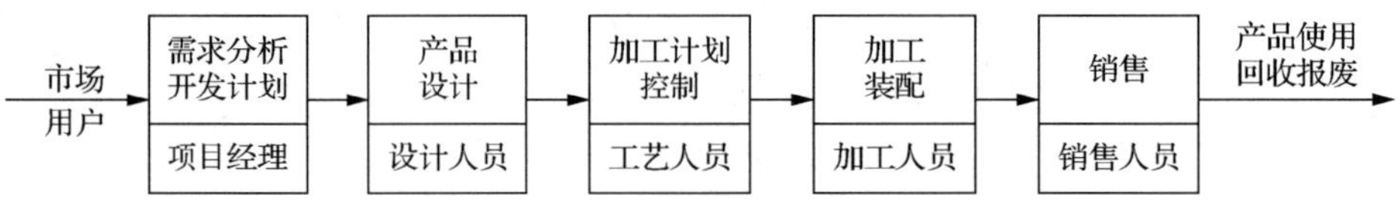

（a）顺序法

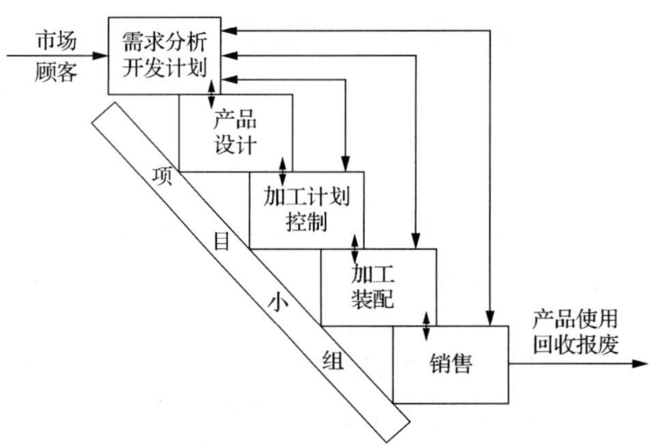

（b）并行法

图 A1-1　传统的产品生产流程

3. 模具 CAD/CAM 系统的组成

模具 CAD/CAM 系统所包含的内容没有统一的定义。狭义地说，它可以是计算机辅助某种类型模具的设计、计算、分析和绘图，以及数控加工自动编程等的有机集成。广义地说，它可以是成组技术（group technology，GT）、计算机辅助设计（CAD）、计算机辅助工程（computer aided engineering，CAE）、计算机辅助工艺过程设计（computer aided processing planning，CAPP）、计算机辅助检测（computer aided test，CAT）、数控技术[NC、CNC（computerized numerical control，计算机数值控制）、DNC（distributed numerical control，分布式数控）]、柔性制造技术（flexible manufacturing technology，FMT）、物料资源规划（material resource planning，MRP）、管理信息系统（management information system，MIS）、市场营销（marketing）、办公室自动化（office automation，OA）、自动化工厂（factory automation，FA）等多种计算机技术在模具生产过程中的综合。图 A1-2 所示为模具 CAD/CAM 系统组成框图。

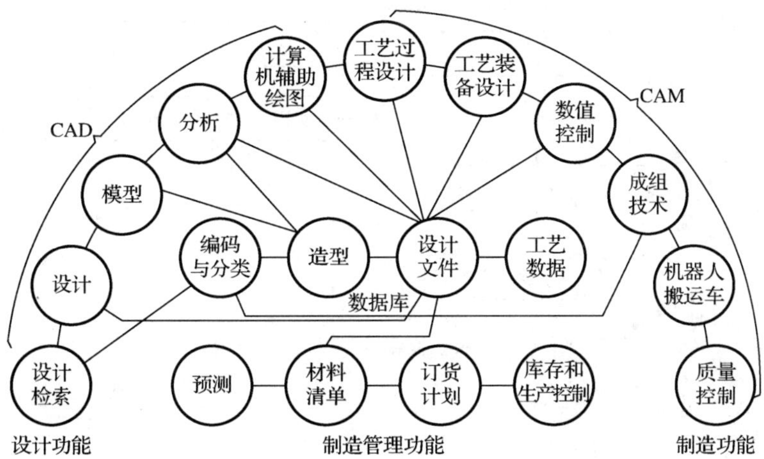

图 A1-2 模具 CAD/CAM 系统组成框图

4. 常用 CAD/CAM 软件

目前，CAD/CAM 软件种类繁多，它们基本上都能够很好地承担交互式图形编程的任务，如 UG NX、Cimatron、PowerMill、Mastercam、CAXA 等。本节主要以 UG NX 为例，讲解模具 CAM 编程过程。

UG NX（原名为 unigraphics，中文名为优集，后被西门子公司收购）是 NX PLM 软件的核心，是集 CAD、CAE、CAM 于一体的产品生命周期管理软件。UG NX 支持产品开发的整个过程，包括概念（CAID）、设计（CAD）、分析（CAE）、制造（CAM）的完整流程。UG NX 有着美国航空和汽车两大产业的背景，广泛应用于机械制造、航空、汽车、模具制造、家电产品等行业。有关其 CAM 的强大功能将在后面进行介绍。

A1-1-2 CAD/CAM 软件编程的实现过程

现有的 CAD/CAM 软件功能已相当成熟，因此数控编程的工作大大简化，对编程人员的技术背景、创造力的要求也大大降低，为 CAD/CAM 技术的普及创造了有利的条件。

目前市场上流行的 CAD/CAM 软件均具备了较好的交互式图形编程功能，它们的操作过程类似，编程能力差别不大。不管采用哪一种 CAD/CAM 软件，NC 编程的基本过程及内容都可用图 A1-3 表示。

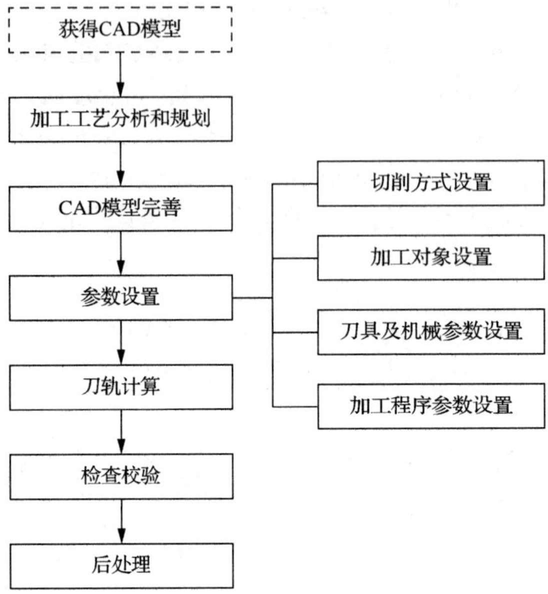

图 A1-3　NC 编程的基本过程及内容

1. 获得 CAD 模型

CAD 模型是 UG NC 编程的前提和基础，任何 CAM 的程序编制都必须以 CAD 模型为加工对象进行。获得 CAD 模型的方法通常有以下 3 种。

（1）打开 CAD 文件。如果某一文件是使用 UG NX 造型且已完成，或者已经做过编程的，那么重新打开该文件，即可获得所需的 CAD 模型。

（2）直接造型。某些 CAD/CAM 软件具有很强的造型功能，如 UG NX、Cimatron，它们本身就是一种功能非常强大的 CAD/CAM 一体化软件，可以进行曲面和实体的造型。一些不是很复杂的工件可以在编程前直接造型。

（3）数据转换。当模型文件是使用其他 CAD 软件做的造型时，首先要将其转换成 UG NX 专用的文件格式（.prt 文件）。利用 UG NX 的数据转换功能可以读取其他 CAD 软件所做的造型。UG NX 提供了常用 CAD 软件的数据接口，并且有标准转换接口，可以转换的文件格式包括 IGES、STEP 等。

2. 加工工艺分析和规划

加工工艺分析和规划主要包括以下内容。

（1）加工对象的确定：通过对模型进行分析，确定这一工件的哪些部位需要在数控铣床或数控加工中心加工。

（2）安装位置与装夹方式的确定：分析确定零件在机床上的安装方向、定位基准，并选择合适的夹具，确定加工坐标系及原点位置。

（3）加工区域规划：对加工对象进行分析，按其形状特征、功能特征及精度、粗糙度要求将其分成数个加工区域。对加工区域进行合理规划可以达到提高加工效率和加工质量的目的。

（4）加工工艺路线规划：从粗加工到精加工再到清根加工的流程及加工余量分配。

（5）加工工艺和加工方式的确定：包括刀具、加工工艺参数和切削方式（刀轨形式）选择等。

3. CAD 模型完善

CAD 模型完善即对 CAD 模型进行适合 CAM 程序编制的处理。由于 CAD 造型人员更多考虑零件设计的方便性和完整性，并不顾及对 CAM 加工的影响，所以要根据加工对象及加工区域规划对模型进行完善，通常包括以下内容。

（1）坐标系的确定。坐标系是加工的基准，将坐标系定在适合机床操作人员确定的位置，同时保持坐标系的统一。

（2）隐藏部分对加工不产生影响的曲面，按曲面的性质进行分色或分层。这样，一方面看上去更为直观清楚；另一方面在选择加工对象时，可以采用过滤方式快速地选择所需对象。

（3）修补部分曲面。对于存在曲面空缺的不加工部位，应该补充完整。例如，钻孔的曲面若存在狭小的凹槽，则应将这些曲面重新做完整，这样获得的刀具路径规范且安全。

（4）增加安全曲面，如对边缘曲面进行适当的延长。

（5）对轮廓曲线进行修整。对于经数据转换得到的数据模型，可能存在看似光滑的曲线其实存在断点，看似一体的曲面在连接处不能相交，因此需要进行修整或创建轮廓线，以构造出最佳的加工边界曲线。

（6）构建刀具路径限制边界。对于规划的加工区域需要使用边界来限制加工范围的，先构建出边界曲线。

（7）创建夹具。对于夹具可能会在加工过程中产生干涉的，应创建准确的夹具，以确保加工过程的安全。

4. 创建程序

创建程序可视为对工艺分析和规划的具体实施，它构成了利用 CAD/CAM 软件进行 NC 编程的主要操作内容，直接影响 NC 程序的生成质量。创建程序过程中需要进行各种参数设置，具体如下。

（1）切削方式设置：指定刀轨的类型及相关参数。

（2）加工对象设置：用户通过交互手段选择被加工的几何体或其中的加工分区、毛坯、避让区域等。

（3）刀具及机械参数设置：针对每一个加工工序选择适合的加工刀具，并在 CAD/CAM 软件中设置相应的机械参数，包括主轴速度、切削进给、切削液控制等。

（4）加工程序参数设置：包括进退刀位置及方式、切削用量、行间距、加工余量、安全高度等。这是 CAD/CAM 软件参数设置中最主要的一部分内容。

5. 生成刀具路径

在完成参数设置后，即可将设置结果提交给 CAD/CAM 软件系统进行刀轨的计算。这一过程是由 CAD/CAM 软件自动完成的。

6. 刀具路径检验

为确保程序的安全性，必须对生成的刀轨进行检查校验，如检查有无明显刀具路径、过切或加工不到位的情况，同时检查是否会发生与工件及夹具的干涉。校验方式主要有以下几种。

（1）直接查看。通过对视角进行转换、旋转、放大、平移直接查看生成的刀具路径，适于观察其切削范围有无越界，以及有无明显异常的刀具轨迹。

（2）手工检查。对刀具轨迹进行逐步观察。

（3）实体模拟切削。进行仿真加工，直接在计算机屏幕上观察加工效果，可以直观地检查是否过切或干涉。

（4）机床仿真。采用与实际加工完全一致的机床结构，模拟机床动作。这个加工过程与实际机床加工过程十分类似。

对于检查中存在问题的程序，应调整参数设置，重新进行计算，再进行检验。

7. 后处理

后处理实际上是文本编辑处理过程，其作用是将计算出的刀轨（刀位运动轨迹）以规定的标准格式转化为 NC 代码并输出保存。

在后处理生成数控程序文件后，还需要检查这个程序文件，特别是对程序头及程序尾部分的语句进行检查，如有必要可以修改。这个文件可以通过传输软件传输到数控机床的控制器，由控制器按程序语句驱动机床加工。

在上述过程中，编程人员的工作主要集中在加工工艺分析和规划、创建程序这两个阶段，其中加工工艺分析和规划决定了刀轨的质量，创建程序则构成了软件操作的主体。

能力训练：完成 UG NX CAM 的基本操作

1. 操作条件

设备：装有 UG NX 12.0 的计算机一台。

2. 注意事项

在使用计算机之前，先打开显示器等外设，然后打开主机。在关闭计算机时，则相反，先关闭主机，然后关闭显示器等外设。

3. 操作过程

<table>
<tr><th>序号</th><th>操作步骤</th><th>操作方法及说明</th><th>能力要求</th></tr>
<tr><td>1</td><td>导入数字模型</td><td>
第一步，调入模型并新建加工文件，如图 A1-4 所示。
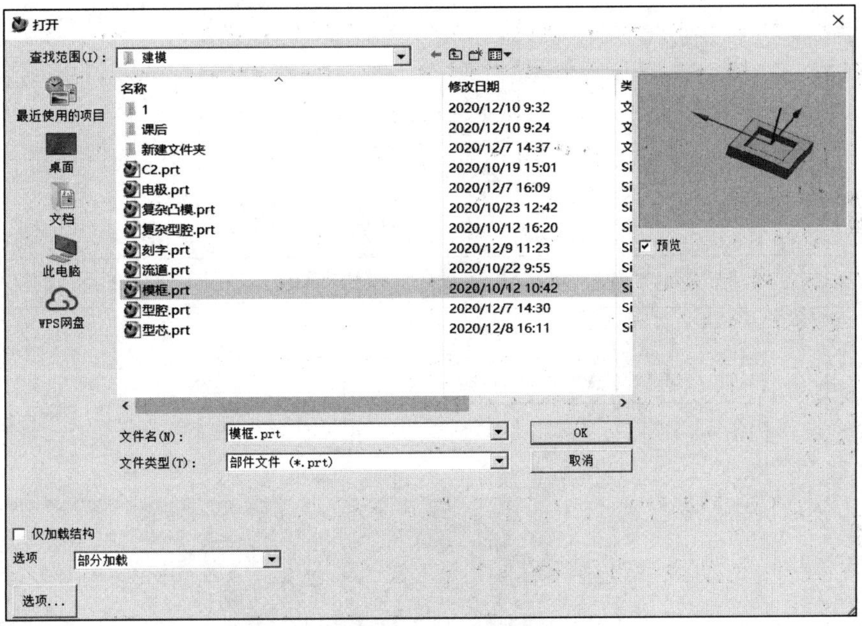

图 A1-4　调入模型并新建加工文件
第二步，进入加工模块。从建模模块或其他模块进入加工模块。如图 A1-5 所示，单击“应用模块”界面中的“加工”图标，进入加工模块。
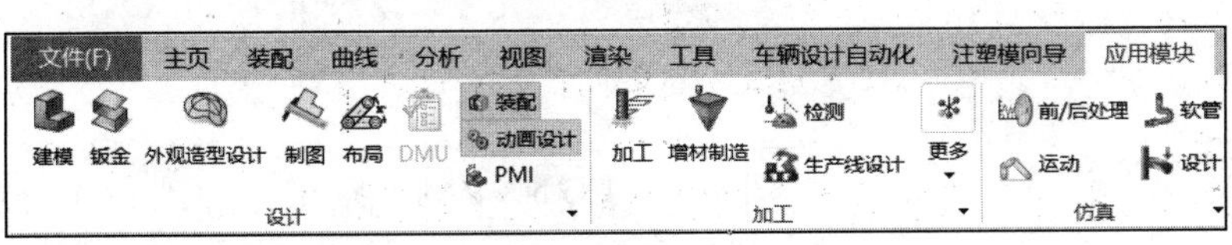

图 A1-5　进入加工模块
第三步，设置加工环境。为加工环境选择适用的机床与加工模板集。在进入技工模块时，系统会弹出“加工环境”对话框，如图 A1-6 所示。选择 CAM 会话设置和要创建的 CAM 组装后，单击“确定”按钮，调用加工配置进行加工环境的初始化设置。
</td><td>能导入数字模型</td></tr>
</table>

序号	操作步骤	操作方法及说明	能力要求
1	导入数字模型	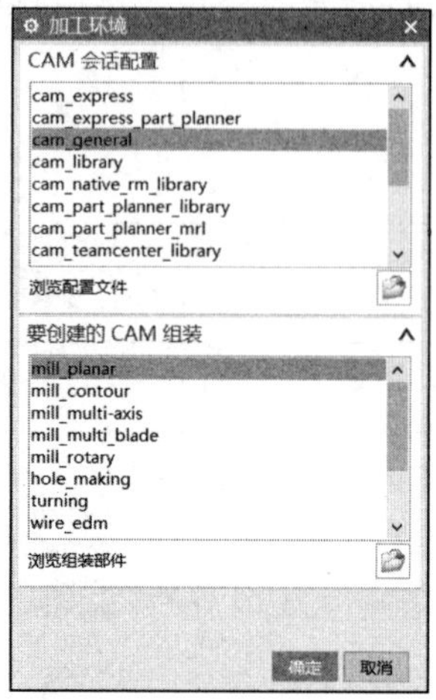 图 A1-6　设置加工环境	能导入数字模型
2	认识 NX CAM 模块的工作界面	标题栏显示软件版本与使用者应用的模块名称，并显示当前正在操作的文件及状态，如图 A1-7 所示。 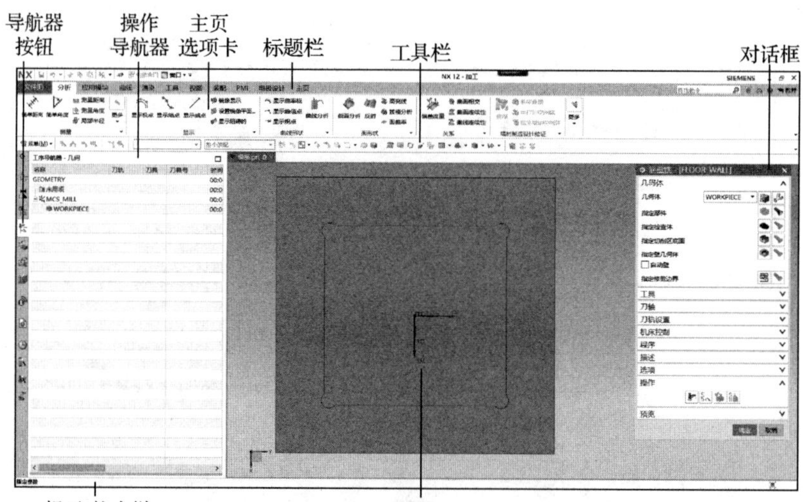 图 A1-7　UG NX 的操作界面 主页选项卡包含 UG NX 的主要功能。 工具栏用简单直观的图标来表示每个工具的作用。单击图标可以启动对应的功能，相当于从主菜单中逐级选择命令。例如，单击图标，系统将弹出编辑刀具路径的对话框，相当于选择了主菜单中的“工具”→“操作导航”→“刀轨”→“编辑”命令。	熟悉 NX CAM 模块的工作界面

序号	操作步骤	操作方法及说明	能力要求
2	认识 NX CAM 模块的工作界面	绘图区是 UG NX 的工作区，显示模型及生成的刀轨等均在该区域。 提示/状态栏位于绘图区的下方，主要用于提示使用者操作的步骤以及显示系统当前正在执行的操作。 操作导航器用于管理创建的操作及其他组对象。当鼠标指针离开操作导航器的界面时，操作导航器会自动隐藏。导航器按钮位于屏幕的左侧，绘图区提供常用导航器的按钮，如操作导航器、实体导航器等。当单击导航器按钮时，导航器会显示出来。 对话框的作用是实现人机交流。对话框按操作需要即时弹出，可以将其锁定在任意位置。	熟悉 NX CAM 模块的工作界面
3	认识加工工具条	插入工具条如图 A1-8 所示。它用于新建加工中涉及的各种对象，包括创建刀具、创建几何体与创建工序等。 导航器工具条如图 A1-9 所示。它用于选择操作导航器的显示视图，以选择不同的视图。  图 A1-8　插入工具条 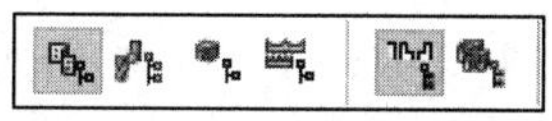 图 A1-9　导航器工具条 刀轨操作工具条如图 A1-10 所示。它用于对选择的刀轨进行处理，包括生成刀轨、确认刀轨、机床仿真、后处理、车间文档等。  图 A1-10　刀轨操作工具条	熟悉加工工具条
4	认识操作对话框	操作对话框是创建操作中的主要工作界面，用于对完成一个操作所需的参数选项进行分组，单击组名称对应的下拉按钮可以展开或折叠该组，如图 A1-11 所示。 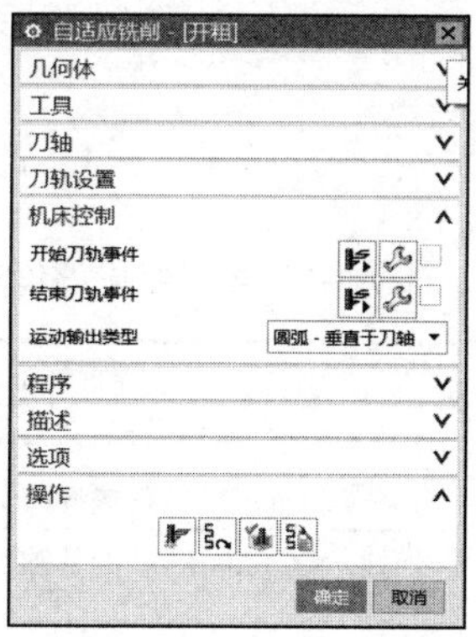 图 A1-11　自适应铣削的参数组	熟悉操作对话框

能力拓展一

正确导入如图 A1-12 所示的梅花.prt 模型并进入加工模块。

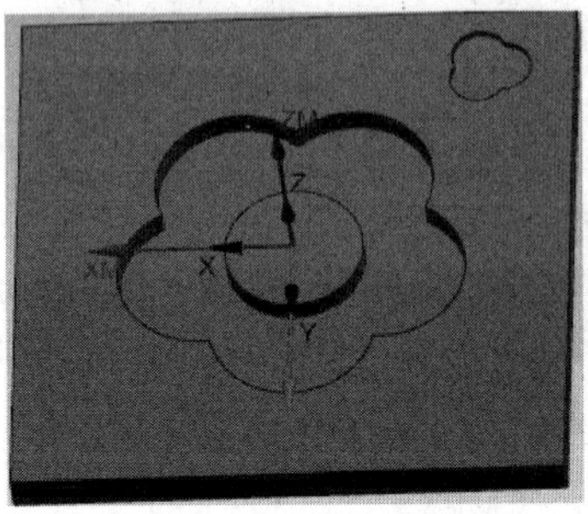

图 A1-12　梅花.prt 模型

能力拓展二

以如图 A1-13 所示的方形型腔.prt 模型为载体，利用工具栏中的相关功能设置菜单和工具大小、图标大小、屏幕提示、提示 1 状态栏位置，以及保存和加载角色等。

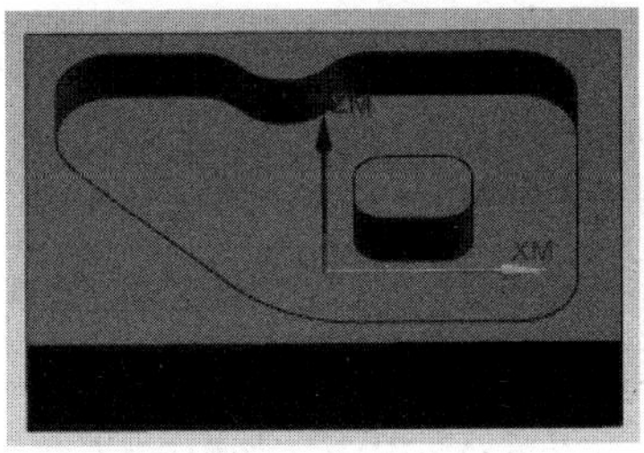

图 A1-13　方形型腔.prt 模型

4. 学习结果评价

学习结果评价表如表 A1-1 所示。

表 A1-1　学习结果评价表

序号	评价内容	评价标准	评价结果（是/否）
1	知识与技能	了解 CAD/CAM 技术的基本内容和系统组成	□是　□否
		了解 CAD/CAM 软件编程的实现过程	□是　□否
		会 UG NX 12.0 CAM 的基础操作	□是　□否
2	总评	“是”与“否”在本次评价中所占百分比	“是”占____% “否”占____%

课后作业

1．数控编程获得 CAD 模型的方法有哪几种？举例说明。
2．简述 CAD/CAM 软件编程的实现过程。举例说明。
3．UG NX 工作界面主要由哪几部分组成？
4．机床上的初始坐标与工件上的加工坐标是什么关系？

职业能力 A1-2 了解 NX CAM 编程过程

【核心概念】

操作导航器：用户管理操作与组对象的一个树形界面，分为顺序视图、机床视图、几何体视图与加工方法视图。

【学习目标】

1．熟悉操作导航器的基本操作。
2．了解操作导航器各状态符号的基本作用。
3．发扬一丝不苟、精益求精的工匠精神。

基本知识：导航器的基本操作及符号

1．操作导航视图

操作导航器用图示方式表示操作与组之间的关系，选择不同的视图可以用不同的组织方式显示组对象与操作。

操作导航器具有 4 个用于创建和管理 NC 程序的分级视图，每个视图都根据其视图主题来组织相同的操作集合：程序内的操作顺序、使用的刀具、加工的几何体和使用的加工方法。

在制造模块下，操作导航器有 4 种显示形式，分别为程序顺序视图、机床视图、几何视图和加工方法视图。利用工具栏中的图标可以切换视图。

1）程序顺序视图

单击图标显示程序顺序视图，将按程序分组显示操作。操作将按照其在程序中的顺序进行输出，因而可以根据实际情况决定是否按最有效的方式进行安排。而其他视图中的操作位置并不表示输出后的加工顺序。

2）机床视图

单击图标显示机床视图，将按刀具分组显示操作。

在机床视图下，显示当前所有刀具，并在创建过操作的刀具下显示操作。在机床视图下，将以树形方式显示当前创建的所有几何体，操作显示在创建时选择的几何体组之下。

3）几何视图

单击图标显示几何视图，将按几何体分组显示操作。

4）加工方法视图

单击图标显示加工方法视图。在加工方法视图中，系统显示根据加工方法（粗加工、精加工、半精加工）对操作分组。利用这种分组方式可以很轻松地选择操作中的方法。

2. 认识操作导航器

操作导航器中显示操作的相关信息，并用不同的标记表示操作状态。

1）操作信息显示

操作导航器中显示操作相关的信息。图 A1-14 所示为程序顺序视图显示的操作导航器。在程序顺序视图中，每个操作名称的后面都显示了该操作的相关信息。

（1）换刀：显示该操作相对于前一操作是否更换刀具，如果换刀则显示刀具符号。

（2）刀轨：显示该操作对应的刀具路径是否生成，如果已生成则显示“”。

（3）刀具：刀具显示所使用的刀具名称，刀具号为创建刀具时指定的刀具号。

（4）时间：显示操作的预估加工时间。

（5）几何体：显示操作所属的几何体组。

（6）方法：显示操作所属加工方法的名称。

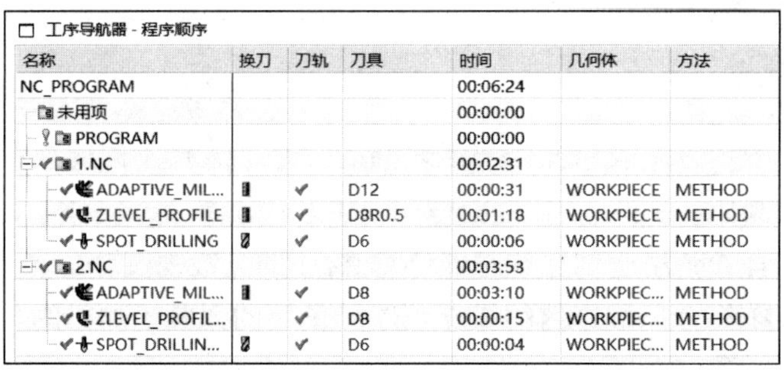
工序导航器 - 程序顺序

名称	换刀	刀轨	刀具	时间	几何体	方法
NC_PROGRAM				00:06:24		
未用项				00:00:00		
PROGRAM				00:00:00		
✔ 1.NC				00:02:31		
✔ ADAPTIVE_MIL...		✔	D12	00:00:31	WORKPIECE	METHOD
✔ ZLEVEL_PROFILE		✔	D8R0.5	00:01:18	WORKPIECE	METHOD
✔ SPOT_DRILLING		✔	D6	00:00:06	WORKPIECE	METHOD
✔ 2.NC				00:03:53		
✔ ADAPTIVE_MIL...		✔	D8	00:03:10	WORKPIEC...	METHOD
✔ ZLEVEL_PROFIL...		✔	D8	00:00:15	WORKPIEC...	METHOD
✔ SPOT_DRILLIN...		✔	D6	00:00:04	WORKPIEC...	METHOD

图 A1-14　程序顺序视图显示的操作导航器

2）操作状态显示

在操作导航器的所有视图中，每一个操作前都有表示其状态的符号。状态符号有以下 3 种类型。

（1）⊘：需要重新生成刀轨。表示该操作从未生成过刀轨或生成的刀轨已经过期，这时要用生成刀轨更新这个状态符号。

（2）：需要重新后处理。表示刀轨已经生成但从未输出过或输出后刀轨已经改变。

（3）✔：完成。表示刀轨已经生成并输出。一个操作经过生成刀具位置源文件（CLSF），或者通过 UG POST 进行后处理后将出现该符号。

树形显示的参数继承关系如下。

功能：在加工应用中，用户不必在每个操作中分别指定参数，而可以指定一组参数作为共享参数供各种操作使用。根据操作和组在操作导航器中相对位置的不同，一个组中的参数可以向另一组或操作中传递，同时可以包含它们的高一级组中继承参数。高一级组称为父组。

应用：如图 A1-15 所示，WORKPIECE 组从其父组 MCS_MILL 中继承参数，MILL_BND 从其父组 WORKPIECE 中继承参数。MILL_GEOM 组与 MCS_MILL 组是平行关系，也是从 MCS_MILL 组继承参数。如果编辑 WORKPIECE 组，那么不会影响 MILL_GEOM 组中包含的操作。但如果编辑 WORKPIECE 组，则影响 MILL_BND 和 WORKPIECE 各组中所包含的操作。

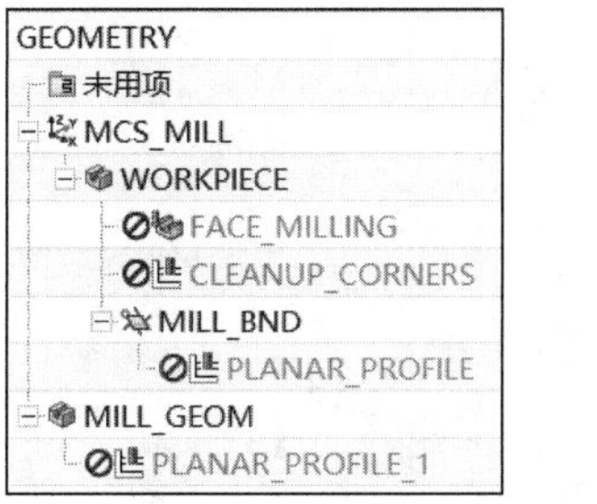

图 A1-15　操作导航器组继承关系

在操作导航器中，组和操作的位置可通过剪切、粘贴及直接拖动来改变。当一个组或操作被粘贴到某个组中时，参数继承关系随之发生变化，会继承新组中的所有参数，该组下的所有操作都将受到影响，需要重新生成。

3）操作导航器的应用

通过操作导航器可以进行以下操作。

（1）选择一个或多个对象进行编辑、重播、确认、后处理等操作。

（2）在组内或在不同组之间进行剪切、复制、粘贴操作。

（3）在一个组位置（如工件几何体组）指定公共参数。公共参数在组内按操作向下传递（继承）。

（4）在图形窗口中显示操作的刀轨和几何体，以快速查看定义的内容和加工的区域。

3. 对象操作

在操作导航器中可以进行多种针对选择对象的操作管理，包括对象的编辑、删除、复制与粘贴等操作，可以操作的对象包括几何体、刀具、方法、程序与操作。

在操作导航器中选择对象，右击，弹出如图 A1-16 所示的快捷菜单。

对于选择的对象，可以对其进行直接操作，常用的操作包括编辑、剪切、复制、粘贴、内部粘贴、删除等。

1）编辑

功能：编辑选择的对象，会出现所选对象（操作或组）的编辑对话框供用户进行参数修改。

应用：在快捷菜单中选择“编辑”命令，弹出所选对象（操作或组）的编辑对话框，用户可以在该对话框中进行参数修改。如果选择了多个对象，则根据对象在操作导航器中的排列顺序，依次显示相应的编辑对话框供用户进行参数编辑。

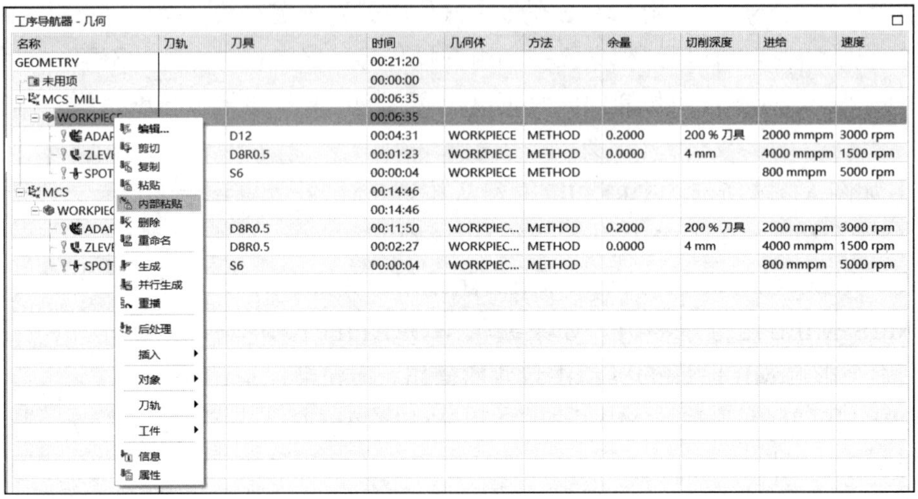

图 A1-16　快捷菜单

2）剪切和复制

功能：用于在操作导航器中剪切或复制所选对象到剪贴板上，以便将所选对象粘贴到不同的位置。剪切将不保留选择的对象。

应用：对于类似的操作，可以复制该操作，在粘贴后修改部分参数为新的操作。

3）粘贴与内部粘贴

功能：将先前剪切或复制的对象粘贴到指定位置，并与当前选择的对象关联。粘贴与内部粘贴的区别在于，粘贴的对象与所选对象同级，而内部粘贴的对象在所选对象的下一级，如图 A1-17 所示。

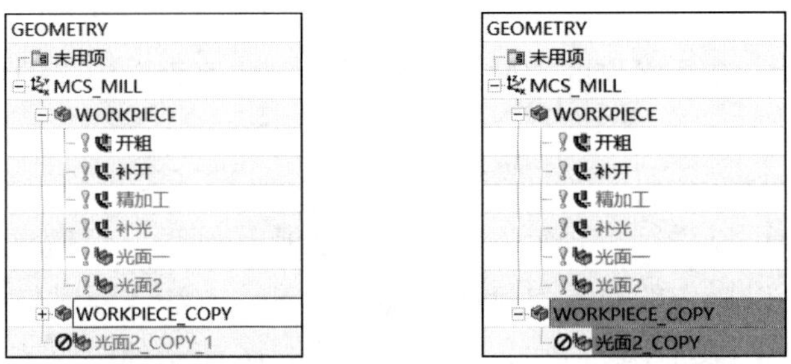

（a）粘贴　　（b）内部粘贴

图 A1-17　粘贴与内部粘贴的区别

应用：使用剪切和粘贴可以重新排列各个操作的顺序，也可以直接修改操作的父组。另外可以直接选择对象进行拖动，相当于剪切/粘贴。

4）删除

功能：永久删除选择的对象，所选对象中包含的组和操作也全部被删除。

应用：对于创建错误不需要保留的对象，可以将其删除。

4. 刀轨操作

在操作导航器中可以进行刀轨的生成、确认、列出、后处理等各种操作。

在操作对话框底部有图标，分别具有生成、重播、确认、列表功能，与刀轨操作工具条上的对应功能相同，但是操作对话框中的操作只针对当前创建的操作，而通过刀轨操作工具条可以对选择的一个或多个操作进行刀轨操作。另外，还可以通过主菜单或操作导航器的快捷菜单执行“重播”“确认”“列表”命令进行刀轨操作。

能力训练：熟悉导航器的基本操作

1. 操作条件

设备：装有 UG NX 12.0 的计算机一台。

2. 注意事项

在使用计算机之前，先开显示器等外设，后开主机；在关闭计算机时，则相反，先关闭主机，然后关闭显示器等外设。

3. 操作过程

<table>
<tr><th>序号</th><th>操作步骤</th><th>操作方法及说明</th><th>能力要求</th></tr>
<tr><td>1</td><td>认识程序顺序视图</td><td>程序顺序视图中按加工顺序列出了所有的操作，此顺序决定了后处理的顺序和生成刀具位置源文件的顺序。操作的顺序相互关联且十分重要。在该视图下，包含多个参数栏目，如程序名称、刀轨、刀具等，用于显示每个操作的名称及操作的相关信息。程序可以复制，但粘贴后应及时重命名，并且符合一定的命名规则。程序顺序视图如图 A1-18 所示。
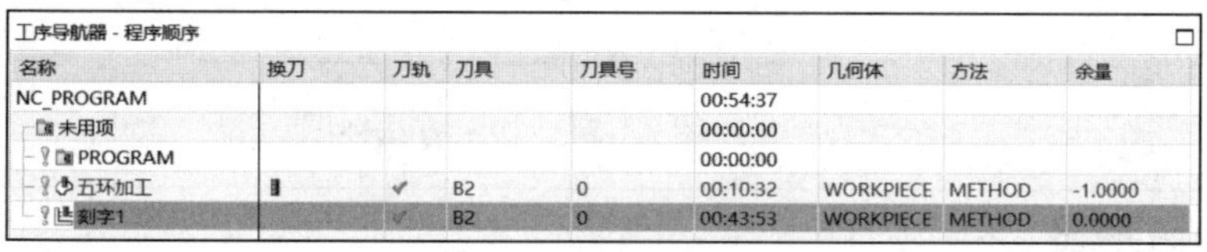

图 A1-18　程序顺序视图</td><td>能对程序顺序视图进行程序编辑操作</td></tr>
<tr><td>2</td><td>认识机床视图</td><td>机床视图按照切削刀具组织各个操作，其中列出了当前零件中存在的所有刀具，以及使用这些刀具的操作名称，便于检查程序有无意外换刀。如果需要更换程序中的刀具，则可以更改刀具名称及参数，再重新生成操作程序。机床视图如图 A1-19 所示。
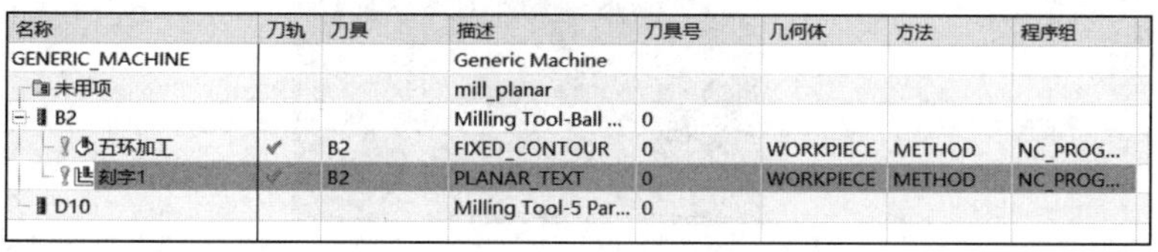

图 A1-19　机床视图</td><td>能对机床视图进行刀具创建操作</td></tr>
</table>

<table>
<tr><th>序号</th><th>操作步骤</th><th>操作方法及说明</th><th>能力要求</th></tr>
<tr><td>3</td><td>认识几何视图</td><td>几何视图中显示了当前零件中存在的坐标系、几何体及对应的操作名称，并且这些操作应位于坐标系、几何体的子节点下面，继承该父节点坐标系、几何体中的所有参数，否则生成操作程序和后处理程序时会出错。
在 MCS_MILL 组中设置相应的“机床坐标系”“参考坐标系”“安全设置”“避让”等参数。在 WORKPIECE 组中设置“指定部件”“指定毛坯”“指定检查”“部件偏置”等参数。几何视图如图 A1-20 所示。
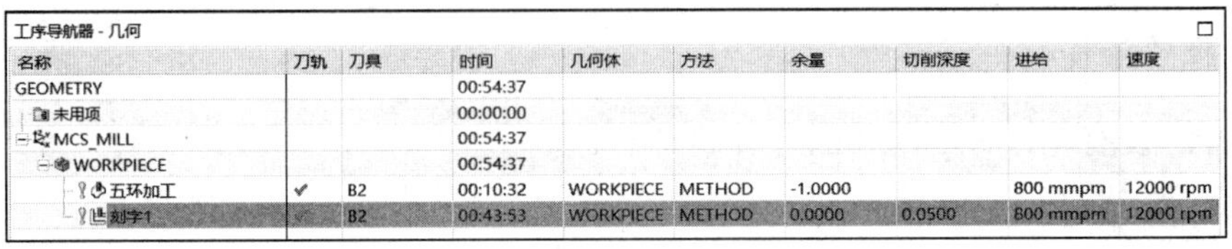
<table>
<tr><td colspan="10">工序导航器 - 几何</td></tr>
<tr><th>名称</th><th>刀轨</th><th>刀具</th><th>时间</th><th>几何体</th><th>方法</th><th>余量</th><th>切削深度</th><th>进给</th><th>速度</th></tr>
<tr><td>GEOMETRY</td><td></td><td></td><td>00:54:37</td><td></td><td></td><td></td><td></td><td></td><td></td></tr>
<tr><td>未用项</td><td></td><td></td><td>00:00:00</td><td></td><td></td><td></td><td></td><td></td><td></td></tr>
<tr><td>MCS_MILL</td><td></td><td></td><td>00:54:37</td><td></td><td></td><td></td><td></td><td></td><td></td></tr>
<tr><td>WORKPIECE</td><td></td><td></td><td>00:54:37</td><td></td><td></td><td></td><td></td><td></td><td></td></tr>
<tr><td>五环加工</td><td>✔</td><td>B2</td><td>00:10:32</td><td>WORKPIECE</td><td>METHOD</td><td>-1.0000</td><td></td><td>800 mmpm</td><td>12000 rpm</td></tr>
<tr><td>刻字1</td><td>✔</td><td>B2</td><td>00:43:53</td><td>WORKPIECE</td><td>METHOD</td><td>0.0000</td><td>0.0500</td><td>800 mmpm</td><td>12000 rpm</td></tr>
</table>
图 A1-20　几何视图</td><td>能对几何视图进行几何体设置操作</td></tr>
<tr><td>4</td><td>认识加工方法视图</td><td>加工方法视图中显示了当前零件中存在的加工方法及使用这些方法的操作名称等信息，系统已创建了 4 种默认的加工方法，分别为粗加工、半精加工、精加工、钻加工，双击“加工方法”图标，在弹出的界面中可以修改部件余量、内外公差、进给率、颜色、编辑显示等参数。加工方法视图如图 A1-21 所示。
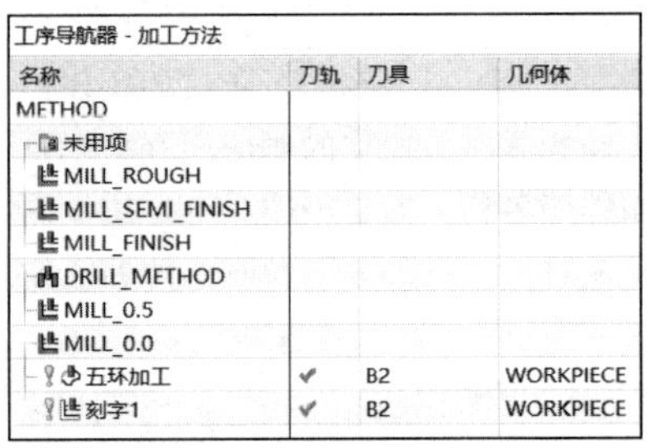
<table>
<tr><td colspan="4">工序导航器 - 加工方法</td></tr>
<tr><th>名称</th><th>刀轨</th><th>刀具</th><th>几何体</th></tr>
<tr><td>METHOD</td><td></td><td></td><td></td></tr>
<tr><td>未用项</td><td></td><td></td><td></td></tr>
<tr><td>MILL_ROUGH</td><td></td><td></td><td></td></tr>
<tr><td>MILL_SEMI_FINISH</td><td></td><td></td><td></td></tr>
<tr><td>MILL_FINISH</td><td></td><td></td><td></td></tr>
<tr><td>DRILL_METHOD</td><td></td><td></td><td></td></tr>
<tr><td>MILL_0.5</td><td></td><td></td><td></td></tr>
<tr><td>MILL_0.0</td><td></td><td></td><td></td></tr>
<tr><td>五环加工</td><td>✔</td><td>B2</td><td>WORKPIECE</td></tr>
<tr><td>刻字1</td><td>✔</td><td>B2</td><td>WORKPIECE</td></tr>
</table>
图 A1-21　加工方法视图</td><td>能对加工方法视图进行加工方法选择操作</td></tr>
</table>

能力拓展一

根据如图 A1-22 所示的椭圆型芯.prt 模型找到对应程序顺序视图和机床视图，并创建生成该模型的刀具。

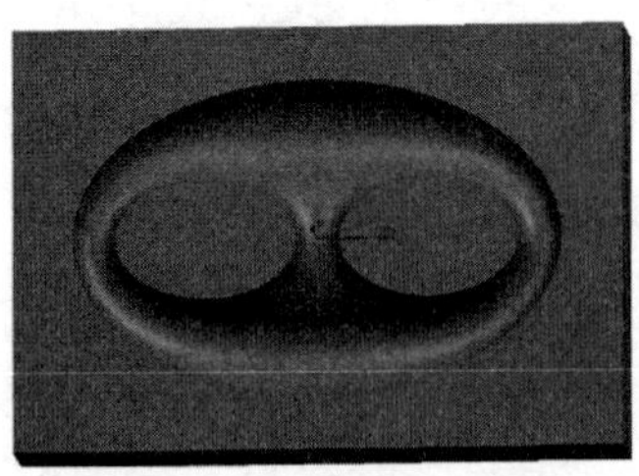

图 A1-22　椭圆型芯.prt 模型

能力拓展二

根据如图 A1-23 所示的方形型芯.prt 模型找到对应几何视图和加工方法视图，并创建几何视图。

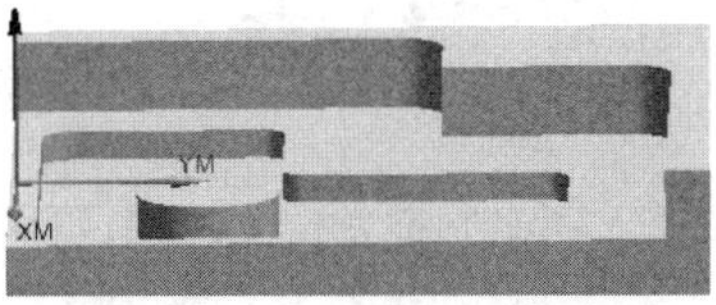

图 A1-23　方形型芯.prt 模型

4. 学习结果评价

学习结果评价表如表 A1-2 所示。

表 A1-2　学习结果评价表

序号	评价内容	评价标准	评价结果（是/否）
1	知识与技能	熟悉操作导航器的基本操作	□是　□否
		了解操作导航器各状态符号的基本作用	□是　□否
2	总评	“是”与“否”在本次评价中所占百分比	“是”占____% “否”占____%

课后作业

1．上网观看两个关于自适应铣削的视频，预习下节内容。
2．复习本节内容，要求基本掌握创建刀具与创建几何体的方法。
3．在学习下节内容之前，先利用 UG NX 12.0 自学自适应铣削，按自己的理解完成一次铣削，遇到问题摘录下来在下节课时逐一解决。

工作任务 A2　模框加工工艺设计及 CAM 仿真加工

职业能力 A2-1　熟练完成模具 A 板开模框工艺设计

【核心概念】

加工工艺设计：对模具零件进行加工图样分析、加工方案确定、装夹方案确定、刀具确定、加工工艺确定的过程。

A 板：注塑机中安装定模的模板，在合模机构中不做开闭运动。A 板又称定模板、定压板。

模框：包裹在型芯型腔外围，起定位作用的一块板料。

【学习目标】

1．掌握开框的概念及方式。

2．能完成模具 A 板开模框的加工工艺设计。

3．培养团结互助的团队精神。

基本知识：开框的概念及方式

A2-1-1　开框的概念

开框是模具行业的专业术语，是指模架与模仁装配以后，进行一次布尔运算，把模仁与模架重叠的部分去掉，以保证模仁装载在模架中。开框分为开前模框与开后模框，二者的技巧是一样的。

A2-1-2　开框的方式

在开框时，对于四角位置，通常采用两种方式：第一种是钻避空，这样做的好处是在用 UG NX 编程加工时，可以不加工角落；第二种是倒圆，对于模架不大的，不能钻避空时，只能采用倒圆方式，这样做的好处在于模架不大，节省成本。小厂应用倒圆方式较多。

模具 A 板开框加工非常简单，很有代表性，能培养读者对模具编程的整体思维，图 A2-1 与图 A2-2 所示分别为模具 A 板的加工模型与刀路模拟。

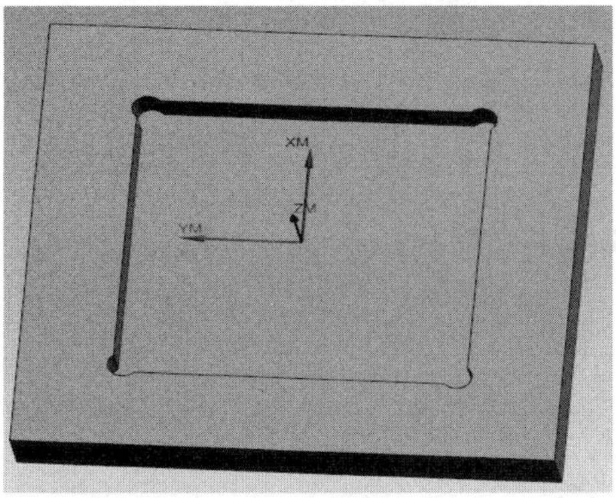

图 A2-1　模具 A 板的加工模型

图 A2-2　模具 A 板的刀路模拟

能力训练：完成模具 A 板工艺过程卡和加工刀具卡的编制

1. 操作条件

（1）设备：装有 UG NX 12.0 的计算机一台。

（2）模型：模具 A 板模型（图 A2-3）文件一个。

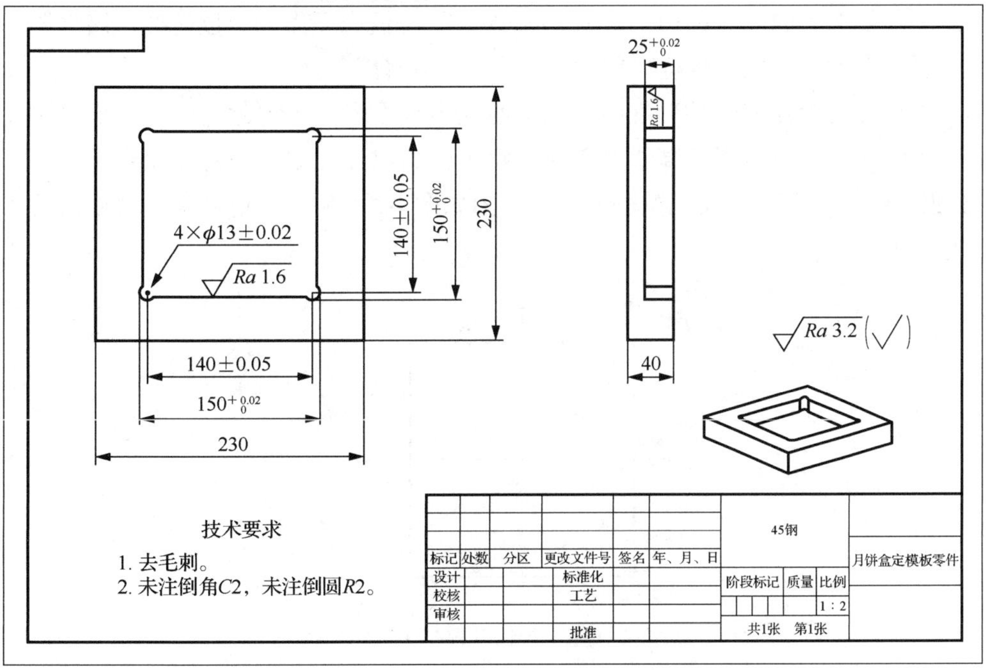

图 A2-3　模具 A 板模型

2. 注意事项

在使用计算机之前，先开显示器等外设，后开主机。在关闭计算机时，则相反，先关闭主机，然后关闭显示器等外设。

3. 编制过程

1）零件工艺分析

零件工艺分析对应制造工艺规划环节中的开模框工序编制。

零件材料为 45 钢。

模具 A 板大小：230mm×230mm×40mm。

最大加工深度：25mm。

最小的凹圆角半径：6.5mm。

模具 A 板比较简单，不存在直角或尖角，加工深度比较小，最小凹圆角半径为 6.5mm，可以直接加工出来，不需要电火花加工。

主要技术条件：模仁槽内侧面、底面粗糙度要求为 $Ra1.6\mu m$。

能力要求：能根据 A 板材料的切削性能、刀具材料及 A 板的几何参数等对 A 板零件进行工艺分析。

2）确定装夹方案

（1）定位基准。在选择定位基准时，应注意减少装夹次数，尽量做到在一次安装中能把零件上所有要加工的表面都加工出来。选择模具 A 板底面作为定位基准，该定位基准与装配基准重合，大大降低了定位误差对尺寸精度的影响。

（2）装夹方案。该零件外形规则，加工面大多在上表面，因此选用精密平口钳夹紧，用底面和底面拐角定位，用等高块垫起，注意工件高出台虎钳钳口的高度要足够，一般预留 3～5m 的余量。模具 A 板开模框装夹示意图如图 A2-4 所示，这种坐标摆放采用“四面分中，对顶为 0”的方式。

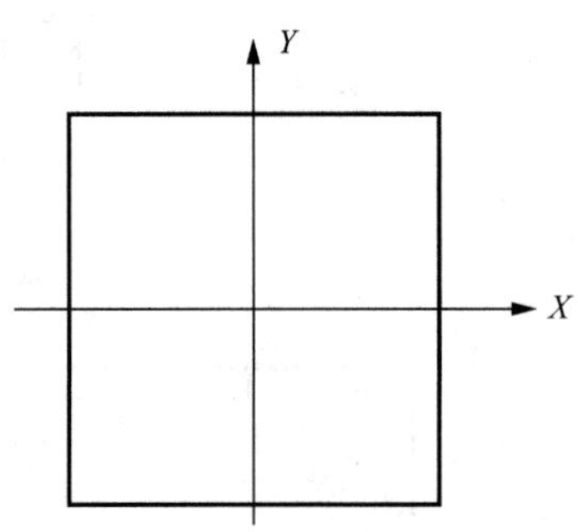

图 A2-4　模具 A 板开模框装夹示意图

能力要求：能通过定位基准的选择确定 A 板零件的装夹方案。

3）模具 A 板零件加工的工艺规划

对模具 A 板零件进行工艺规划，从下料开始，依次经历铣平面、磨平面、钻孔、攻丝、型腔开粗（又称粗加工，以下简称开粗）、型腔精加工、精加工底面、检验、抛光、检验。模具 A 板零件制造工艺过程卡如表 A2-1 所示，模具 A 板铣削加工刀具卡如表 A2-2 所示。

表 A2-1　模具 A 板零件制造工艺过程卡

工序号	工序名称	尺寸	工艺要求	检验	备注
1	下料	235mm×235mm×45mm	带锯条	用钢直尺检验自由公差度要求	3mm 余量手工去毛刺
2	铣平面	230.5mm×230.5mm×40.5mm	铣床铣削	用游标卡尺检验，正公差 0.2mm	六面角尺
3	磨平面	230mm×230mm×40mm	平面磨	千分尺	高度留余量，其他留正公差 0～0.02mm
4	钻孔	按零件图要求尺寸	台钻	内径千分尺、配合长度等	
5	攻丝	攻螺纹、水堵管螺纹尺寸	丝攻	螺杆顺畅旋转配合	手工
6	A 板开粗	按零件图要求尺寸	加工中心	千分尺	腔体预留 0.3mm
7	精加工侧面	达到零件图要求尺寸	加工中心	千分尺	
8	精加工底面	达到零件图要求尺寸	加工中心	千分尺	
9	检验	按零件图标注和技术要求		千分尺，肉眼观察表面接刀痕	以设计基准为检验基准
10	抛光	符合零件图粗糙度要求	抛光工具	与标准样板对比检验	严禁抛光分型面
11	检验	按零件图标注和技术要求			以设计基准为检验基准

表 A2-2　模具 A 板铣削加工刀具卡

<table>
<tr><td colspan="4">代号</td><td colspan="2">零件名称</td><td colspan="2">零件图号</td></tr>
<tr><td colspan="4">模具 A 板铣削加工</td><td colspan="2">模具 A 板</td><td colspan="2">20201026-01</td></tr>
<tr><td colspan="4">夹具名称</td><td colspan="2">使用设备</td><td colspan="2">车间</td></tr>
<tr><td colspan="4">精密平口钳</td><td colspan="2">加工中心</td><td colspan="2">机加 01</td></tr>
<tr><td>工序号</td><td>工序内容</td><td>刀具号</td><td>规格</td><td>主轴速度/（r/min）</td><td>进给速度/（mm/min）</td><td>每刀切削深度/mm</td><td>余量/mm</td></tr>
<tr><td>1</td><td>A 板开粗</td><td>T01</td><td>D12 R0.5 立铣刀</td><td>4000</td><td>2500</td><td>25</td><td>0.3</td></tr>
<tr><td>2</td><td>精加工侧面</td><td>T02</td><td>D8 R0.5</td><td>3500</td><td>1500</td><td>2</td><td>0</td></tr>
<tr><td>3</td><td>精加工底面</td><td>T02</td><td>B8</td><td>3500</td><td>1500</td><td>0</td><td>0</td></tr>
</table>

能力要求：能通过设计 A 板加工工艺过程卡及刀具卡，完成加工工艺规划。

能力拓展一

根据如图 A2-5 所示的月饼模.prt 文件定制月饼模的加工过程卡。

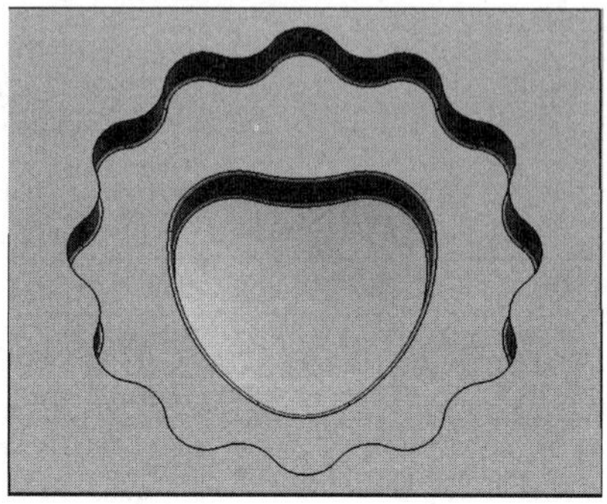

图 A2-5　月饼模.prt 文件

能力拓展二

根据如图 A2-6 所示的凹模仁.prt 文件定制凹模仁的加工刀具卡。

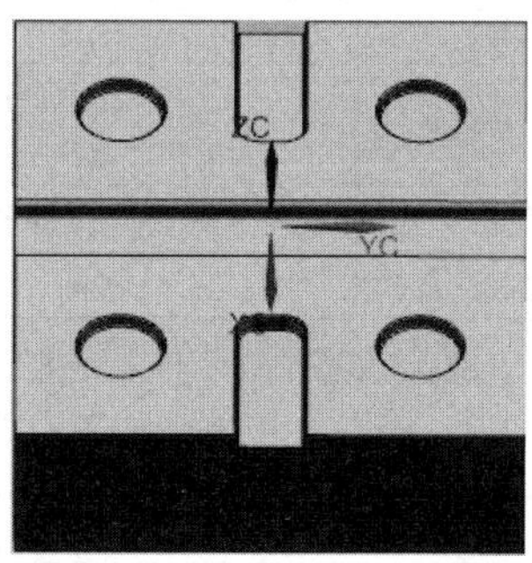

图 A2-6　凹模仁.prt 文件

4. 学习结果评价

学习结果评价表如表 A2-3 所示。

表 A2-3　学习结果评价表

序号	评价内容	评价标准	评价结果（是/否）
1	知识和技能	掌握开框的概念及方式	□是　□否
		能完成模具 A 板开模框的加工工艺设计	□是　□否
2	总评	“是”与“否”在本次评价中所占百分比	“是”占____% “否”占____%

课后作业

1．从本书配套电子资源中选定模具 A 板模型，完成开模框的工艺规划。
2．在使用加工中心加工模具时，有哪些常用装夹方式？举例说明。
3．模具零件加工与机械零件加工的加工方式有何区别？

职业能力 A2-2 熟练完成模具 A 板开模框 CAM 仿真加工

【核心概念】

平面铣是一种以边界为加工对象的操作，适用于直壁平底零件的加工。平面铣是一种 2.5 轴的加工方式，在加工过程中，水平方向的 X 轴和 Y 轴联动，而 Z 轴方向只在完成一层加工后进入下一层时才单独动作。

自适应铣削是西门子公司研发的高效加工策略。自适应铣削具有两个特点：智能的刀具路径和智能的工艺参数。根据智能的动态切削参数生成智能的变体螺旋切削路径和优化的组合刀路轨迹，保证整个切削过程都能得到最优的切削环境。

【学习目标】

1．了解平面铣的特点。
2．熟悉平面铣刀路编程流程。
3．了解自适应铣削的特点。
4．熟悉自适应铣削刀路编程流程。
5．能完成模具 A 板开模框加工刀轨的设置。
6．熟悉刀具的创建与数据设置方法。
7．掌握创建几何体的形状与位置的设置方法。
8．了解我国制造业的发展历程，学习制造强国战略。

基本知识：基础对象的创建以及型腔铣和平面铣

A2-2-1　创建基础对象

在创建操作前，要先创建工序、刀具、几何体、方法等父节点组。创建父节点组可以简化操作的创建，并且方便进行操作管理。当某一组选项改变后，使用该组的所有操作都将随之改变，应用新的参数重新计算并生成新的刀轨。

1．创建工序

1）功能概述

程序用于组织加工操作的排列，当操作数较多时，可以通过程序组进行分类管理，相当于操作管理的文件夹。

2）选项解析

功能调用：在插入工具条中单击“创建工序”图标，或者从工具栏中依次选择“插入”→“程序”命令，系统将弹出如图 A2-7 所示的“创建工序”对话框。

选项设置：在“创建工序”对话框中，“类型”表示模板文件，“工序子类型”表示模板文件中已经创建的程序，在“位置”选项组中可以选择上层程序组，当前组将置于位置程序之下。

在“名称”文本框中输入程序组的名称，单击“确定”按钮，创建一个程序。创建完一个程序后，可以在操作导航器中查看该程序，如图 A2-8 所示。

图 A2-7 “创建工序”对话框

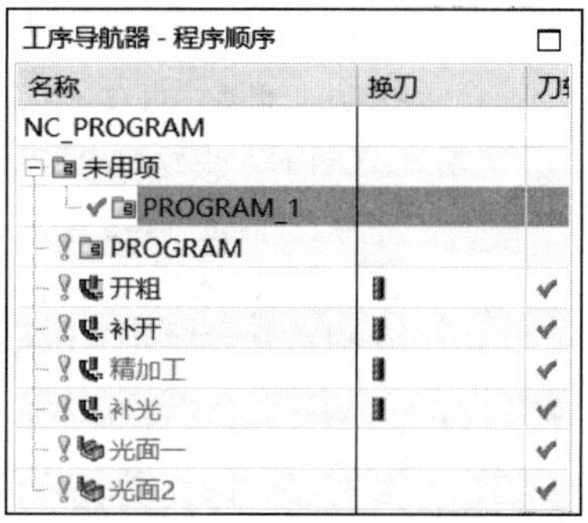

图 A2-8 查看程序

应用：创建操作后，在操作导航器中选择程序，将可以选中该程序组中的所有操作。当操作数不多时，无须创建程序组，直接使用默认的单一程序组即可；当程序数较多时，应该创建多个程序组进行分类管理。另外，在进行分次加工或使用几个不同坐标系几何体时，也应该创建对应的程序组，以方便管理和操作。

例如，某零件在加工中需要装夹两次，分别进行粗加工、半精加工与精加工，此时应创建两个程序组，分别表示第一次装夹加工与第二次装夹加工。

2. 创建刀具

1）功能概述

刀具组可定义切削刀具。刀具是数控加工中必不可少的选项，可以通过模板创建刀具，或者从库中调用刀具。

打开“创建刀具”对话框，如图 A2-9 所示。在新建刀具时，首先要选择刀具的类型、刀具子类型，在选好类型并指定了刀具名称后，单击“确定”按钮，系统弹出刀具参数设置对话框，输入相应的参数后即完成刀具的创建。

（1）类型。

功能：选择模板。选择的模板将决定可以创建的刀具类型。

应用：根据实际创建的操作类型来选择模板，常用的有轮廓铣与钻孔，通常与创建操作一致。

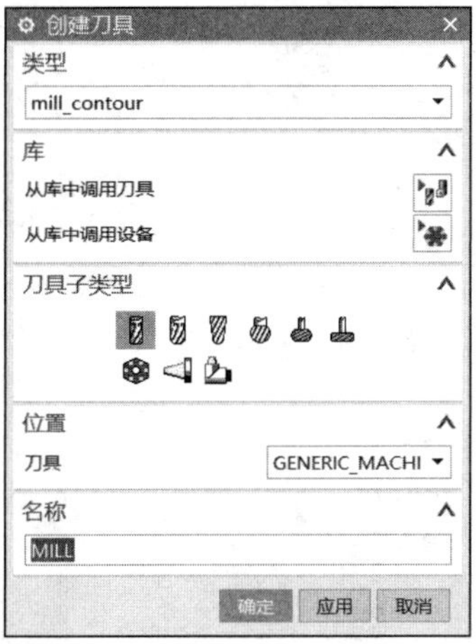

图 A2-9　“创建刀具”对话框

（2）库。

功能：从刀具库中调用已创建好的刀具。

应用：对于标准刀具，既可以从库中调用，也可以将常用的刀具先保存到库中，再从库中调用。

（3）刀具子类型。

功能：在铣削加工模板中可以创建的铣刀有 4 种，分别是端铣刀、球头铣刀、球面铣刀与 T 型槽铣刀。另外，选择类型为“Drill”还可以创建钻头。在创建刀具时，还可以同时创建刀架、刀槽与转向刀头等夹具。

应用：球头铣刀是一种简化的端铣刀，它的下半径等于刀具直径的一半；球面铣刀与 T 型槽铣刀标准化程度低，应用范围受限，因此很少使用。

（4）位置。

功能：指定父节点组。

应用：刀具的父节点组通常为机床，也可以选为刀头。

（5）名称。

功能：为新建的刀具指定名称。

应用：在创建刀具时，应使用直观、能反映刀具特征的名称。

2）铣刀参数

刀具参数设置用于指定刀具尺寸，以及相关的管理信息。

在创建刀具时，将弹出刀具参数设置对话框，不同类型刀具的选项略有差别。铣刀是数控铣削加工中绝大多数情况下采用的刀具，其参数设置如图 A2-10 所示。

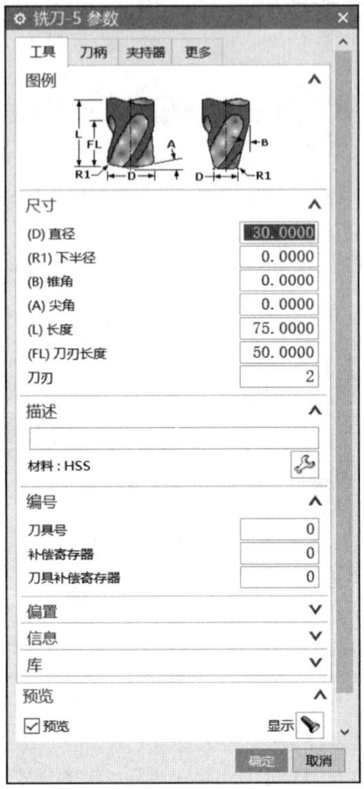

图 A2-10　铣刀参数设置

（1）尺寸。

功能：指定与刀具形状相关的尺寸值，可以确定刀具的类型与大小。

① （D）直径：铣刀的直径。

② （Rl）下半径：刀具下拐角圆弧的半径。刀具的下半径为“0”时，表示平刀；下半径为刀具直径的一半时，表示球头刀；下半径介于前面二者之间时，表示圆角刀，俗称牛鼻刀。

③ （B）锥角：锥形刀具侧面的角度。该角度是从刀轴测量的。如果锥角为正，那么刀具的顶端宽于底端；如果锥角为负，那么刀具的底端宽于顶端；如果锥角为 0，那么刀具面与刀轴平行。

④ （A）尖角：刀具顶端的角度。这是一个非负角度，测量时经过刀具端点，并且垂直于刀轴的直线。如果尖角为正，那么刀具在底端是一个尖锐点（就像圆锥的顶点）。

⑤ （L）长度：要创建铣刀的实际高度。

⑥ （FL）刀刃长度：刀刃从开始牙到结束牙的测量距离。刀刃长度并不表示切削长度。

⑦ 刀刃：针对切削刀具而指定的刀刃数目（如 2、4、6 等）。

应用：在刀具参数中，直径、下半径是十分重要的参数，也是数控铣加工中常用的参数。尖角、锥角也会影响刀具路径的生成。其他几何参数并不影响刀路的生成，但可用于表示刀具的实际形状，并可用来判断是否会产生干涉。

（2）描述。

功能：指定刀具管理信息。

设置：文本框中可以输入刀具的描述信息。系统将此描述信息与ASCII数据库中的刀具信息一同保存，以备后续调用时正确了解刀具信息。

材料：为刀具选择一种材料，将一种材料屈服强度作为用于确定进给速度的参数指派给刀具。

应用：如果指定了刀具材料、部件材料、切削方法和切削深度，并建立了相应的数据库，“进给率和速度”对话框中的“从表格中重置”按钮就会使用这些参数来推荐从预定义表格中抽取的适当“表面速度”和“每齿进给”值，并计算出主轴速度与切削进给速度。

（3）编号。

功能：指定刀具补偿的相关信息，指定刀具号及刀具补偿号。

刀具号：表示加载刀具的序号，对应于T指令。

补偿寄存器：指定刀具长度补偿的序号，输入的值在控制器内存中提供了刀具偏置坐标的位置，对应于H指令。

刀具补偿寄存器：指定刀具半径补偿的序号，输入的值在控制器内存中提供了刀具半径补偿数值，对应于D指令。

应用：在使用加工中心加工，并有多把刀具参与加工过程时，一定要设置刀具号与补偿寄存器，并且一定要与实际使用的刀具号一致。是否设置刀具补偿寄存器则要根据在创建操作时是否设置了使用刀具半径补偿来判断。

（4）偏置。

功能：“Z偏置”表示Z轴偏置距离（通常代表各种刀具长度间的差别）的值。系统用该值初始化刀具后处理命令。

应用：所有铣刀的默认跟踪点都在刀具末端的中心线上，可以通过设置“Z偏置”值实现以球头铣刀的中心为轨迹跟踪点。

（5）信息。

功能：目录号能够用于输入或移除刀具的分类编号。

应用：目录号可以用来调用刀具、搜索刀具。

（6）库。

功能：将刀具置入库管理。

选项：库号在ASCII库中指定唯一标识符。

导出到库：将当前刀具导出到ASCII库。

应用：当前创建的刀具为企业实际应用的刀具，可以将其导出到库，以备以后创建操作时调用。

（7）预览。

功能：在工作坐标系（WCS）的原点或指定点上以图形方式显示创建中的刀具，并实时更新。

应用：在创建刀具时，通过预览可以确定刀具大小、形状设置是否正确。在创建刀具时，拾取一个点将在该点上显示创建中的刀具。

3）夹持器

夹持器定义一系列柱状截面，并以规格大小进行堆叠，以便实现刀具夹持器更为准确的表现形式。图 A2-11 所示为带有夹持器的刀具示例。使用夹持器可以确保在加工过程中不发生刀具夹持器与零件的冲撞。

在刀具参数对话框中，单击“夹持器”标签，显示如图 A2-12 所示的夹持器设置界面。夹持器可以通过直径、长度与锥角来定义为圆柱或圆锥体，并且可以定义多段夹持器。从刀具开始，逐级向上增加多段夹持器。

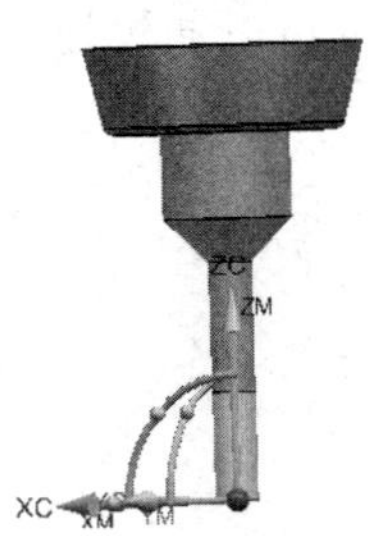

图 A2-11　带有夹持器的刀具示例

图 A2-12　夹持器设置界面

（1）夹持器步数。

功能：指定夹持器的大小。

设置：每一段夹持器均需要设置直径、长度、锥角、拐角半径，这几个选项构成一段完整的夹持器。

①（LD）下直径：柱状截面的底端直径。

②（L）长度：圆柱或圆锥的长度。

③（B）锥角：柱状截面的锥角，锥角为“0”即圆柱。

④（Rl）拐角半径：底部边缘圆角半径。

应用：按实际的尺寸进行夹持器的尺寸设置，为确保安全，也可以对夹持器尺寸进行适当的扩大。

（2）列表字段。

功能：以表格的形式显示刀具夹持器各个已定义柱状截面的直径和长度。

应用：完成一段夹持器的创建后，单击夹持器图标可以增加一段新的夹持器。在列表中选中已创建的夹持器，可以在尺寸选项中修改尺寸值；再次单击夹持器图标可以删除一段夹持器；而通过夹持器图标可以调整夹持器的排序。

（3）偏置。

功能：在夹持器的柱状截面内偏置刀具，即刀具伸入夹持器内的长度。

应用：刀具长度设置完成后，通过偏置可以真实地反映实际的刀具可切削长度。

（4）库。

功能：用于指定库、夹持器描述信息等相关管理信息，不会对刀路轨迹产生影响。

除可设置夹持器步数外，还可以设置以下参数。

① 库号：ASCII 库中指定夹持器的唯一标识符。

② 描述：夹持器的文本描述。系统将此描述与 ASCII 数据库中的夹持器描述信息一同保存。

③ 导出夹持器到库中：将当前夹持器导出到 ASCII 库。

④ 从库调用：从 ASCII 库调用夹持器。

应用：对于复杂且用于多个刀具的夹持器，创建好后可以将其导出到夹持器库，在后续刀具创建过程中可以直接从夹持器库中调用。

4）从库中调用刀具

切削刀具库允许存储与加工操作所用刀具有关的所有数据。可从刀具库调用刀具，以便在操作中使用。在加载拥有附加夹持器的切削刀具时，系统也将加载该刀具夹持器。

（1）库类选择。

功能：指定刀具类型，可以选择可转位端铣刀、不可转位端铣刀、球头铣刀等刀具。

设置：在“创建刀具”对话框中单击图标及（从库中调用刀具）图标，弹出如图 A2-13 所示的“库类选择”对话框，展开组再选择库。常用的库包括端铣刀（可转位）、端铣刀（不可转位）、球头铣刀（不可转位）、面铣刀（可转位）等。

（2）搜索准则。

功能：指定搜索条件，如指定搜索参数，由系统查找符合条件的刀具。

设置：在“搜索准则”对话框（图 A2-14）中，输入条件并单击“确定”按钮进行搜索。可以使用的搜索条件包括库号、直径、刀刃长度、拐角半径、材料、夹持系统等，多个搜索条件可以组合使用。

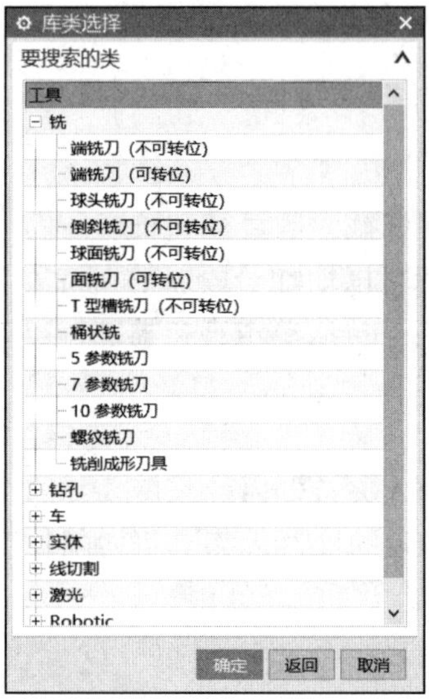

图 A2-13　“库类选择”对话框

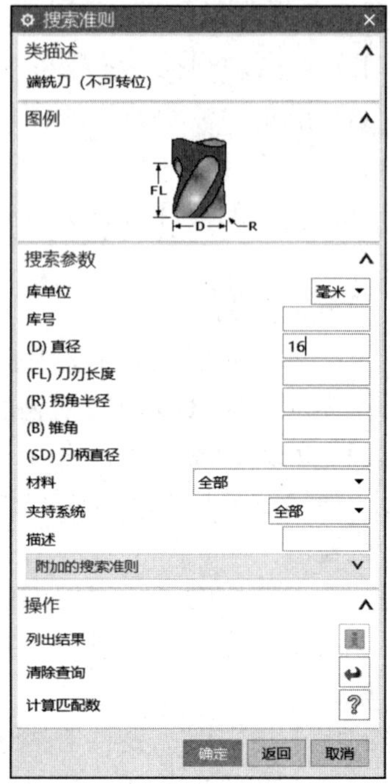

图 A2-14　“搜索准则”对话框

“搜索结果”对话框中显示符合条件的刀具，如图 A2-15 所示，在该对话框中将显示匹配项，并显示对应刀具的主要参数，包括直径、刀刃长度、拐角半径、材料、夹持系统等。选择一个刀具到当前文件，在创建操作时可以直接调用它。也可以单击“返回”按钮，重新设定搜索条件。

3. 创建几何体

1）功能概述

创建几何体主要是在零件上定义要加工的几何体对象和指定零件在机床上的加工方位。创建几何体包括定义加工坐标系、工件、边界和切削区域等。

在插入工具条中单击“创建几何体”图标，弹出如图 A2-16 所示的“创建几何体”对话框。选择一种几何体子类型，单击“确定”按钮，弹出具体的几何体创建对话框。

（1）类型。

功能：选择模板。选择的模板决定可以创建的几何体类型。

应用：根据实际创建的操作类型选择模板，常用的有轮廓铣与平面铣，通常与创建操作一致。

（2）几何体子类型。

功能：在轮廓铣加工模板“mill_contour”中可以创建的几何体子类型有 6 种，分别为机床坐标系几何体、工件几何体、修剪边界几何体、铣削区域几何体、铣削几何体与文本几何体。

应用：可以根据需要创建几何体，并且可以同时创建多个同一类型的几何体。以机床坐标系几何体与工件几何体较为常用。

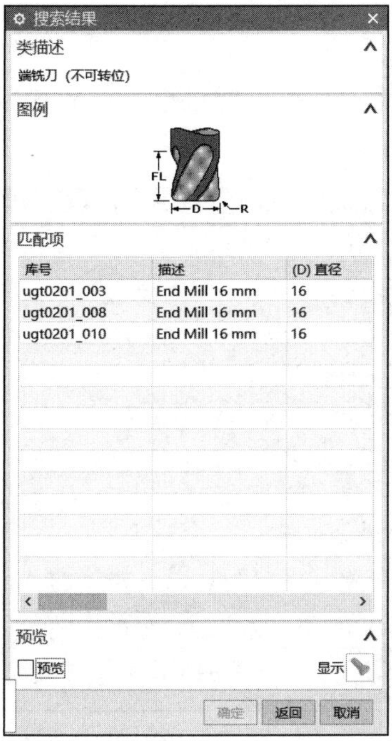

图 A2-15 “搜索结果”对话框

图 A2-16 “创建几何体”对话框

（3）位置。

功能：指定几何体父节点组，当前组将继承父节点组的参数。

应用：在创建工件几何体时，需要引用机床坐标系设置，应该选择正确的位置几何体。

（4）名称。

功能：为新建的几何体指定名称。

应用：创建几何体，指定的名称应该可以方便在创建操作时引用。

创建几何体建立的几何体对象可被指定为相关操作的加工对象。在各加工类型的操作对话框中，也可以指定操作的加工对象，在操作对话框中指定的加工对象只能被本操作使用，而用创建几何体建立的几何体对象可以在多个操作中使用，不需要在各操作中分别指定。在大多数操作模板下，默认创建的几何体有机床坐标系几何体和工件几何体，可以通过修改系统默认创建几何体来确定所需的几何体。

2）机床坐标系

机床坐标系是所有后续刀具路径各坐标点的基准位置。在刀具路径中，所有坐标点的坐标值与机床坐标系关联，如果移动机床坐标系，则会重新确立后续刀具路径输出坐标点的基准位置。

机床坐标系的坐标轴用 XM、YM、ZM 表示。其中 ZM 轴特别重要，如果不另外指定刀轴矢盘方向，则 ZM 轴为默认的刀轴矢盘方向。

在建立机床坐标系时，先在“创建几何体”对话框中选中（坐标系）图标并输入名称，单击“确定”按钮后将弹出如图 A2-17 所示的“MCS”对话框。

（1）指定 MCS。

功能：指定坐标系，该坐标系将作为机床坐标系。

设置：可以采用多种坐标系创建方法来指定坐标系，也可以通过单击对应图标，在弹出的“坐标系”对话框中指定坐标系，如图 A2-18 所示。

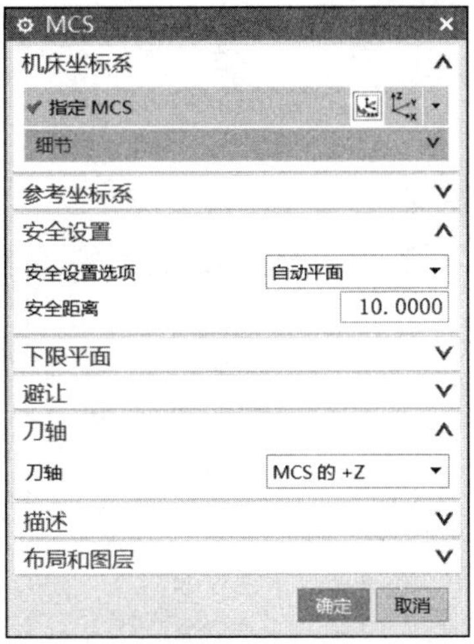

图 A2-17　“MCS”对话框

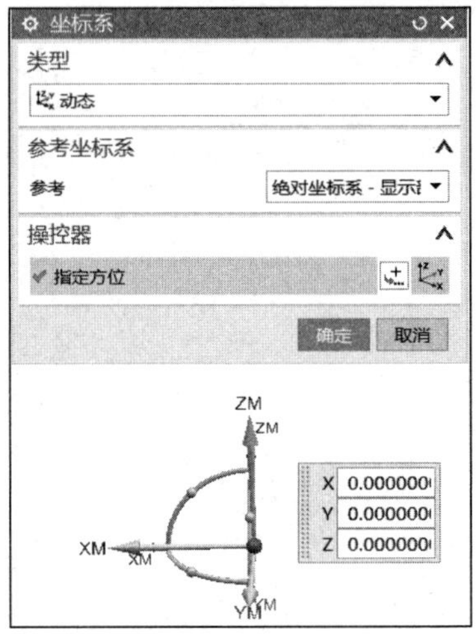

图 A2-18　指定坐标系

应用：机床坐标系应该与实际被加工工件在机床上的放置方向一致，为方便对刀，通常将模具零件的坐标原点设置在顶面的中点。

（2）参考坐标系。

功能：在将操作从部件的一个部分移动到另一个部分时，重新定位非建模几何参数（如刀轴矢量、安全平面等）。

设置：在“坐标系”对话框中，“参考”选为“链接 MCS 与 RCS”时，参考坐标系与加工坐标系的位置和方向相同；否则可以指定一个坐标系作为参考坐标系。

应用：在将操作从一个定向组移动到另一个定向组，或者进行变换操作，或者通过模板创建操作时，需要重新定位非建模几何参数，如果允许检索和映射已存储的参数，就不必重新指定这类参数了。

（3）安全设置。

功能：用于指定安全平面位置，在创建操作时的非切削移动中可以选择使用“安全设置选项”。

设置：“安全设置选项”有 9 个，如图 A2-19 所示。三轴加工常用的“安全设置选项”有以下 4 个。

① 使用继承的：使用上级组参数的设置。

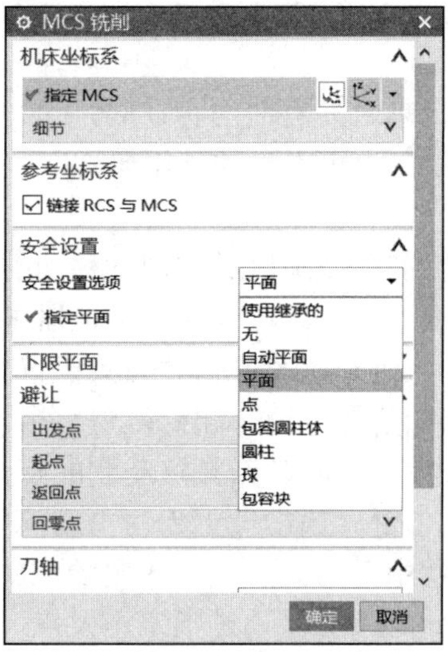

图 A2-19　安全设置选项

② 无：不使用安全设置。

③ 自动平面：直接指定安全距离值，此时需要在下方文本框中输入安全距离值。

④ 平面：指定一个平面为安全平面。“安全设置选项”设置为“平面”后，勾选“指定平面”复选框，系统将弹出“平面”对话框，如图 A2-20 所示，在该对话框中，选择一个表面或直接选择基准面作为参考平面，再设置偏置距离，设定安全平面相对于所选平面的距离。完成设置后，单击“确定”按钮，完成安全平面的创建，此时将以虚线形式显示安全平面位置，如图 A2-21 所示。

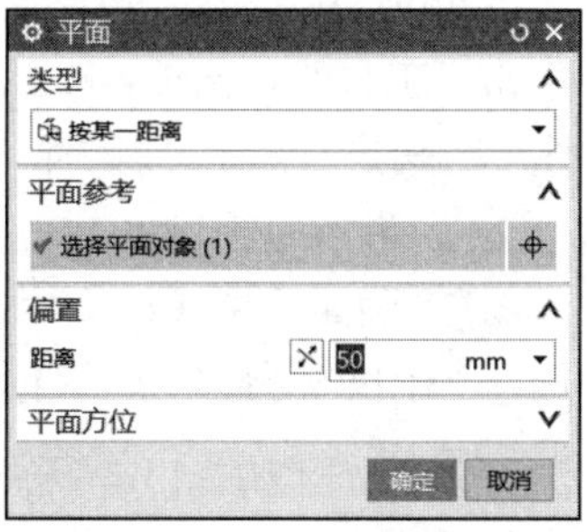

图 A2-20　“平面”对话框

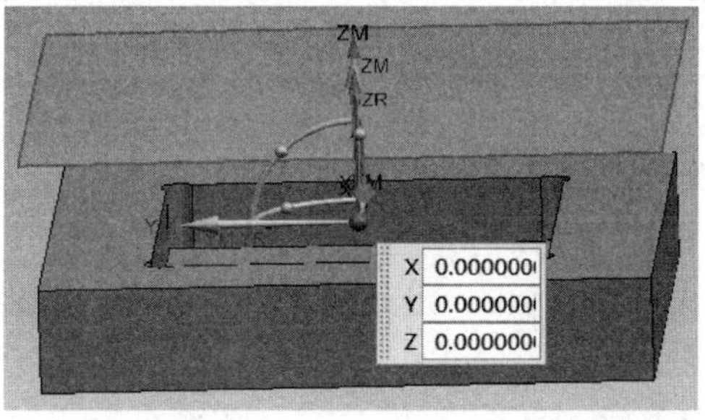

图 A2-21　显示安全平面位置

应用：当“安全设置选项”设置为“使用继承的”时，要有上级的坐标系几何体，并进行安全设置；设置为“自动平面”时，将沿刀轴方向偏移指定距离，是一种相对坐标的方式，其高度是相对于刀轨端点的；设置为“平面”时，指定的“安全设置选项”是一个绝对值，每次抬刀均到这一高度。

（4）下限平面。

功能：指定刀具最低可以达到的平面。

设置："安全设置选项"设置为"无"时，不设定下限平面，也可以指定一平面为下限平面。

应用：在零件需要加工的范围之外有曲面存在时，可以指定下限平面；另外，在深腔加工过程中，如果刀具长度不足，也可以设置下限平面。

（5）避让。

功能：定义刀具轨迹开始以前和切削以后非切削移动的位置。

设置：避让包括以下 4 种类型的点，可以用点构造器来定义点。

① 出发点：定义新的刀位轨迹开始段的初始刀具位置。

② 起点：定义刀位轨迹起始位置，这个起始位置可用于避让夹具或避免产生碰撞。

③ 返回点：定义在切削程序终止时，刀具移动到的点位。

④ 回零点：定义最终刀具位置，通常设置为与出发点位置重合。

应用：在大型零件加工过程中，刀具必须在指定的范围内运动，才不会发生刀具及其夹持器与零件及夹具的干涉。此时，可以通过指定出发点、起点、返回点、回零点来指定切削前和切削后刀具的运动轨迹。

（6）布局和图层。

功能：保存当前方位的布局和图层，以便在 NC 编程期间从该方向查看部件。此选项不允许更改布局或图层，只能保存当前设置。

应用：在"布局名"文本框中输入一个名称，并单击"保存布局/图层"按钮。若要访问已保存的布局和图层方位，则可右击某个操作或几何体组，在弹出的快捷菜单中执行"对象"→"切换图层/布局"命令。单击"保存布局/图层"按钮后，系统将更改工作图层，并调用活动的显示布局。

3）工件几何体

在平面铣中，工件几何体用于定义加工时的零件几何体、毛坯几何体和检查几何体。在"创建几何体"对话框中，"铣削几何体"（mill geometry）图标和"工件"（work piece）图标的功能相同，二者都通过在模型上选择体、面、曲线和切削区域来定义零件几何体、毛坯几何体和检查几何体，还可以定义零件的偏置厚度、材料，以及存储当前视图布局和图层。

在"创建几何体"对话框中，单击（工件）图标，单击"确定"按钮，系统弹出如图 A2-22 所示的"工件"对话框。"工件"对话框从上往下的 3 个图标分别用于定义零件几何体、毛坯几何体和检查几何体。

（1）指定部件。

功能：部件定义的是加工完成后的零件，即最终的零件。零件控制刀具的切削深度和活动范围，可以用特征、几何体（实体、面、曲线）和小面模型来定义零件几何体。

设置：在"工件"对话框中，单击图标，系统弹出如图 A2-23 所示的"部件几何体"对话框，在该对话框中可以选择或编辑部件几何体，并设置选择对象的过滤方法，然后在绘图区域选择对象定义几何零件，也可以单击"全选"按钮选择所有的面或体作为加工对象。完成选择后，单击鼠标滚轮确认退出。

图 A2-22　“工件”对话框

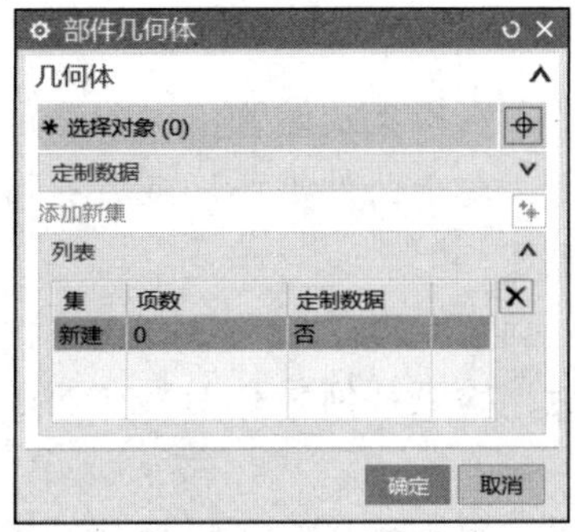

图 A2-23　“部件几何体”对话框

应用：在创建工件几何体时，部件通常需要选择，并且在大部分情况下，可以采用“全选”的方法选择所有体为加工对象。

（2）指定毛坯。

功能：毛坯是将要加工的原材料，可以用特征、几何体（实体、面、曲线）定义毛坯几何体。在型腔铣中，零件几何体和毛坯几何体共同决定了加工刀轨的范围。

设置：单击图标可以选择或编辑毛坯几何体。毛坯几何体除可以通过选择几何图形进行设置外，还可以通过选择“类型”为“包容块”或“部件的偏置”进行设置。

应用：对于标准的方块毛坯，通常使用“包容块”方式定义；对于铸件或锻件等毛坯，周边余掀比较均匀，可以通过“部件的偏置”来创建；如果是具有特定形状的毛坯，则可以通过选择创建的对象确定与实际相符的毛坯形状。

“指定毛坯”的作用是为加工操作指定毛坯。毛坯将确定型腔铣的加工范围。另外，毛坯在动态可视化刀轨的动态仿真中也是必需的。

单击“指定毛坯”图标，弹出“毛坯几何体”对话框，如图 A2-24 所示。可以通过选择几何体的方式进行毛坯的定义，选择方法与部件几何体的选择方法相同。另外，还可以通过“包容块”与“方位限制”两种方式创建毛坯几何体。

① 包容块。

功能：用一个包容盒包容所有部件几何体，并可以在各种方式下进行扩展。

设置：系统以部件几何体的边界为参考创建一个包容盒，可以在下方指定各个方向的扩展值或直接拖动图形上的箭头。

应用：对于大部分的模具零件，其毛坯是标准的立方块，可以采用“包容块”的方式指定毛坯。在需要对顶面进行加工时，可以将“ZM+”设置为大于 0 的数值。

图 A2-24　“毛坯几何体”对话框

② 方位限制。

功能：使用方位限制方式创建毛坯，根据指定偏置值对部件几何体的表面进行偏置，产生一个毛坯。

设置：直接指定偏置值，即确定了毛坯。

应用：对于铸件毛坯，或者直接创建曲面铣操作的毛坯，采用方位限制方式可以生成合适的毛坯。

（3）指定检查。

功能：检查几何体是刀具在切削过程中要避让的几何体，如夹具和其他已加工过的重要表面。

设置：单击图标可以选择或编辑检查几何体，检查几何体可以选择体、面或曲线。

应用：夹具体可以指定为检查几何体，另外也可以将不希望被加工、需要保护的曲面指定为检查几何体。

（4）部件偏置。

功能：在零件实体模型上增加或减去由偏置值指定的厚度。正的偏置值在零件上增加指定的厚度，负的偏置值在零件上减去指定的厚度。

应用：设置部件偏置值可以对零件的大小进行微调。

（5）材料。

功能：为零件指定材料属性。材料属性是确定切削速度和进给量的一个重要参数。

应用：当零件材料和刀具材料确定以后，切削参数也就基本确定了。在“进给率和速度”对话框中，单击“设置加工数据”对应的图标，在弹出的界面中可以设置合适的切削速度和进给速度。

4）铣削区域几何体

（1）功能概述。

铣削区域几何体通过定义部件几何体、检查几何体、切削区域几何体和修剪边界几何体来指定要加工的几何体，其可以指定的几何体选项与创建操作可以指定的几何体选项一致，在创建操作时可以直接跳过几何体选择这一步骤。

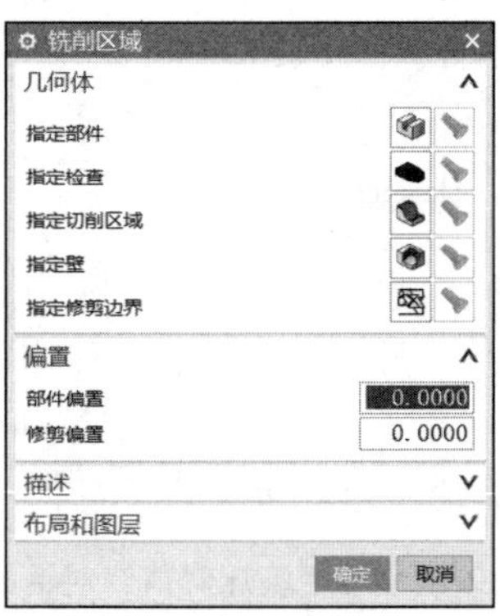

图 A2-25 “铣削区域”对话框

（2）选项解析。

在“创建几何体”对话框中，单击（铣削区域）图标，然后单击“确定”按钮，系统弹出如图 A2-25 所示的“铣削区域”对话框。在“铣削区域”对话框中，从上往下的 5 个图标分别用于指定部件几何体、指定检查几何体、指定切削区域几何体、指定壁几何体与指定修剪边界几何体。

① 指定部件几何体。

功能：部件定义的是加工完成后的零件，即最终的零件。零件控制刀具的切削深度和活动范围，可以选择特征、几何体（实体、面、曲线）和小面模型来定义零件几何体。

应用：铣削区域中的面必须是部件几何体的表面。

② 指定检查几何体。

功能：检查几何体是刀具在切削过程中要避让的几何体，如夹具和其他已加工过的重要表面。

应用：可以将不希望加工、需要保护的曲面，如铣削区域周边的面，指定为检查几何体。

③ 指定切削区域几何体。

功能：可以通过选择“曲面区域”、“片体”或“面”进行定义，指定切削区域后，生成的刀具路径将只在切削区域范围内。

应用：在“区域铣销驱动方法”和“清根驱动方法”对话框中，通过选择面来指定切削区域，如果不进行选择，则将整个部件几何体的表面作为切削区域。如果在型腔铣中指定切削区域，则只在铣削区域的上方生成刀具路径。

④ 指定壁几何体。

功能：为铣削区域指定壁几何体。壁几何体通常是需要保护的铣削区域周边的面，可以为“壁”指定“壁余量”。

设置：单击“铣削区域”对话框中的图标，系统弹出如图A2-26所示的“壁几何体”对话框，可以直接选择面或片体作为壁几何体。另外，也可以使用预选方式，系统将自动使用铣削区域相邻的面作为壁几何体。

应用：在3D轮廓铣、面铣削中可以指定壁几何体。壁几何体的作用与检查几何体类似，但可以指定不同的余量值。

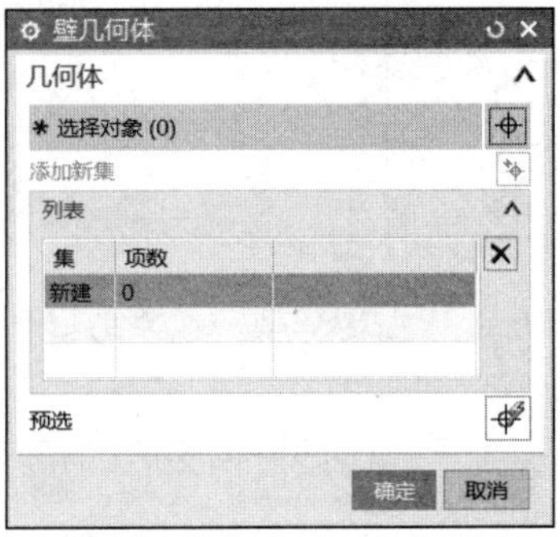

图A2-26 “壁几何体”对话框

⑤ 指定修剪边界几何体。

功能：修剪边界可进一步约束铣削区域。可以将“修剪侧”指定为“内侧”或“外侧”，从而定义要从操作中排除的铣削区域。

应用：“修剪边界”始终“封闭”，并且沿刀轴矢量投影到部件几何体上。可以指定多个“修剪边界”。并允许定义刀具位置、指定“修剪侧”，内公差/外公差。

⑥ 部件偏置与修剪偏置。

功能：部件偏置是在零件实体模型上增加或减去由偏置量指定的厚度。正的偏置值在零件上增加指定的厚度，负的偏置值在零件上减去指定的厚度。

应用：设置修剪偏置值可以对部件或边界进行大小调整。

5）铣削边界几何体

通过定义边界来指定要加工的几何体，通常用于平面铣操作的几何体创建。

在“创建几何体”对话框中，单击图标，然后单击“确定”按钮，系统弹出如图A2-27所示的“修剪边界”对话框。

在“修剪边界”对话框中可以面、曲线或点方式进行指定，达到修剪边界的效果，如图A2-28所示。

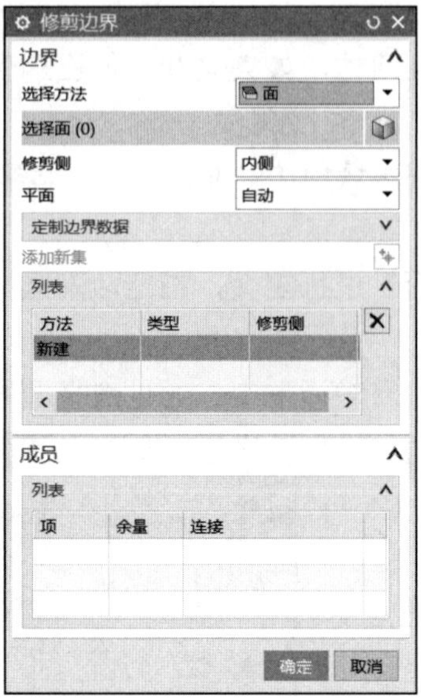

图 A2-27 “修剪边界”对话框

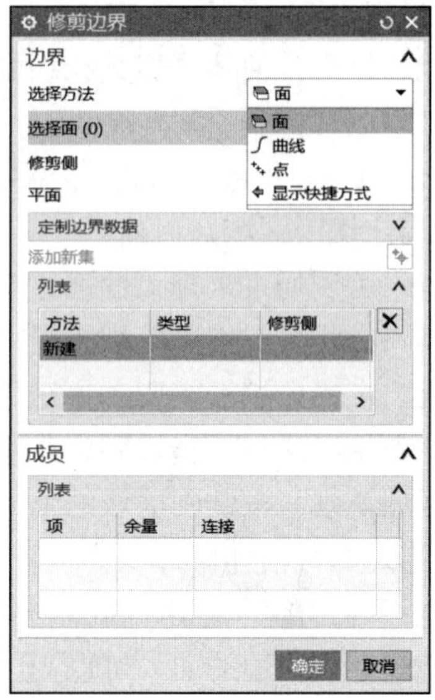

图 A2-28 边界的指定方式

4. 创建加工方法

“创建加工方法”可以指定余量、公差、切削步距和进给率等选项的默认值。系统默认的加工方法包括粗加工（MILL_ROUGH）、半精加工（MILL_SEMI_FINISH）、精加工（MILL_FINISH）和钻孔加工（DRILL_MET HOD）。图 A2-29 所示为粗加工方法与精加工方法的余量对比。

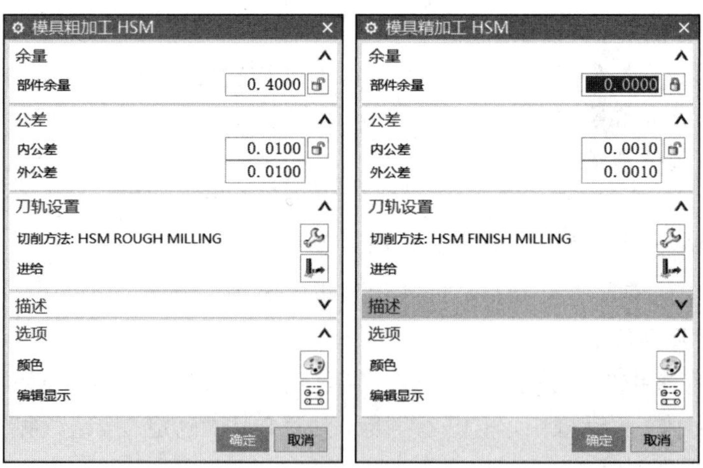

图 A2-29 粗加工方法与精加工方法的余量对比

1）创建方法

功能：进行加工方法的创建。

设置：在插入工具条中单击创建方法图标，系统将弹出如图 A2-30 所示的“创建方法”对话框。

在“创建方法”对话框中，首先要选择“类型”“方法子类型”，然后选择“位置”，之后在“名称”文本框中输入方法的名称，单击“确定”按钮，弹出如图 A2-31 所示的“模具粗加工 HSM”对话框，在该对话框中设置部件余量及内外公差值。

图 A2-30　“创建方法”对话框

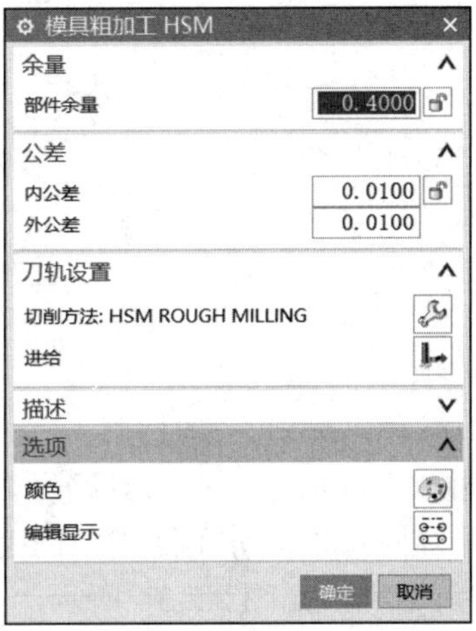

图 A2-31　“模具粗加工 HSM”对话框

2）切削方法的设置

功能：为切削方法设置默认值。

设置：根据如图 A2-31 所示选项进行设置。

（1）部件余量：为加工方法指定加工余量。使用该方法的操作将具有同样的加工余量。

（2）公差：限制刀具在加工过程中与零件表面的最大距离，指定的值越小，加工精度越高。内公差限制刀具在加工过程中越过零件表面的最大过切量，外公差是刀具在切削过程中没有切至零件表面的最大间隙量。

（3）切削方法：指定切削方法。

（4）进给：单击进给图标，在弹出的对话框中设置进给率。在“更多”下拉列表中可以为各种非切削运动和切削运动设置进给率，如图 A2-32 所示。

应用：在“模具粗加工 HSM”对话框中，可以直接指定部件余量与公差值，而“进给”选项组中选项的设置则必须考虑所使用的刀具与工件材料。

3）选项

功能：指定刀轨的显示方式，包括不同运动状态的显示颜色与显示方式。

设置：通过“颜色”“编辑显示”进行设置。

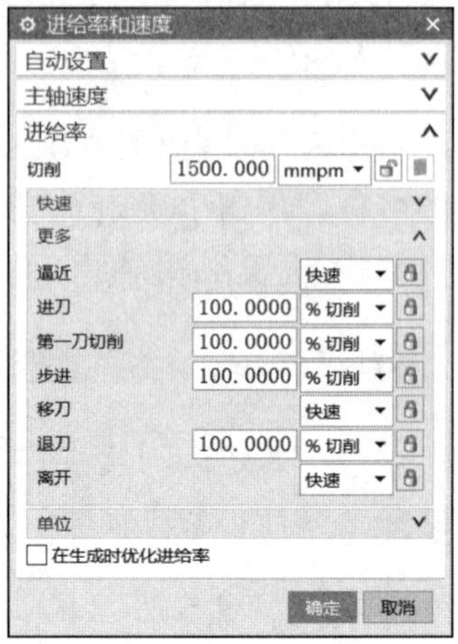

图 A2-32　进给率和速度的设置

（1）颜色：单击“模具粗加工 HSM”对话框中的图标，弹出“刀轨显示颜色”对话框，如图 A2-33 所示。在刀具路径显示时使用不同的颜色表示不同的刀具运动类型，在观察刀具路径时可以区分不同类型的刀具运动。单击每种运动类型对应的颜色图标，会弹出“颜色”对话框，如图 A2-34 所示，从中可以选择一种颜色作为指定运动类型的显示颜色。

图 A2-33　“刀轨显示颜色”对话框

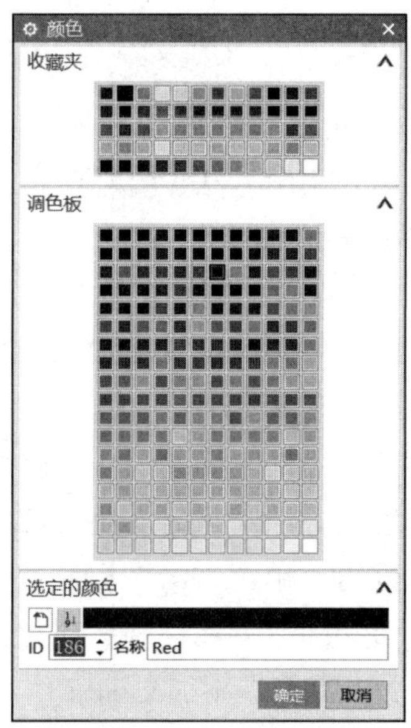

图 A2-34　“颜色”对话框

（2）编辑显示：单击图标，弹出刀轨显示选项设置对话框。在显示刀具路径时可以指定刀具的显示形状、显示频率、刀柄显示、路径的显示方式、显示速度、箭头显示等选项。

① 刀具显示：在回放刀具路径时，刀具显示有 4 个选项，分别是 NONE（不显示刀具）、

2D（以二维方式显示刀具）、3D（以三维方式显示刀具）、轴（以矢杆箭头表示刀具轴线）。

② 刀轨显示：刀轨的显示方式有实线、虚线、轮廓线 3 种，分别以实线、虚线在刀具中心上绘制或显示实际轮廓。

应用：设置不同颜色显示不同的运动状态，特别将切削运动与非切削运动进行区别，有助于刀轨生成的检视。

5. 创建工序

“创建工序”是 UG NX 编程中的核心内容。根据模板选择操作类型，然后选择“程序”“刀具”“几何体”“方法”位置组，并按具体的操作要求选择几何体，设置刀轨参数，即可生成刀轨。

单击插入工具条中的创建工序图标，系统弹出“创建工序”对话框，如图 A2-35 所示，选择“类型”“工序子类型”，并选择合适的“程序”“刀具”“几何体”“方法”，同时指定操作的名称，确认各选项后单击“确定”按钮，弹出“型腔铣”对话框，进行操作参数的设置。

图 A2-35 “创建工序”对话框

（1）类型。

功能：选择模板。选择的模板决定了可以创建的操作类型。

应用：可以选择系统设置的默认模板，如常用的轮廓铣、平面铣与钻孔；也可以通过“浏览”功能选择一个已经创建操作的 UG 文件作为模板。

（2）工序子类型。

功能：在铣削加工模板中，可以创建多种不同的工序子类型。

应用：不同工序子类型的特点与应用不同，在创建操作时需要注意。

（3）位置。

功能：指定父节点组，包括“程序”“刀具”“几何体”“方法”位置组。

应用：选择正确的位置组参数将可以直接应用组参数中的设置，如直接选择好刀具与几何体。

（4）名称。

功能：为新建的操作指定名称。

应用：在创建操作时，应使用能反映加工特征的名称。

A2-2-2　型腔铣

在编程时，编程人员必须充分掌握构成零件轮廓的几何要素及各几何要素间的关系。

型腔铣主要用于创建零件的粗加工刀具路径，以及进行直壁或斜度不大的侧壁精加工。型腔铣根据型腔或型芯区域的形状，将要切除的部位分成多个切削层进行切削，每一切削层均可指定不同的深度。型腔铣可以加工复杂的零件表面。由于型腔铣几乎可以加工任意形状的零件，因此型腔铣的应用非常广泛。

UG NX 12.0 的型腔铣操作主要包括 3 种：第 1 种用于开粗加工，有 5 种子类型；第 2 种用于半精加工或精加工，以深度加工为主，有两种子类型；第 3 种是固定轴铣削，主要针对曲面加工，有 12 种子类型。使用 UG NX 12.0 可以创建 19 种不同的操作，如图 A2-36 所示。

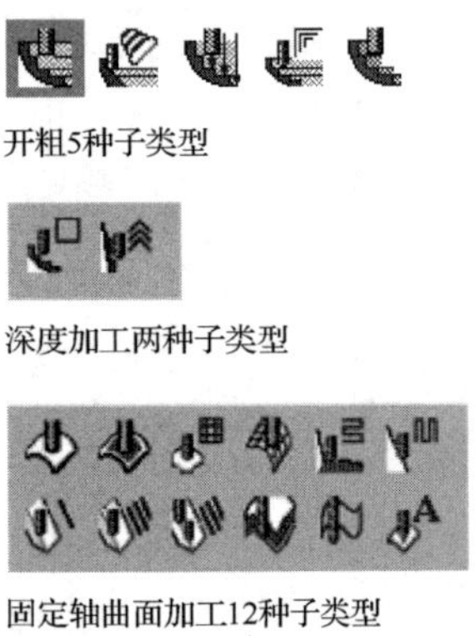

图 A2-36　型腔铣全部子类型

典型型腔铣的创建过程：设置工作环境→创建型腔铣操作→设置父节点组→创建加工几何体→设置型腔铣相关参数→生成刀具路径→刀轨仿真→后置处理。

开粗的 5 种子类型分别为基本型腔铣、自适应铣削、插削、拐角粗加工和剩余铣。此外，还有用于半精加工或精加工的以等高方式针对轮廓加工的深度轮廓加工和深度加工拐角。mill_contour 常用的 8 种工序子类型如表 A2-4 所示。

表 A2-4　mill_contour 常用的 8 种工序子类型

序号	图标	英文名称	中文含义	说明
1		CAVITY_MILL	基本型腔铣	该铣削为腔体类零件加工的基本操作，可使用所有铣削模式来切除由毛坯几何体、IPW 和部件几何体构成的材料
2		ADAPTIVE_MILLING	自适应铣削	该铣削适合在垂直于固定轴的平面切削层对一定量的材料进行粗加工，同时维持刀具进刀一致
3		PLUNGE_MILLING	插削	该铣削适合在插削模式下进行机械粗加工
4		CORNER_ROUGH	拐角粗加工	清除以前刀具在拐角或圆角过渡处无法加工的余留材料
5		REST_MILLING	剩余铣	适用于加工本工序出现以前所有刀具切削后残留的材料
6		ZLEVEL_PROFILE	深度轮廓加工	适用于使用轮廓加工模式精加工工件的外形

续表

序号	图标	英文名称	中文含义	说明
7		ZLEVEL_CORNER	深度拐角加工	适用于使用轮廓加工模式精加工或过渡圆角部位无法加工的区域
8		FIXED_CONTOUR	固定轴曲面轮廓铣	适用于对具有各种驱动方法、空间范围和切削模式的部件或切削区域进行轮廓铣。刀轴是+ZM

1. 基本型腔铣

基本型腔铣用于大部分零件的粗加工，以及直壁或斜度不大的侧壁的精加工。通过限定高度值，基本型腔铣可用于平面的精加工及清角加工等。

2. 自适应铣削

自适应铣削：在垂直于固定轴的平面切削层对一定量的材料进行粗加工，同时维持刀具进刀一致。

自适应铣削是西门子公司研发的高效加工策略，是一种高效加工解决方案，可以实现大的切削深度，快的进给速度，以及动态调整。使用自适应铣削不仅可以缩短生产周期，而且单个工序的时间也大幅度缩短。

在传统的深切削慢进给加工策略中，由于采用较大的切削深度，刀具、机床载荷比较大，并且在较慢的进给速度下不容易排屑，加工缓慢，所以整体加工效率比较低。

1）自适应铣削的特点

（1）刀路轨迹计算。自适应铣削生成的所有刀路轨迹都是通过接触角来计算的。接触角是指当刀具旋转轴为 Z 轴时，根据刀具和毛坯材料接触圆弧大小定义的角。刀具会严格按照这个角进行切削，不会超过设定的最大切削角。接触角方式与之前定义的“行间距”方式有很大的不同，这种方式可以使每次切削的毛坯更加均匀。接触角方式所生成的路径步距是不恒定的，也就是说，以变化的路径步距进行加工。接触角方式可以根据目标零件的形状自动产生摆线与螺旋组合的刀路轨迹。快的进给速度可以根据接触角的改变进行动态的调整；并且通过调整和优化进给速度，可以保证大切削深度时切削的安全性。

（2）变体加工策略。UG NX 的自适应铣削变体加工策略可以自动生成摆线和环绕相结合的刀具路径，这是它独有的一种极适合高速加工的加工方式。在执行环绕加工时，可以把刀具路径看作赛车跑道，赛车可以偏离跑道的中心，从而产生类似赛车在跑道内的运动路径，赛车可以在不失速率的情况下转弯。变体加工策略增加了刀具路径的光滑性、平衡性，可以避免刀具路径突然转向，以及频繁地切入、切出所造成的冲击。

（3）智能余量识别功能。自适应铣削同样具有智能余量识别功能。自适应铣削能在大加工量、全刀宽切削、拐角等区域自动采用摆线加工方式进行加工。摆线加工：刀具沿着一滚动的圆运动，逐层对零件进行加工，从而避免使用传统偏置初加工策略中可能出现的大切削载荷。采用摆线加工方式可以在高速加工过程中采用大的下切步距，产生的刀具路径始终是光滑、平稳的。

2）采用自适应铣削的优势

（1）可以减小刀具磨损，降低使用成本。通过动态地调整进给速度和使用大的切削深度，减弱了刀具的冲击，避免了刀具的局部磨损，并且通过控制最大接触角，保证了刀具所受载荷恒定及切屑的均匀。

（2）缩短加工时间，提高生产效率。特别是对硬质材料的去除和使用尺寸较小刀具进行切削时，可以极大地提高效率。使用大的切削深度可以减少层切的次数。快的进给速度能及时动态调整，发挥机床自身最大功效。

（3）智能刀具路径帮助使用者选择合理的工艺参数。这些工艺参数包括切削深度、最大/最小切削角度、进给率和转速等。

（4）所有参数的计算都是基于材料、机床标准规范的。

3. 插削

插削是一种特殊的铣削加工工艺，刀具连续进行上下运动，快速、大量地去除材料。对于深度较大的立壁腔体零件，插削比型腔铣更加有效。插削对机床的刚性要求非常高，一般模具加工不使用插削。

4. 拐角粗加工

拐角粗加工时，可采用参考刀具加工前一操作中因刀具尺寸太大而在拐角处留下的余量作为拐角的余量范围。在切削参数空间范围栏还可以用 3D 和基于层的 IPW 方式来指定拐角的余量范围。

5. 剩余铣

剩余铣适用于加工本工序出现以前所有刀具切削后残留的材料。

6. 深度加工

深度加工的两种子类型分别为深度轮廓加工和深度拐角加工。

（1）深度轮廓加工是一种特殊的型腔铣，类似基本型腔铣中的轮廓铣削：通过层切方式加工零件实体表面轮廓。通过指定切削区域和陡峭设置可以方便地实现对零件表面分区域按角度进行分层加工。

（2）深度拐角加工的功能和型腔铣中拐角粗加工的功能基本一致，适用于使用轮廓加工模式精加工或过渡圆角部位无法加工的区域。

7. 固定轴曲面轮廓铣

固定轴曲面轮廓铣适用于对采用各种驱动方法、空间范围和切削模式加工的部件或切削区域进行轮廓铣。

A2-2-3　平面铣

1. 简介

平面铣是一种 2.5 轴的加工方式，在加工过程中，它产生在水平方向的 X 轴和 Y 轴联动，而 Z 轴方向只在完成一层加工进入下一层时才进行单独的动作。

平面铣是一种以边界为加工对象的操作类型，适用于加工直壁平底的零件。平面铣只能加工与刀轴垂直的几何体，因而其刀轨加工出的是直壁垂直于底面的工件。

平面铣建立的平面边界定义了零件几何体的切削区域，并且一直切削到指定的底平面。每一层刀路除深度不同外，形状与上一个或下一个切削层的刀路严格相同。平面铣只能加工出直壁平底的工件。

2. 平面铣的子类型

在创建工序时，选择类型为“mill_planar”，可以选择多种工序子类型，如图 A2-37 所示。不同平面铣子类型的几何体选择、默认的切削模式、加工区域判断有所差别。平面铣各子类型如表 A2-5 所示。

图 A2-37　创建工序

表 A2-5　平面铣各子类型

图标	英文名称	中文含义	说明
	FLOOR_WALL	底壁铣	选择底面和/或壁几何体。要移除的材料由切削区域底面和毛坯厚度确定
	FLOOR_WALL_IPW	带 IPW 的底壁铣	选择底面和/或壁几何体。要移除的材料由所选几何体和 IPW 确定

续表

图标	英文名称	中文含义	说明
	FACE_MILLING	带边界面铣	垂直于平面边界定义区域内的固定刀轴进行切削
	FACE_MILLING_MANUAL	手工面铣	切削垂直于固定刀轴的平面，同时允许向每个包含手动切削模式的切削区域指派不同切削模式
	PLANAR_MILL	平面铣	移除垂直于固定刀轴的平面切削层中的材料
	PLANAR_PROFILE	平面轮廓铣	使用轮廓切削模式生成单刀路和沿部件边界描绘轮廓的多层平面刀路
	CLEANUP_CORNERS	清理拐角	使用 2D 过程工件移除之前工序所遗留的材料
	FINISH_WALLS	精铣壁	使用轮廓切削模式精加工壁，同时留出底面上的余量
	FINISH_FLOOR	精铣底面	使用跟随部件切削模式精加工底面，同时留出壁上的余量
	GROOVE_MILLING	槽铣削	使用 T 型刀切削单个线性槽
	HOLE_MILLING	孔铣	使用平面螺旋和/或螺旋切削模式加工盲孔和通孔
	THREAD_MILLING	螺纹铣	加工孔内螺纹
	PLANAR_TEXT	平面文本	平面上的机床文本
	MILL_CONTROL	铣削控制	仅包含机床控制用户定义事件
	MILL_USER	用户定义铣	需要定制 UG NX Open 程序以生成刀路的特殊工序

平面铣加工“mill_planar”是基本类型，也是最常用的一种平面铣操作。底壁铣以加工表面为加工对象，文本铣以注释文本为加工几何体，需要指定不同的几何体。

能力训练：完成模具 A 板零件 CAM 仿真加工

1．操作条件

（1）设备：装有 UG NX 12.0 的计算机一台。

（2）模型：模具 A 板模型文件一个。

A 板 CAM 仿真加工

2．注意事项

在使用计算机之前，先开显示器等外设，后开主机。在关闭计算机时，则相反，先关闭主机，然后关闭显示器等外设。

在使用计算机时，文件不要放到系统盘下。

3．操作过程

序号	操作步骤	操作方法及说明	能力要求
1	导入数字模型	单击图标，根据文件存放路径选择“模框.prt”文件后，单击“OK”按钮，导入数字模型，如图 A2-38 所示。	能导入数字模型

序号	操作步骤	操作方法及说明	能力要求
1	导入数字模型	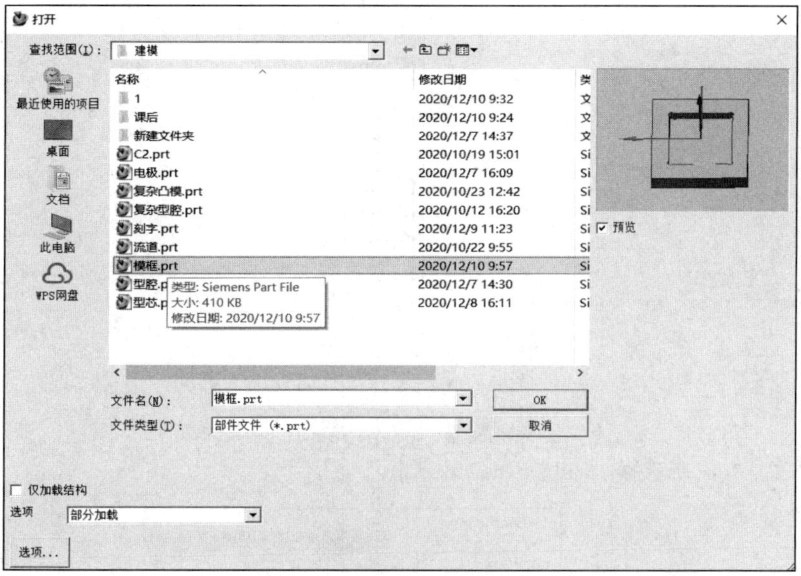 图 A2-38　导入数字模型	能导入数字模型
2	进入加工环境	单击应用模块→加工图标，进入加工环境，如图 A2-39 所示。 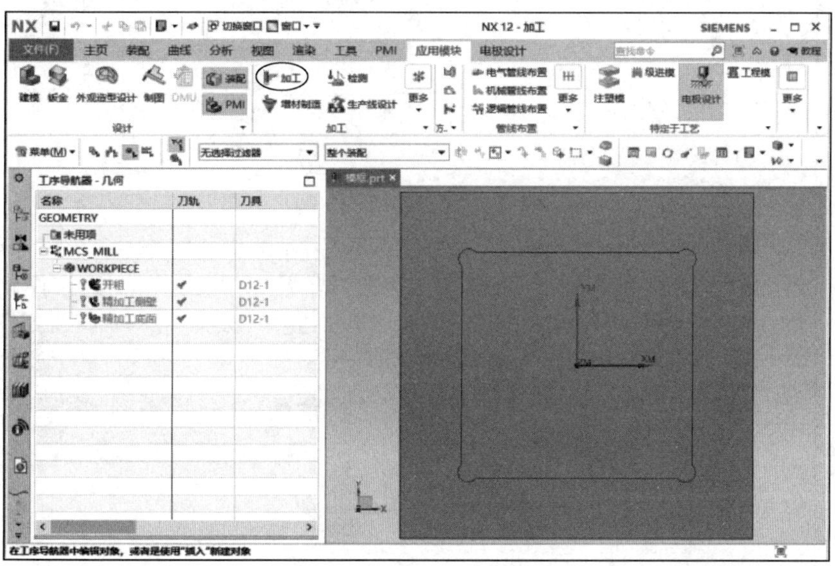 图 A2-39　进入加工环境	能进入加工环境

<table>
<tr><th>序号</th><th>操作步骤</th><th>操作方法及说明</th><th>能力要求</th></tr>
<tr><td>3</td><td>创建几何体</td><td>

第一步，在如图 A2-40 所示的界面中选择“几何视图”选项。

图 A2-40　选择“几何视图”界面

第二步，双击“工序导航器-几何”界面中的 MCS_MILL 图标，系统弹出如图 A2-41 所示的“Mill Orient”对话框。

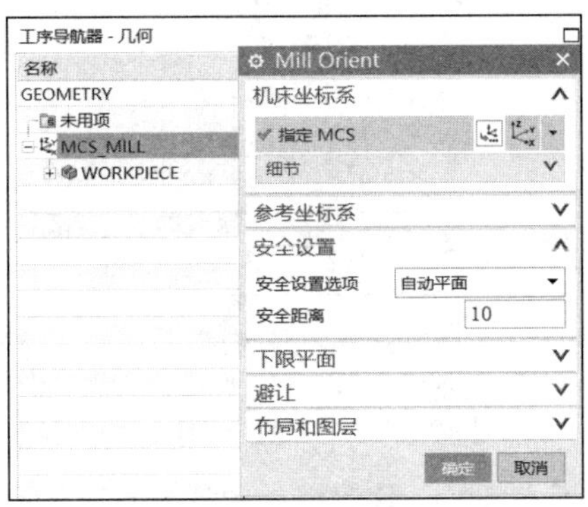

图 A2-41　“Mill Orient”对话框

第三步，在“机床坐标系”选项组中勾选“指定 MCS”复选框，在“操控器”选项组中勾选“指定方位”复选框，“类型”选择“两点之间”，选择工件上表面对角，“安全设置选项”选择“平面”，指定平面选中上表面，在“距离”文本框中输入“50”，创建安全平面，如图 A2-42 所示。

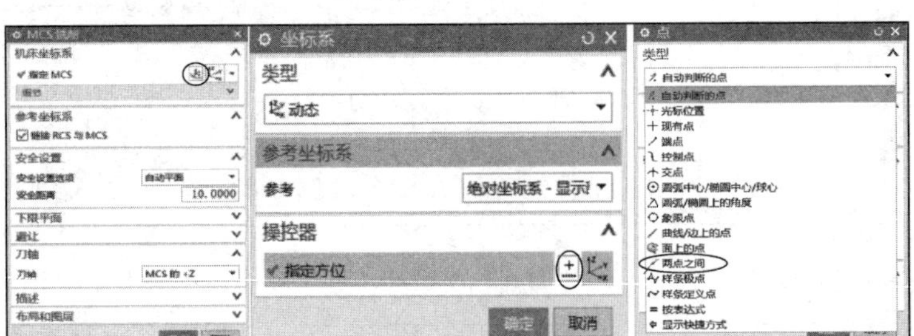

图 A2-42　MCS 设置

</td><td>能创建几何体</td></tr>
</table>

序号	操作步骤	操作方法及说明	能力要求
3	创建几何体	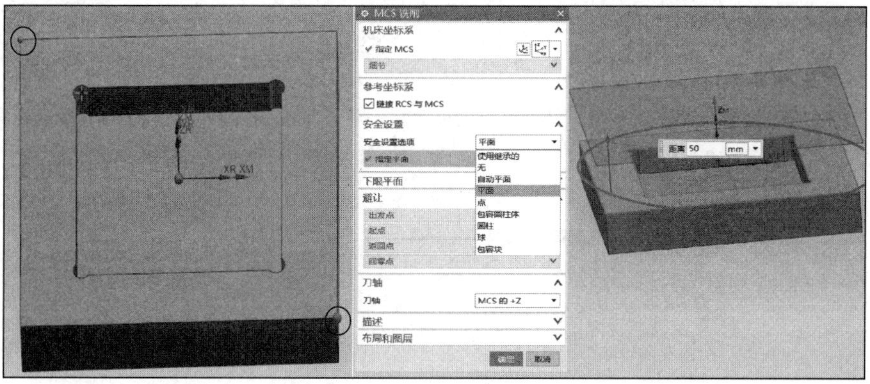 图 A2-42（续） 第四步，单击“工序导航器-几何”对话框中“MCS_MILL”选项左侧的“+”图标，然后双击 WORKPIECE 图标，系统弹出“铣削几何体”对话框，如图 A2-43 所示。单击图标，系统弹出“部件几何体”对话框，选中导入的模具 A 板模型后，单击“确定”按钮，完成部件几何体的设置，如图 A2-44 所示。  图 A2-43　“铣削几何体”对话框 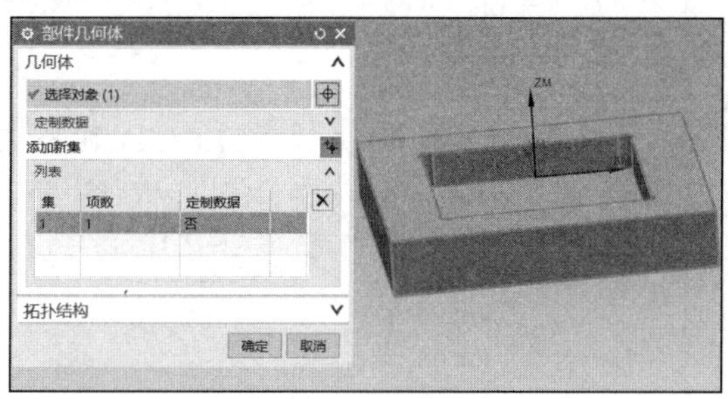 图 A2-44　“部件几何体”对话框 第五步，单击图标，弹出“毛坯几何体”对话框，“类型”选择“包容块”，获得所需毛坯体，如图 A2-45 所示。 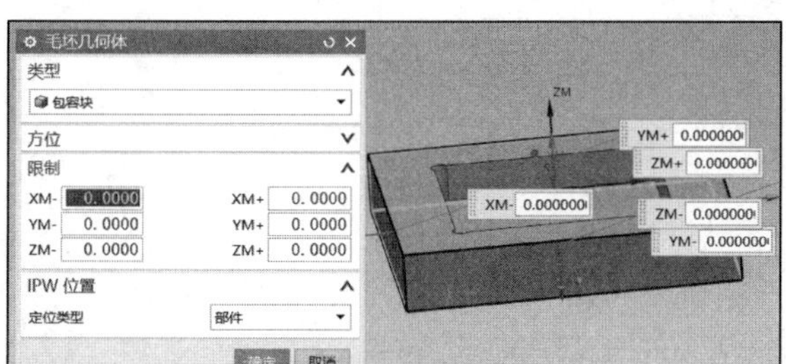 图 A2-45　“毛坯几何体”对话框	能创建几何体

序号	操作步骤	操作方法及说明	能力要求
4	模具A板零件CAM-开粗	第一步，创建开粗程序。在插入工具条中单击（创建工序）图标，系统弹出如图 A2-46 所示的“创建工序”对话框，“类型”选择“mill_contour”，“工序子类型”选择（自适应铣削），“几何体”选择“WORKPIECE”，设置“名称”为“CAVITY_MILL”，单击“确定”按钮，系统弹出如图 A2-47 所示的“自适应铣削-[开粗]”对话框。  图 A2-46 “创建工序”对话框 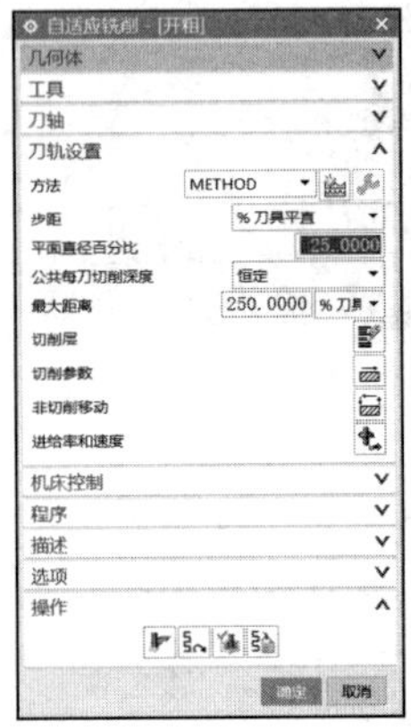 图 A2-47 “自适应铣削-[开粗]”对话框 第二步，创建刀具。在“自适应铣削-[开粗]”对话框的“工具”选项组中，单击（创建刀具）图标，系统弹出如图 A2-48 所示的“创建刀具”对话框，设置“名称”为“D12”，输入“直径”为“12”，单击“确定”按钮，完成 D12 立铣刀的创建，如图 A2-49 所示。 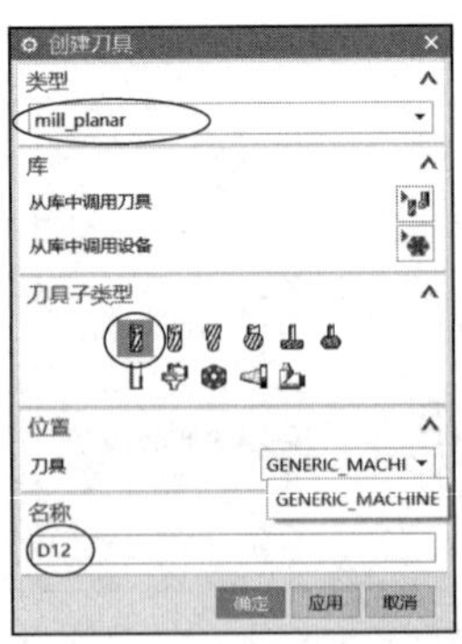 图 A2-48 “创建刀具”对话框 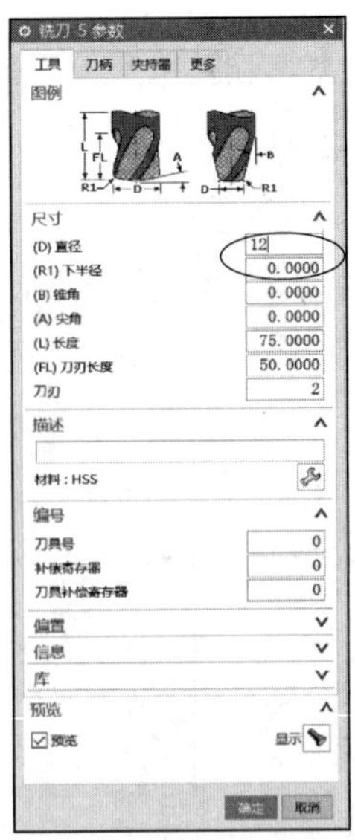 图 A2-49 D12 立铣刀参数的设置	能够用自适应铣削工序进行开粗

<table>
<tr><th>序号</th><th>操作步骤</th><th>操作方法及说明</th><th>能力要求</th></tr>
<tr><td>4</td><td>模具A板零件CAM-开粗</td><td>
第三步，设置刀轨基本参数。在“自适应铣削-[开粗]”对话框中的“刀轨设置”选项组中，设置“平面直径百分比”为“25%”，“最大距离”为“250%”，完成刀轨的基本设置，如图 A2-50 所示。

第四步，设置切削参数。单击“自适应铣削-[开粗]”对话框中的（切削参数）图标，系统弹出“切削参数”对话框，如图 A2-51 所示。在“余量”选项卡中，不勾选“使底面余量与侧面余量一致”复选框，设置“部件侧面余量”为“0.3”，“部件底面余量”为“0.2”，其他参数保持不变，单击“确定”按钮完成切削参数的设置。

第五步，设置进给率和速度。单击“自适应铣削-[开粗]”对话框中的图标，系统弹出如图 A2-52 所示的“进给率和速度”对话框，勾选“主轴速度”复选框，设置“主轴速度”为“4000”，注意单位为“rpm”，单击图标，系统自动计算表面速度与每齿进给量，“进给率”设置为“2500mmpm”，单击“确定”按钮，完成进给率和速度的设置。

图 A2-50　刀轨的基本设置

图 A2-51　“切削参数”对话框

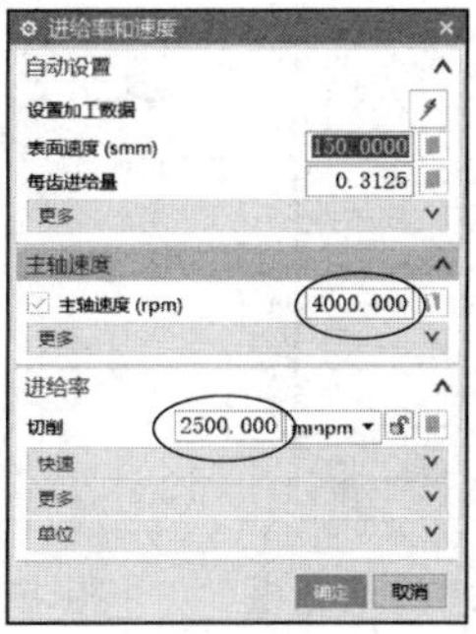

图 A2-52　“进给率和速度”对话框
</td><td>能够用自适应铣削工序进行开粗</td></tr>
</table>

<table>
<tr><th>序号</th><th>操作步骤</th><th>操作方法及说明</th><th>能力要求</th></tr>
<tr><td>4</td><td>模具A板零件CAM-开粗</td><td>

第六步，生成整体开粗刀轨。单击“自适应铣削-[开粗]”对话框底部的图标，系统自动完成模具A板整体开粗刀轨的计算，模具A板开粗刀轨效果如图A2-53所示。单击图标，然后打开“3D动态”选项组，调整动画速度，单击按钮，虚拟切削效果如图A2-54所示。

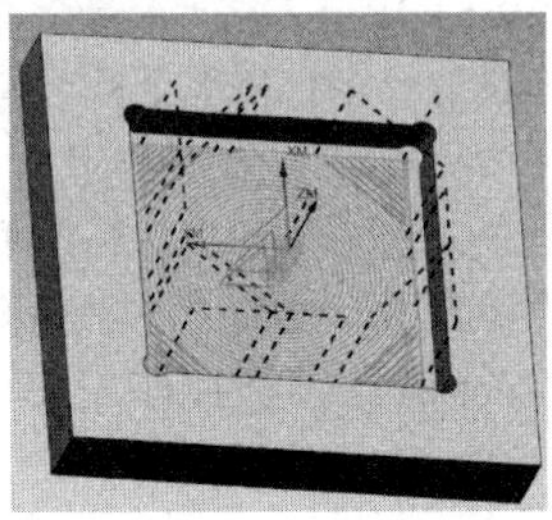

图 A2-53　模具 A 板开粗刀轨效果

图 A2-54　虚拟切削效果

</td><td>能够用自适应铣削工序进行开粗</td></tr>
<tr><td>5</td><td>模具A板零件CAM-精加工</td><td>

第一步，创建精加工程序。在插入工具条中单击（创建工序）图标，系统弹出如图A2-55所示的“创建工序”对话框，设置“类型”为“mill_contour”，“工序子类型”为（深度轮廓加工），“几何体”为“WORKPIECE”，“名称”为“精加工侧壁”，单击“确定”按钮，系统弹出如图A2-56所示的“深度轮廓铣-[精加工侧壁]”对话框。在“工具”选项组中，设置“最大距离”为“2mm”，其他选项默认不变，同时指定切削区域。

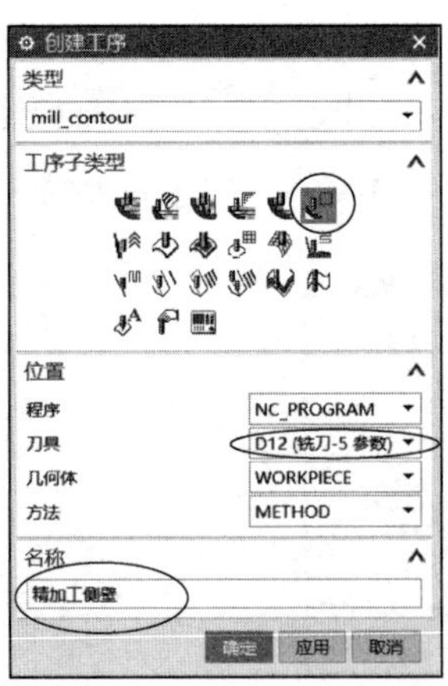

图 A2-55　“创建工序”对话框

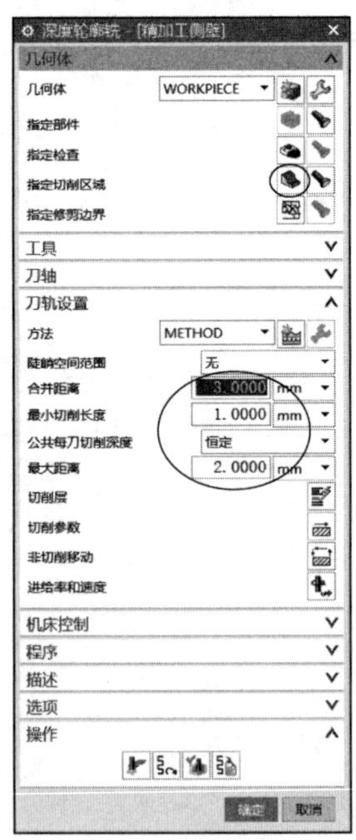

图 A2-56　“深度轮廓铣-[精加工侧壁]”对话框

</td><td>熟悉用深度轮廓铣工序进行精加工</td></tr>
</table>

<table>
<tr><th>序号</th><th>操作步骤</th><th>操作方法及说明</th><th>能力要求</th></tr>
<tr><td>5</td><td>模具A板零件CAM-精加工</td><td>
第二步，设置切削区域，如图 A2-57 所示。

图 A2-57　精加工切削区域的设置

第三步，设置切削参数。单击“深度轮廓铣-[精加工侧壁]”对话框中的图标，系统弹出“切削参数“对话框。在如图 A2-58 所示的“连接”选项卡中，设置“层到层”为“沿部件斜进刀”，“斜坡角”为“3”。在如图 A2-59 所示的“余量”选项卡中，设置“内公差”为“0.003”，“外公差”为“0.003”。其他选项卡默认不变。单击“确定”按钮，完成切削参数的设置。

图 A2-58　“连接”选项卡

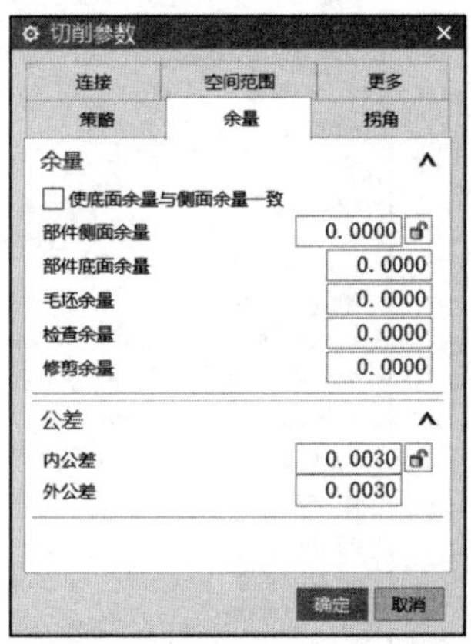

图 A2-59　“余量”选项卡

第四步，设置进给率和速度。单击“深度轮廓铣-[精加工侧壁]”对话框中的图标，系统弹出如图 A2-60 所示的“进给率和速度”对话框，勾选“主轴速度”复选框，设置“主轴速度”为“3500”，注意单位为“rpm”；单击图标，系统自动计算表面速度与每齿进给量，“进给率”设置为“1500mmpm”，单击“确定”按钮，完成进给率和速度的设置。
</td><td>熟悉用深度轮廓铣工序进行精加工</td></tr>
</table>

<table>
<tr><th>序号</th><th>操作步骤</th><th>操作方法及说明</th><th>能力要求</th></tr>
<tr><td>5</td><td>模具A板零件CAM-精加工</td><td>

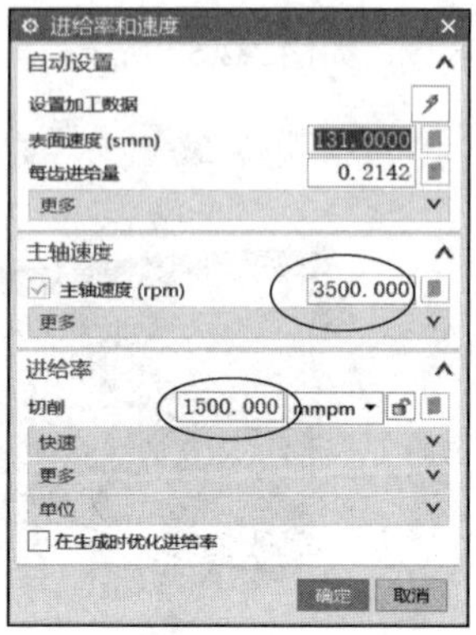

图 A2-60 “进给率和速度”对话框

第五步，设置非切削移动参数。单击图标，系统弹出“非切削移动”对话框，在“进刀”选项卡的“封闭区域”选项组中设置“进刀类型”为“沿形状斜进刀”，“斜坡角度”为“3”，“高度”为“0.2mm”，“最小安全距离”为“0mm”，“最小斜坡长度”为“70%”，如图 A2-61 所示。在如图 A2-62 所示的“转移/快速”选项卡中，将“区域之间”选项组中的“转移类型”设置为“毛坯平面”，“安全距离”设置为“3mm”；将“区域内”选项组中的“转移类型”设置为“毛坯平面”，“安全距离”设置为“3mm”。其他选项卡默认不变。单击“确定”按钮，完成非切削移动参数的设置。

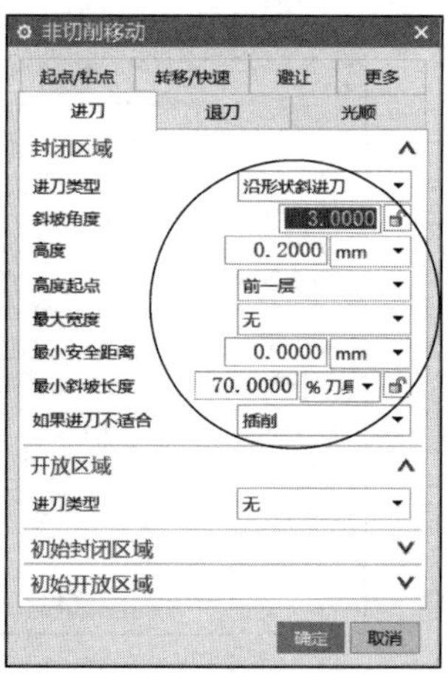

图 A2-61 “进刀”选项卡

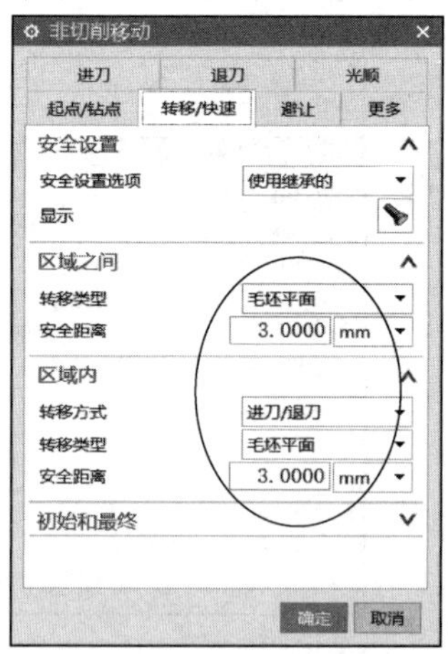

图 A2-62 “转移/快速”选项卡

第六步，生成精加工刀轨。单击“深度轮廓铣-[精加工侧壁]”对话框中的图标，系统自动完成模具 A 板整体精加工刀轨的计算。模具 A 板精加工刀轨效果如图 A2-63 所示。单击图标，然后打开“3D 动态”选项组，调整动画速度，单击按钮，虚拟切削效果如图 A2-64 所示。

</td><td>熟悉用深度轮廓铣工序进行精加工</td></tr>
</table>

<table>
<tr><th>序号</th><th>操作步骤</th><th>操作方法及说明</th><th>能力要求</th></tr>
<tr><td>5</td><td>模具A板零件CAM-精加工</td><td>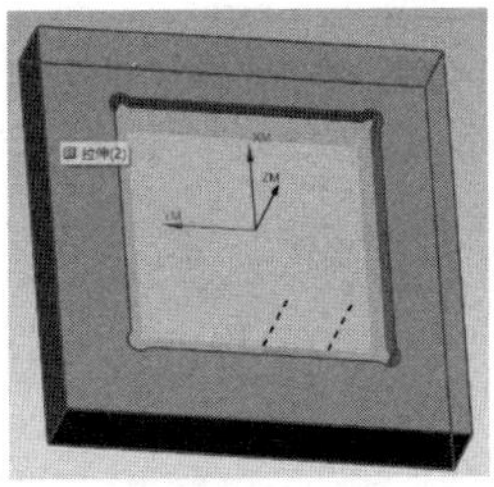
图 A2-63　模具 A 板精加工刀轨效果

图 A2-64　虚拟切削效果</td><td>熟悉用深度轮廓铣工序进行精加工</td></tr>
<tr><td>6</td><td>模具A板零件CAM-底面精加工</td><td>第一步，创建底面精加工程序。在插入工具条中单击（创建工序）图标，系统弹出如图 A2-65 所示的“创建工序”对话框，设置“类型”为“mill_planar”，“工序子类型”为（底壁铣），刀具为“D12（铣刀-5 参数）”，“几何体”为“WORKPIECE”，“名称”为“精加工底面”，单击“确定”按钮，系统弹出如图 A2-66 所示的“底壁铣-[精加工底面]”对话框。在“刀轨设置”选项组中，将“切削模式”设置为“往复”，将“最大距离”设置为“40%”，其他选项默认不变，同时指定切削区域。

图 A2-65　“创建工序”对话框

图 A2-66　“底壁铣-[精加工底面]”对话框
第二步，设置切削区域，如图 A2-67 所示。
第三步，设置切削参数。单击“底壁铣-[精加工底面]”对话框中的图标，系统弹出“切削参数”对话框，在如图 A2-68 所示的“策略”选项卡中，勾选“添加精加工刀路”复选框，单击“确定”按钮，完成切削参数的设置。</td><td>熟悉用底壁铣工序进行平面精加工</td></tr>
</table>

<table>
<tr><th>序号</th><th>操作步骤</th><th>操作方法及说明</th><th>能力要求</th></tr>
<tr><td>6</td><td>模具 A 板零件 CAM -底面精加工</td><td>

图 A2-67　切削区域的设置　　　图 A2-68　“策略”选项卡
第四步，生成精加工刀轨。单击“底壁铣-[精加工底面]”对话框中的图标，系统自动完成模具 A 板底壁精加工刀轨的计算，模具 A 板底壁精加工刀轨效果如图 A2-69 所示。单击图标，然后打开“3D 动态”选项组，调整动画速度，单击按钮，虚拟切削效果如图 A2-70 所示。
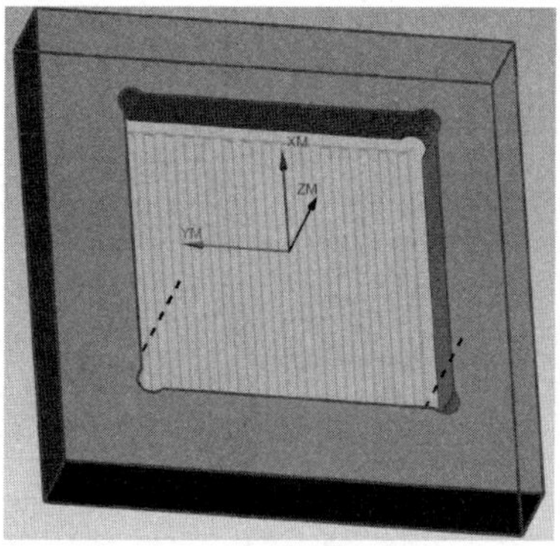

图 A2-69　模具 A 板底壁精加工刀轨效果　　　图 A2-70　虚拟切削效果
第五步，设置进给率和速度。单击图标，系统弹出如图 A2-71 所示的“进给率和速度”对话框，勾选“主轴速度”复选框，设置“主轴速度”为“3500”，注意单位为“rpm”；单击图标，系统自动计算表面速度与每齿进给量，“进给率”设置为“1500mmpm”，单击“确定”按钮，完成进给率和速度的设置。
</td><td>熟悉用底壁铣工序进行平面精加工</td></tr>
</table>

序号	操作步骤	操作方法及说明	能力要求
6	模具 A 板零件 CAM-底面精加工	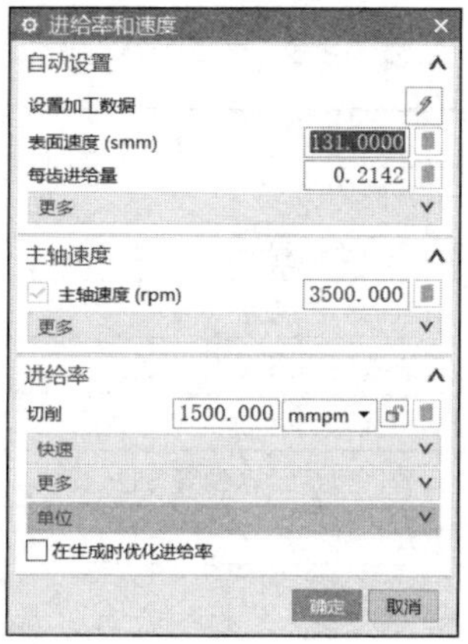 图 A2-71　“进给率和速度”对话框	熟悉用底壁铣工序进行平面精加工

能力拓展一

一位同学在创建二粗加工程序，生成二次补开粗刀轨时，系统提示“参考刀具比切削刀具小，将被忽略”的错误提示，试指出该同学哪一步设置有问题，并提出解决方法。

能力拓展二

一位同学在创建精加工程序，生成精加工刀轨时，产生如图 A2-72 所示的错误精加工刀轨，试指出该同学哪一步设置有问题，并提出解决方法。

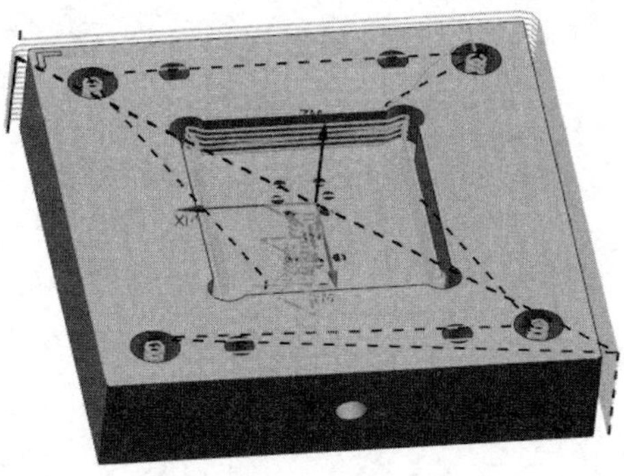

图 A2-72　错误的精加工刀轨

4. 学习结果评价

学习结果评价表如表 A2-6 所示。

表 A2-6　学习结果评价表

序号	评价内容	评价标准	评价结果（是/否）
1	知识与技能	了解平面铣的特点	□是　□否
		熟悉平面铣刀路编程流程	□是　□否
		了解自适应铣削的特点	□是　□否
		熟悉自适应铣削刀路编程流程	□是　□否
		能完成模具 A 板开模框加工刀轨的设置方法	□是　□否
		熟悉刀具的创建与数据设置方法	□是　□否
		掌握创建几何体的形状与位置的设置方法	□是　□否
2	总评	“是”与“否”在本次评价中所占百分比	“是”占____% “否”占____%

课后作业

1. 从本书配套电子资源中获取一个模具 A 板模型，完成开模框的 CAM 设置。
2. 列举 3 种进入创建刀具界面的方式。
3. 常用的刀轨形式有哪些？它们各有什么特点？分别适用于何种零件加工？

B

工作领域

模具主要零件仿真加工

近年来，技术较先进的模具制造厂家采用组合式结构的型腔已越来越少，大多采用数控机床、电加工等方法使型腔一次整体成型，这样型腔的精度、强度、刚度都得到明显的提高，型腔的使用寿命得到明显的延长。

CAM 仿真加工技术广泛地应用于航天、航空、化工、交通管理等领域。在机械制造业中，随着全球市场竞争的日益激烈，各企业都力求以最好质量、最低成本和最快速度将产品推向市场。CAM 仿真加工技术在产品开发中，从概念设计到报废的整个周期的各个阶段，都得到了充分应用。

工作任务 B1　型腔零件加工工艺设计及 CAM 仿真加工

职业能力 B1-1　熟练完成自行车尾灯型腔加工工艺设计

【核心概念】

型腔：用于成型产品外表面的模具零件。

工艺规划：根据零件参数定义零件成型所需的工序。工艺规划是指导生产的主要技术文件，也是生产组织和管理的基本依据。

一般模具零件的工艺过程规划：首先分析零件的结构工艺性，确定毛坯类型与加工方法，然后对模具零件热处理工序进行安排，最后选择定位基准。

典型模具型腔零件铣削工艺规划：先分析典型模具型腔零件的铣削工艺，再确定装夹方案，之后确定加工顺序规划并选择刀具，最后对切削用量进行设定。

【学习目标】

1. 了解型腔的概念。
2. 能熟练创建基础对象。
3. 能完成一般模具零件的分析及工艺过程规划。
4. 能完成典型模具型腔零件的铣削工艺规划。
5. 能熟练操作型腔体工序中切削参数的设置。
6. 培养安全意识，树立社会责任感。

基本知识：型腔的类型、模型分析及工艺过程规划

B1-1-1　型腔的类型

型腔按结构不同可分为整体式型腔、整体嵌入式型腔、局部镶嵌式型腔、大面积镶嵌组合式型腔，其结构如图 B1-1～图 B1-4 所示。近年来，技术较先进的模具制造厂家采用组合式结构的型腔已越来越少，大多采用数控机床、电加工等方法使型腔一次整体成型，这样型腔的精度、强度、刚度、使用寿命都得到明显的提高。

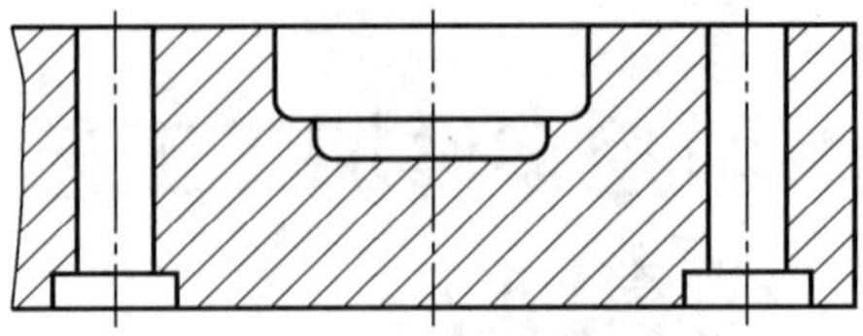

图 B1-1　整体式型腔的结构

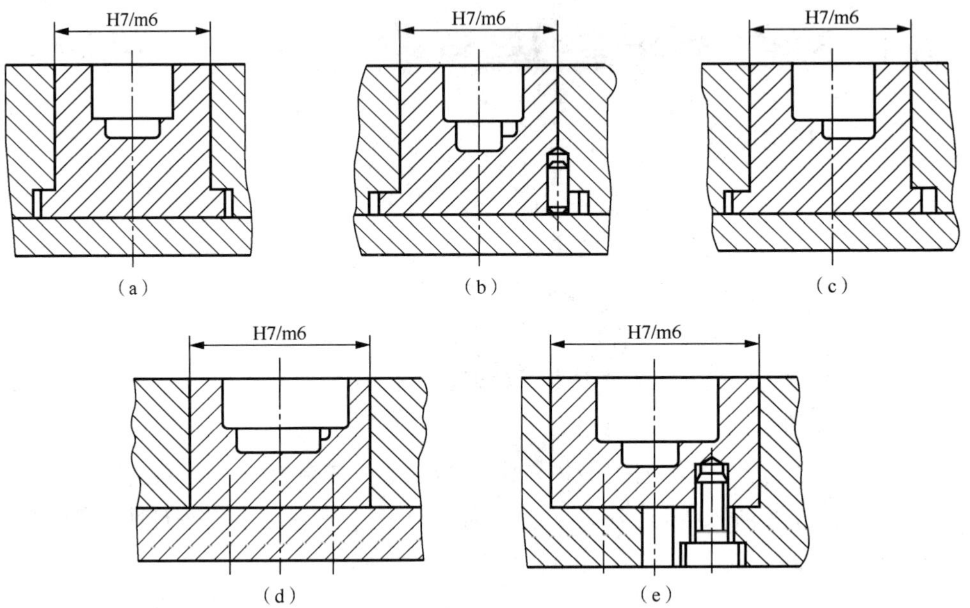

图 B1-2　整体嵌入式型腔的结构

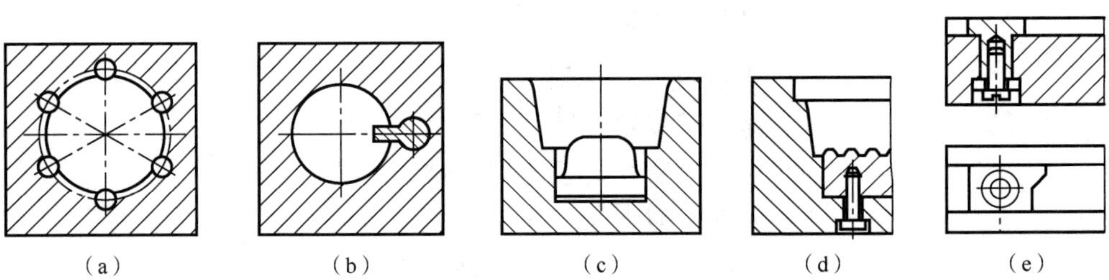

图 B1-3　局部镶嵌式型腔的结构

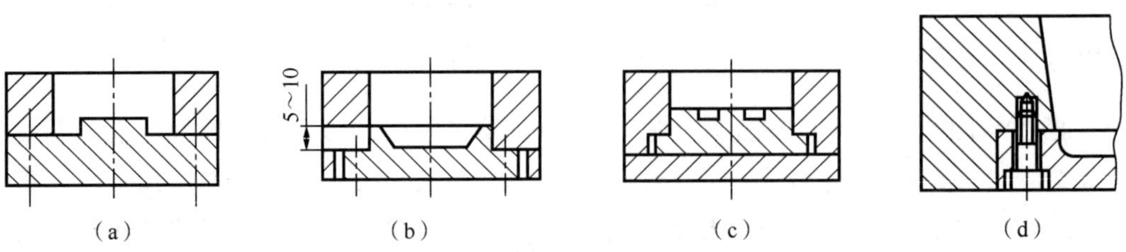

图 B1-4　大面积镶嵌组合式型腔的结构

B1-1-2　型腔模型分析及工艺过程规划

制定型腔零件加工工艺规程的基本原则是，要保证以最低的市场成本和最高的生产效率，可靠地加工出符合设计图样要求的模具产品。自行车尾灯型腔如图 B1-5 所示。下面以自行车尾灯型腔模型为例，介绍型腔模型的分析及工艺过程规划方法。

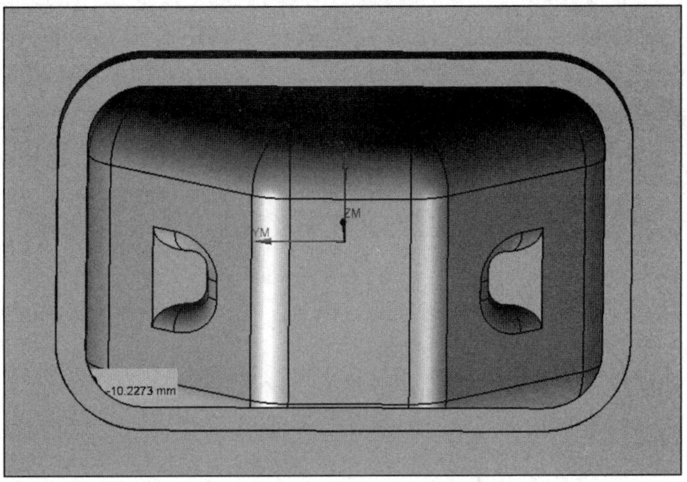

图 B1-5　自行车尾灯型腔

1. 模具成型零件分析

模具成型零件一般比较复杂，而且有较高的加工精度要求，其加工质量直接影响产品的质量与模具的使用寿命。在进行自行车尾灯型腔零件型腔加工之前，需要对加工零件的特征进行分析，自行车尾灯型腔是成型自行车尾灯的外表面部分，因而模具型腔尺寸精度要求较高。在进行加工工艺的规划时，应当以保证零件的尺寸精度为首要目标，浇口位置需要单独放电加工，对表面进行简单抛光，达到一定的表面粗糙度即可。

2. 典型模具成型零件的工艺过程规划步骤

（1）工艺人员做好零件的结构工艺性分析：协同设计人员，在保证质量、满足使用条件的前提下，尽量减少成本大、费时的特种加工，用镶拼、组合等方法简化加工步骤。材料费用通常只占模具费用的 10%～15%，在对材料费用影响很小的情况下，尽量让模具零件更具可修复性。

（2）毛坯类型的确定和加工方法：模具零件所用毛坯料种类很多，在选择时应同之后的工序、整副模具的周期联系起来，全面考虑。例如，在进行电极加工时，采用大块纯铜料制成小块电极费时；购买标准块电极料，方便快捷，价格稍高；石墨电极在深腔、窄槽加工中优势明显，价格较高。如果赶工期或影响其他模具的生产，那么选用最高效的方法，可忽略成本。

（3）模具零件的热处理工序安排：在工艺规划中，热处理前后的工序安排对零件制造成本、生产效率影响很大，小型模具淬火热处理后粗加工、半精加工、精加工一次到位，不需要考虑热处理变形量。减少加工次数，以提高加工效率。也可以在初加工后再电加工，这样能够增加电极数量，延长加工周期。合理调配加工设备是十分重要的。

（4）定位基准的选择：和普通机械加工一样，合理地选择定位基准可方便生产，减小误差，保证精度。另一方面，模具零件具有自身单件生产、多工序的鲜明特征，定/动模镶件总是要经过铣、线切割、电加工等工序。电极在电火花机床上的校正很费时，因为前期的基准已发生了变化。如今，很多高效的模具厂都开始使用3R、EROWA等定位系统装置。这样，数控铣、线切割机上加工的电极带定位片，取下后直接装夹在电火花机的主轴头上，不用再校正X轴、Y轴方向，只需要定好Z轴方向，快捷、精确，可以大幅度提高生产效率。

能力训练：自行车尾灯型腔零件制造工艺过程卡及加工刀具卡的编制

1. 操作条件

（1）设备：装有UG NX 12.0的计算机一台。
（2）模型：型腔模型文件（B1-1.prt文件）一个。

2. 注意事项

（1）在使用计算机之前，先开显示器等外设，后开主机。在关闭计算机时，则相反，先关闭主机，然后关闭显示器等外设。
（2）在使用计算机时，文件不要放到系统盘下。

3. 编制过程

1）零件工艺分析

生产要求：该零件材质为718H，单件生产。

热处理要求：34～38HRC进行表面处理，在加工前进行。

毛坯分析：铣削前完成精磨加工，尺寸为80mm×120mm×50mm。

基准设计：模具坯料尺寸较小，因此表面不留余量。铣削基准和设计基准重合原则是，坯料XY平面基准设计为上表面中心。

能力要求：能根据生产要求、热处理要求、毛坯分析、基准设计等对自行车尾灯型腔零件进行工艺分析。

2）确定装夹方案

在选择定位基准时，应注意减少装夹次数，尽量做到在一次装夹中把零件上所有要加工的表面都加工出来。由于该零件需要进行翻面加工，所以选择基准十分重要。

定位基准选择：在进行翻面倒角加工时，我们选择顶面作为定位基准进行加工，以统一基准；铣削自行车尾灯正面时，选择自行车尾灯型腔精坯料底面作为定位基准。该定位基准与装配基准重合，可大大减少定位误差对尺寸精度的影响。

装夹方案：该零件外形规则，加工面大多数在上表面，因此选用精密平口钳夹紧，以底面和底面拐角定位，用等高块垫起。需要注意的是，工件高出台虎钳钳口的高度要足够，一般预留 3～5mm 的余量。

能力要求：能通过定位基准的选择确定自行车尾灯型腔零件的装夹方案。

3）自行车尾灯型腔零件的加工制造工艺规划

自行车尾灯型腔零件的加工制造工艺规划从下料开始，依次经历铣平面、磨平面、钻孔、攻丝、型腔开粗、型腔补开、型腔精加工、检验、抛光、检验。自行车尾灯型腔零件制造工艺过程卡如表 B1-1 所示。自行车尾灯型腔零件铣削加工刀具卡如表 B1-2 所示。

表 B1-1 自行车尾灯型腔零件制造工艺过程卡

工序号	工序名称	尺寸	工艺要求	检验	备注
1	下料	90mm×125mm×53mm	带锯条	钢直尺检验自由公差度要求	3mm 余量，手工去毛刺
2	铣平面	80.5mm×120.5mm×50.5mm	铣床铣削	游标卡尺检验，正公差 0.2mm	六面角尺
3	磨平面	80mm×120mm×50mm	平面磨	千分尺	高度留余量，其他留正公差 0～0.02mm
4	钻孔	按零件图要求尺寸	台钻	内径千分尺等，配合长度	
5	攻丝	攻螺纹、水堵管螺纹尺寸	丝攻	螺杆顺畅旋转配合	手工
6	型腔开粗	按零件图要求尺寸	加工中心	千分尺	腔体预留 0.3mm
7	型腔补开	达到零件图要求尺寸	精雕机床	千分尺	腔体预留 0.3mm
8	型腔精加工	达到零件图要求尺寸	精雕机床	所有型面	采点比对
9	检验	按零件图标注和技术要求		千分尺，肉眼观察表面接刀痕	以设计基准为检验基准
10	抛光	符合零件图粗糙度要求	抛光工具	与标准样板对比检验	严禁抛光分型面
11	检验	按零件图标注和技术要求	三坐标机		以设计基准为检验基准

表 B1-2 自行车尾灯型腔零件铣削加工刀具卡

代号				零件名称		零件图号	
自行车尾灯型腔零件铣削加工				自行车尾灯型腔		20201026-01	
夹具名称				使用设备		车间	
精密平口钳				加工中心/精雕机床		机加 01	
工序号	工序内容	刀具号	规格	主轴速度/（r/min）	进给速度/（mm/min）	每刀切削深度/mm	余量/mm
1	正面零件整体开粗	T01	D12 R0.5mm 圆角立铣刀	2500	2500	0.5	0.3
2	补开粗加工	T02	D8 R0.5mm 圆角立铣刀	4000	2500	0.3	0.3
3	精加工	T03	B8 球头刀	5000	1800	0.15	0
4	补光	T04	D8 立铣刀	4500	2050	0.05	0

续表

工序号	工序内容	刀具号	规格	主轴速度/（r/min）	进给速度/（mm/min）	每刀切削深度/mm	余量/mm
5	光面 1	T04	D8 立铣刀	4000	1500	0	0
6	光面 2	T04	D8 立铣刀	4000	1500	0	0

能力要求：能通过设计自行车尾灯型腔加工工艺过程卡及刀具卡，完成加工工艺规划。

能力拓展一

根据前面所学知识，分析用精密平口钳装夹的优缺点。

能力拓展二

根据如图 B1-6 所示的酒杯型腔模.prt 文件，对酒杯型腔零件进行工艺规划。

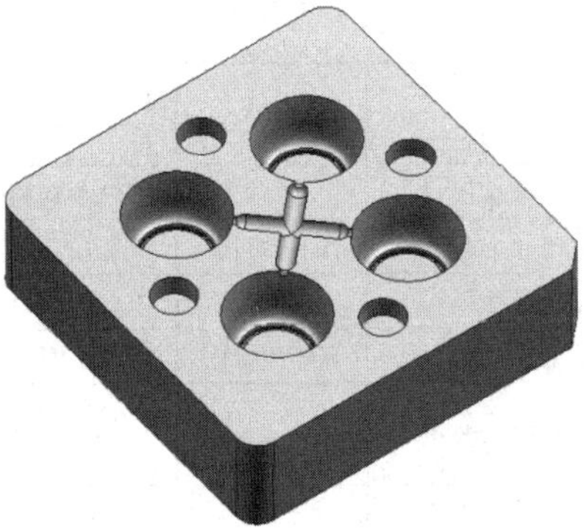

图 B1-6　酒杯型腔模.prt 文件

4. 学习结果评价

学习结果评价表如表 B1-3 所示。

表 B1-3　学习结果评价表

序号	评价内容	评价标准	评价结果（是/否）
1	知识与技能	了解型腔的概念	□是　□否
		能熟练创建基础对象	□是　□否
		能完成一般模具零件的分析及工艺过程规划	□是　□否
		能完成典型模具型腔零件的铣削工艺规划	□是　□否
		能熟练操作型腔体工序中的切削参数设置	□是　□否
2	总评	“是”与“否”在本次评价中所占百分比	“是”占____% “否”占____%

课后作业

1．典型模具成型零件的工艺过程规划包括哪些内容？
2．请对自行车尾灯型腔零件进行简要的工艺分析。
3．当粗加工与精加工用同样大小直径的刀具时，是否需要分开？举例说明。
4．用参考刀具方式二次开粗有何缺点？

职业能力 B1-2　熟练完成自行车尾灯型腔 CAM 仿真加工

【核心概念】

“NC 助理”分析：“NC 助理”是一种特定的分析工具（特定 CAM 环境内），辅助人们完成对加工模型结构（如模型的层、拐角、圆角、拔模等）的分析，分析结果可显示为图形和文本。这些数据为人们选择刀具提供了必要的支持。

【学习目标】

1．了解“NC 助理”分析的方法。
2．能熟练运用“NC 助理”进行 CAM 仿真分析。
3．能熟练完成自行车尾灯型腔的 CAM 仿真加工。
4．发扬一丝不苟、精益求精的工匠精神。

基本知识：加工模型结构的分析

通常在进行 CAM 规划加工之前，需要对加工模型的结构进行分析：零件深度是多少？哪些是平面？哪些是曲面？拔模角度多大？拐角半径或圆角半径是多少？……只有经过一定的分析并结合实际硬件条件，才能制定出更有针对性的加工方案。例如，只有经过拐角分析后，我们才可以得出多大直径的刀具能够带来更高加工效率的结论。再如，零件有倒圆角的加工需求，那就应在倒圆角半径确认后，再确定用多大半径的刀具才能够完成倒圆角的加工。

UG NX 12.0 加工环境下的“NC 助理”对话框（图 B1-7）提供了 4 种分析类型，辅助人们完成对模型的层、拐角、圆角、拔模的分析。“NC 助理”是一种特定的分析工具（特定 CAM 环境内），它位于“分析”菜单下，分析的对象为所选定的面，分析结果可以显示为图形和文本。这些数据为选择刀具提供了必要的支持。

图 B1-7　“NC 助理”对话框

B1-2-1　层分析

通过层分析可以得到加工几何体相对基准平面的高度或深度数据，为选择刀具长度提供参考信息。“NC 助理”对话框中“参考矢量”的设置一般选择刀轴或+ZC 轴。在分析前需要定义一个参考的基准平面，分析的结果是相对这个基准的距离。如果没有定义参考面，则默认工作坐标系的 *XY* 平面为参考基准面。这里选择所有的面进行层分析，参考矢量为+ZC 轴；在设置参考平面时，考虑到加工深度基本加工到分型面位置，因此把分型面高度设置为参考的零位面，以便得到最长刀长值。单击 i 按钮，凹腔深度为-40.9mm，测得底面到分型面的投影距离为 40.9mm，因此可以初步选择刀具的刀刃长度最少为 41mm。层分析流程如图 B1-8 所示。

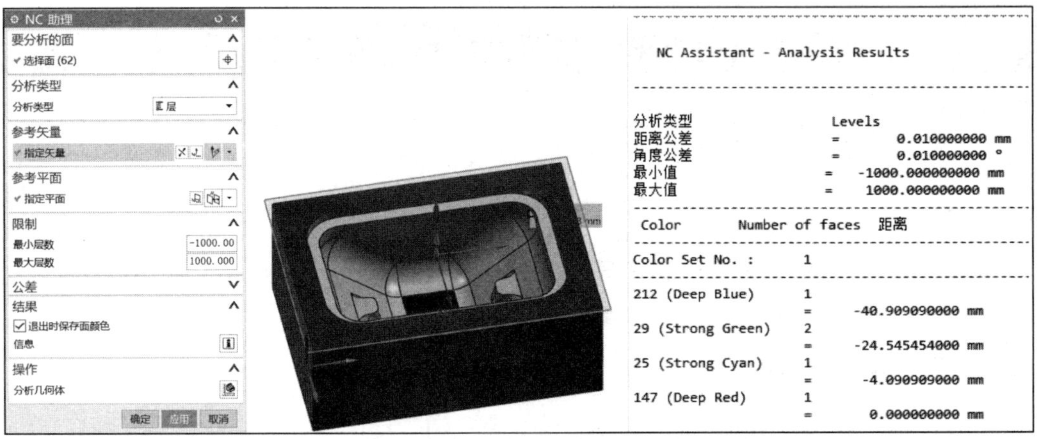

图 B1-8 层分析流程

B1-2-2 拐角分析

拐角分析是指对圆心垂直于参考基准平面的面上的圆角进行半径分析，为刀具的半径选择提供依据。对所有的面进行分析，设置模型底面为参考面，分析数据限定在±50mm 之间，即限定了刀具的最大半径。在模具加工过程中很少用到直径大于 100mm 的刀具，加入车间刀具的最大直径也只有 63mm，因此在分析时保持默认数据即可。拐角分析流程如图 B1-9 所示，利用“局部半径”方法测得一些特征拐角的半径数据为 15.34mm。其他数据分析如图 B1-10 所示。这样就可以确定开圆角使用的刀具长度不小于 37mm。

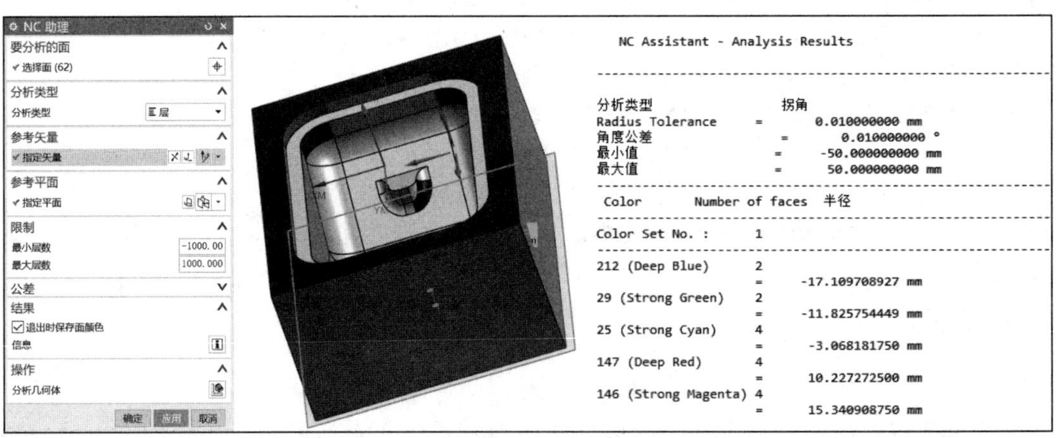

图 B1-9 拐角分析流程

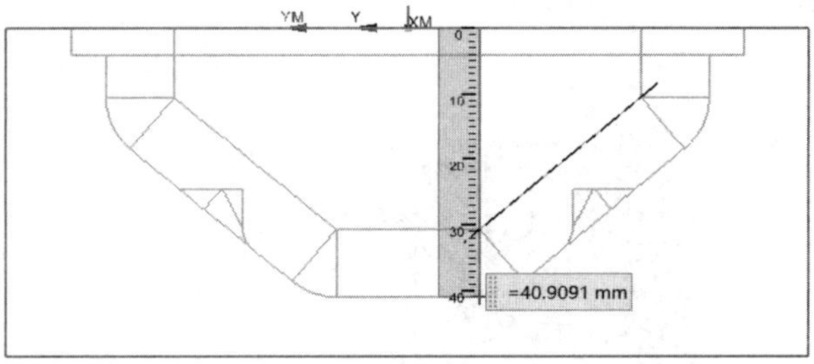

图 B1-10　其他数据分析

B1-2-3　圆角分析

分析加工几何体的底部圆角半径，为选择刀具端角半径（corner radius）提供参考信息。“圆角”是指圆心在平行于参考基准平面的面上的圆角。在如图 B1-11 所示的模型中，能分析出来的圆角数据非常多，分别用不同的颜色表示，根据“信息”界面并结合铣削工艺特点，可知圆角半径为 4.2mm，因此开粗刀具圆角不能大于 4mm，或者说在清根工序中选用的刀具圆角应小于这个数值。拐角和圆角是相对于参考矢量而言的，当参考矢量改变后，拐角和圆角可以相互转换，但数据仍保持不变。

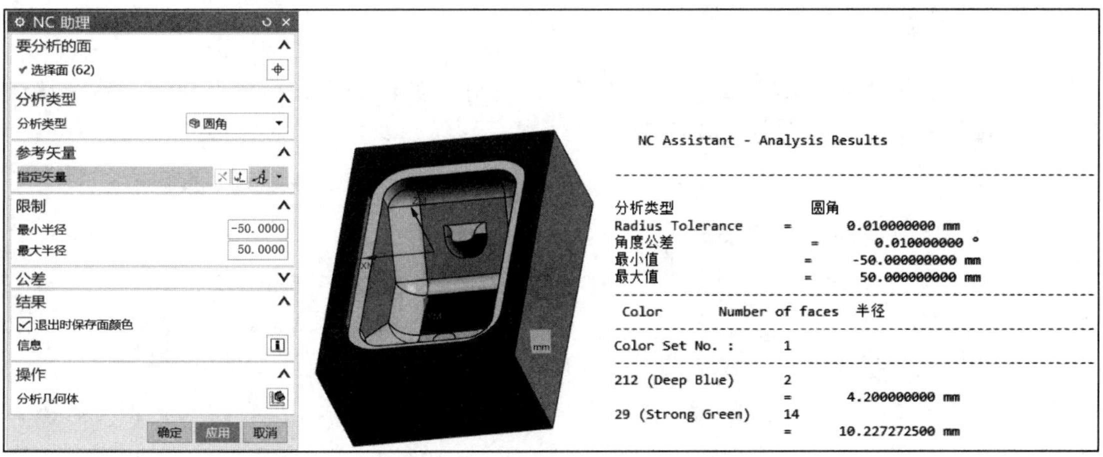

图 B1-11　圆角分析流程

B1-2-4　拔模分析

需要先确定参考方向，即拔模方向，一般设置为刀轴方向（+ZC 轴），用于分析部件壁面相对于脱模方向的拔模角，如果拔模角较小，则精光侧壁时每刀深度可以适当加大，以提高加工效率。拔模分析流程如图 B1-12 所示。

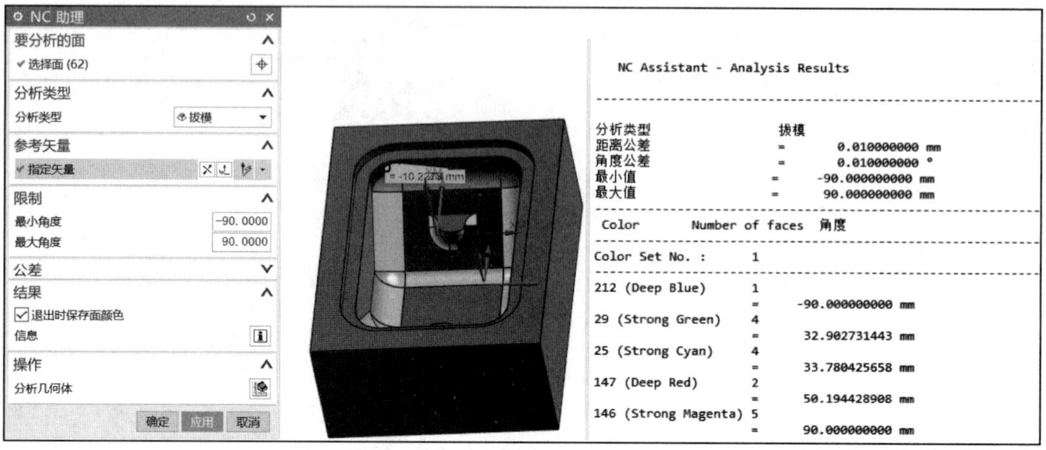

图 B1-12 拔模分析流程

B1-2-5 指定矢量、平面、限制范围

1. 指定矢量

设置的矢量方向决定了系统在分析和分类工件时的层、圆角半径和拔模角时的参考方向，如图 B1-13 所示。

2. 指定平面

允许指定数据为零、用于参考的基础平面。在分析部件的层和拐角半径时，系统从该平面测量公差和限制，如图 B1-14 所示。

图 B1-13 指定矢量

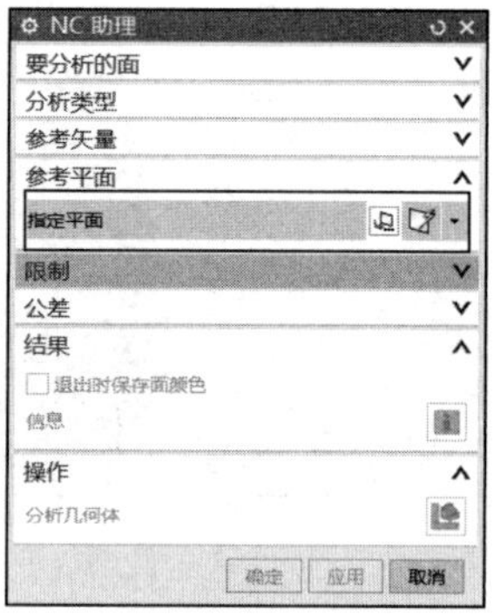

图 B1-14 指定平面

3. 指定限制范围

指定限制范围，在这个范围内分析和显示层、半径和角。

例如，如果分析层的最小角度为-90°、最大角度为 90°，则系统仅分析并显示位于该范围内的面，如图 B1-15 所示。

B1-2-6　距离、半径、角度

这些参数定义的是所选择分析类型的公差范围。例如，先选择层，然后在“距离”文本框中输入“0.01”，在“角度”文本框中输入“0.01”，软件把相互之间距离在 0.01mm 之内且相对指定参考平面/矢量的夹角在 0.01° 以内的所有面识别为一个单独分类，用相同的颜色显示，如图 B1-16 所示。注释距离测量值采用与部件相同的单位，角度测量值以度为单位。

图 B1-15　设置限制范围

图 B1-16　设置公差

在选择层时，“公差”选项组中只出现“距离”“角度”。在选择拐角时，“公差”选项组中只出现“半径”“角度”。在选择圆角时，“公差”选项组中只出现“半径”。在选择拔模时，“公差”选项组中只出现“角度”。

B1-2-7　退出时保存面颜色

如图 B1-17 所示，当关闭“NC 助理”对话框时，勾选“退出时保存面颜色”复选框，将每个面的显示颜色更改为分析过程中显示的颜色。在“信息”窗口中列出分析结果，以确保获得最新信息，单击“信息”图标之前先单击分析几何体图标。

B1-2-8　分析几何体

单击按钮，系统开始分析并显示着色的分析结果，如图 B1-18 所示。

图 B1-17　退出时保存面颜色

图 B1-18　分析几何体

能力训练：自行车尾灯型腔 CAM 仿真加工

1. 操作条件

（1）设备：装有 UG NX 12.0 的计算机一台。

（2）模型：自行车尾灯型腔模型文件一个。

型腔 CAM 仿真加工

2. 注意事项

在使用计算机之前，先开显示器等外设，后开主机。在关闭计算机时，则相反，先关闭主机，然后关闭显示器等外设。

3. 操作过程

序号	操作步骤	操作方法及说明	能力要求
1	导入数字模型	单击按钮，根据文件存放路径选择“型腔”文件后单击“OK”按钮，导入数字模型，如图 B1-19 所示。  图 B1-19　导入数字模型	能导入数字模型
2	进入加工环境	单击应用模块→“加工”图标，单击“确定”按钮，进入加工环境，如图 B1-20 所示。	能进入加工环境

序号	操作步骤	操作方法及说明	能力要求
2	进入加工环境	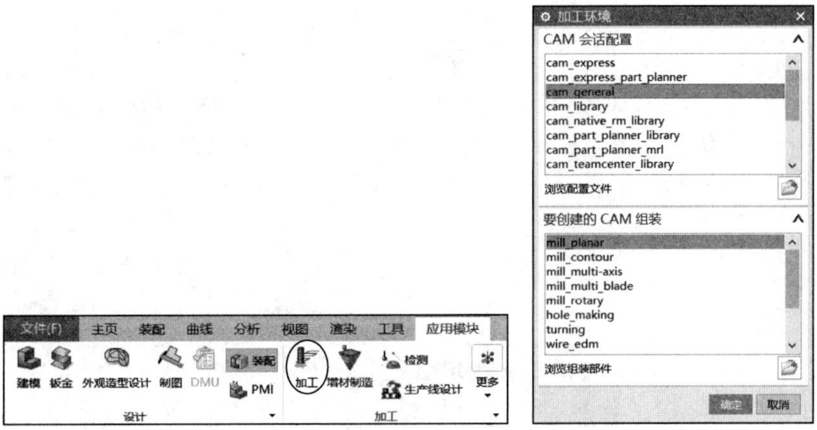 图 B1-20　进入加工环境	能进入加工环境
3	创建几何体	第一步，在如图 B1-21 所示的界面中单击（几何视图）图标。  图 B1-21　选择程序顺序界面 第二步，双击“工序导航器-程序顺序”界面中的 MCS_MILL 图标，系统弹出如图 B1-22 所示的“Mill Orient”对话框。 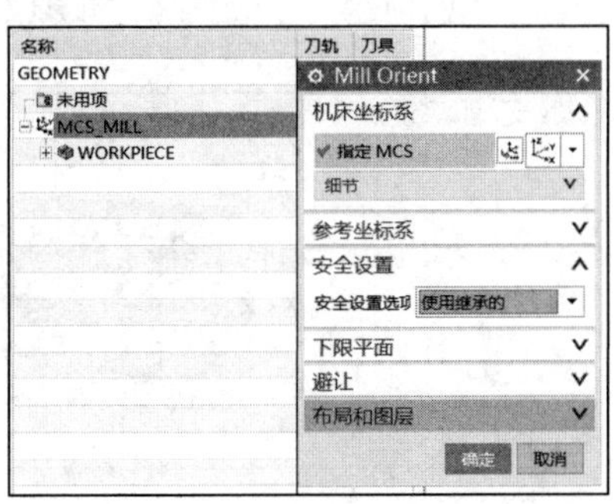 图 B1-22　“Mill Orient”对话框	能创建几何体

<table>
<tr><th>序号</th><th>操作步骤</th><th>操作方法及说明</th><th>能力要求</th></tr>
<tr><td>3</td><td>创建几何体</td><td>

第三步，单击图标，系统弹出如图 B1-23 所示的“坐标系”对话框，单击“操控器”选项组中的（点构造器）图标，在“类型”下拉列表中选择“两点之间”选项，如图 B1-24 所示。在设置坐标系几何体时，坐标原点的构建如图 B1-25 所示。单击“确定”按钮，得到构建好的坐标原点，如图 B1-26 所示。在“Mill Orient”对话框中进行安全设置，选中几何体上表面，在“距离”文本框中输入“50”，如图 B1-27 所示。

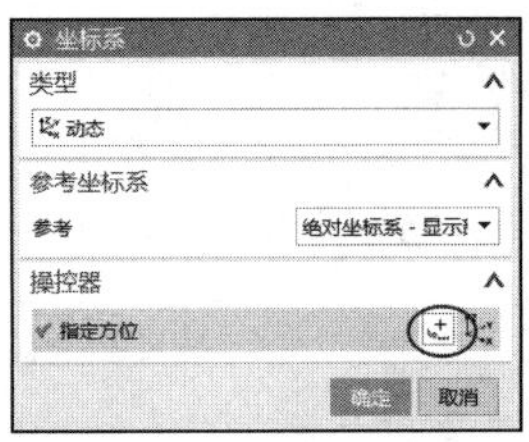

图 B1-23　“坐标系”对话框

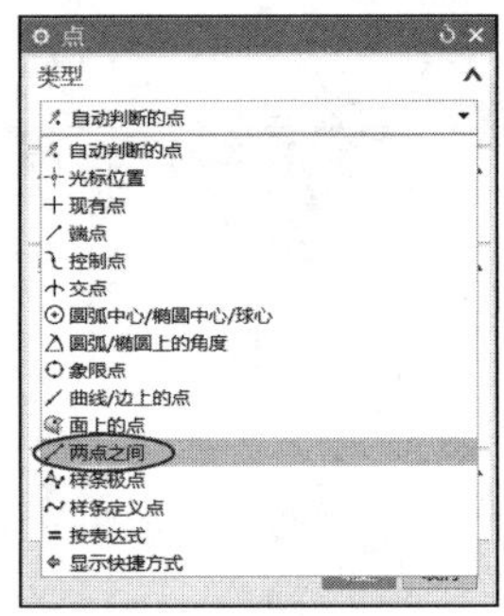

图 B1-24　点构造器

图 B1-25　坐标原点的构建

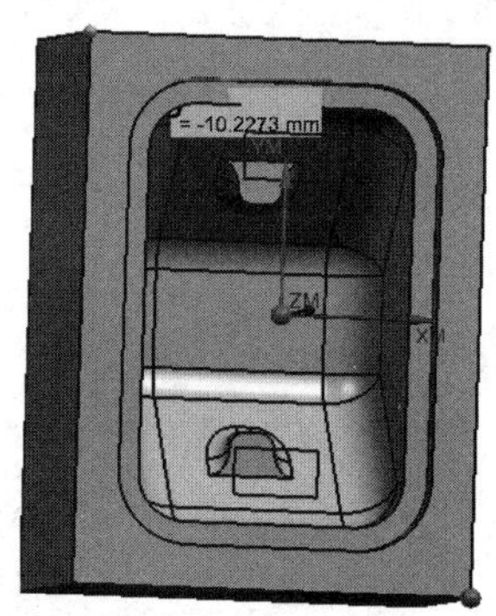

图 B1-26　构建好的坐标原点

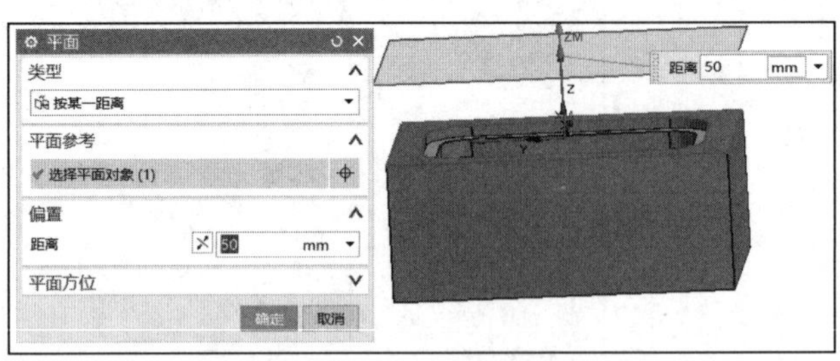

图 B1-27　安全设置

</td><td>能创建几何体</td></tr>
</table>

<table>
<tr><th>序号</th><th>操作步骤</th><th>操作方法及说明</th><th>能力要求</th></tr>
<tr><td>3</td><td>创建几何体</td><td>
第四步，单击“Mill Orient”对话框中“MCS_MILL”左侧的“+”图标，双击 WORKPIECE 按钮，系统弹出“工件”对话框，如图 B1-28 所示。单击图标，指定部件几何体，选中导入的型腔模型后，单击“确定”按钮，完成部件几何体的设置，如图 B1-29 所示。

图 B1-28　“工件”对话框

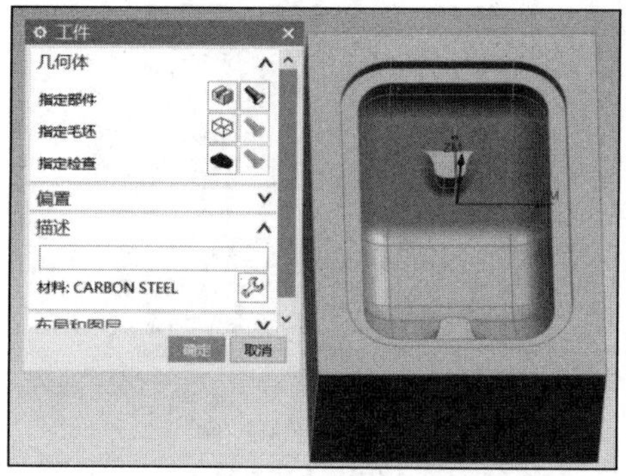

图 B1-29　选中铣削几何体

第五步，单击图标，系统弹出“毛坯几何体”对话框，“类型”选择“包容块”，获得所需毛坯体，如图 B1-30 所示。

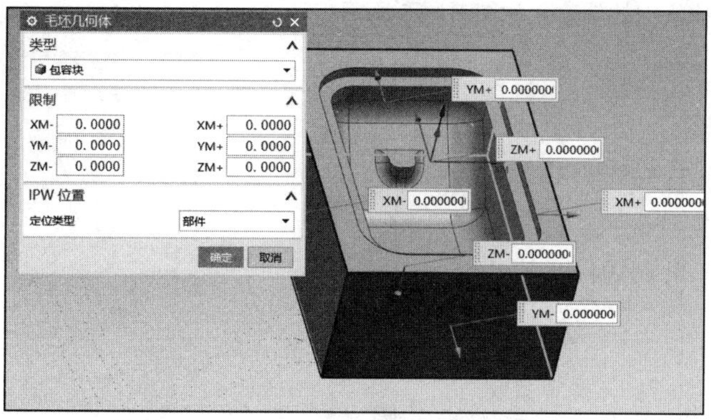

图 B1-30　“毛坯几何体”对话框
</td><td>能创建几何体</td></tr>
<tr><td>4</td><td>创建刀具</td><td>
根据工艺要求，我们共需要创建 4 把不同型号的刀具，这里创建其中一把刀具，其他刀具参考该刀具的创建方法创建。

第一步，在“工序导航器”界面中单击“机床”图标，切换到如图 B1-31 所示的界面。

第二步，单击（创建刀具）图标，系统弹出如图 B1-32 所示的“创建刀具”对话框。创建一把如图 B1-33 所示的“D12R0.5”立铣刀，设置“直径”为“12”，“半径”为“0.5”，不同刀具的刀长和刃长根据实际数据输入，单击“确定”按钮，完成“D12R0.5”立铣刀的创建。
</td><td>能创建刀具</td></tr>
</table>

序号	操作步骤	操作方法及说明	能力要求
4	创建刀具	 图 B1-31　“工序导航器-机床”界面 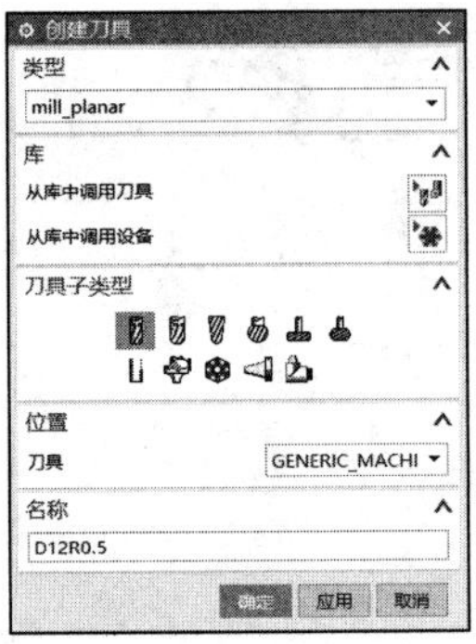 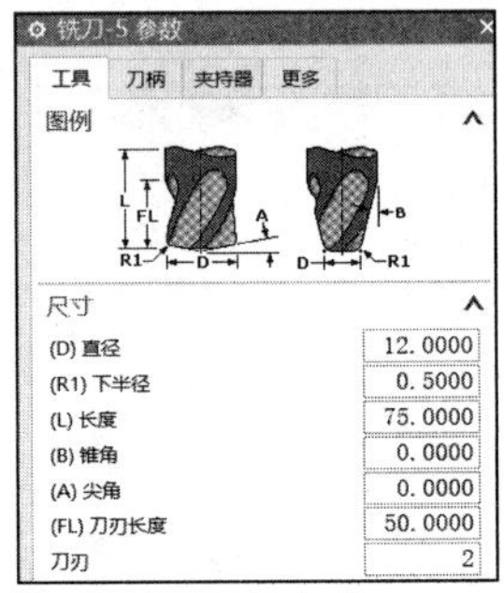 图 B1-32　“创建刀具”对话框　　图 B1-33　“D12R0.5”立铣刀参数的设置 第三步，用同样的方法依次创建“D12R0.5”“D8”“D8R0.5”铣刀。 第四步，单击（创建刀具）图标，系统弹出“创建刀具”对话框，创建一把“B8”球头刀，如图 B1-34 所示，设置“球直径”为“8”，单击“确定”按钮，完成“B8”球头刀的创建，如图 B1-35 所示。 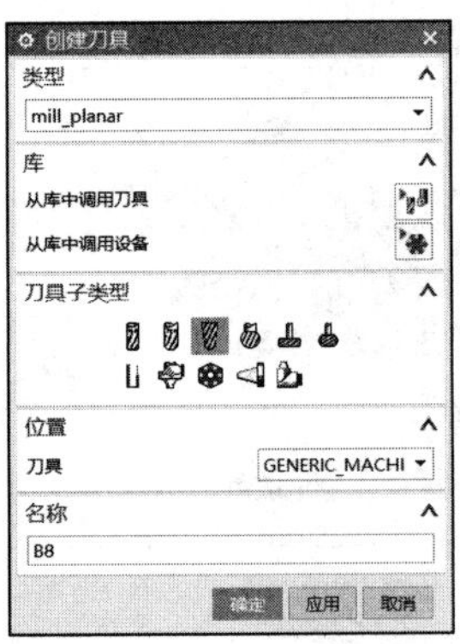 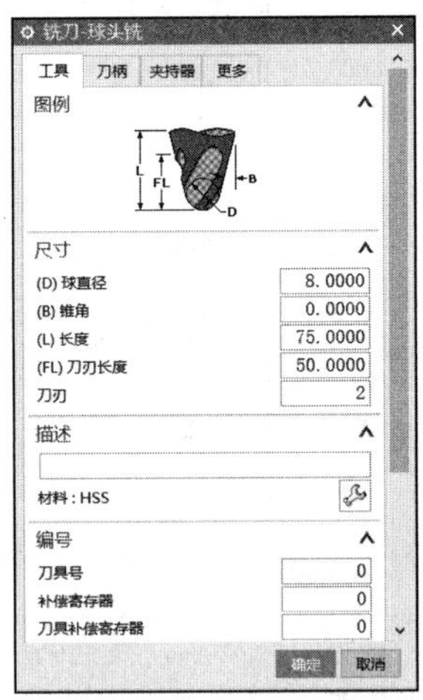 图 B1-34　创建“B8”球头刀　　图 B1-35　“B8”球头刀参数的设置	能创建刀具
5	开粗	第一步，创建基本型腔铣工序。单击（创建工序）图标。“类型”选择“mill_contour”，“工序子类型”选择型腔铣，“刀具”选择“D12R0.5”（用于开粗），“几何体”选择“WORKPIECE”，“名称”改为“开粗”，如图 B1-36 所示。 创建完基本型腔铣工序后，设置刀轨基本参数，如图 B1-37 所示。	能用型腔铣工序开粗

序号	操作步骤	操作方法及说明	能力要求
5	开粗	 图 B1-36　“创建工序”对话框　　图 B1-37　设置刀轨基本参数 第二步，设置切削参数。在如图 B1-38 所示的“拐角”选项卡和如图 B1-39 所示的“余量”选项卡中设置“部件侧面余量”为“0.3”，“部件底面余量”为“0.2”，二者单位均为 mm，其他参数保持不变。 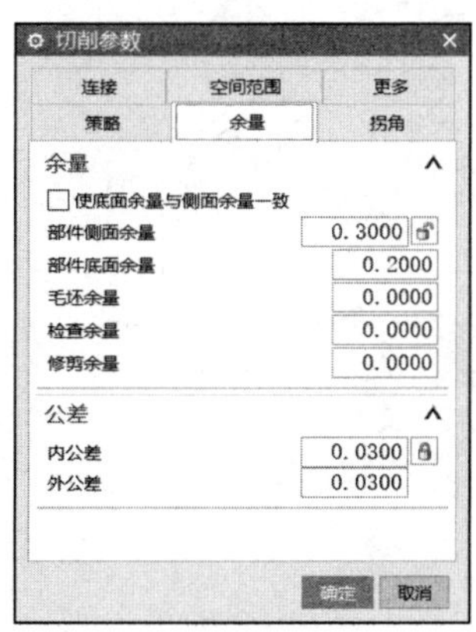 图 B1-38　“拐角”选项卡　　图 B1-39　“余量”选项卡 第三步，设置非切削移动参数。单击图标，系统弹出“非切削移动”对话框。在如图 B1-40 所示的“进刀”选项卡中修改进刀方式，在“封闭区域”选项组中，设置“进刀类型”为“沿形状斜进刀”，“斜坡角度”为“3”，“高度”为“1mm”，“最小斜坡长度”为“70%”。	能用型腔铣工序开粗

<table>
<tr><th>序号</th><th>操作步骤</th><th>操作方法及说明</th><th>能力要求</th></tr>
<tr><td>5</td><td>开粗</td><td>
在如图 B1-41 所示的“转移/快速”选项卡中修改参数，在“区域之间”选项组中，将“转移类型”修改为“毛坯平面”，“安全距离”修改为“3mm”；在“区域内”选项组中，将“转移类型”修改为“毛坯平面”，“安全距离”修改为“3mm”。其他选项卡默认不变，单击“确定”按钮，完成非切削移动参数的设置。
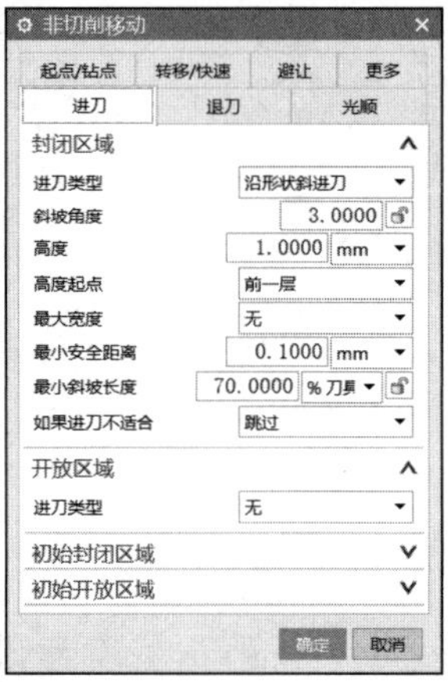

图 B1-40 “进刀”选项卡
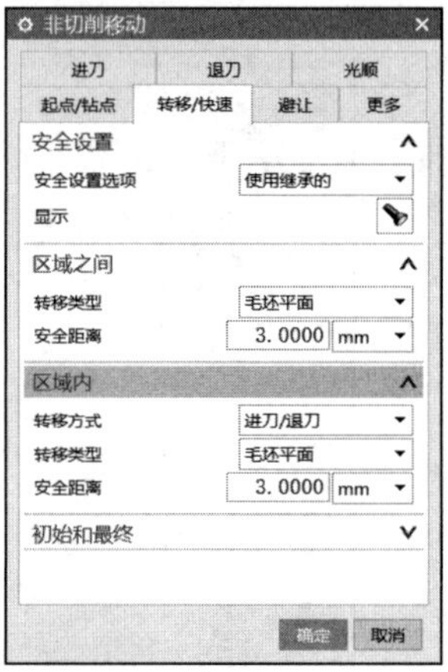

图 B1-41 “转移/快速”选项卡
第四步，设置进给率和速度。单击图标，系统弹出如图 B1-42 所示的“进给率和速度”对话框，勾选“主轴速度”复选框，设置“主轴速度”为“2500”，注意单位为“rpm”；单击图标，“进给率”设置为“2500mmpm”，单击图标，系统自动计算表面速度与每齿进给量；单击“确定”按钮，完成进给率和速度的设置。
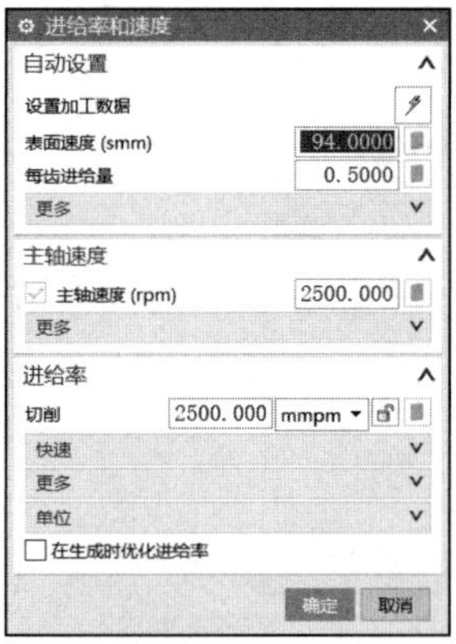

图 B1-42 “进给率和速度”对话框
第五步，刀路加工仿真。单击图标，系统自动进行型腔开粗刀轨的计算；单击图标，弹出“刀轨可视化”对话框，打开“3D 动态”选项组，调整动画速度，单击▶按钮，开粗刀轨与仿真效果如图 B1-43 所示。
</td><td>能用型腔铣工序开粗</td></tr>
</table>

<table>
<tr><th>序号</th><th>操作步骤</th><th>操作方法及说明</th><th>能力要求</th></tr>
<tr><td>5</td><td>开粗</td><td>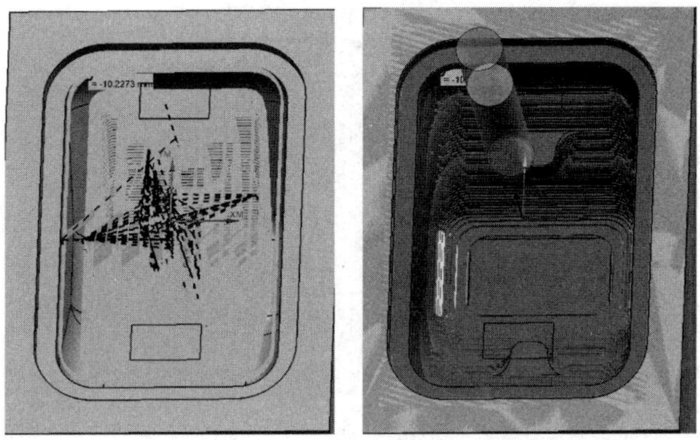
图 B1-43　开粗刀轨与仿真效果</td><td>能用型腔铣工序开粗</td></tr>
<tr><td>6</td><td>补开粗</td><td>第一步，创建补开粗工序。单击“创建工序”图标，弹出“创建工序”对话框，如图 B1-44 所示。
第二步，设置刀轨基本参数，如图 B1-45 所示。

图 B1-44　“创建工序”对话框

图 B1-45　刀轨基本参数的设置
第三步，选择切削区域，如图 B1-46 所示。
第四步，设置切削参数。单击图标，系统弹出“切削参数”对话框。在如图 B1-47 所示的“策略”选项卡中，修改“切削方向”为“混合”，“切削顺序”改为“深度优先”。“连接”选项卡如图 B1-48 所示，单击“确定”按钮，完成切削参数的设置。</td><td>能用深度轮廓铣工序补开粗</td></tr>
</table>

<table>
<tr><th>序号</th><th>操作步骤</th><th>操作方法及说明</th><th>能力要求</th></tr>
<tr><td>6</td><td>补开粗</td><td>

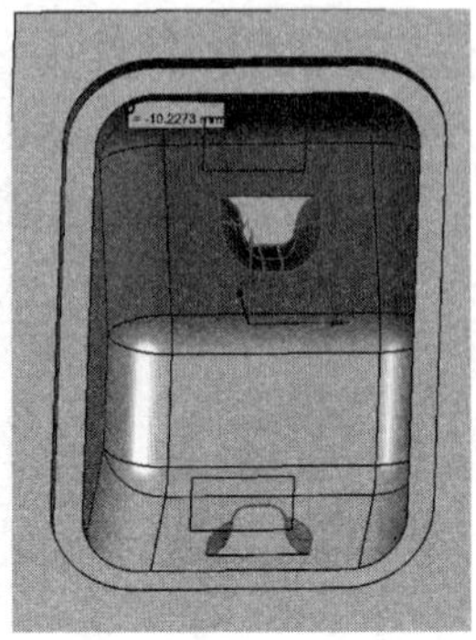

图 B1-46 选择切削区域

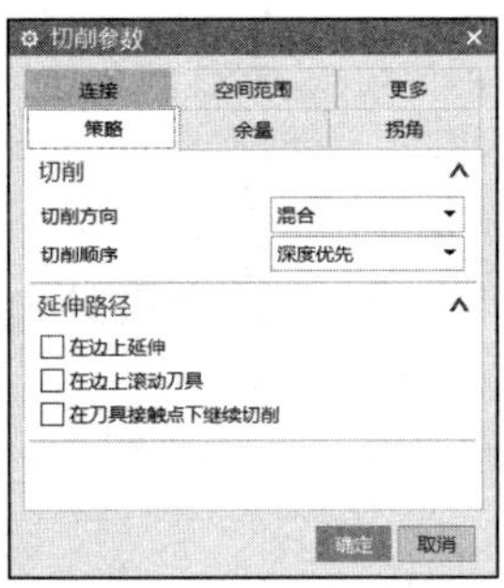

图 B1-47 “策略”选项卡

图 B1-48 “连接”选项卡

第五步，设置非切削移动参数，如图 B1-49 所示。

第六步，设置进给率和速度。单击图标，系统弹出如图 B1-50 所示的“进给率和速度”对话框，勾选“主轴速度”复选框，设置“主轴速度”为“4000”，注意单位为“rpm”；单击图标，系统自动计算表面速度与每齿进给量，“进给率”设置为“2050mmpm”，单击“确定”按钮，完成进给率和速度的设置。

图 B1-49 设置非切削移动参数

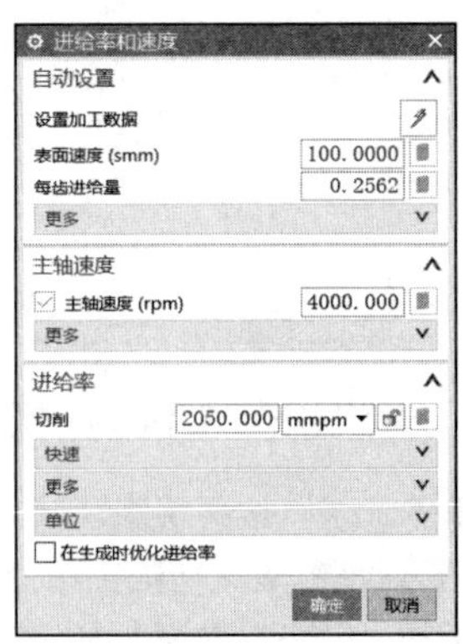

图 B1-50 “进给率和速度”对话框

</td><td>能用深度轮廓铣工序补开粗</td></tr>
</table>

序号	操作步骤	操作方法及说明	能力要求
6	补开粗	第七步，生成补开粗刀轨。单击图标，系统自动进行型腔补开粗刀轨的计算。型腔补开粗刀轨效果如图 B1-51 所示。 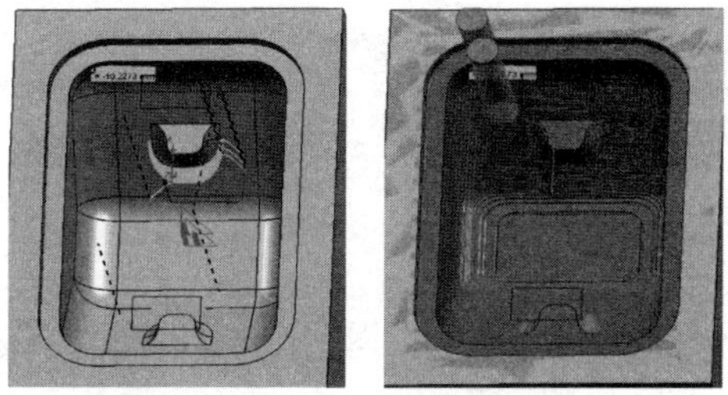 图 B1-51　型腔补开粗刀轨效果	能用深度轮廓铣工序补开粗
7	精加工	第一步，复制补开粗工序，重命名为精加工，并在“工具”选项组中切换“刀具”为“B8”，如图 B1-52 所示。 第二步，几何体设置——指定切削区域。在“深度轮廓铣-[精加工]”对话框的“几何体”选项组中，单击图标，选择如图 B1-53 所示的倒角区域为切削区域，同时选择边界，如图 B1-54 所示。 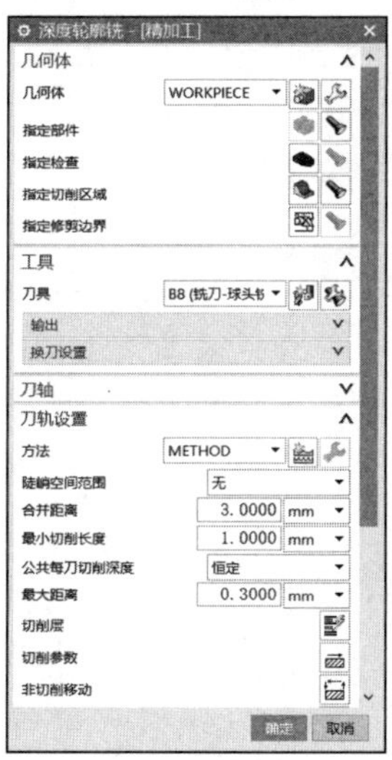 图 B1-52　精加工设置 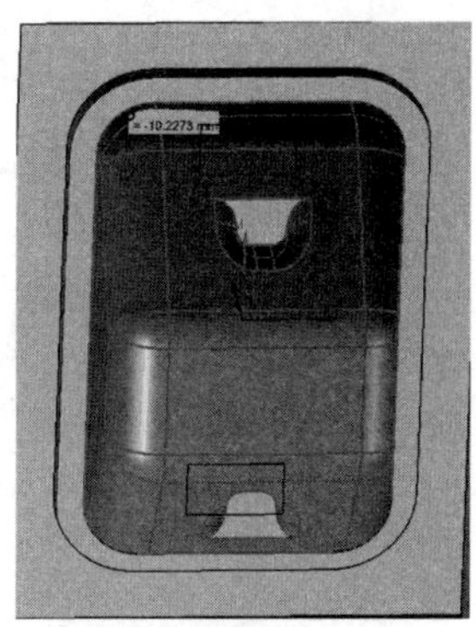 图 B1-53　指定切削区域 第三步，设置刀轨基本参数。如图 B1-55 所示，在“刀轨设置”选项组中，设置“最大距离”为“0.15mm”。 第四步，设置切削参数。在“切削参数”对话框中，主要对“策略”“余量”“连接”选项卡进行设置。单击图标，在“策略”选项卡中，将“切削方向”改为“顺铣”。在如图 B1-56 所示的“余量”选项卡中，勾选“使底面余量与侧面余量一致”复选框，将“部件侧面余量”设置为“0”，“内公差”“外公差”均设置为“0.005”。在如图 B1-57 所示的“连接”选项卡中，设置“层到层”为“沿部件斜进刀”，单击“确定”按钮，完成切削参数的设置。	能用深度轮廓铣工序精加工

<table>
<tr><th>序号</th><th>操作步骤</th><th>操作方法及说明</th><th>能力要求</th></tr>
<tr><td>7</td><td>精加工</td><td>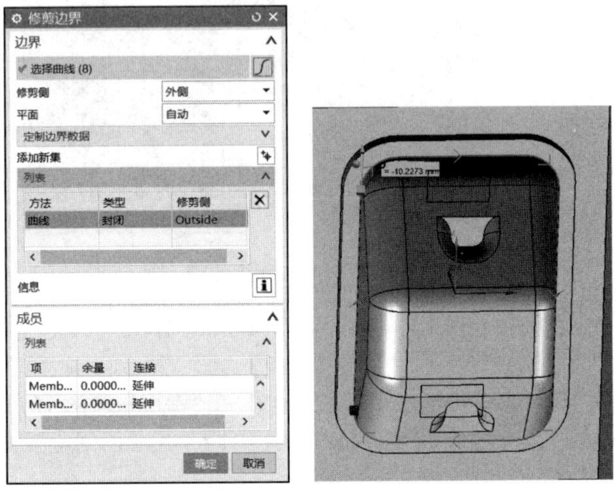

图 B1-54 边界的选择
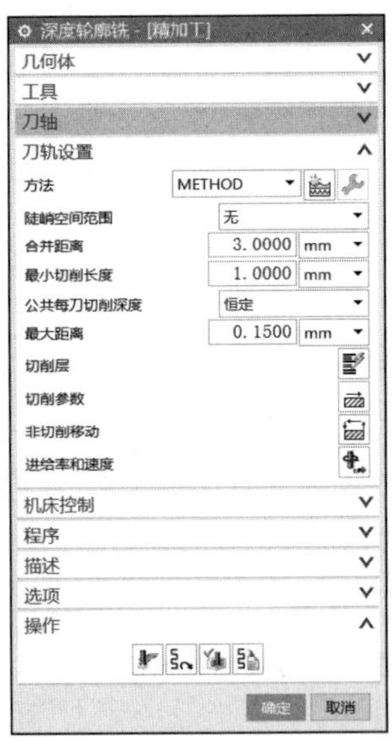

图 B1-55 刀轨基本参数的设置</td><td>能用深度轮廓铣工序精加工</td></tr>
</table>

<table>
<tr><th>序号</th><th>操作步骤</th><th>操作方法及说明</th><th>能力要求</th></tr>
<tr><td>7</td><td>精加工</td><td>
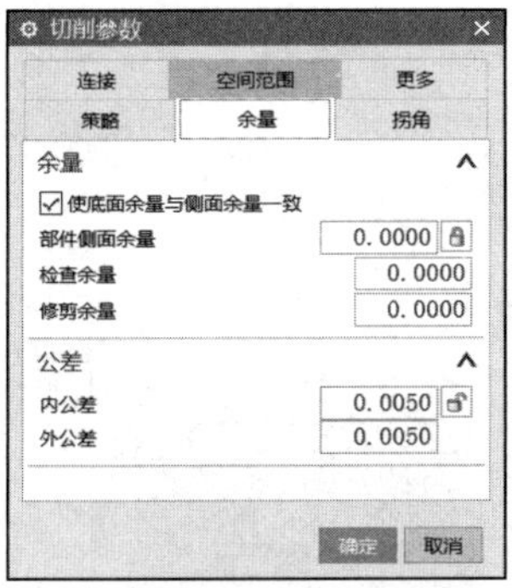

图 B1-56　“余量”选项卡

图 B1-57　“连接”选项卡

第五步，设置非切削移动参数。在如图 B1-58 所示的“进刀”选项卡中进行封闭区域的设置，设置“进刀类型”为“沿形状斜进刀”，“斜坡角度”为“3”，“高度”为“0.5mm”，“最小斜坡长度”为“70%”，单击“确定”按钮，完成非切削移动参数的设置。

第六步，设置进给率和速度。单击图标，系统弹出“进给率和速度”对话框，如图 B1-59 所示，将“主轴速度”改为“5000”，注意单位为“rpm”；单击图标，系统自动计算表面速度与每齿进给量，“进给率”设置为“2000mmpm”，单击“确定”按钮，完成进给率和速度的设置。

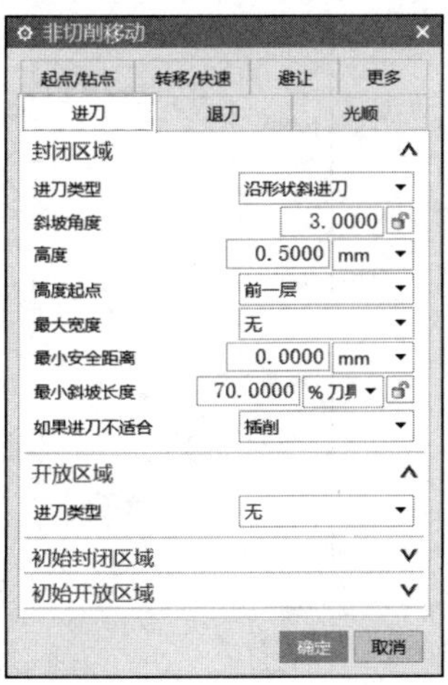

图 B1-58　“进刀”选项卡

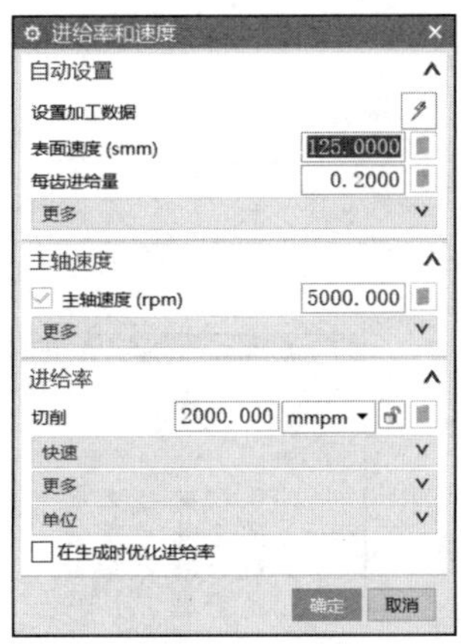

图 B1-59　“进给率和速度”对话框

第七步，精加工刀轨。单击图标，系统弹出层间转移方法报警信息提示框，如图 B1-60 所示，单击“确定”按钮，进行系统精加工刀轨的计算；单击图标，弹出“刀轨可视化”对话框，打开“3D 动态”选项组，调整动画速度，单击▶按钮，精加工刀轨和仿真效果如图 B1-61 所示。
</td><td>能用深度轮廓铣工序精加工</td></tr>
</table>

<table>
<tr><th>序号</th><th>操作步骤</th><th>操作方法及说明</th><th>能力要求</th></tr>
<tr><td>7</td><td>精加工</td><td>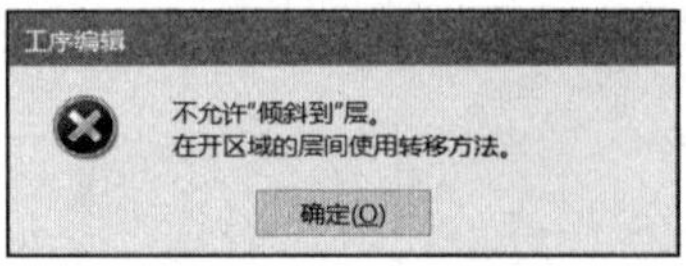

图 B1-60　层间转移方法报警信息提示框

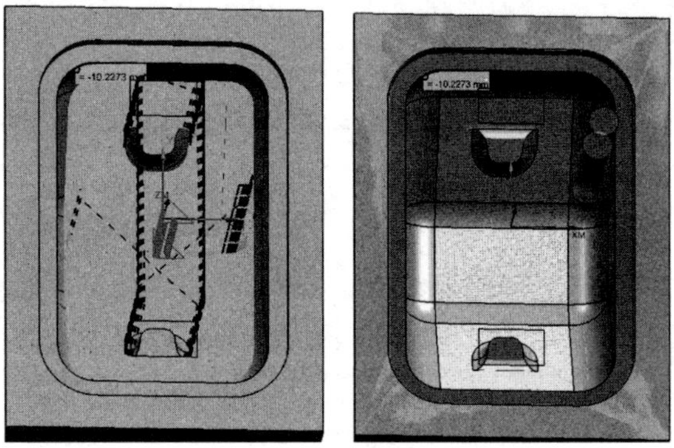
图 B1-61　精加工刀轨和仿真效果</td><td>能用深度轮廓铣工序精加工</td></tr>
<tr><td>8</td><td>补光</td><td>第一步，复制补开粗工序，重命名为“补光”。“刀具”选用“D8”，如图 B1-62 所示，同时设置补光参数，如图 B1-63 所示。

图 B1-62　创建补光工序

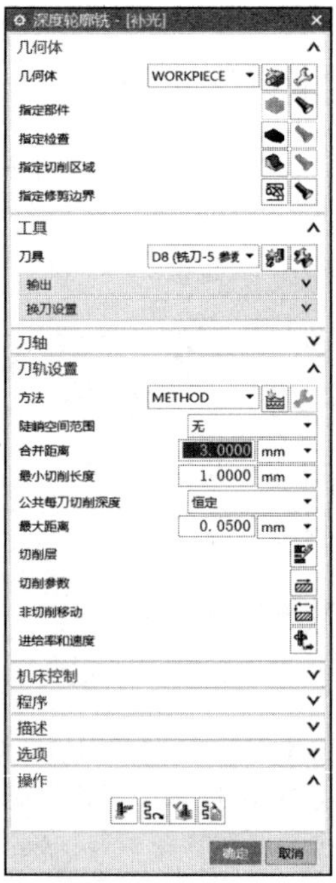

图 B1-63　设置补光参数</td><td>能用深度轮廓铣工序补光</td></tr>
</table>

序号	操作步骤	操作方法及说明	能力要求
8	补光	第二步，单击图标，系统弹出“修剪边界”对话框，如图 B1-64 所示，在“边界”选项组中勾选“选择曲线”复选框，“修剪侧”改为“外侧”，同时按 Ctrl+Shift+U 快捷键显示全部，选择一个矩形框之后，单击鼠标滚轮，选择另一个矩形框，如图 B1-65 所示。 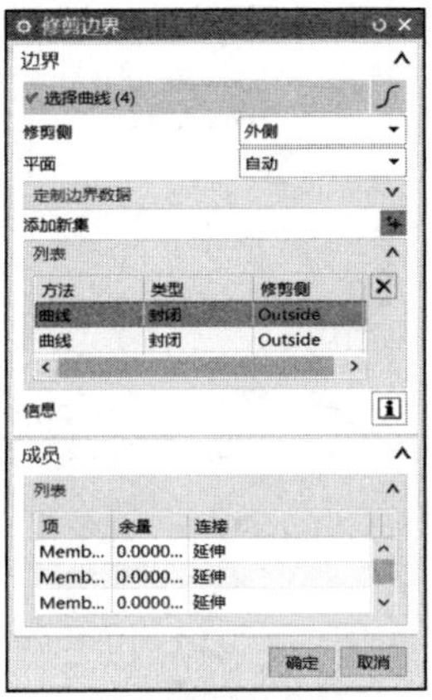 图 B1-64　“修剪边界”对话框 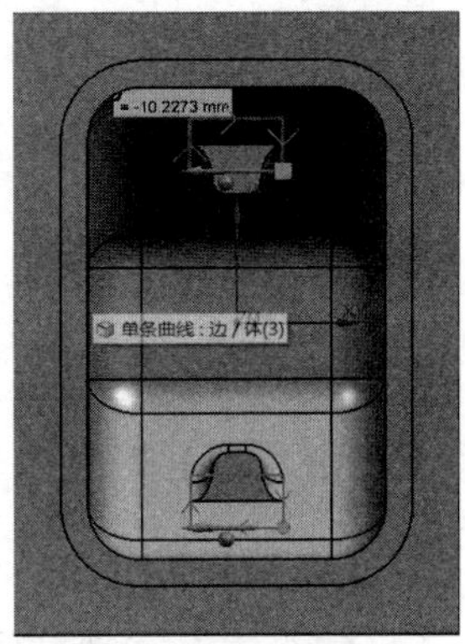 图 B1-65　选择修剪边界 第三步，设置切削层，如图 B1-66 所示。 第四步，设置切削参数。在“切削参数”对话框中，主要对“策略”“余量”“空间范围”等选项卡进行设置。在如图 B1-67 所示的“策略”选项卡中设置“切削方向”为“顺铣”，勾选“在边上延伸”复选框。在如图 B1-68 所示的“连接”选项卡中设置“层到层”为“直接对部件进刀”。在如图 B1-69 所示的“余量”选项卡中将“内公差”“外公差”均设置为“0.005”。 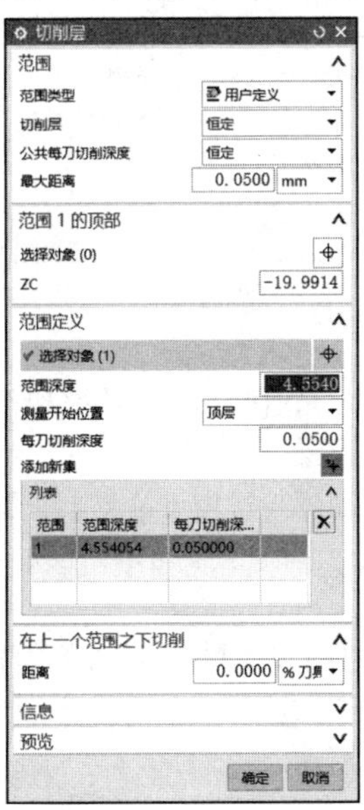 图 B1-66　设置切削层  图 B1-67　“策略”选项卡	能用深度轮廓铣工序补光

<table>
<tr><th>序号</th><th>操作步骤</th><th>操作方法及说明</th><th>能力要求</th></tr>
<tr><td>8</td><td>补光</td><td>

图 B1-68 “连接”选项卡

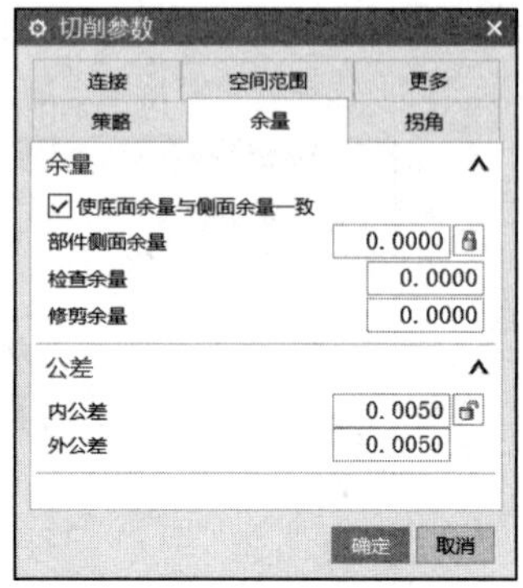

图 B1-69 “余量”选项卡

第五步，设置非切削移动参数，如图 B1-70 所示。

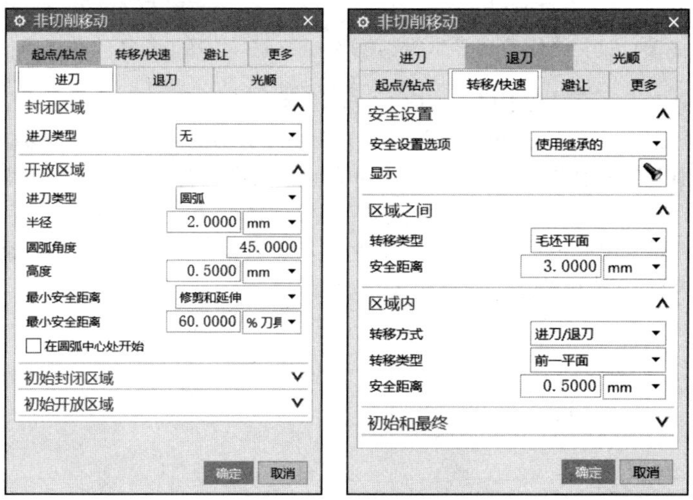

图 B1-70 设置非切削移动参数

第六步，设置进给率和速度。单击图标，系统弹出“进给率和速度”对话框，如图 B1-71 所示，勾选“主轴速度”复选框，设置“主轴速度”为“4500”，注意单位为“rpm”；单击图标，系统自动计算表面速度与每齿进给量，由于是补光工序，因此将“进给率”设置为“2050mmpm”，单击“确定”按钮，完成进给率和速度的设置。

第七步，生成补光刀轨。单击图标，系统自动进行型腔补光刀轨的计算，再单击图标，弹出“刀轨可视化”对话框，打开“3D 动态”选项组，调整动画速度，单击按钮，补光刀轨和仿真效果如图 B1-72 所示。
</td><td>能用深度轮廓铣工序补光</td></tr>
</table>

<table>
<tr><th>序号</th><th>操作步骤</th><th>操作方法及说明</th><th>能力要求</th></tr>
<tr><td>8</td><td>补光</td><td>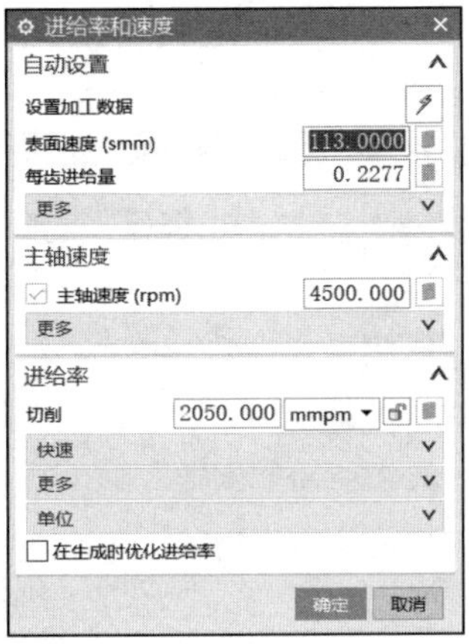

图 B1-71　“进给率和速度”对话框
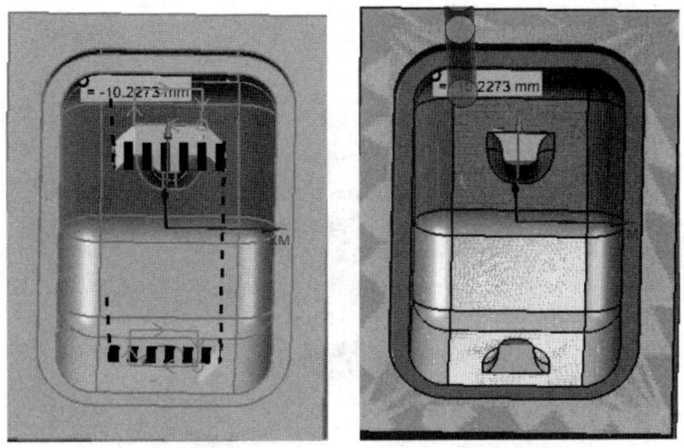
图 B1-72　补光刀轨和仿真效果</td><td>能用深度轮廓铣工序补光</td></tr>
<tr><td>9</td><td>光面一</td><td>第一步，创建与设置光面一工序，“类型”选择“mill_ planar”，如图 B1-73 所示。
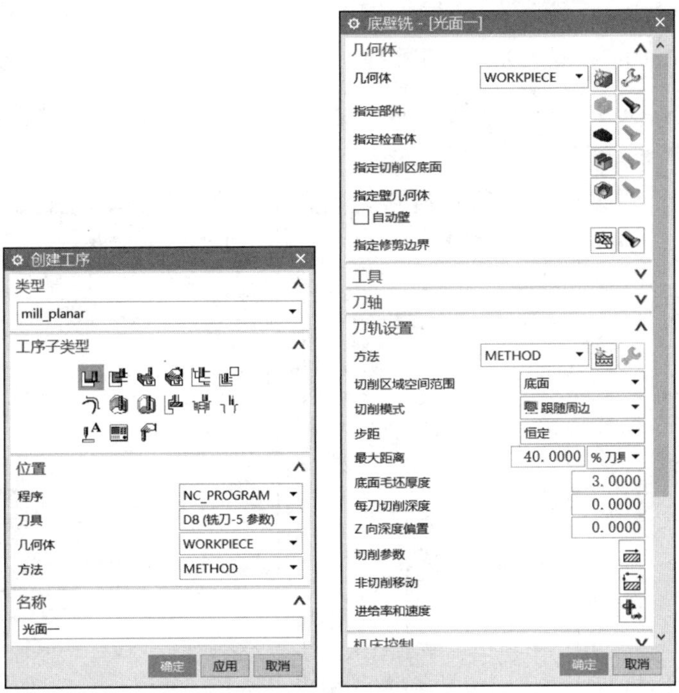

图 B1-73　创建与设置光面一工序</td><td>能用底壁铣工序光平面</td></tr>
</table>

序号	操作步骤	操作方法及说明	能力要求
9	光面一	第二步，选择光面一切削区域，如图 B1-74 所示。同时设定修剪边界，如图 B1-75 所示。 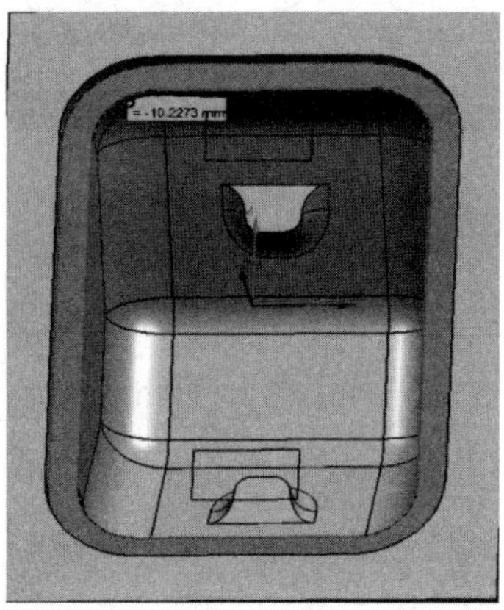 图 B1-74　选择光面一切削区域 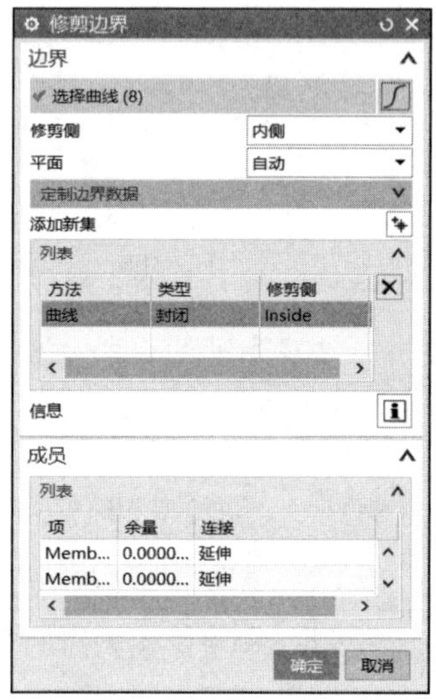 图 B1-75　设定修剪边界 第三步，设置切削参数。“内公差”“外公差”均改为“0.005”，勾选“添加精加工刀路”复选框，如图 B1-76 所示。 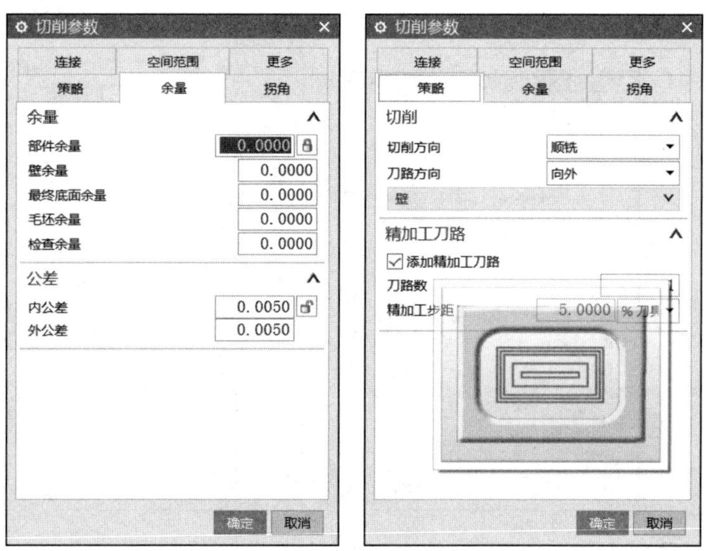 图 B1-76　设置切削参数	能用底壁铣工序光平面

<table>
<tr><th>序号</th><th>操作步骤</th><th>操作方法及说明</th><th>能力要求</th></tr>
<tr><td>9</td><td>光面一</td><td>

第四步，设置非切削移动参数，如图 B1-77 所示。

第五步，设置进给率和速度，如图 B1-78 所示。

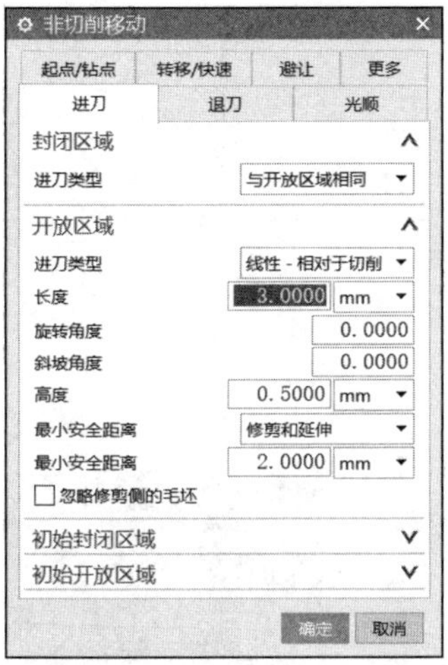

图 B1-77　设置非切削移动参数

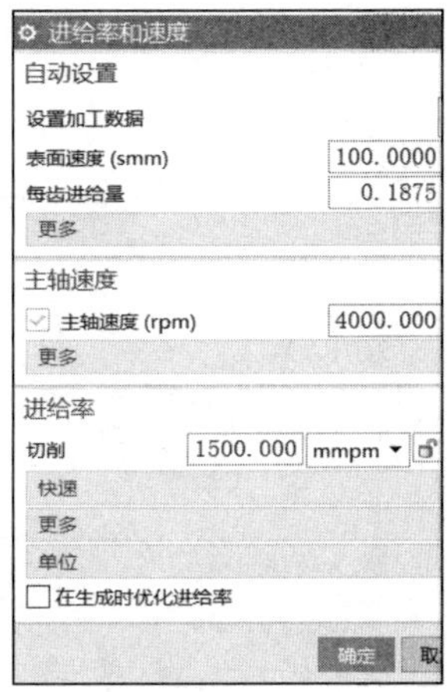

图 B1-78　设置进给率和速度

第六步，刀轨仿真模拟，如图 B1-79 所示。

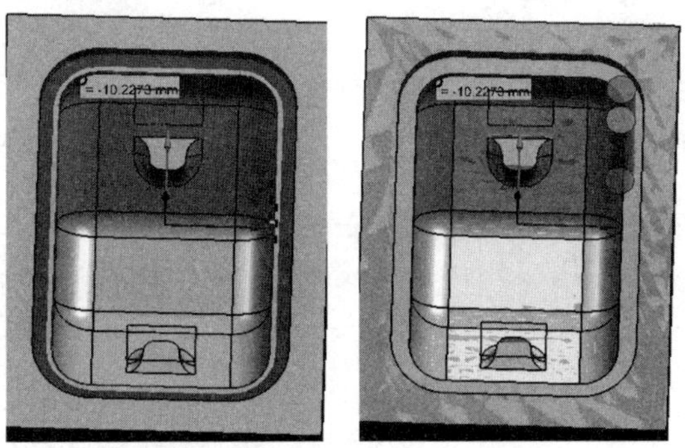

图 B1-79　光面一刀轨效果

</td><td>能用底壁铣工序光平面</td></tr>
<tr><td>10</td><td>光面二</td><td>

第一步，复制光面一工序，重命名为光面二，并清除“指定修剪边界”相关参数的设置，如图 B1-80 所示。

第二步，重新设置切削区域，如图 B1-81 所示。

第三步，设置切削参数。“合并距离”改为“100%”，“简化形状”改为“最小包围盒”，如图 B1-82 所示。

第四步，设置非切削移动参数，如图 B1-83 所示。

第五步，设置进给率和速度，如图 B1-84 所示。

</td><td>能用底壁铣工序光平面</td></tr>
</table>

<table>
<tr><th>序号</th><th>操作步骤</th><th>操作方法及说明</th><th>能力要求</th></tr>
<tr><td>10</td><td>光面二</td><td>
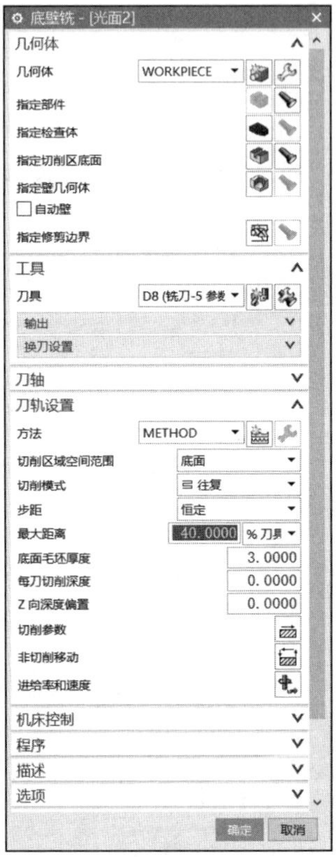

图 B1-80 创建和设置光面二

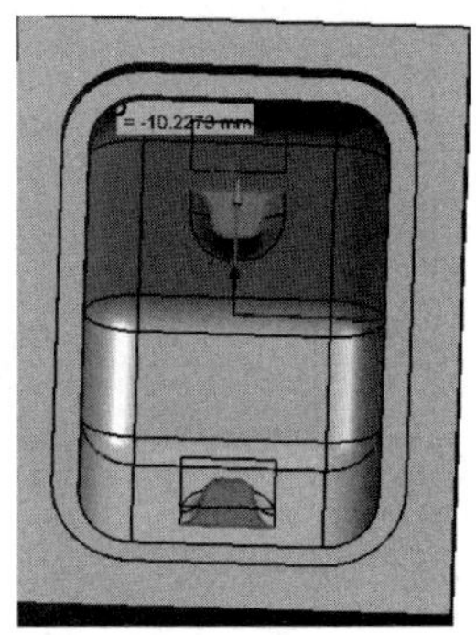

图 B1-81 设置光面二切削区域

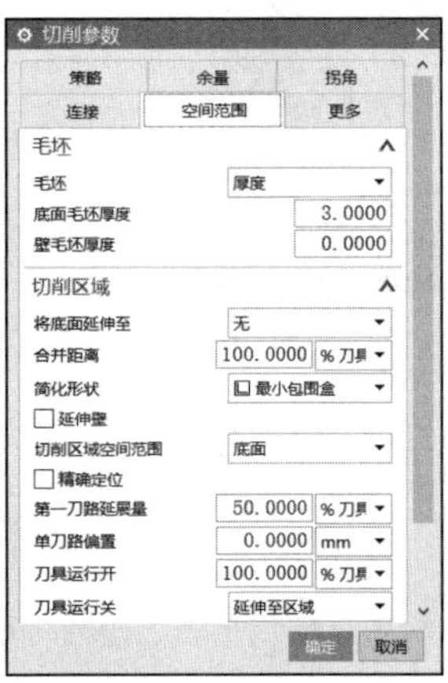

图 B1-82 设置光面二切削参数

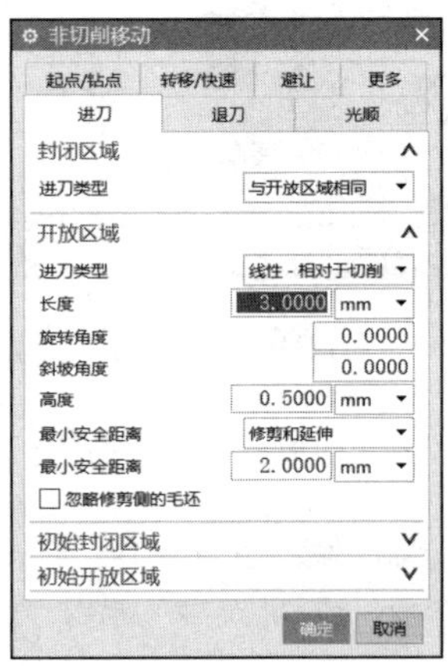

图 B1-83 设置非切削移动参数

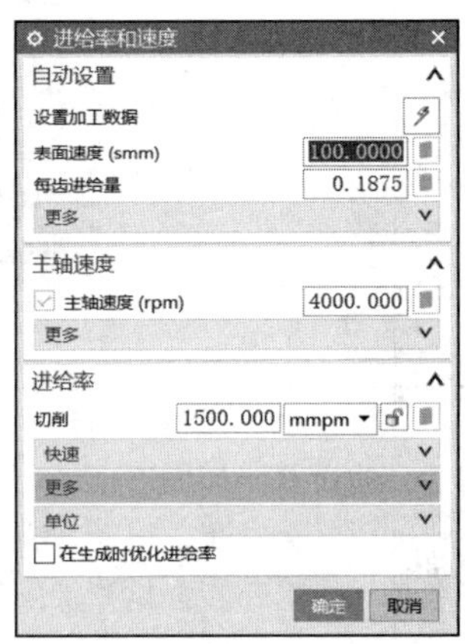

图 B1-84 设置进给率和速度
</td><td>能用底壁铣工序光平面</td></tr>
</table>

序号	操作步骤	操作方法及说明	能力要求
10	光面二	第六步，生成光面二刀轨。其他参数保持不变，单击图标，系统自动进行刀轨的计算，再单击图标，弹出“刀轨可视化”对话框，打开“3D 动态”选项组，调整动画速度，单击按钮，光面二刀轨效果如图 B1-85 所示。 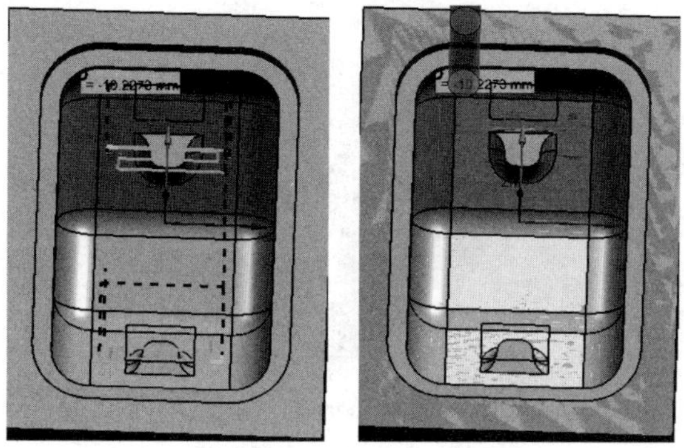 图 B1-85　光面二刀轨效果	能用底壁铣工序光平面

能力拓展一

根据上述内容，回顾相关案例，完成如图 B1-86 所示的腰形零件的 CAM 刀轨设置。

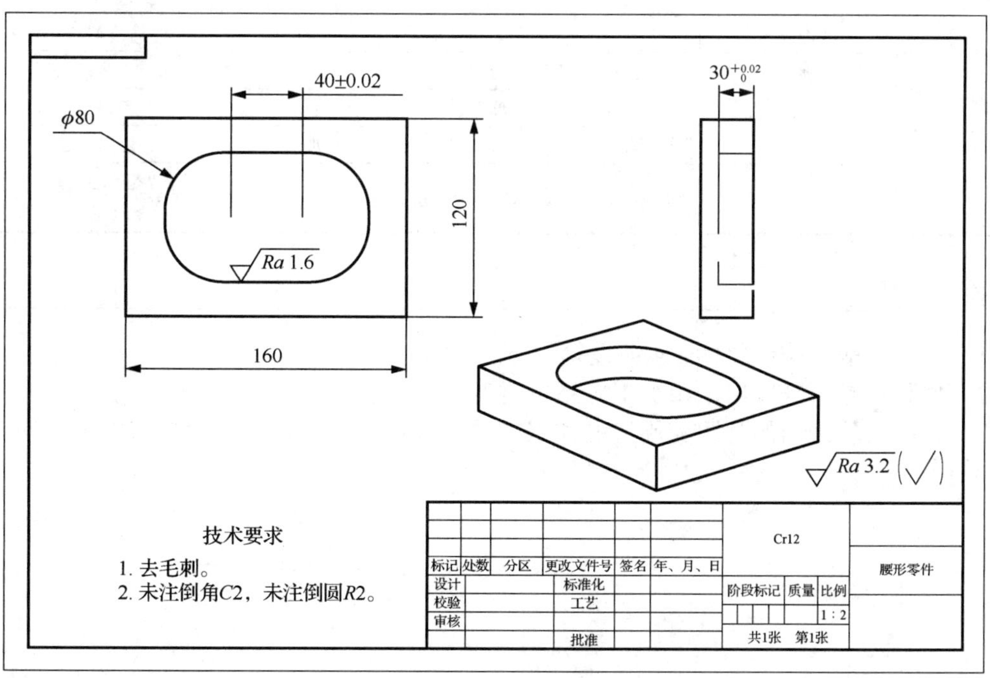

图 B1-86　腰形零件

能力拓展二

利用型腔零件整体的铣削 CAM 设置方法对如图 B1-87 所示的酒杯型腔零件进行整体 CAM 仿真加工。

图 B1-87 酒杯型腔零件

4. 学习结果评价

学习结果评价表如表 B1-4 所示。

表 B1-4 学习结果评价表

序号	评价内容	评价标准	评价结果（是/否）
1	知识与技能	了解“NC 助理”分析的方法	□是 □否
		能熟练运用“NC 助理”进行 CAM 仿真分析	□是 □否
		能熟练完成自行车尾灯型腔的 CAM 仿真加工	□是 □否
2	总评	“是”与“否”在本次评价中所占百分比	“是”占____% “否”占____%

课后作业

1. 自行完成型腔铣整体 CAM 设置。
2. 型腔铣是否只能用于粗加工？举例说明。
3. 文中刀轨采用的是跟随周边的加工方式，采用跟随部件有何优缺点？请说明。

工作任务 B2　型芯零件加工工艺设计及 CAM 仿真加工

职业能力 B2-1　熟练完成旋钮座型芯零件加工工艺设计

【核心概念】

型芯（core）：一种用于成型塑件产品内表面的模具（零件），有整体式和组合式之分。

典型模具型芯零件铣削工艺规划：一种分析典型模具型芯零件的铣削工艺。先确定装夹方案，之后确定加工顺序并选择刀具，最后对切削用量进行设定。

【学习目标】

1. 了解整体式型芯的概念。
2. 能进行典型模具型芯零件的分析与工艺过程规划。
3. 培养严谨、客观、认真分析问题的工作作风。

基本知识：型芯的结构形式及质量检测方法

B2-1-1　型芯的结构形式

型芯是用来成型塑件内表面的零件，从结构上看，型芯有整体式和组合式之分。形状简单的主型芯和模板可以做成整体式，如图 B2-1（a）所示。形状比较复杂的情况下，或者形状虽不复杂，但从节省贵重钢材、减少加工工作量等方面考虑，多采用组合式型芯。固定板和型芯可分别采用不同的材料制造并进行不同的热处理，再连成一体。图 B2-1（b）采用的是轴肩和底板连接形式。当轴肩为圆形而成型部分为非回旋体时，为了防止型芯在固定板内转动，也和整体嵌入式型腔一样在轴肩处用销钉或键止转。此外，还有用螺钉和销钉连接的，如图 B2-1（c）、（d）所示。螺钉连接虽然比较简单，但不及轴肩连接牢固可靠，为了防止侧向位移，应采用销钉定位。由于螺钉连接后加工销孔，所以这种结构不适用于淬火型芯，最好将淬火型芯局部嵌入模块，以此实现定位，如图 B2-1（d）所示；或将型芯下部加工出截面较小或较大的规则阶梯，再镶入模板，如图 B2-1（e）、（f）所示。有时需要在模板上加工出凹槽，用它来成型制品的凸边，如图 B2-1（g）所示。

B2-1-2　型芯的质量检测方法

型芯的质量检测方法如下。

（1）使用前，先将深度千分尺擦干净，然后检查其各活动部分是否灵活可靠。在全行程内，微分筒的转动要灵活，微分螺杆的移动要平稳，锁紧装置的作用要可靠。

（2）根据被测的深度或高度选择并换上测杆。

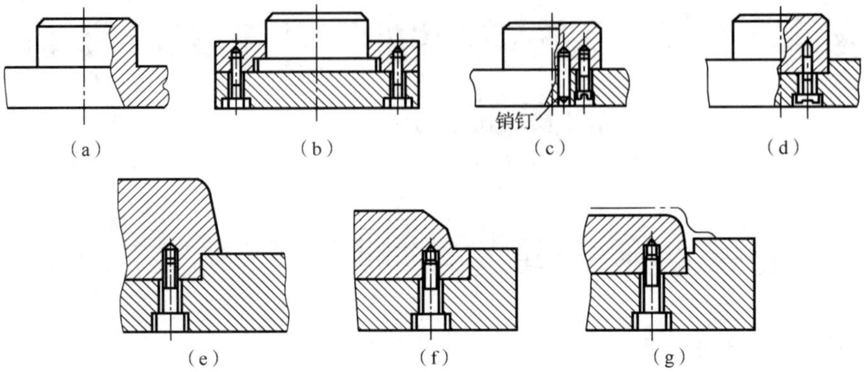

图 B2-1　型芯结构形式

（3）0～25mm 的深度千分尺可以直接校对零位：采用 00 级平台，将平台、深度千分尺的基准面和测量面擦干净，旋转微分筒使其端面退至固定套筒的零线之外，然后将千分尺的基准面贴在平台的工作面上，左手压住底座，右手慢慢旋转棘轮，使测量面与平台的工作面接触后检查零位。微分筒上的零刻线应对准固定套管上纵刻线，微分筒锥面的端面应与套管零刻线相切。

（4）对于测量范围大于 25mm 的深度千分尺，要用校对量具（可以用量块代替）核对零位：把校对量具和平台的工作面擦净，将校对量具放在平台上，再把深度千分尺的基准面贴在校对量具上校对零位。

（5）使用深度千分尺测量盲孔、深槽时，往往看不见孔、槽底的情况，所以操作深度千分尺时要特别小心，切忌用力莽撞。

（6）当被测孔的口径或槽宽大于深度千分尺的底座时，可以用一辅助定位基准板进行测量。

能力训练：旋钮座型芯制造工艺过程卡和加工刀具卡的编制

1. 操作条件

（1）设备：装有 UG NX 12.0 的计算机一台。

（2）模型：旋钮座型芯零件模型文件一个。

2. 注意事项

（1）在使用计算机之前，先开显示器等外设，后开主机。在关闭计算机时，则相反，先关闭主机，再关闭显示器等外设。

（2）先加工后淬火处理，采用真空炉热处理，热处理完后进行硬度打点测试。

3. 编制过程

图 B2-2 所示为旋钮座型芯的零件图。

1）零件工艺分析

生产要求：该零件材质为 Cr12，单件生产。

热处理要求：48～52HRC，应在精加工完成后进行真空炉淬火处理。

毛坯分析：铣削前完成毛坯精磨加工，尺寸为 89mm×89mm×80mm。

基准设计：由于坯料上表面有余量设置，铣削基准设计为安装基准（坯料底面），*XY* 平面基准设计为顶面中心。

能力要求：能根据生产要求、热处理要求、毛坯分析、基准设计等对旋钮座型芯零件进行工艺分析。

图 B2-2 旋钮座型芯的零件图

2）确定装夹方案

定位基准选择：在选择定位基准时，应注意减少装夹次数，尽量做到在一次安装中把零件上所有要加工的表面都加工出来。选择旋钮座型芯精坯料底面作为定位基准，该定位基准与装配基准重合，大大降低了定位误差对尺寸精度的影响。

装夹方案：该零件外形规则，加工面大多数在上表面，因此选用精密平口钳夹紧，用底面和底面中心定位，用等高块垫起。注意，工件高出虎钳钳口的高度要足够，一般预留 3～5mm 的余量。

能力要求：能通过定位基准的选择确定旋钮座型芯零件的装夹方案。

3）旋钮座型芯零件的工艺规划

旋钮座型芯零件工艺规划从下料开始，依次经历铣平面、磨平面、钻孔、攻丝、型芯开粗、补开圆弧、精加工侧壁、精加工底面、精加工圆弧、检验、抛光、检验。旋钮座型芯零件制造工艺过程卡如表 B2-1 所示。旋钮座型芯零件铣削加工刀具卡如表 B2-2 所示。

表 B2-1 旋钮座型芯零件制造工艺过程卡

工序号	工序名称	尺寸	工艺要求	检验	备注
1	下料	95mm×95mm×85mm	带锯条	钢直尺检验自由公差度要求	3mm 余量手工去毛刺
2	铣平面	89.5mm×89.5mm×80.5mm	铣床铣削	游标卡尺检验，正公差 0.2mm	六面角尺
3	磨平面	89mm×89mm×80mm	平面磨	千分尺	高度留余量，其他留正公差 0～0.02mm
4	钻孔	按零件图要求尺寸	台钻	内径千分尺等、配合长度	
5	攻丝	攻螺纹、水堵管螺纹尺寸	丝攻	螺杆顺畅旋转配合	手工
6	型芯开粗	按零件图要求尺寸	铣床铣削	千分尺	腔体预留 0.35mm
7	补开圆弧 1	达到零件图要求尺寸	精雕机床	千分尺	腔体预留 0.35mm
8	补开圆弧 2	达到零件图要求尺寸	精雕机床	千分尺	腔体预留 0.35mm
9	精加工侧壁 1	达到零件图要求尺寸	精雕机床	千分尺	
10	精加工侧壁 2	达到零件图要求尺寸	精雕机床	千分尺	
11	精加工底面	达到零件图要求尺寸	精雕机床	千分尺	
12	精加工圆弧	达到零件图要求尺寸	精雕机床	千分尺	
13	检验	按零件图标注和技术要求		千分尺，肉眼观察表面接刀痕	以设计基准为检验基准

续表

工序号	工序名称	尺寸	工艺要求	检验	备注
14	抛光	符合零件图粗糙度要求	抛光工具	与标准样板对比检验	严禁抛光分型面
15	检验	按零件图标注和技术要求	三坐标机		以设计基准为检验基准

表 B2-2　旋钮座型芯零件铣削加工刀具卡

代号				零件名称		零件图号	
旋钮座型芯零件铣削加工				旋钮座型芯		20201026-01	
夹具名称				使用设备		车间	
精密平口钳				加工中心		机加 01	
工序号	工序内容	刀具号	规格	主轴速度/（r/min）	进给速度/（mm/min）	每刀切削深度/mm	余量/mm
1	型芯开粗	T01	D16 R0.5 圆角立铣刀	1800	2000	0.5	0.35
2	补开圆弧 1	T02	D8 立铣刀	4500	2500	0.2	0.35
3	补开圆弧 2	T03	D4 立铣刀	9000	1800	0.2	0.35
4	精加工侧壁 1	T04	D12 R0.5 圆角立铣刀	3000	1500	0.2	0
5	精加工侧壁 2	T05	D12 立铣刀	3000	1500	0.2	0
6	精加工底面	T06	B2	3500	1200	0	0
7	精加工圆弧	T07	D16 R0.5 圆角立铣刀	12500	1500	0.2	0

能力要求：能通过设计旋钮座型芯加工工艺过程卡及刀具卡，完成加工工艺规划。

能力拓展一

根据上述内容，在采用磁盘装夹的方式加工型芯时，试采取相关方法克服磁盘吸力不够的问题。

能力拓展二

根据如图 B2-3 所示的型芯零件设置型芯零件的加工工艺规划。

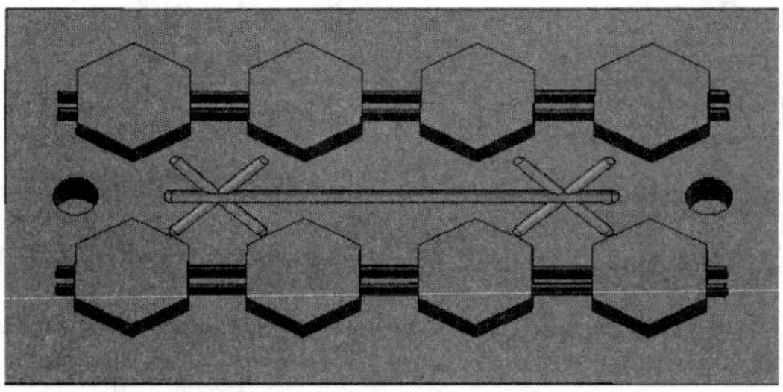

图 B2-3　型芯零件

4. 学习结果评价

学习结果评价表如表 B2-3 所示。

表 B2-3　学习结果评价表

序号	评价内容	评价标准	评价结果（是/否）
1	知识与技能	了解整体式型芯的概念	□是　□否
		能进行典型的模具型芯零件的分析与工艺过程规划	□是　□否
2	总评	“是”与“否”在本次评价中所占百分比	“是”占____% “否”占____%

课后作业

1．“NC 助理”分析需要在什么环境下运行？它能够帮助我们处理哪些问题？
2．对旋钮座型芯零件进行简要的工艺分析。
3．简述旋钮座型芯零件的铣削工序。

职业能力 B2-2 熟练完成旋钮座型芯零件 CAM 仿真加工

【核心概念】

型腔铣（cavitymill）：一种等高加工的铣削方法，也是进行逐层加工的一种粗加工方式。型腔铣以去除所有的实心材料为目标，通过移除垂直于固定刀轴的平面切削层中的材料对轮廓形状进行粗加工，是基本的铣加工工序。

【学习目标】

1．了解型腔铣中的切削模式。
2．掌握 4 种切削步距的设置方法。
3．掌握各个工序的切削参数设置方法。
4．能熟练完成旋钮座型芯零件的 CAM 参数设置。
5．培养团结互助的团队精神。

基本知识：型腔铣切削模式及其相关设置

B2-2-1　型腔铣切削模式

单击“型腔铣工序”图标，系统弹出如图 B2-4 所示的“型腔铣-[CAVITY_MILL]”对话框。在该对话框中，系统提供多种切削模式，不同切削模式生成刀轨的特点不同，产生的加工效果也不同。切削模式的选择对于后续加工有着较为重要的影响，可以说切削模式的选择直接决定零件的加工质量和加工效率。UG NX 12.0 提供的型腔铣切削模式有跟随部件、跟随周边、轮廓、摆线、单向、往复、单向轮廓 7 种，如图 B2-5 所示。接下来我们分别介绍这 7 种切削模式的特点。

1. 跟随部件

“跟随部件”切削模式生成的刀具路径是由零件几何体的形状偏置得到的，一般用于型芯类零件的开粗。“跟随部件”对部件几何体定义的所有外围环（包括岛屿和内腔）进行偏置来创建刀具轨迹。也就是说，当部件几何体存在时，毛坯边界不会影响刀具路径的形状，而当前的切削层中只有毛坯几何体时，系统将按照切削的零件几何体来决定腔体的切削方向。腔体的步进方向是向外的，岛屿的切削方向是向内的。生成的刀具路径是由毛坯几何体偏置产生的。“跟随部件”切削模式抬刀次数较多，但是该切削模式特别适用于加工有凸台和岛屿的零件，可以较好地保证凸台和岛屿加工的精度。“跟随部件”切削模式刀轨如图 B2-6 所示。

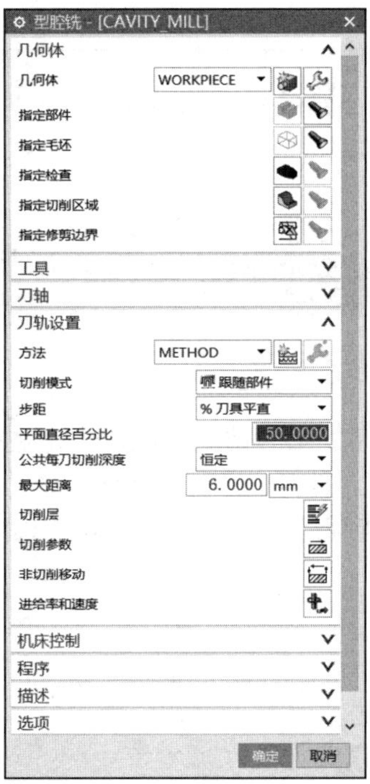

图 B2-4 “型腔铣-[CAVITY_MILL]”对话框

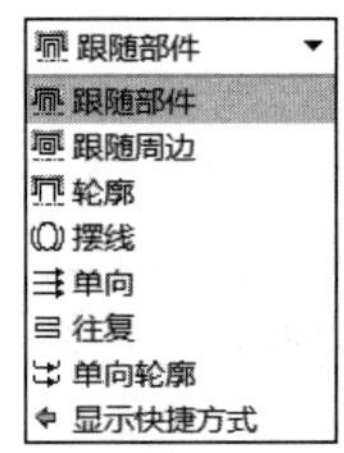

图 B2-5 型腔铣切削模式

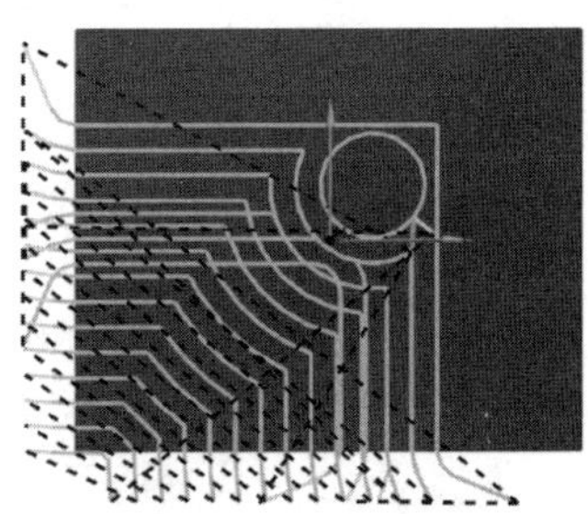

图 B2-6 “跟随部件”切削模式刀轨

2. 跟随周边

“跟随周边”切削模式创建的刀具路径是沿着型腔顺序、同心的轨迹，是由切削区域型腔的偏置得到的。在该模式下，刀具在步距间横向进给时连续切削，以实现最大化的切削。在使用“跟随周边”切削模式时，可能无法切削到一些较窄的区域，从而将一些多余的材料留给下一切削层。鉴于此，应在切削参数设置界面中设置壁清理和岛清根两种功能，以保证刀具能够切削到每个部件和岛壁，从而不漏掉腔类零件的加工。“跟随周边”切削模式刀轨如图 B2-7 所示。

3. 轮廓

“轮廓”切削模式是创建一条或指定数量的切削刀路来对部件壁面进行加工的。该模式既可以加工开放区域，也可以加工闭合区域。轮廓走刀完全不需要考虑毛坯状态。该模式切削的路径与切削区域的轮廓有关。该切削模式通常用于零件的侧壁或外形轮廓的半精加工。“轮廓”切削模式刀轨如图 B2-8 所示。

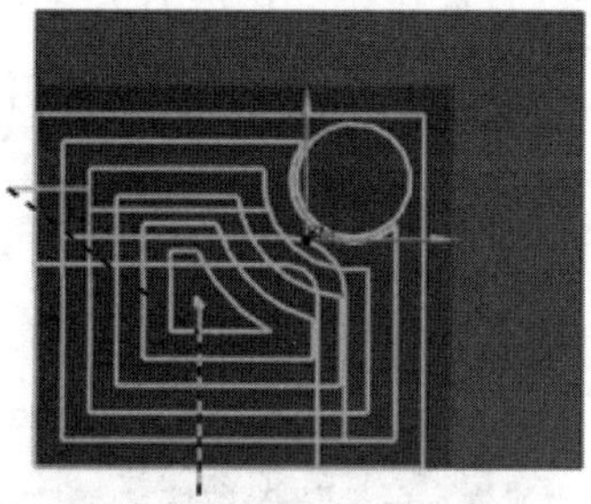

图 B2-7　“跟随周边”切削模式刀轨

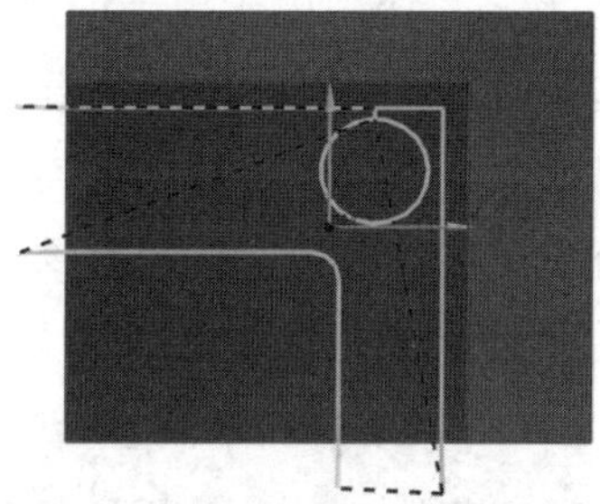

图 B2-8　“轮廓”切削模式刀轨

4. 摆线

“摆线”切削模式生成的刀具路径近似螺旋形状。在使用该切削模式时，步进较小。“摆线”切削模式适用于高速铣。在选择摆线走刀方式时，步进的距离不能过大，否则系统会提示操作参数错误。一般摆线走刀的步距不要超过刀具直径的 10%。“摆线”切削模式刀轨如图 B2-9 所示。

5. 单向

“单向”切削模式生成的刀具路径都统一从一个方向向另一方向切削，适用于单一顺铣或逆铣，其优点是所加工的平面粗糙度较高。但该模式相对浪费时间。“单向”切削模式刀轨如图 B2-10 所示。

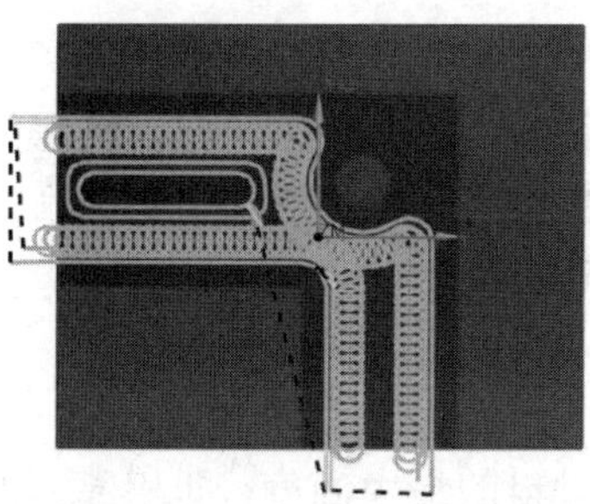

图 B2-9　“摆线”切削模式刀轨

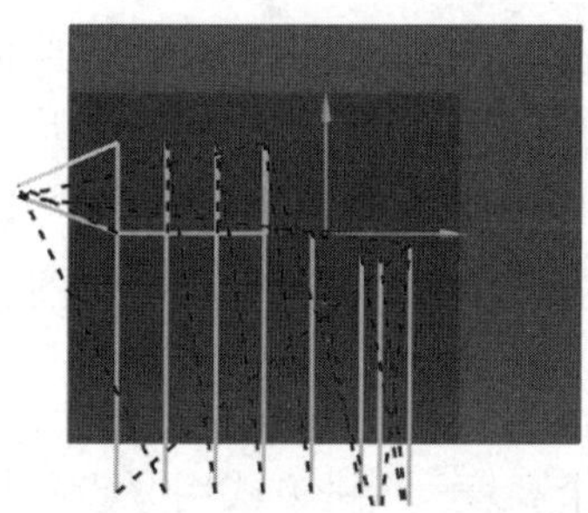

图 B2-10　“单向”切削模式刀轨

6. ⇉往复

“往复”切削模式的刀具路径是顺铣和逆铣交替形成的，切削效率高，可以大量地去除材料，常用于粗加工。刀具在步距宽度内往复走刀时，可以沿切削区域的轮廓进行切削运动。相比“单向”切削模式，该模式较为节省时间。“往复”切削模式刀轨如图 B2-11 所示。

7. ⇆单向轮廓

“单向轮廓”切削模式用于创建平行、单向、沿轮廓的刀具轨迹，其走刀方式与“单向”切削模式走刀方式类似，只是在横向进给时，刀具沿区域的轮廓进行切削。该切削模式对轮廓周边进行切削，不留残余的材料，通常用于粗加工后要求余量均匀的零件加工，如侧壁要求高的零件或薄壁零件。在使用这种切削模式进行加工时，切削比较平稳，对刀具冲击力小。“单向轮廓”切削模式刀轨如图 B2-12 所示。

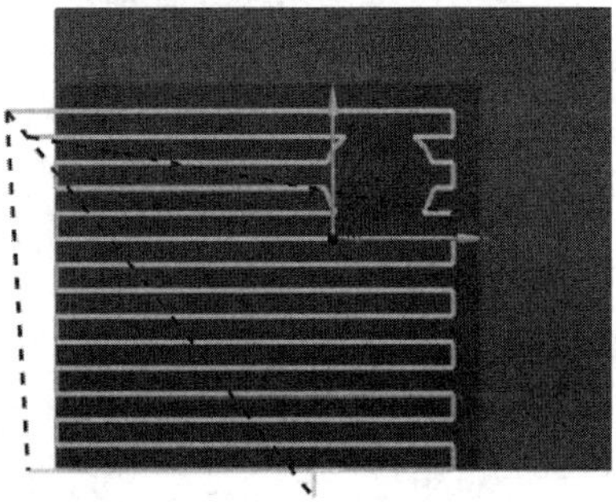

图 B2-11 “往复”切削模式刀轨

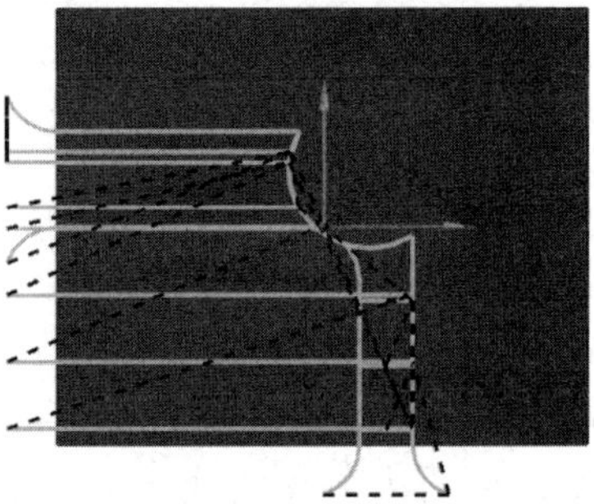

图 B2-12 “单向轮廓”切削模式刀轨

B2-2-2 设置切削步距

设定的切削步距直接决定了零件的加工速度和加工质量。UG NX 12.0 提供的步距设置方式有恒定、残余高度、%刀具平直、多重变量 4 种，如图 B2-13 所示。

1. 恒定

“恒定”步距是指连续切削刀路间的距离固定，即相邻两刀具轨迹之间的距离不变。如果设置的刀路间距不能平均分割所要切削的区域，则系统将减小步距，但仍然保持恒定的步距。当切削模式为配置文件和标准驱动方式时，设置的步距是指轮廓切削和附加道路之间的步距。“恒定”步距设置为 5mm 示意图如图 B2-14 所示。

2. 残余高度

“残余高度”步进方式用来设置相邻两刀路间残留材料的最大高度，即相邻刀痕之间的残余波峰高度值。系统会利用残余高度在连续切削刀路间建立合理的步距。由于切削对象外形变化不同，所以系统自动计算出的每次切削步距也不同。为了使刀具在切削材料时负载不至于太大，最大步距将被限制在不超过刀具直径 2/3 的范围内。通过合理设置“残余波峰高度”可以较好地控制工件的表面粗糙度，一般在进行曲面加工时设置。给定残余波峰高度值是指相对垂直于刀轴的平面测量的距离，实际残余波峰高度值是指刀具与加工平面之间的距离。如果加工的表面不平整或为非水平面，则加工后不平整表面的残余波峰高度值可能会超过指定的残余波峰高度值，不能保证加工精度。残余高度及刀轨效果示意图如图 B2-15 所示。

图 B2-13　步距的 4 种设置方式

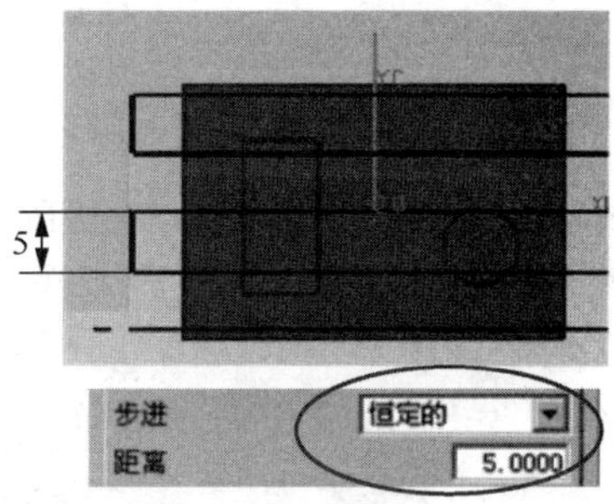

图 B2-14　“恒定”步距设置为 5mm 示意图

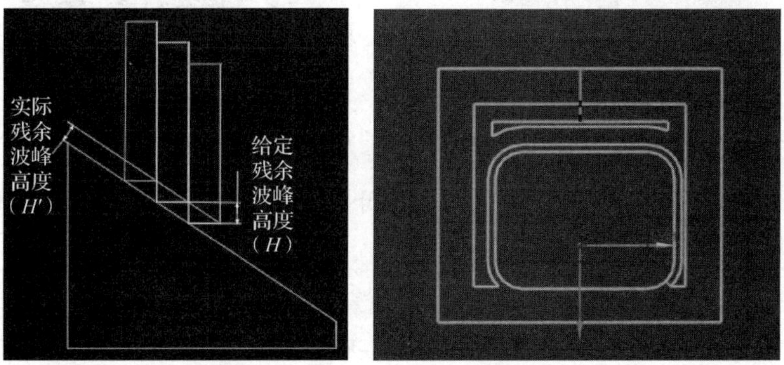

图 B2-15　残余高度及刀轨效果示意图

3. %刀具平直

“%刀具平直”步距方式是通过设置刀具直径的百分比在连续切削刀路之间建立固定距离的。如果步距不能平均分割所在区域，则系统将减小刀具步距，但步距保持恒定。设置步距为“%刀具平直”，它是系统默认的设置步距的方式。当设置方式指定为“直径”时，“步距”选项的下方变为“平面直径百分比”选项。在“平面直径百分比”选项右侧的文本框内输入数值即可指定步距为刀具有效直径的百分比，一般不超过刀具直径的 75%。系统需要根据刀具类型进行步距的计算。对于相同直径不同类型的刀具，在计算步距时，平底刀按照刀具直接计算，圆角刀按照刀具底面的有效直径计算，球头刀按照刀具直径计算。相同直径不同类型刀具的步距效果如图 B2-16 所示。

（a）平底刀步距效果　（b）圆角刀步距效果　（c）球头刀步距效果

图 B2-16　相同直径不同类型刀具的步距效果

4. 多重变量

当切削模式为跟随周边、跟随部件、轮廓、标准驱动时，可以在“步距”下拉列表中选择“多重变量”。“多重变量”步距方式通过指定多种步距，以及每种步距所对应的刀路数来定义切削间距。根据切削模式不同，可变步距的定义方式不尽相同，图 B2-17 所示为“跟随部件”“跟随周边”切削模式下多种步距的刀轨效果对比。

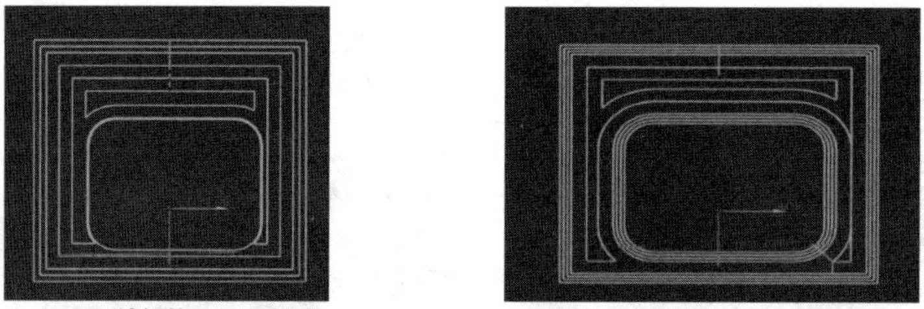

（a）“跟随部件”切削模式　（b）“跟随周边”切削模式

图 B2-17　“跟随部件”“跟随周边”切削模式下多种步距的刀轨效果对比

模具零件的开粗步距设置方式比较常用的是“%刀具平直”，开粗步距一般限定在刀具直径的 50%～75%，尤其是圆角刀具，它必须按刀具底面的有效直径来计算步距。例如，D16R1 立铣刀的有效切削直径是 16−1×2=14（mm），这时刀具步距的设置一般不超过该刀具的有效直径（14mm）。

B2-2-3　设置公共每刀切削深度及切削层

1. 每刀最大切削深度

在“型腔铣-[开粗]”对话框“刀轨设置”选项组中的“最大距离”文本框中输入的数值就是切削深度的最大值，如图 B2-18 所示。

2. 设置切削层

切削层用于划分等高线以进行分层，等高线平面确定了刀具在移除材料时的切削深度。切削操作在一个恒定的深度完成后才会移至下一深度。通过设置“切削层”选项可以将一个零件划分为若干范围，在每个范围内使用相同的切削深度，而不同范围则可以采用不同的切削深度。“范围类型”分为自动、用户定义和单侧 3 种类型，如图 B2-19 所示。“切削层”分为恒定和仅在范围底部两种类型，如图 B2-20 所示。“公共每刀切削深度”分为恒定和残余高度两种类型，如图 B2-21 所示。

用户定义：对范围进行手工分割，可以对范围进行编辑和修改，并对每一个范围的切削深度进行重新设定，如图 B2-22 所示。

单侧：将切削层设定为一个切削范围，底部余量不均匀，如图 B2-23 所示。

图 B2-18　每刀最大切削深度

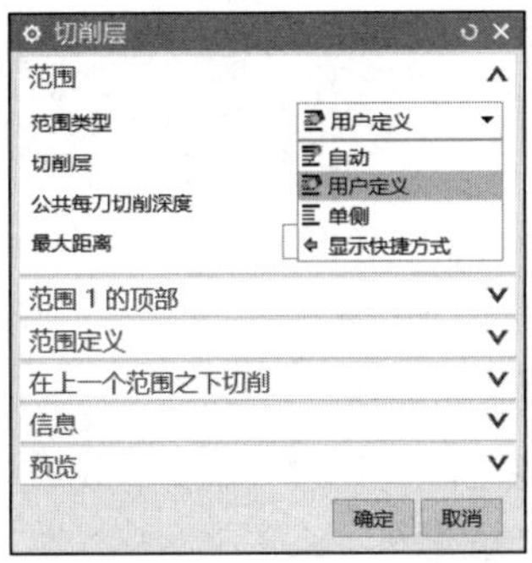

图 B2-19　范围类型

图 B2-20　切削层类型

图 B2-21　公共每刀切削深度的类型

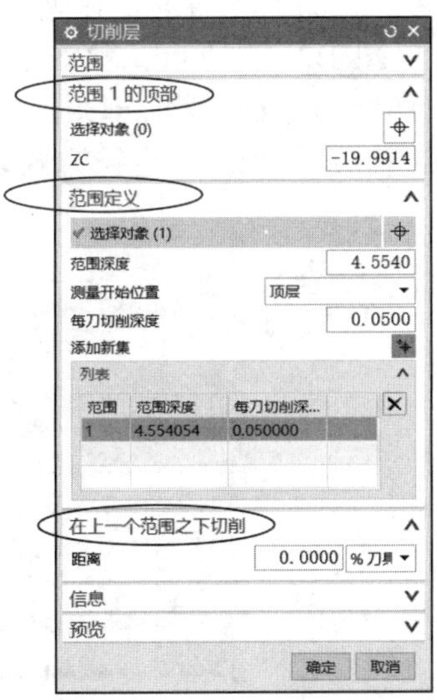

图 B2-22　3 个切削范围的选择

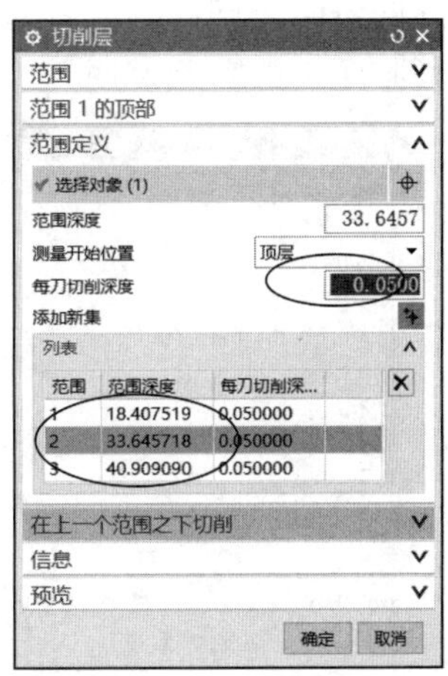

图 B2-23　切削深度的设置

范围的选择：选择对象，单击几何体上的点、线、面来设置加工最高面；通过范围定义选择对象，单击几何体上的点、线、面来设置加工最底面，从而确定加工范围，如图 B2-24 所示。

范围的分割：通过添加新集选择对象，单击几何体上的点、线、面来分割加工范围，在不同范围之间设置不同的每刀切削深度，如图 B2-25 所示。

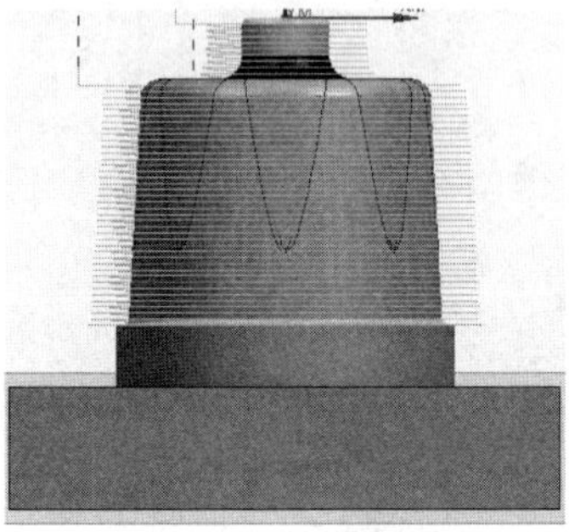

图 B2-24　范围的选择

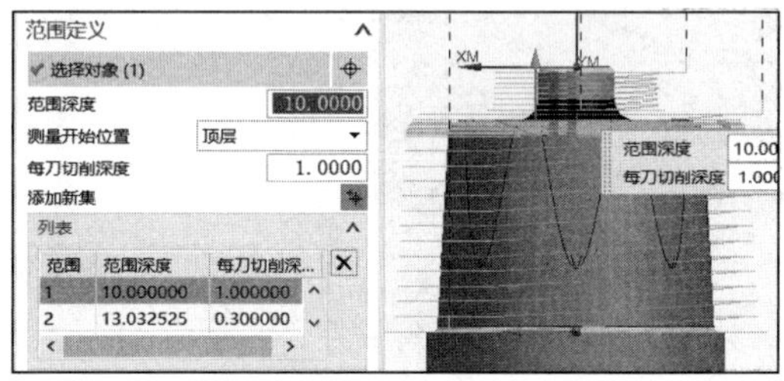

图 B2-25　在不同范围之间设置不同的每刀切削深度

B2-2-4　设置型腔铣切削参数

"切削参数"对话框如图 B2-26 所示，该对话框中共有 6 个选项卡，分别为"策略""余量""拐角""连接""空间范围""更多"。

1. "策略"选项卡

1）切削方向

"切削方向"用于指定刀具在切削时的运动方向。在型腔铣操作中，切削方向有顺铣、逆铣、混合（向外、向内）3 种，如图 B2-27 所示。顺铣是指刀具旋转时产生的切线方向与工件的进给方向相同。顺铣方式切削力平稳，精加工用顺铣保证表面质量。逆铣是指刀具旋转时产生的切线方向与工件的进给方向相反。逆铣方式切削阻力大，一般不采用。

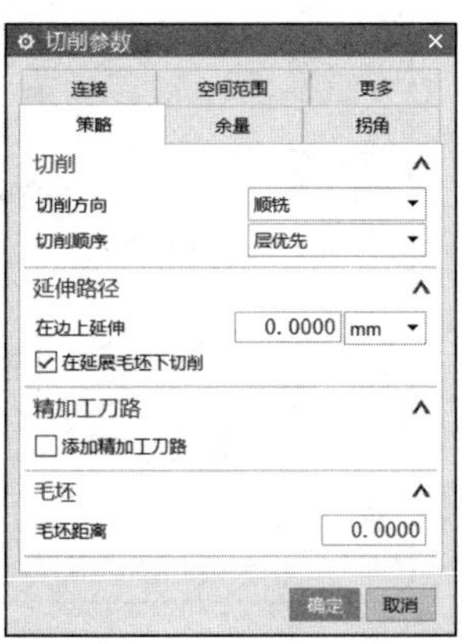

图 B2-26　"切削参数"对话框

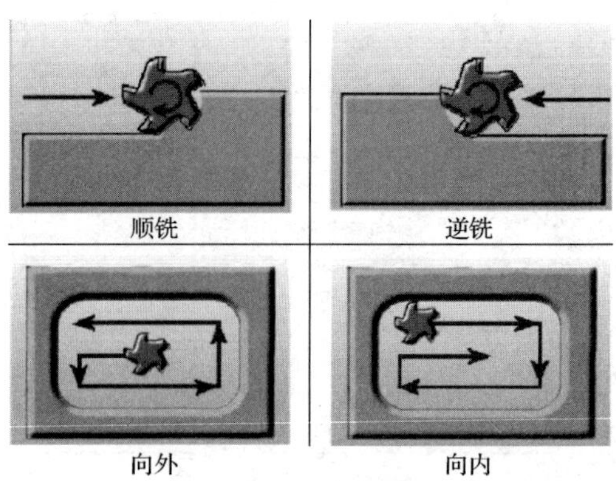

图 B2-27　切削方向示意图

2）切削顺序

“切削顺序”用于指定经过多个区域的刀具路径。当在一个切削层中有多个要加工的区域时，可以使用两种方式（层优先和深度优先）来定义区域的切削顺序。

（1）层优先。选择该选项后，指定刀具在切削零件时，切削完工件上所有区域同一高度的切削层之后再进行下一层的切削，如图 B2-28 所示。

（2）深度优先。选择该选项后，指定刀具在切削零件时，将一个切削区域的所有层切削完后再进行下一个切削区域的切削，如图 B2-29 所示。

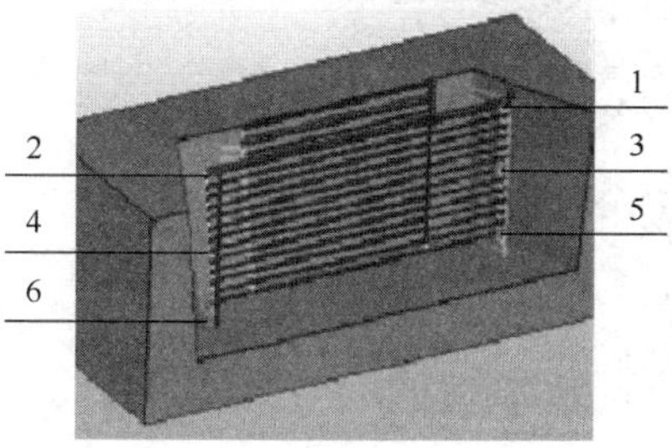

图 B2-28　层优先

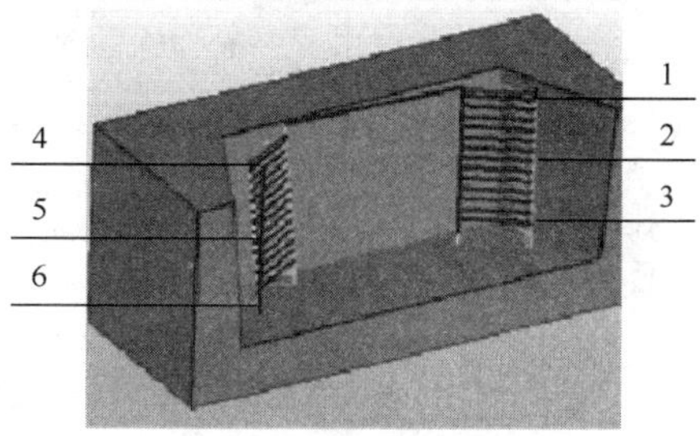

图 B2-29　深度优先

3）刀路方向

“刀路方向”的选择有 3 种：向内、向外和自动。自动计算的刀路方向是系统按照 UG NX 内核算法确定的，不受工艺安排的控制。刀路方向一般根据工艺来安排：在铣削型芯类零件时，选择向内的刀路方向，有利于减小进刀冲击，保护刀具，延长刀具使用寿命；在铣削型腔类凹面的零件时，选择向外的刀路方向，可以防止进刀时切削力太大造成过切。

当设置为“跟随周边”切削模式，“切削方向”选择“向内”或“向外”后，系统显示出“壁”选项组，如图 B2-30 所示。我们应该勾选“岛清根”复选框，并且“壁清理”选择“自动”选项。因为“跟随周边”切削模式限定了一些狭窄的部位不能清理，开启“壁清理”功能后能最大化、高效完成部件开粗，防止“踩刀”情况发生。自动岛清根刀轨效果如图 B2-31 所示。

图 B2-30　刀路方向的设置

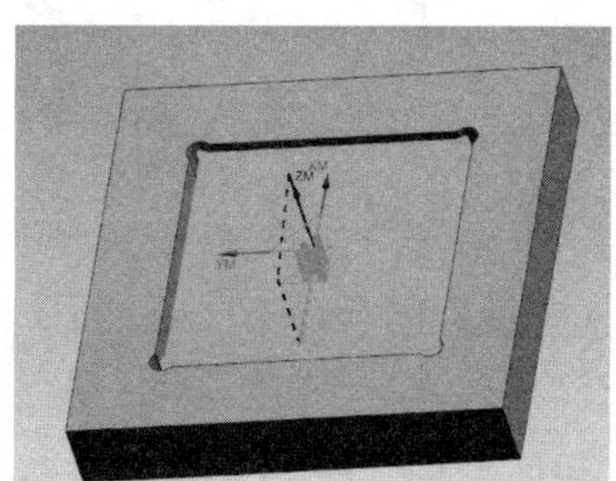

图 B2-31　自动岛清根刀轨效果

4）精加工刀路

“精加工刀路”是刀具完成主要切削刀路后所进行最后一次切削的刀路。在该刀路中，刀具将沿边界和所有岛进行一次轮廓铣削。系统只在“底平面”的切削层上生成此刀路，该刀路由“刀路数”和“精加工步距”两个参数确定，如图 B2-32 所示。

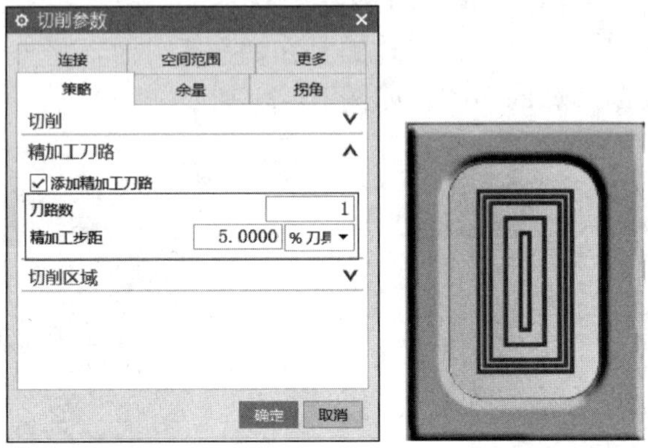

图 B2-32 “精加工刀路”选项组及精加工刀路示意图

5）毛坯距离

“毛坯距离”用于指定毛坯距离，它是零件边界或零件几何体所形成毛坯几何体时的偏置距离。在处理铸件或工件时，对“毛坯距离”进行适当设置是很有必要的，可进行刀轨延伸的补充，如图 B2-33 所示。

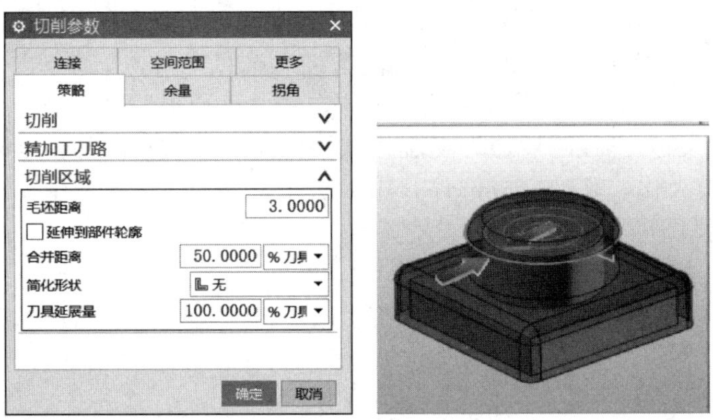

图 B2-33 毛坯距离的设置及示意图

2. “余量”选项卡

“余量”是指切削加工完成后，工件上保留的材料量。在该选项卡中，主要有“余量”选项组和“公差”选项组，如图 B2-34 所示。“余量”选项组主要用于对部件侧面余量、底面余量、毛坯余量、检查余量和修剪余量进行设置。

“部件侧面余量”和“部件底面余量”是设定工件加工完成后，侧面和底部各自保留的余量，如图 B2-35 所示。当勾选“使底面余量与侧面余量一致”复选框时，“部件底面余量”

和“部件侧面余量”的设置将会相同。如果所选加工区域为开放区域，四周不存在侧壁，则“部件侧面余量”设置与否都没关系。只有侧壁存在时设置“部件侧面余量”才有效。

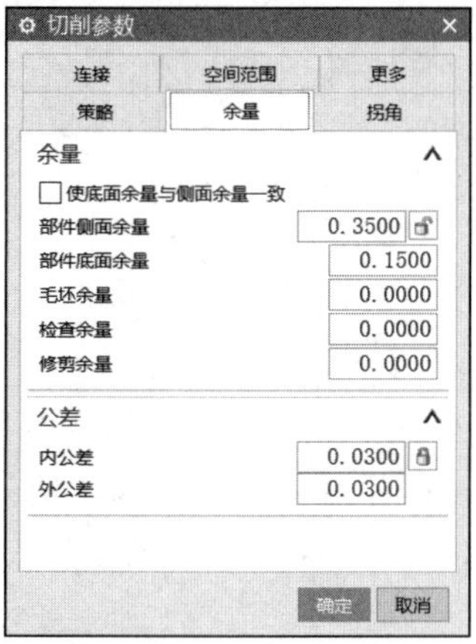

图 B2-34　“余量”选项卡

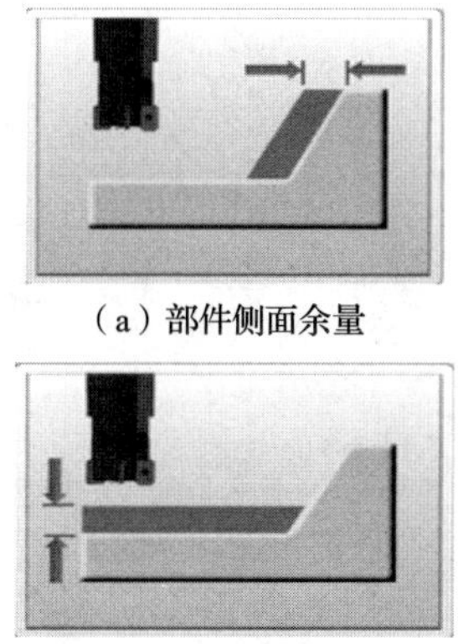

（a）部件侧面余量

（b）部件底面余量

图 B2-35　“部件侧面余量”和“部件底面余量”示意图

“毛坯余量”的设置相当于将毛坯放大或缩小，以限定切削范围。“检查余量”用来指定刀具与检查几何体之间的偏置距离；“修剪余量”用来指定刀具与裁剪几何体之间的偏置距离，如图 B2-36 所示。

“内公差”用来设置刀具切入工件内的最大允许误差，“外公差”用来设置刀具偏离工件外的最大允许误差，如图 B2-37 所示。内公差与外公差不能同时为 0。在开粗刀轨中一般保持默认设置，在精加工刀轨设置中一般增加一级精度，即在文本框中小数点后多输入一个“0”。公差精度越高，生成的刀轨插补精度越高，程序段也越多，加工效率将受到一定影响。

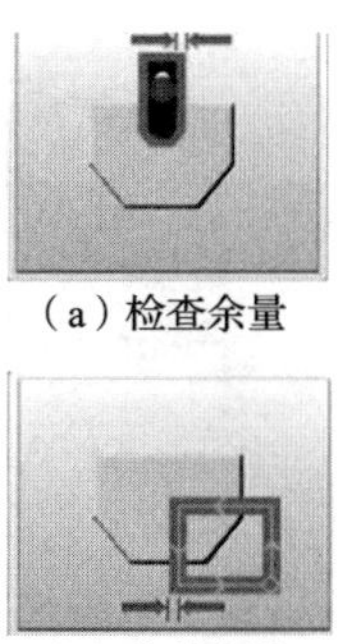

（a）检查余量

（b）修剪余量

图 B2-36　“检查余量”“修剪余量”示意图

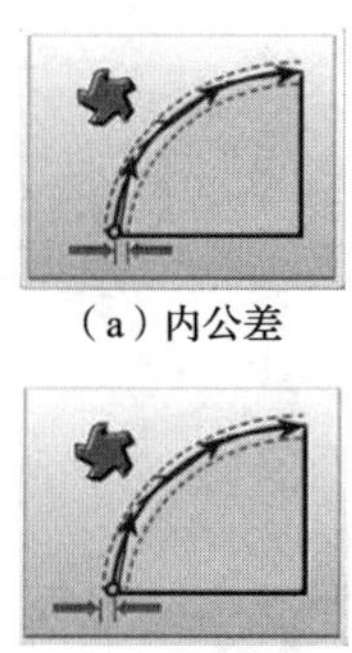

（a）内公差

（b）外公差

图 B2-37　“内公差”“外公差”示意图

3. “拐角”选项卡

“拐角”用于产生在拐角处平滑过渡的刀轨，以防刀具在拐角处产生偏离或过切，特别是对于高速铣加工，拐角控制可以保证加工的切削负荷均匀。“拐角”选项卡如图 B2-38 所示。拐角的设置可参考平面铣拐角的设置方法。

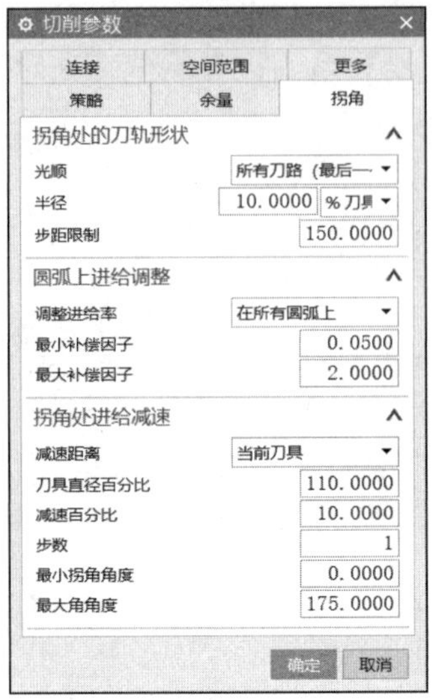

图 B2-38 “拐角”选项卡

4. “连接”选项卡

在“连接”选项卡中，“区域排序”一般选择“优化”选项，如果是指定顺序的孔位加工，“区域排序”应该按照工艺要求进行选择。“优化”选项组中的内容保持默认设置，这样刀轨的安全性较高。“开放刀路”有两种：保持切削方向和变换切削方向。在“跟随部件”切削模式下，“开放刀路”常常选择“变换切削方向”选项，这样有利于减少抬刀次数，提高有效切削效率，如图 B2-39 所示。

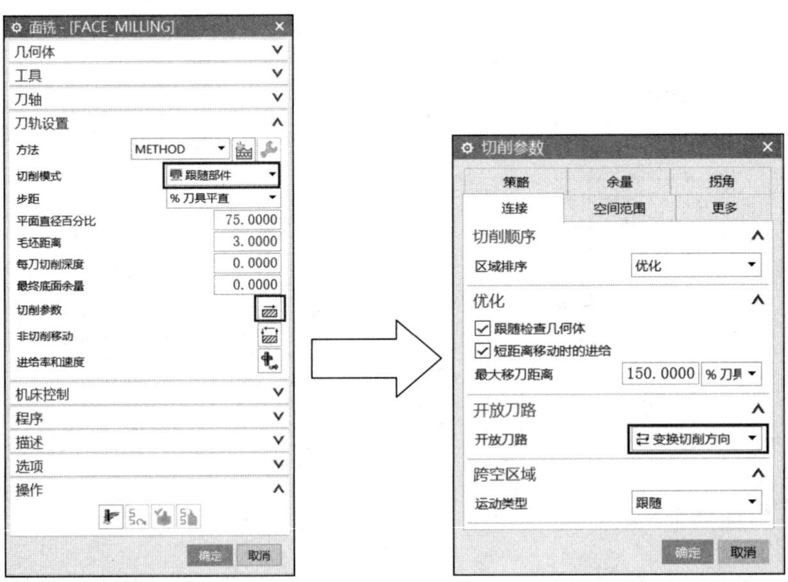

图 B2-39 “跟随部件”切削模式下“变换切削方向”的设置

5. “空间范围”选项卡

图 B2-40　“空间范围”选项卡

“空间范围”选项卡是用来指定加工范围的。“修剪方式”选择“无”选项，用于整体开粗；加工范围由几何体确定。“空间范围”选项卡如图 B2-40 所示。

1）使用 3D

“使用 3D”工序模型作为“型腔铣”二次开粗的毛坯几何体，可根据真实工件的当前状态来加工某个区域，这样可以避免再次切削已经加工过的区域。“使用 3D”工序模型 IPW（过程工件毛坯）开粗的优点是不用担心刀具过载，不用担心哪个地方没有被清除到，不用考虑哪些地方残料过多而被一次加工出来，也不用考虑毛坯的定义；缺点是刀轨计算时间长，尤其是大型模型，计算效率对计算机的配置要求较高，而且生成的刀轨复杂，加工效率低下。一般不建议采用该选项。

2）使用基于层的

“使用基于层的”工序模型 IPW 可以高效地切削先前操作中留下的弯角和阶梯面。“使用基于层的”工序模型 IPW 加工简单部件时，刀轨处理时间较“使用 3D”工序模型显著缩短，刀轨更加规则，加工大型的复杂部件所需时间更是极大缩短。可以将多个粗加工操作合并在一起，以便对给定的型腔进行粗加工和二次开粗，从而使加工过程进一步优化。但是“使用基于层的”方式计算刀轨的时间比“参考刀具”计算刀轨的时间短，比“使用 3D”计算刀轨的时间长，这是因为“使用基于层的”IPW 对应 2D 余量，“使用 3D”对应 3D 余量。值得注意的是，“使用基于层的”IPW 一定不能放在 NONE 程序父本组下进行。这是因为在“可视化”和“型腔铣”中，NONE 程序父本组中的操作将被忽略，如果尝试在 NONE 父本组的某操作中生成新的刀轨，并且选择了“使用基于层的”选项，则系统将针对输入“使用基于层的”使用最初定义的毛坯几何体，这会导致操作依然是粗加工，而不能进行二次开粗。

3）参考刀具

“参考刀具”是指当前工序之前对零件进行粗加工的刀具，使用“参考刀具”进行二次开粗，系统将计算使用指定的参考刀具进行切削加工后剩下的材料量，然后将剩下的材料作为当前操作定义的切削区域。使用“参考刀具”进行二次开粗类似“型腔铣”中的“轮廓”切削模式，但它仅限于在“剩下的材料区域中”生成刀轨。在使用“参考刀具”进行二次开粗时，参考刀具直径必须大于当前使用刀具的直径。

使用“参考刀具”进行二次开粗比“使用基于层的”或“使用 3D”进行二次开粗计算速度快，占用内存小。“参考刀具”没有依赖性，不需要和粗加工放在同个程序父本组下，也不需要定义几何体父本组；没有关联性，便于编辑和修改切削参数。但是“参考刀具”不会考虑上一步粗加工中的狭窄残料。例如，我们在比较狭窄的地方使用螺旋下刀时，往往要设定最小螺旋直径，这样狭窄的地方就下不去刀，留下了残料。如果用“参考刀具”，就有踩刀的风险，因为“参考刀具”不考虑螺旋下刀切不掉的残料。一般经验比较丰富的技术员在能充分估计开粗余量的情况下多使用“参考刀具”进行二次补开。

使用“参考刀具”进行二次开粗仅限于对剩余材料的拐角区域进行切削加工，计算速度快，加工效率高。而“使用基于层的”IPW 和“使用 3D”把粗加工剩余材料当作毛坯进行二次开粗，开粗后的余量均匀，但计算时间长，加工效率比“参考刀具”二次开粗的加工效率低。在具体进行二次开粗时，要根据零件的复杂程度、精加工要求的高低，灵活选用开粗方式。“使用基于层的”IPW 方式可以高效地切削先前操作中留下的弯角和阶梯面，在加工简单部件时，刀轨处理时间较“使用 3D”工序模型显著减少，加工大型复杂部件所需时间更是极大缩短，可以在粗加工中使用直径较大的刀具完成较深的切削，然后在后续操作中使用同一刀具完成深度很浅的切削以清除阶梯面。

B2-2-5　设置非切削移动参数

非切削移动包括移刀、逼近、进刀、退刀。非切削移动的作用是将多个切削刀轨段连接成一个完整刀轨。它可以是简单的进刀或退刀，也可以是复杂的一系列定制的进刀、退刀和移刀。

“非切削移动”对话框中共有 7 个选项卡，分别是“进刀”“退刀”“起点/钻点”“转移/快速”“避让”“光顺”“更多”，如图 B2-41 所示。本项目主要介绍“进刀”“退刀”“起点/钻点”“转移/快速”这 4 个选项卡。

图 B2-41　“非切削移动”对话框中的选项卡

1. “进刀”选项卡

“进刀”选项卡中有“封闭区域”“开放区域”“初始封闭区域”“初始开放区域”4 个选项组。

1）封闭区域

封闭区域中一般是封闭的模型，大多数是凹型零件。下面主要介绍“封闭区域”选项组中的螺旋、沿形状斜进刀和插削 3 种进刀类型。

（1）螺旋：按圆周运动的斜线下刀，通常设置斜坡角度为 3°～5°，以使刀具切入更加平稳。螺旋刀轨效果如图 B2-42 所示。

（2）沿形状斜进刀：运动轨迹与零件轮廓形状一致的斜线下刀，通常与螺旋刀轨设置一致，斜坡角度设为 3°～5°，以使刀具切入更加平稳。沿形状斜进刀刀轨效果如图 B2-43 所示。

（3）插削：以 G01 方式直接下刀，插削冲击力大，实际中建议用于精加工。插削刀轨效果如图 B2-44。

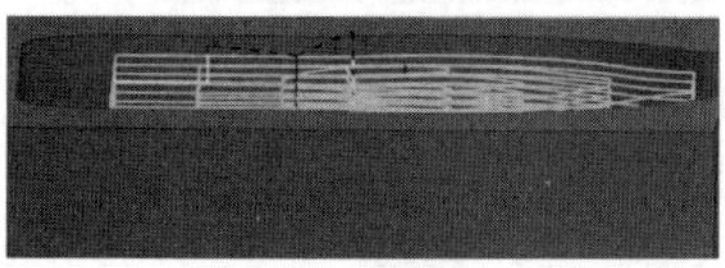

图 B2-42　螺旋刀轨效果

图 B2-43　沿形状斜进刀刀轨效果

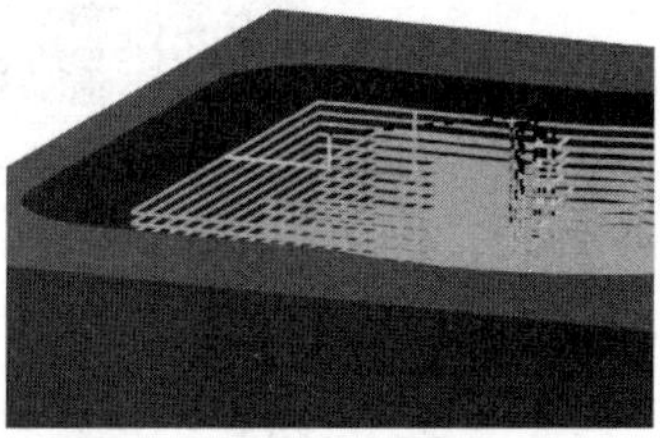

图 B2-44　插削刀轨效果

2）开放区域

开放区域中一般是敞开的形状，刀具可以从外部直接切入的零件大多是凸型零件。“开放区域”选项组的“进刀类型”主要包括线性及圆弧两种。

（1）线性：沿与加工路径相切方向的直线切入，切入时有一定的冲击力，实际中建议用于开放区域开粗或半精加工进刀。线性刀轨效果如图 B2-45 所示。

（2）圆弧：以一个相切的圆弧为切入段，切入冲击力比线性切入冲击力小，实际中建议用于开放区域精加工进刀。圆弧刀轨效果如图 B2-46 所示。

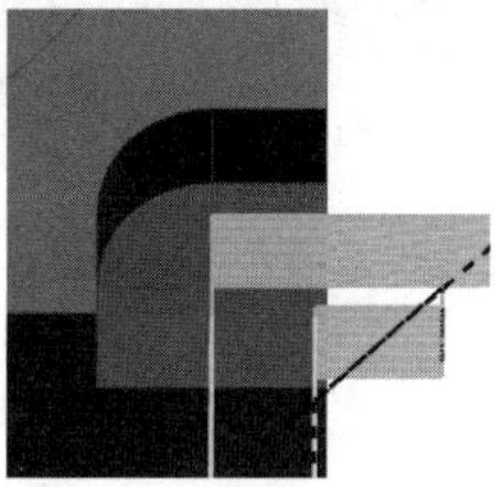

图 B2-45　线性刀轨效果

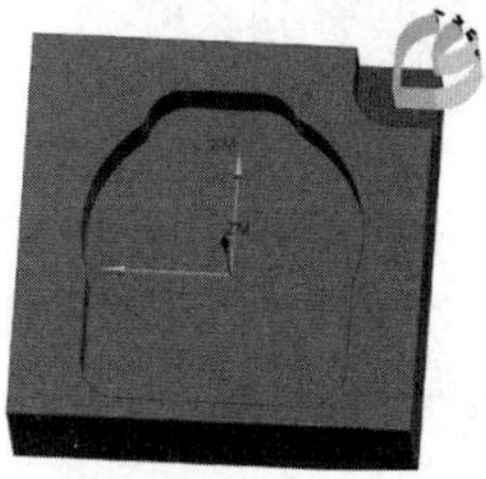

图 B2-46　圆弧刀轨效果

2. “退刀”选项卡

该选项卡用于设置刀轨在完成一刀切削后远离工件的过程。下面主要介绍“退刀”选项组中的与进刀相同及抬刀两种退刀类型。

1）与进刀相同

选择该选项后，退刀类型与进刀类型相同。当进刀类型为线性时，刀轨效果如图 B2-47 所示。

2）抬刀

选择该选项后，刀具在完成每刀切削后直接抬刀将刀具远离工件。抬刀刀轨效果如图 B2-48 所示。

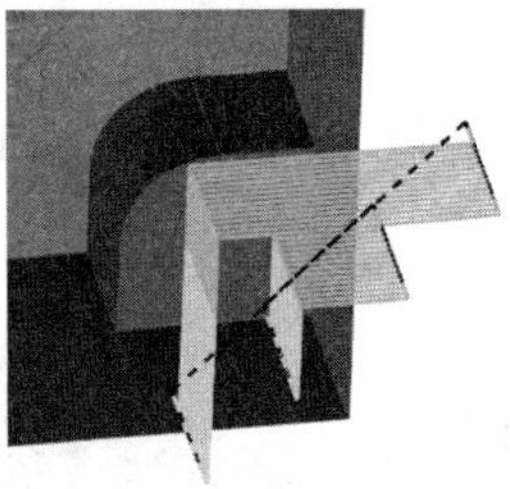

图 B2-47　退刀类型与进刀类型相同的刀轨效果

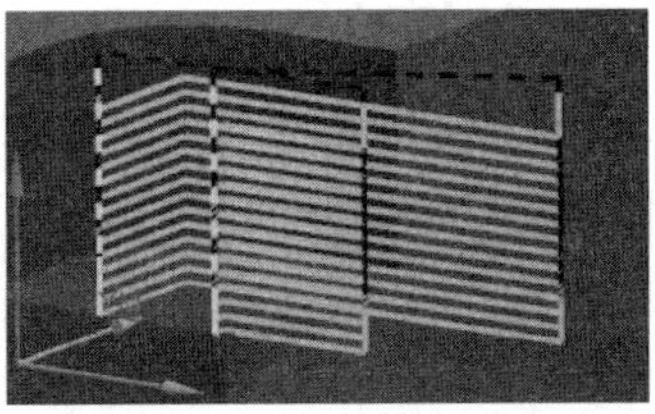

图 B2-48　抬刀刀轨效果

3. “起点/钻点”选项卡

该选项卡主要通过中点和拐角来确定刀轨生成时的进刀位置。当“默认区域起点”选择“中点”或“拐角”时，刀轨会在选择的点上生成。指定中点刀轨效果和指定拐角刀轨效果分别如图 B2-49 和图 B2-50 所示。

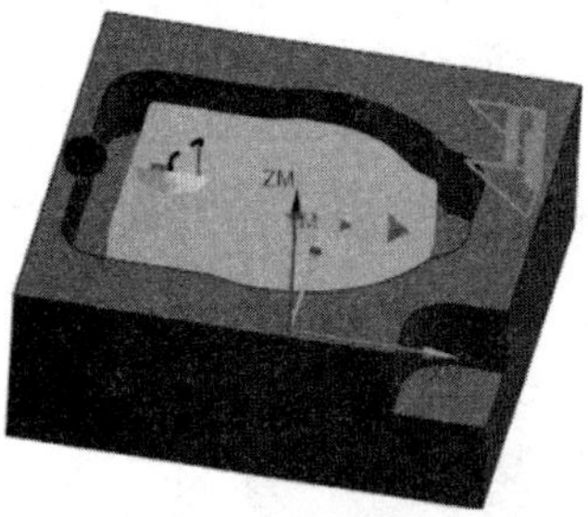

图 B2-49　指定中点刀轨效果

图 B2-50　指定拐角刀轨效果

4. “转移/快速”选项卡

该选项卡主要用于设置安全距离及区域内/外的转移方式。

（1）安全设置选项：默认设置为“使用继承的”，继承的平面为坐标系几何体 MCS 设置中的安全平面。通常设置“安全设置选项”为“自动平面”。

（2）区域之间：用于设置区域之间刀轨间传递的类型。“转移类型”通常设置为“毛坯平面”，“安全距离”一般设置为“3mm”。

（3）区域内：用于设置区域内刀轨间传递的类型。“转移类型”通常设置为“毛坯平面”，“安全距离”一般设置为“3mm”。

将“安全设置选项”设置为“自动平面”，“安全距离”设置为“30mm”；“区域之间”选项组中的“转移类型”设置为“毛坯平面”，“安全距离”设置为“3mm”；“区域内”选项组中的“转移类型”设置为毛坯平面，“安全距离”设置为“3mm”，可得到如图 B2-51 所示的刀轨效果。

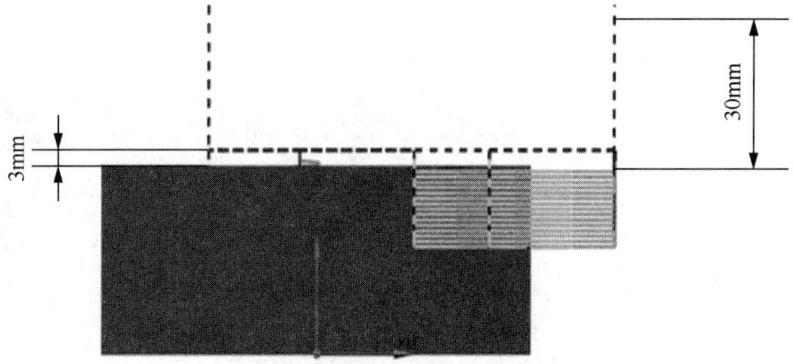

图 B2-51　自动平面为 30mm、毛坯平面为 3mm 的刀轨效果

B2-2-6　设置切削区域与修剪边界

1. 指定切削区域

通过指定切削区域来限定刀轨生成的范围。不指定切削区域的刀轨效果与指定切削区域的刀轨效果分别如图 B2-52 和图 B2-53 所示。

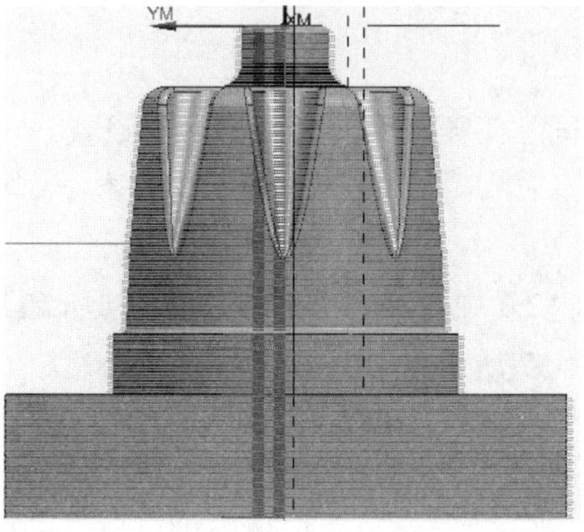

图 B2-52　不指定切削区域的刀轨效果

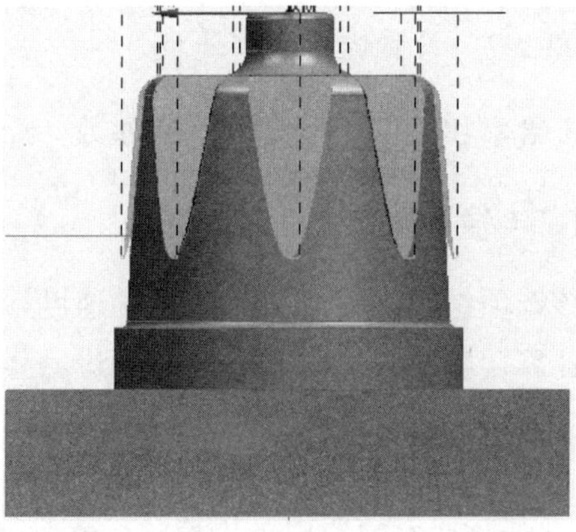

图 B2-53　指定切削区域的刀轨效果

2. 修剪边界

通过指定修剪边界来指定切削区域，共有 3 种指定方法，分别为面、曲线、点，如图 B2-54 所示。

（1）面：通过选定面来选择修剪内/外侧的边界刀轨。图 B2-55 所示为用“面”方法指定修剪边界，刀轨效果如图 B2-56 所示。

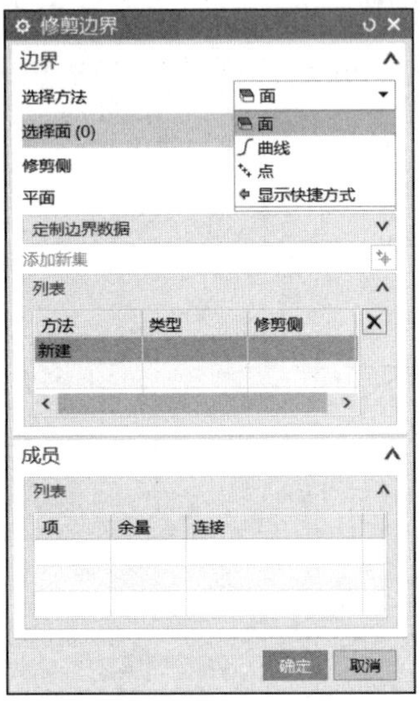

图 B2-54 修剪边界的指定方法

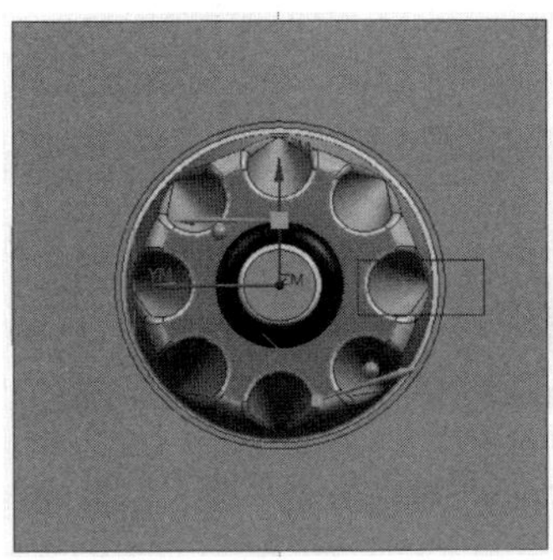

图 B2-55 用“面”方法指定修剪边界

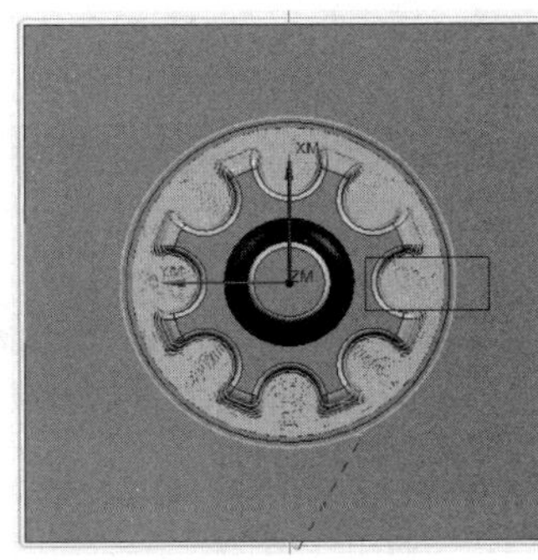

图 B2-56 用“面”方法指定修剪边界的刀轨效果

（2）曲线：通过选定曲线边界来选择修剪内/外侧的边界刀轨。

（3）点：通过选定点来确定用于修剪封闭边界内/外侧的边界刀轨。

B2-2-7 设置进给率和速度

进给率和速度是非常重要的参数，一般根据不同加工要求和经验数据进行设置。

1. 主轴速度

该选项组用于设置机床的主轴速度，在 UG NX 12.0 中，利用“主轴速度”与所选刀具类型计算切削时的表面速度与每齿进给量，如图 B2-57 所示。

2. 进给率

“进给率”选项组用于设置机床在加工时的切削进给率，在该选项组中可以设置切削时的多个切削参数，如快速的 G01 和 G0 输出模式，进刀、退刀等的进给率切削百分比。“进给率”的设置如图 B2-58 所示。

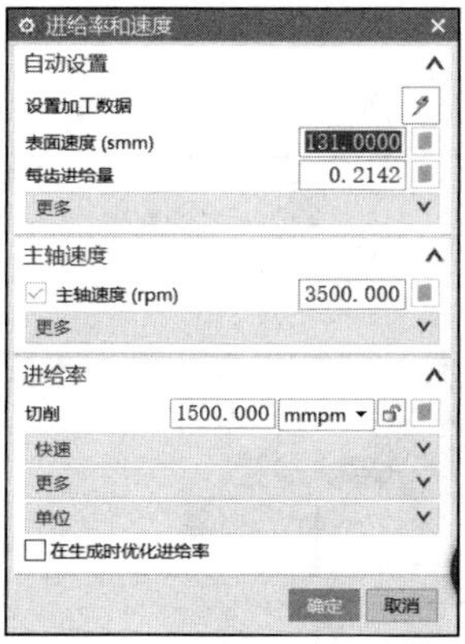

图 B2-57　设置“主轴速度”

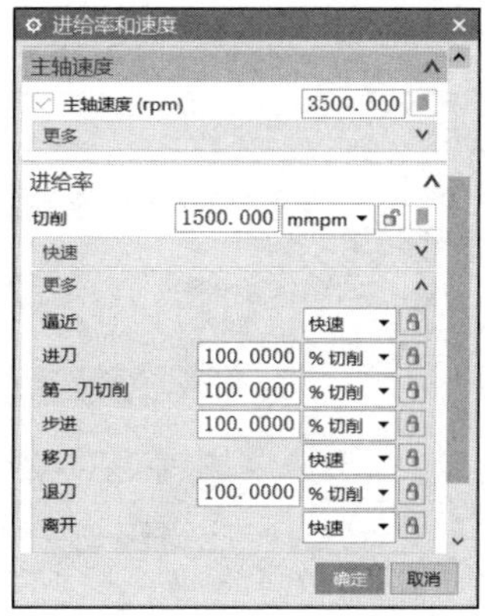

图 B2-58　设置“进给率”

能力训练：完成旋钮座型芯 CAM 仿真加工

1. 操作条件

（1）设备：装有 UG NX 12.0 的计算机一台。

（2）模型：型芯模型文件一个。

型芯 CAM 仿真加工

2. 注意事项

在使用计算机之前，先开显示器等外设，后开主机。在关闭计算机时，则相反，先关闭主机，然后关闭显示器等外设。

3. 操作过程

序号	操作步骤	操作方法及说明	能力要求
1	创建几何体	第一步，建立机床坐标系，指定 MCS，如图 B2-59 所示。“类型”选择“自动判断”选项，选中零件顶端平面，如图 B2-60 所示，完成 MCS 的创建。 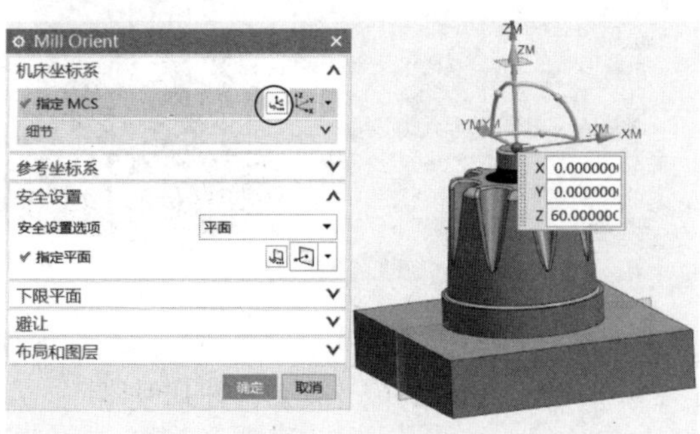 图 B2-59　指定 MCS	会创建几何体

<table>
<tr><th>序号</th><th>操作步骤</th><th>操作方法及说明</th><th>能力要求</th></tr>
<tr><td>1</td><td>创建几何体</td><td>

图 B2-60　选中 MCS 平面

第二步，设定安全距离。“安全设置选项”选择“平面”选项，在“平面”对话框的“距离”文本框中输入“50”，单击“确定”按钮，如图 B2-61 所示。

第三步，指定部件几何体。双击“WORKPIECE”图标，指定部件几何体，如图 B2-62 所示。

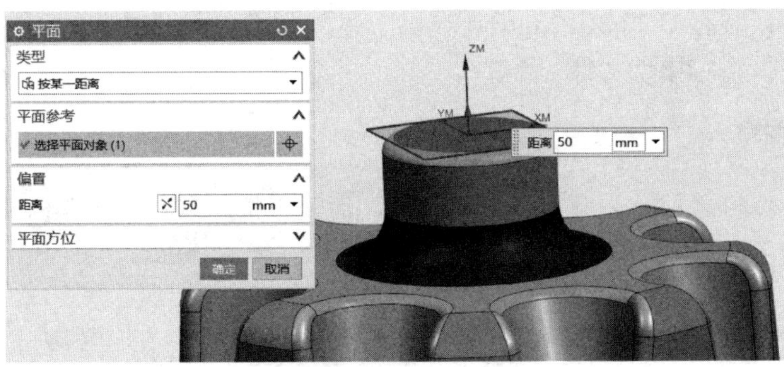

图 B2-61　设定安全距离

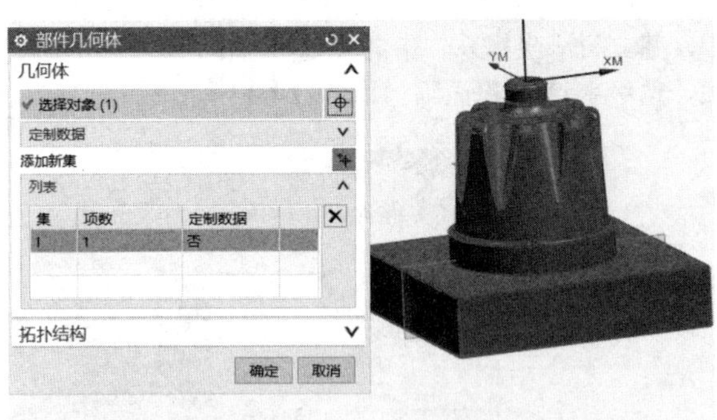

图 B2-62　指定部件几何体

第四步，指定毛坯几何体，如图 B2-63 所示。

</td><td>会创建几何体</td></tr>
</table>

<table>
<tr><th>序号</th><th>操作步骤</th><th>操作方法及说明</th><th>能力要求</th></tr>
<tr><td>1</td><td>创建几何体</td><td>
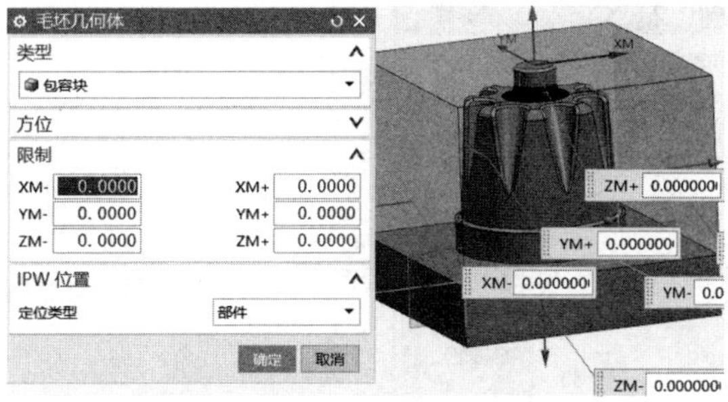

图 B2-63　指定毛坯几何体
</td><td>会创建几何体</td></tr>
<tr><td>2</td><td>开粗</td><td>
第一步，创建刀具。单击插入工具条中的（创建刀具）图标，系统弹出如图 B2-64 所示的“创建刀具”对话框，依次创建“D12R0.5”“D12”“D8”“D4”刀具。刀具参数如图 B2-65 所示。

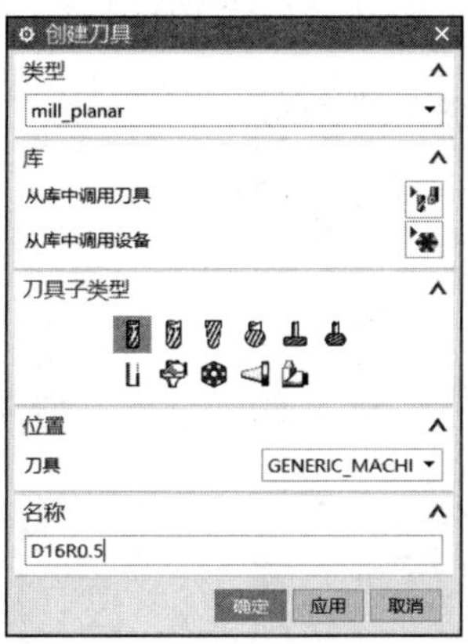

图 B2-64　“创建刀具”对话框

图 B2-65　刀具参数

第二步，单击插入工具条中的（创建刀具）图标，系统弹出“创建刀具”对话框，创建一个“B2”球头刀，设置“球直径”为“2”，单击“确定”按钮，完成“B2”球头刀的创建，如图 B2-66 所示。

第三步，创建开粗程序。单击插入工具条中的（创建工序）图标，系统弹出如图 B2-67 所示的“创建工序”对话框，“类型”选择“mill_contour”选项，“工序子类型”选择（型腔铣），“几何体”选择“WORKPIECE”选项，“刀具”选择“D12R0.5”，“名称”改为“开粗”，单击“确定”按钮，系统弹出如图 B2-68 所示的“型腔铣-[开粗]”对话框。
</td><td>能通过型腔铣工序开粗</td></tr>
</table>

序号	操作步骤	操作方法及说明	能力要求
2	开粗	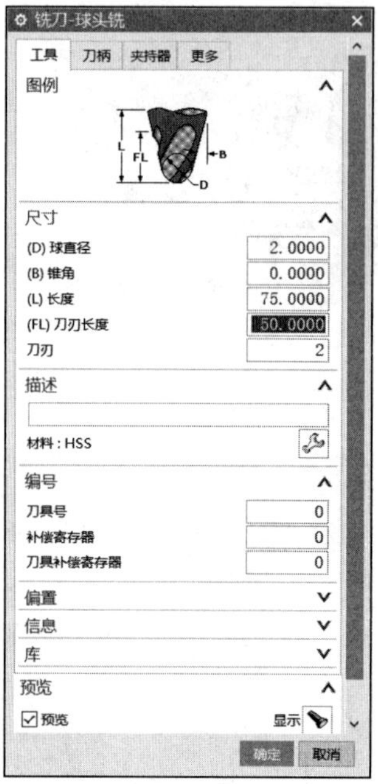 图 B2-66 设置球头刀参数  图 B2-67 “创建工序”对话框 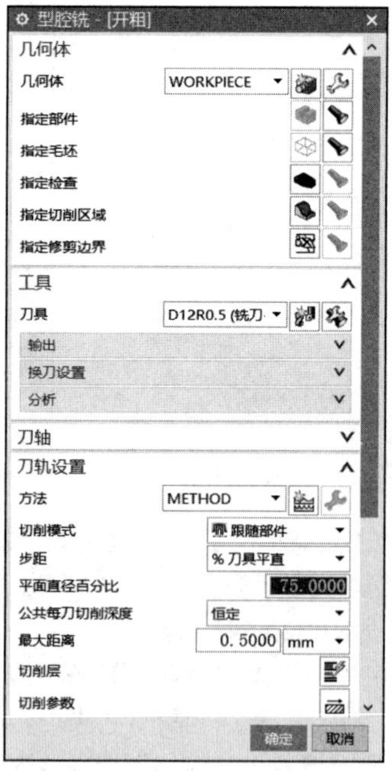 图 B2-68 “型腔铣-[开粗]”对话框	能通过型腔铣工序开粗

<table>
<tr><th>序号</th><th>操作步骤</th><th>操作方法及说明</th><th>能力要求</th></tr>
<tr><td>2</td><td>开粗</td><td>
第四步，设置切削参数。单击（切削参数）图标，系统弹出“切削参数”对话框，在“连接”选项卡中，“开放刀路”选择“变换切削方向”选项，如图B2-69所示。“余量”选项卡如图B2-70所示，设置“部件侧面余量”为“0.35mm”，“部件底面余量”为“0.15mm”。在“拐角”选项卡中，设置“光顺”为“所有刀路（最后一个除外）”，“半径”为“10”，如图B2-71所示。其他参数保持不变，单击“确定”按钮，完成切削参数的设置。

图B2-69　“连接”选项卡
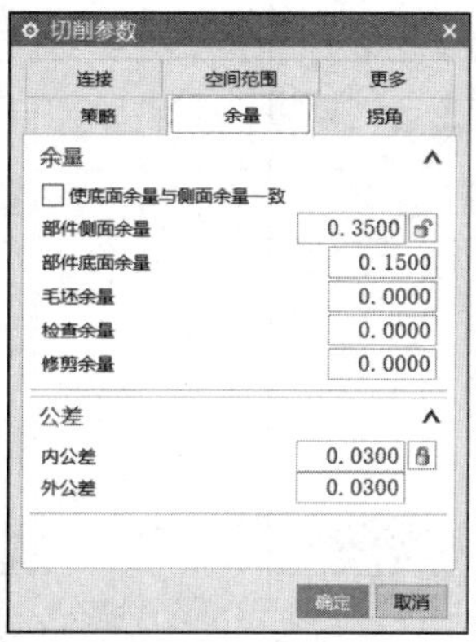

图B2-70　“余量”选项卡
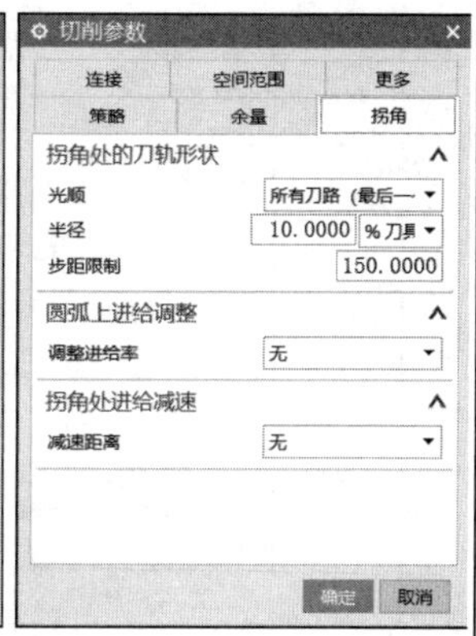

图B2-71　“拐角”选项卡
第五步，设置进给率和速度。单击图标，系统弹出如图B2-72所示的“进给率和速度”对话框，勾选“主轴速度”复选框，设置“主轴速度”为“2200”，注意单位为“rpm”；单击图标，系统自动计算表面速度与每齿进给量，“进给率”设置为“2000mmpm”，单击“确定”按钮，完成进给率和速度的设置。
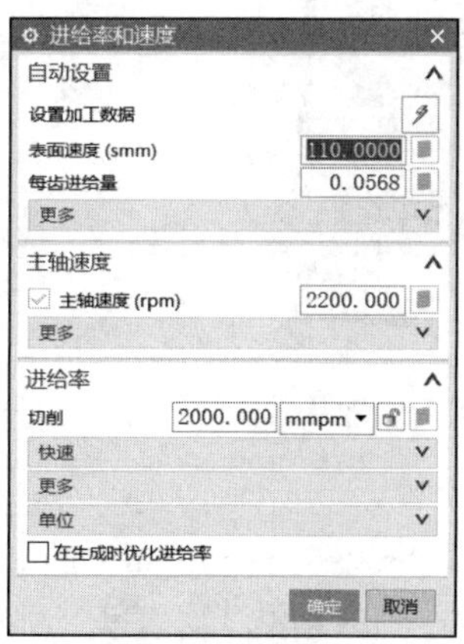

图B2-72　“进给率和速度”对话框
第六步，设置非切削移动参数，如图B2-73和图B2-74所示。
</td><td>能通过型腔铣工序开粗</td></tr>
</table>

<table>
<tr><th>序号</th><th>操作步骤</th><th>操作方法及说明</th><th>能力要求</th></tr>
<tr><td>2</td><td>开粗</td><td>

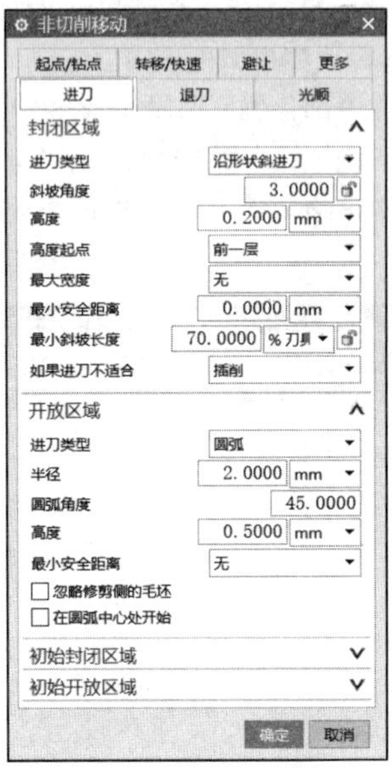

图 B2-73　“进刀”选项卡

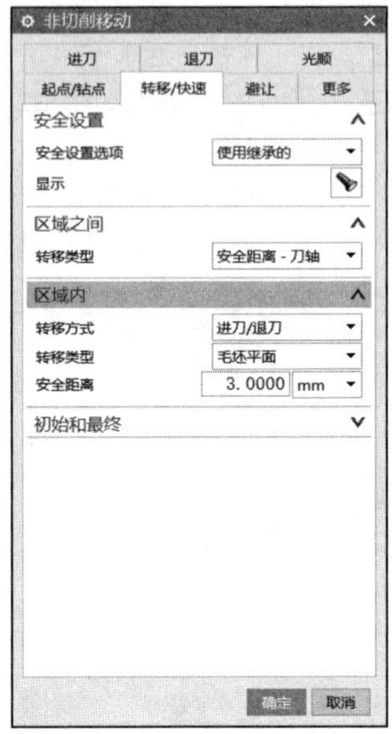

图 B2-74　“转移/快速”选项卡

第七步，生成整体开粗刀轨。单击“型腔铣-[开粗]”对话框中的图标，系统自动完成旋钮座型芯零件整体开粗刀轨的计算，开粗刀轨效果如图 B2-75 所示。单击图标，打开“3D 动态”选项组，调整动画速度，单击按钮，虚拟切削效果如图 B2-76 所示。

图 B2-75　开粗刀轨效果

图 B2-76　虚拟切削效果

</td><td>能通过型腔铣工序开粗</td></tr>
<tr><td>3</td><td>补开圆弧 1</td><td>

第一步，创建工序。“类型”选择“mill_contour”选项，“工序子类型”选择深度轮廓铣，“名称”改为“补开圆弧 1”，单击“确定”按钮，系统弹出如图 B2-77 所示的“深度轮廓铣-[补开圆弧 1]”对话框。

第二步，选择刀具。选择“D8”立铣刀。

第三步，设置刀轨基本参数，如图 B2-78 所示。

</td><td>能通过深度轮廓铣工序补开圆弧</td></tr>
</table>

<table>
<tr><th>序号</th><th>操作步骤</th><th>操作方法及说明</th><th>能力要求</th></tr>
<tr><td>3</td><td>补开圆弧 1</td><td>

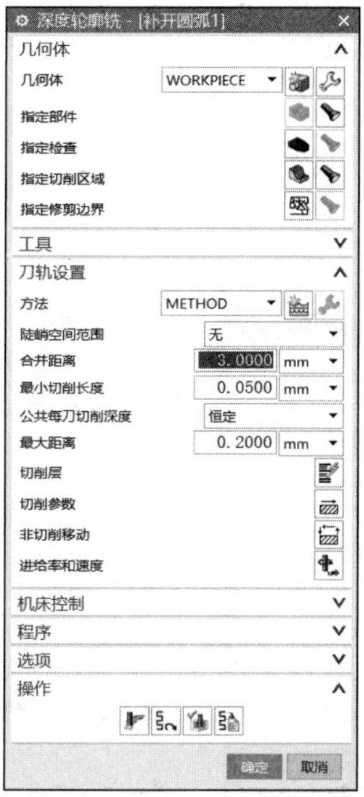

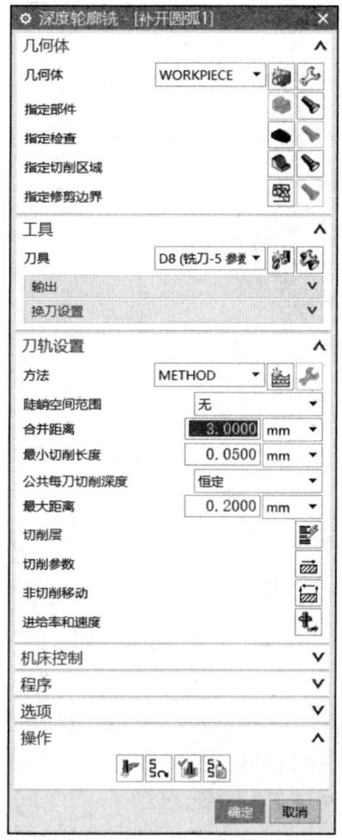

图 B2-77　“深度轮廓铣-[补开圆弧 1]”对话框　　图 B2-78　设置刀轨基本参数

第四步，指定切削区域。单击（指定切削区域）图标，指定切削区域，如图 B2-79 所示。

图 B2-79　指定切削区域

第五步，设置切削层，如图 B2-80 所示。

</td><td>能通过深度轮廓铣工序补开圆弧</td></tr>
</table>

<table>
<tr><th>序号</th><th>操作步骤</th><th>操作方法及说明</th><th>能力要求</th></tr>
<tr><td>3</td><td>补开圆弧 1</td><td>

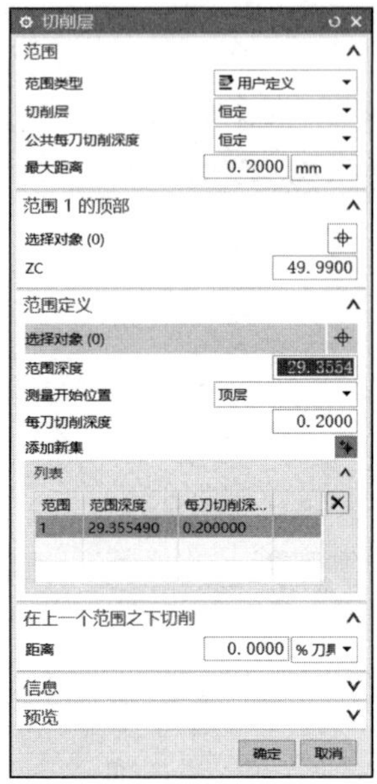

图 B2-80 设置切削层

第六步，设置切削参数。单击（切削参数）图标，系统弹出“切削参数”对话框。设置“策略”选项卡、“连接”选项卡、“余量”选项卡，分别如图 B2-81～图 B2-83 所示。

第七步，设置非切削移动参数，如图 B2-84 所示。

第八步，设置进给率和速度。单击图标，系统弹出如图 B2-85 所示的“进给率和速度”对话框，勾选“主轴速度”复选框，设置“主轴速度”为“4500”，注意单位为“rpm”；单击图标，系统自动计算表面速度与每齿进给量，“进给率”设置为“2500mmpm”，单击“确定”按钮，完成进给率和速度的设置。

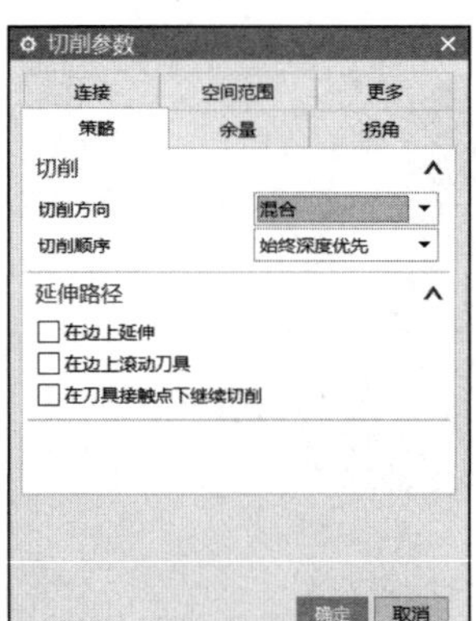

图 B2-81 “策略”选项卡

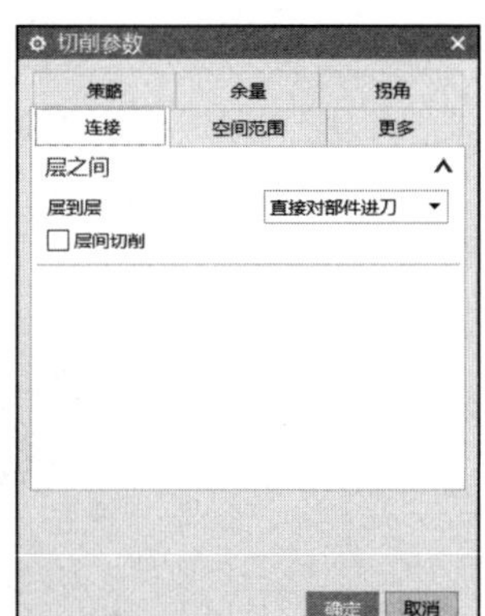

图 B2-82 “连接”选项卡

</td><td>能通过深度轮廓铣工序补开圆弧</td></tr>
</table>

<table>
<tr><th>序号</th><th>操作步骤</th><th>操作方法及说明</th><th>能力要求</th></tr>
<tr><td>3</td><td>补开圆弧 1</td><td>

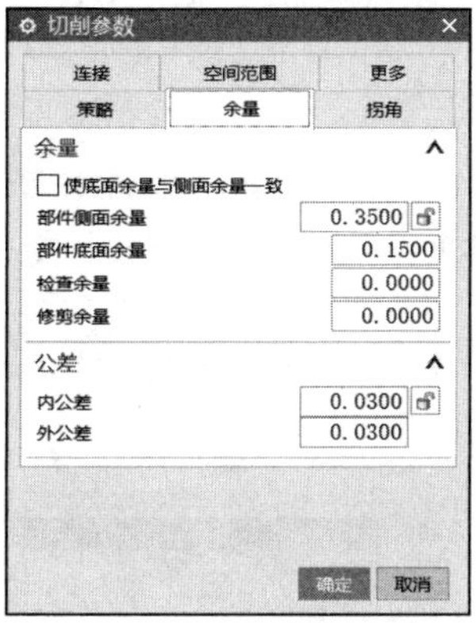

图 B2-83 “余量”选项卡

图 B2-84 设置非切削移动参数

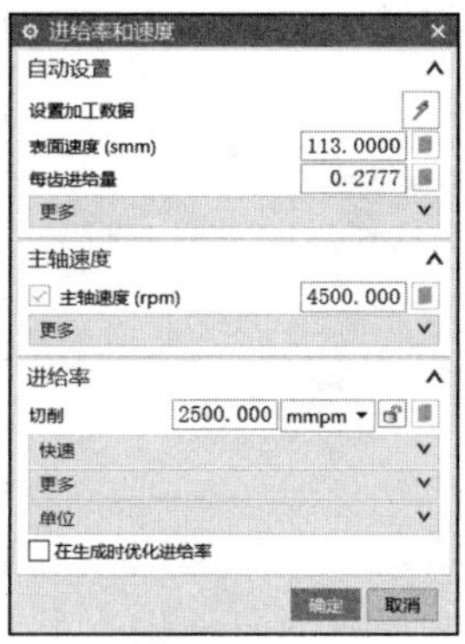

图 B2-85 “进给率和速度”对话框

第九步，生成整体补开圆弧 1 刀轨。单击“深度轮廓铣-[补开圆弧 1]”对话框中的图标，系统自动完成补开粗刀轨的计算，补开圆弧 1 刀轨效果如图 B2-86 所示。单击图标，打开“3D 动态”选项组，调整动画速度，单击▶按钮，虚拟切削效果如图 B2-87 所示。

图 B2-86 补开圆弧 1 刀轨效果

图 B2-87 虚拟切削效果

</td><td>能通过深度轮廓铣工序补开圆弧</td></tr>
</table>

<table>
<tr><th>序号</th><th>操作步骤</th><th>操作方法及说明</th><th>能力要求</th></tr>
<tr><td>4</td><td>补开圆弧 2</td><td>

第一步，复制补开圆弧 1，生成补开圆弧 2，将刀具替换为“D4”，如图 B2-88 所示。

第二步，设置切削层，如图 B2-89 所示。

第三步，设置进给率和速度。单击图标，系统弹出如图 B2-90 所示的“进给率和速度”对话框，勾选“主轴速度”复选框，设置“主轴速度”为“9000”，注意单位为“rpm”；单击图标，系统自动计算表面速度与每齿进给量，“进给率”设置为“1800mmpm”，单击“确定”按钮，完成进给率和速度的设置。

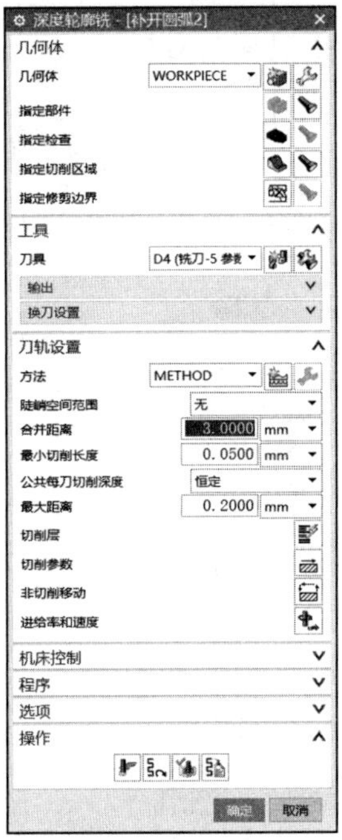

图 B2-88 “深度轮廓铣-[补开圆弧 2]”对话框

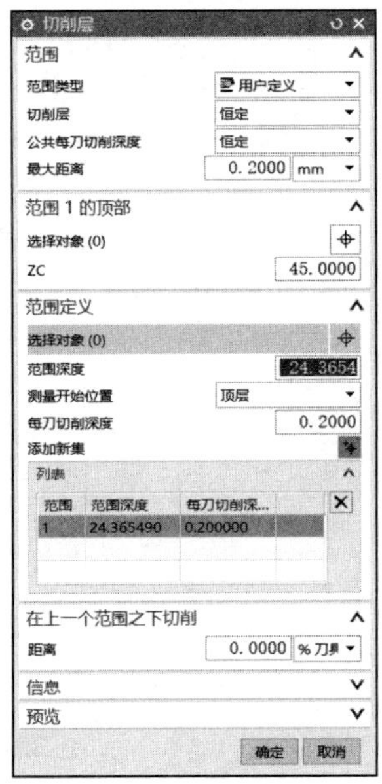

图 B2-89 设置切削层

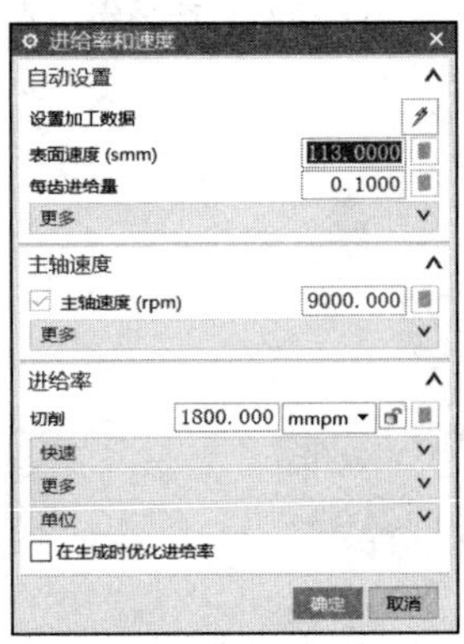

图 B2-90 “进给率和速度”对话框

</td><td>能通过深度轮廓铣工序补开圆弧</td></tr>
</table>

序号	操作步骤	操作方法及说明	能力要求
4	补开圆弧 2	第四步，生成补开圆弧刀轨。单击图标，系统自动进行生成补开圆弧刀轨的计算。补开圆弧 2 刀轨效果如图 B2-91 所示。单击图标，系统弹出“刀轨可视化”对话框，打开“3D 动态”选项组，调整动画速度，单击按钮，补开圆弧 2 切削效果如图 B2-92 所示。 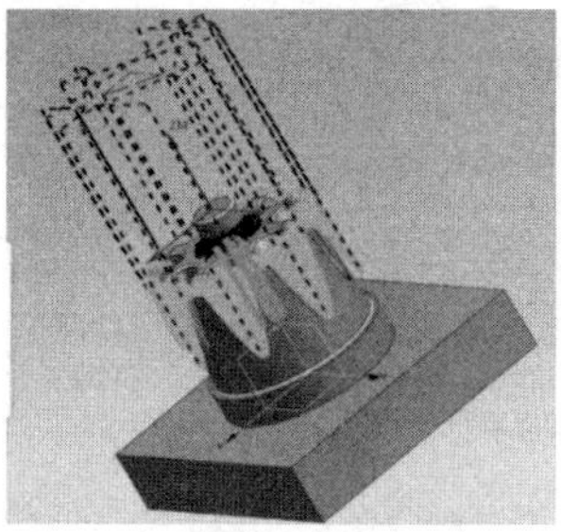 图 B2-91　补开圆弧 2 刀轨效果 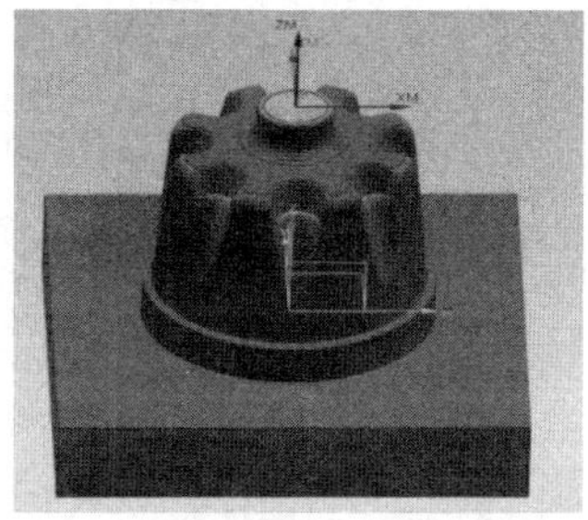 图 B2-92　补开圆弧 2 切削效果	能通过深度轮廓铣工序补开圆弧
5	精加工侧壁 1	第一步，创建深度轮廓铣工序，名称改为“精加工侧壁 1”，单击“确定”按钮，系统弹出“深度轮廓铣-[精加工侧壁 1]”对话框，如图 B2-93 所示。 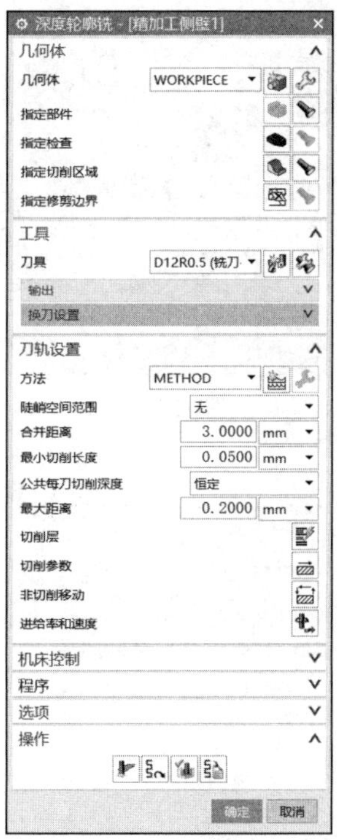 图 B2-93　“深度轮廓铣-[精加工侧壁 1]”对话框 第二步，指定切削区域，如图 B2-94 所示。	能通过深度轮廓铣工序进行精加工

<table>
<tr><th>序号</th><th>操作步骤</th><th>操作方法及说明</th><th>能力要求</th></tr>
<tr><td>5</td><td>精加工侧壁 1</td><td>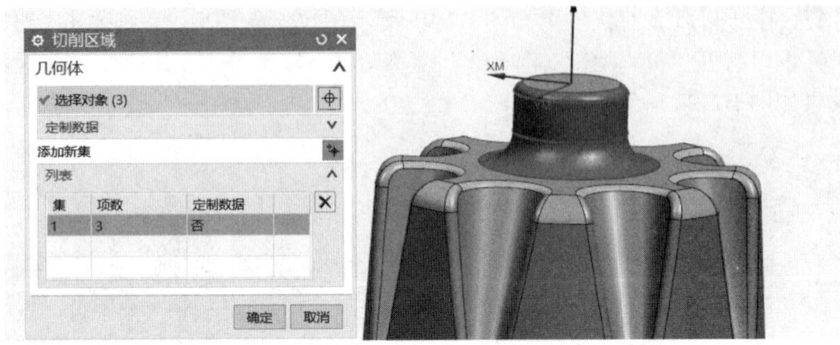

图 B2-94　指定切削区域

第三步，设置切削层。“范围 1”的顶部选择“面 1”，范围定义选择“面 2”。添加新集选择“线 1”，再添加新集选择“线 2”。将“范围 1”对应的“每刀切削深度”改为“0.05”；将“范围 2”对应的“每刀切削深度”改为“0.2”；将“范围 3”对应的“每刀切削深度”改为“0.05”。如图 B2-95 所示。
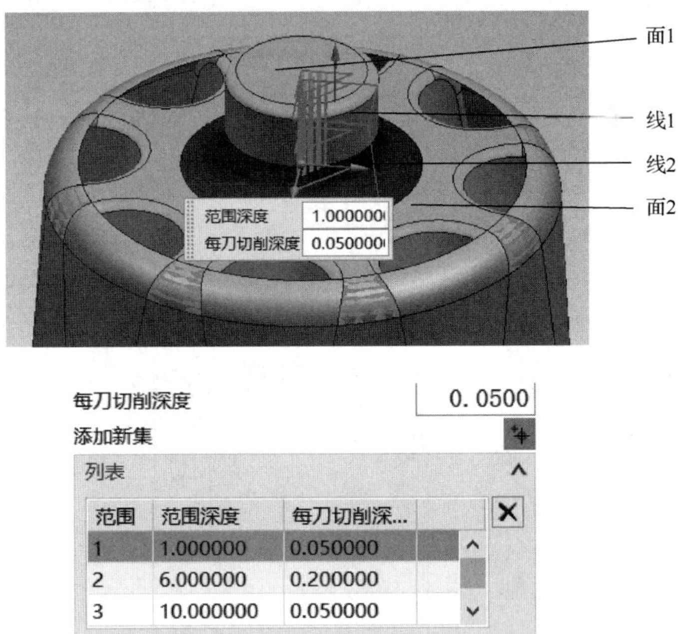

图 B2-95　设置切削层

第四步，设置切削参数，如图 B2-96～图 B2-98 所示。
第五步，设置非切削移动参数，如图 B2-99 所示。
第六步，设置进给率和速度，如图 B2-100 所示。</td><td>能通过深度轮廓铣工序进行精加工</td></tr>
</table>

<table>
<tr><th>序号</th><th>操作步骤</th><th>操作方法及说明</th><th>能力要求</th></tr>
<tr><td>5</td><td>精加工侧壁 1</td><td>
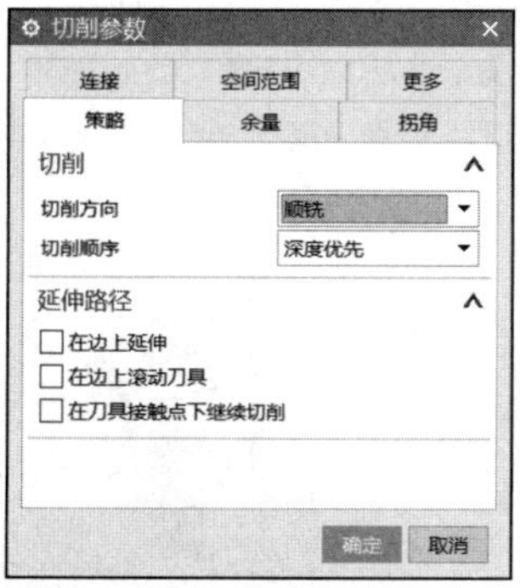

图 B2-96　“策略”选项卡
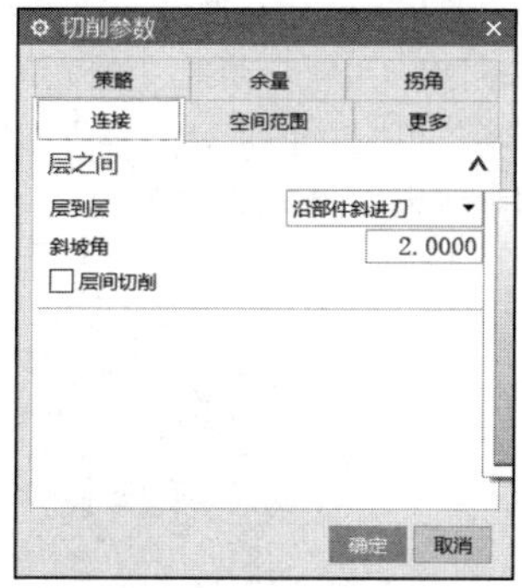

图 B2-97　“连接”选项卡
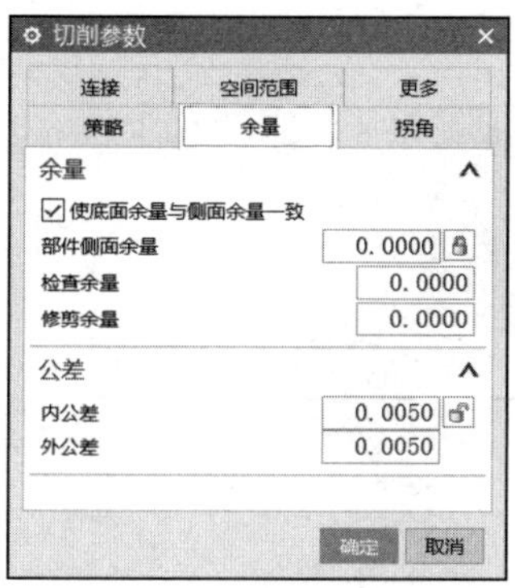

图 B2-98　“余量”选项卡
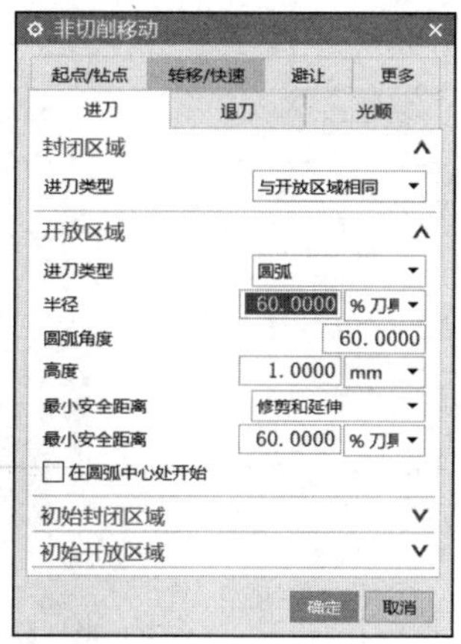

图 B2-99　设置非切削移动参数
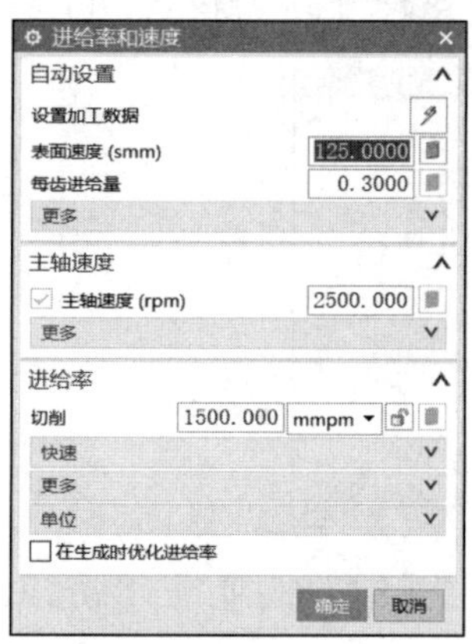

图 B2-100　设置进给率和速度
</td><td>能通过深度轮廓铣工序进行精加工</td></tr>
</table>

<table>
<tr><th>序号</th><th>操作步骤</th><th>操作方法及说明</th><th>能力要求</th></tr>
<tr><td>5</td><td>精加工侧壁 1</td><td>第七步，生成侧壁精加工刀轨。单击“深度轮廓铣-[精加工侧壁 1]”对话框中的图标，系统自动完成侧壁精加工刀轨的计算，精加工侧壁 1 刀轨效果如图 B2-101 所示。单击图标，打开“3D 动态”选项组，调整动画速度，单击按钮，虚拟切削效果如图 B2-102 所示。

图 B2-101　精加工侧壁 1 刀轨效果

图 B2-102　虚拟切削效果</td><td>能通过深度轮廓铣工序进行精加工</td></tr>
<tr><td>6</td><td>精加工侧壁 2</td><td>第一步，显示圆弧面和圆锥面，如图 B2-103 所示。

图 B2-103　显示圆弧面和圆锥面
第二步，创建几何体。单击图标，系统弹出“创建几何体”对话框，如图 B2-104 所示。将“WORKPIECE_1”拖到“MCS_MILL”下，如图 B2-105 所示。

图 B2-104　“创建几何体”对话框

图 B2-105　将“WORKPIECE_1”拖到“MCS_MILL”下
第三步，创建精加工侧壁 2 工序，如图 B2-106 所示。</td><td>能通过深度轮廓铣工序进行精加工</td></tr>
</table>

<table>
<tr><th>序号</th><th>操作步骤</th><th>操作方法及说明</th><th>能力要求</th></tr>
<tr><td>6</td><td>精加工侧壁 2</td><td>

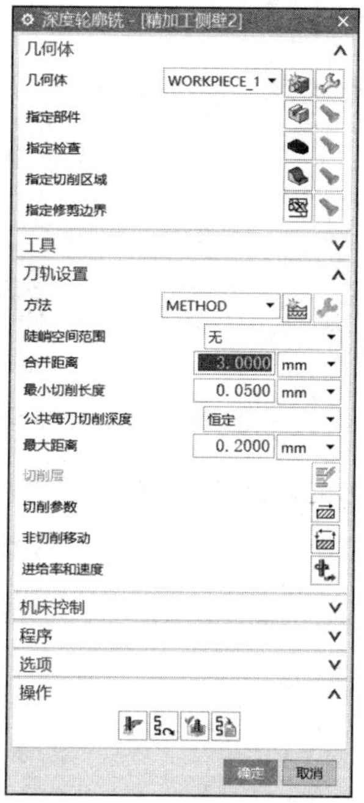

图 B2-106　“深度轮廓铣-[精加工侧壁 2]”对话框

第四步，选择对象。进入指定部件，“过滤器”选择“面”，选择对象如图 B2-107 所示。

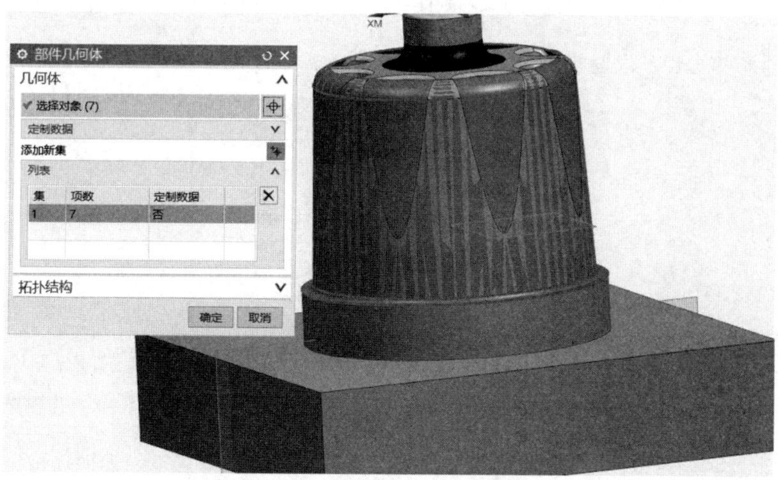

图 B2-107　选择对象

第五步，指定切削区域，如图 B2-108 所示。

</td><td>能通过深度轮廓铣工序进行精加工</td></tr>
</table>

<table>
<tr><th>序号</th><th>操作步骤</th><th>操作方法及说明</th><th>能力要求</th></tr>
<tr><td>6</td><td>精加工侧壁 2</td><td>

图 B2-108　指定切削区域

第六步，设置切削参数，如图 B2-109 和图 B2-110 所示。

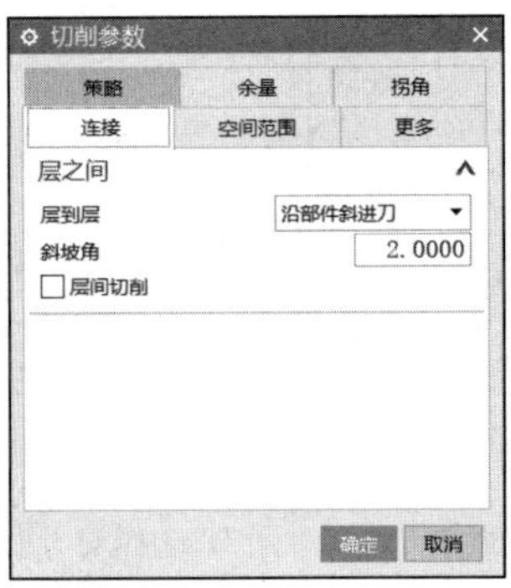

图 B2-109　“连接”选项卡

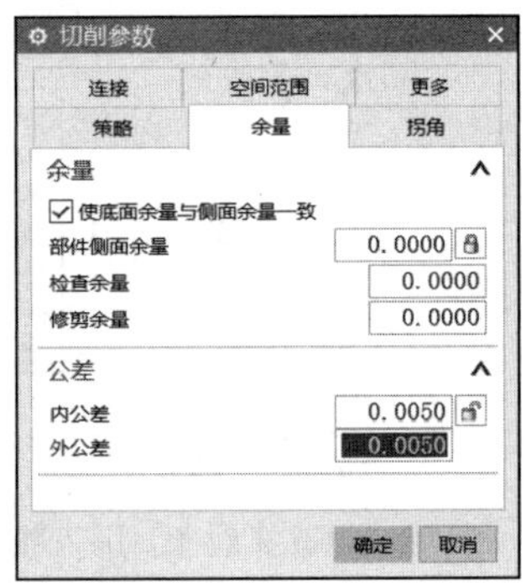

图 B2-110　“余量”选项卡

第七步，设置非切削移动参数，如图 B2-111 所示。

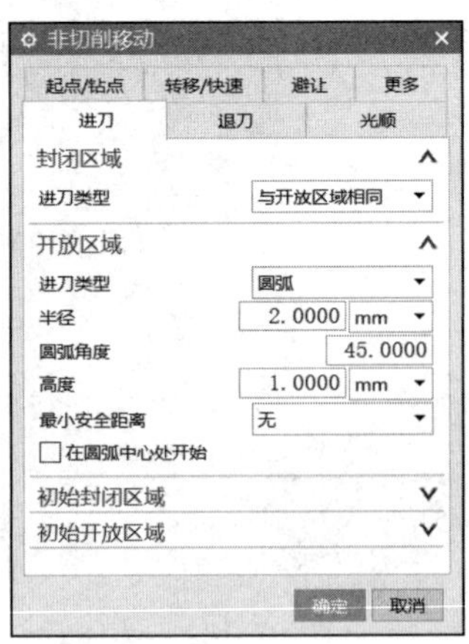

图 B2-111　设置非切削移动参数
</td><td>能通过深度轮廓铣工序进行精加工</td></tr>
</table>

<table>
<tr><th>序号</th><th>操作步骤</th><th>操作方法及说明</th><th>能力要求</th></tr>
<tr><td>6</td><td>精加工侧壁 2</td><td>
第八步，设置进给率和速度。单击图标，系统弹出如图 B2-112 所示的“进给率和速度”对话框，勾选“主轴速度”复选框，设置“主轴速度”为“2500”，注意单位为“rpm”；单击图标，系统自动计算表面速度与每齿进给量，“进给率”设置为“1500mmpm”，单击“确定”按钮，完成进给率和速度的设置。
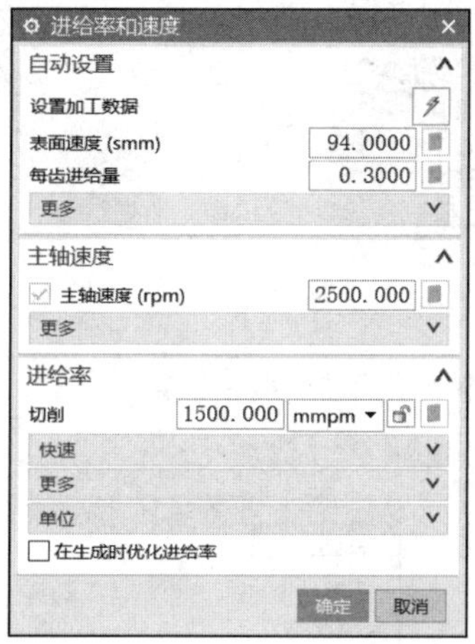

图 B2-112　“进给率和速度”对话框
第九步，设置毛坯几何体，如图 B2-113 所示。
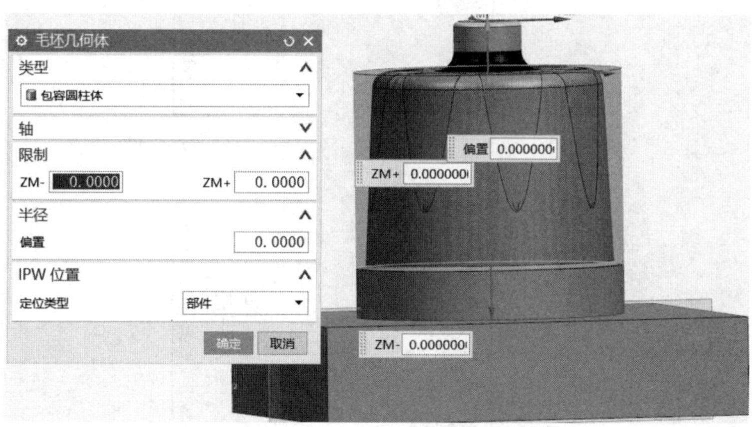

图 B2-113　设置毛坯几何体
第十步，生成刀轨。单击“深度轮廓铣-[精加工侧壁 2]”对话框中的图标，系统自动完成旋钮座平坦区域精加工刀轨的计算，精加工侧壁 2 刀轨效果如图 B2-114 所示。单击图标，打开“3D 动态”选项组，调整动画速度，单击按钮，虚拟切削效果如图 B2-115 所示。
</td><td>能通过深度轮廓铣工序进行精加工</td></tr>
</table>

<table>
<tr><th>序号</th><th>操作步骤</th><th>操作方法及说明</th><th>能力要求</th></tr>
<tr><td>6</td><td>精加工侧壁 2</td><td>
图 B2-114　精加工侧壁 2 刀轨效果　　图 B2-115　虚拟切削效果</td><td>能通过深度轮廓铣工序进行精加工</td></tr>
<tr><td>7</td><td>底壁精加工</td><td>第一步，单击选中“精加工侧壁 1”，右击，通过执行快捷菜单相关命令插入工序，创建底壁铣工序，如图 B2-116 所示。
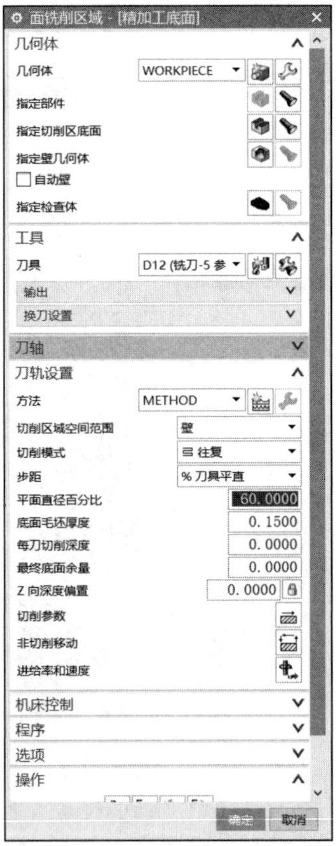

图 B2-116　“面铣削区域-[精加工底面]”对话框</td><td>能通过底壁铣工序进行平面精加工</td></tr>
</table>

<table>
<tr><th>序号</th><th>操作步骤</th><th>操作方法及说明</th><th>能力要求</th></tr>
<tr><td>7</td><td>底壁精加工</td><td>
第二步，指定切削区域，如图 B2-117 所示。

图 B2-117　指定切削区域
第三步，设置切削参数，如图 B2-118～图 B2-120 所示。

图 B2-118　“策略”选项卡
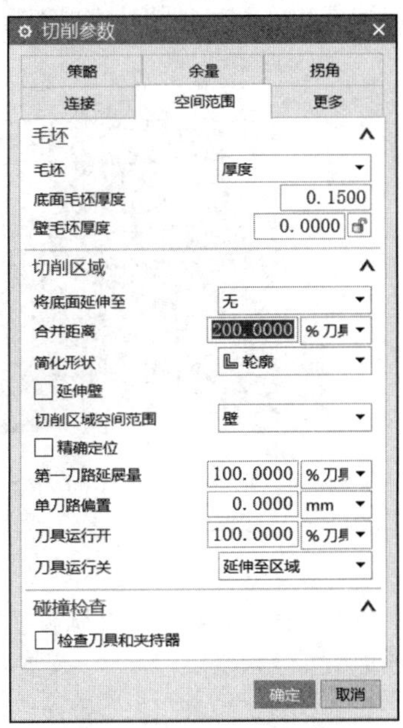

图 B2-119　“空间范围”选项卡
</td><td>能通过底壁铣工序进行平面精加工</td></tr>
</table>

序号	操作步骤	操作方法及说明	能力要求
7	底壁精加工	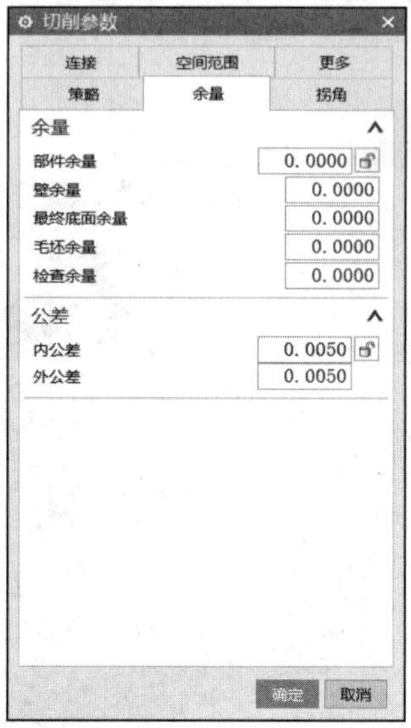 图 B2-120 “余量”选项卡 第四步，生成刀轨。单击图标，系统自动完成旋钮座清角刀轨的计算，精加工底面刀轨效果如图 B2-121 所示。单击图标，打开“3D 动态”选项组，调整动画速度，单击▶按钮，虚拟切削效果如图 B2-122 所示。 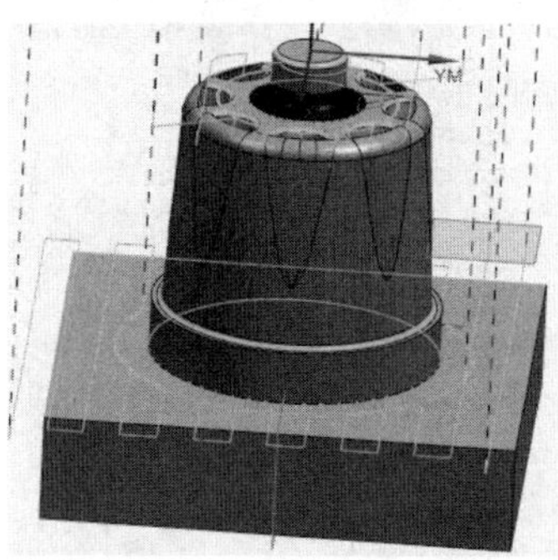 图 B2-121 精加工底面刀轨效果 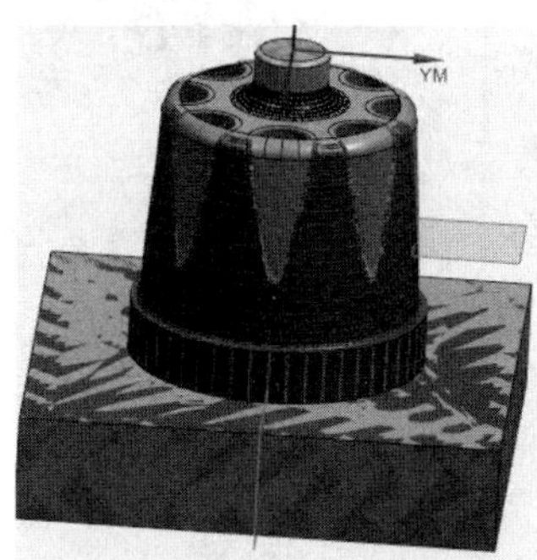 图 B2-122 虚拟切削效果	能通过底壁铣工序进行平面精加工
8	精加工圆弧	第一步，复制“补开圆弧 2”，名称改为“精加工圆弧”，“刀具”选择“B2”，如图 B2-123 所示。 第二步，隐藏圆弧圆锥面，如图 B2-124 所示。 第三步，设置切削参数。单击（切削参数）按钮，系统弹出“切削参数”对话框。“余量”选项卡如图 B2-125 所示。	能通过深度轮廓铣工序进行精加工

<table>
<tr><th>序号</th><th>操作步骤</th><th>操作方法及说明</th><th>能力要求</th></tr>
<tr><td>8</td><td>精加工圆弧</td><td>

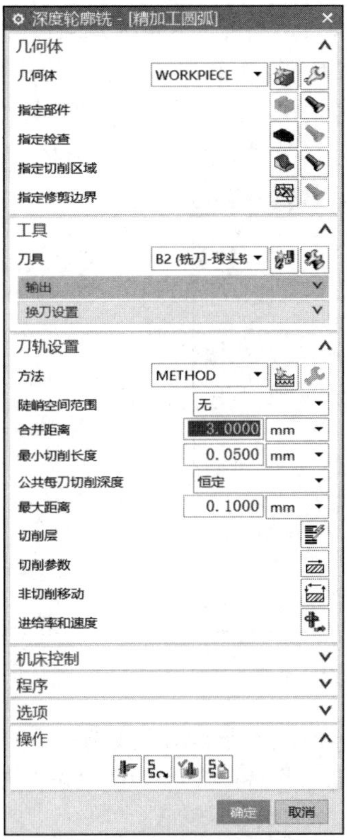

图 B2-123 “深度轮廓铣-[精加工圆弧]”对话框

图 B2-124 隐藏圆弧圆锥面

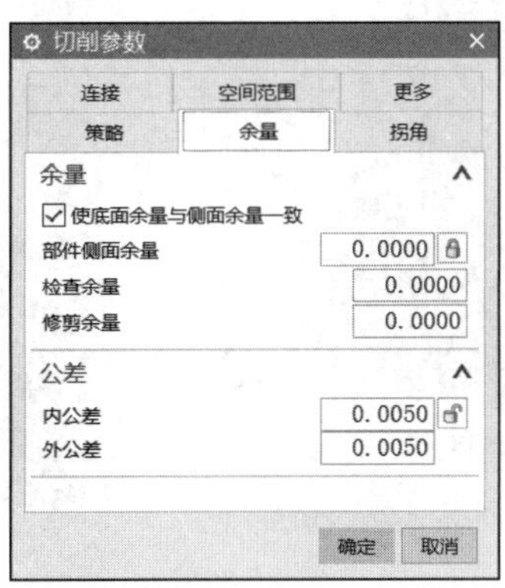

图 B2-125 “余量”选项卡

</td><td>能通过深度轮廓铣工序进行精加工</td></tr>
</table>

<table>
<tr><th>序号</th><th>操作步骤</th><th>操作方法及说明</th><th>能力要求</th></tr>
<tr><td>8</td><td>精加工圆弧</td><td>
第四步，修改进给率和速度。单击图标，系统弹出如图 B2-126 所示的“进给率和速度”对话框，勾选“主轴速度”复选框，修改“主轴速度”为“15000”，注意单位为“rpm”；单击图标，系统自动计算表面速度与每齿进给量，“进给率”设置为“1500mmpm”，单击“确定”按钮，完成进给率和速度的设置。
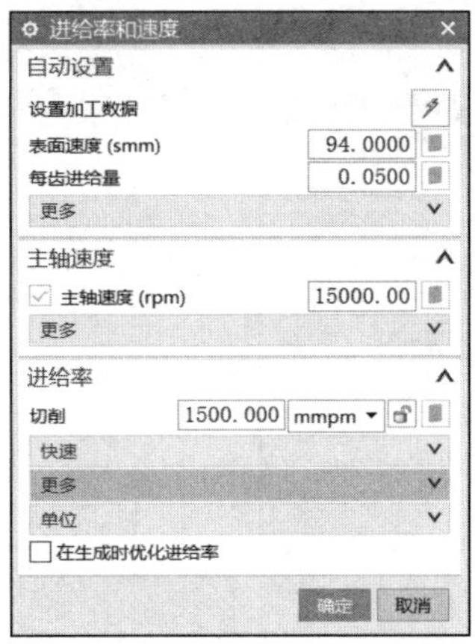

图 B2-126 “进给率和速度”对话框
第五步，生成精加工圆弧刀轨。单击图标，系统自动完成光平面刀轨的计算，精加工圆弧刀轨效果如图 B2-127 所示。单击图标，打开“3D 动态”选项组，调整动画速度，单击▶按钮，虚拟切削效果如图 B2-128 所示。
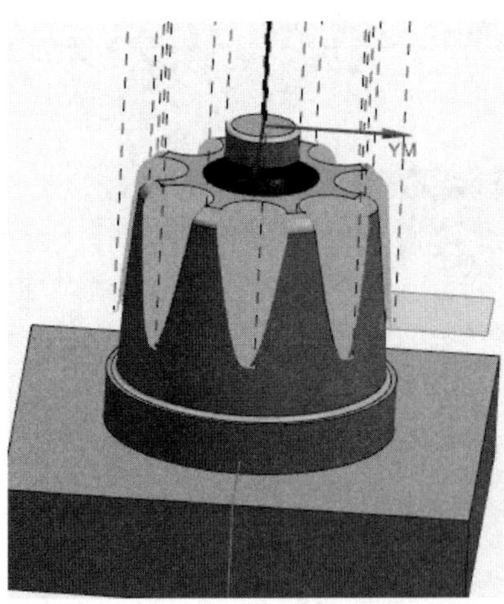

图 B2-127 精加工圆弧刀轨效果

图 B2-128 虚拟切削效果
</td><td>能通过深度轮廓铣工序进行精加工</td></tr>
</table>

能力拓展一

试提出相关方法以解决型芯加工时球头刀不易清除底面直角的问题。

能力拓展二

试对如图 B2-129 所示的型芯零件（外壳.prt 文件）进行 CAM 仿真加工。

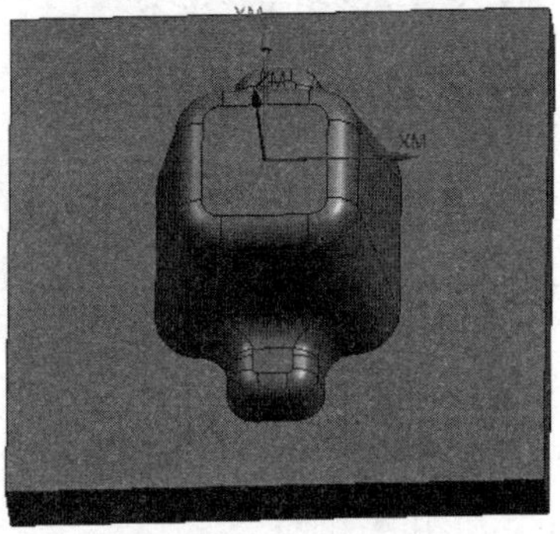

图 B2-129　型芯零件

4．学习结果评价

学习结果评价表如表 B2-4 所示。

表 B2-4　学习结果评价表

序号	评价内容	评价标准	评价结果（是/否）
1	知识与技能	了解型腔铣中的切削模式	□是　□否
		掌握 4 种切削步距的设置方法	□是　□否
		掌握各个工序的切削参数设置方法	□是　□否
		能熟练完成旋钮座型芯零件的 CAM 参数设置	□是　□否
2	总评	“是”与“否”在本次评价中所占百分比	“是”占____% “否”占____%

课后作业

1．请自行完成旋钮座型芯零件的整体 CAM 设置。

2．请自行完成旋钮座型芯零件的整体 CAM 刀轨仿真与后处理的操作。

3．如何确定工序之间的余量关系及切削参数？

4．根据旋钮座型芯零件整体的铣削 CAM 设置方法，寻找日常生活中哪些生活用品是可以用型芯成型的，试用软件对其进行设计加工。

工作任务 B3　模具流道加工工艺设计及 CAM 仿真加工

职业能力 B3-1　熟练完成模具流道加工工艺设计

【核心概念】

流道系统：熔融塑料自射出机射出嘴到模穴的必经信道，包括主流道、分流道、浇口及冷料井，也称为浇道系统或浇注系统。

【学习目标】

1．了解模具流道的作用。
2．了解流道系统的组成。
3．能进行流道数控加工的工艺分析。
4．了解我国制造业的发展历程，学习制造强国战略。

基本知识：流道系统、流道类型及其常见加工方式

B3-1-1　流道系统

流道系统用于将熔融塑料从注塑机溶胶引到工模每一个内模，流道系统的结构、长短及驳接方式都会影响注塑填充的效果，从而直接影响制品的质量。

（1）主流道：自射出嘴与模具主流道衬套接触的部分至分流道为止的流道，也称为主浇道。主流道是熔融塑料进入模具后最先流经的部分。

（2）分流道：随模具设计可再区分为第一流道及第二流道，也称为分浇道。分流道是主流道及浇口间的过渡区域，能使熔融塑料的流向获得平缓转换。多模穴模具的分流道具有同时均匀分配塑料到各模穴的功能。

（3）浇口：分流道和模穴间的狭小通口，是浇注系统中截面最小且最短的部分，也称为进料口。浇口的作用是，利用紧缩流动面使熔融塑料达到加速的效果，高剪切率可使熔融塑料流动性良好，黏滞加热的升温效果也有提升料温降低黏度的作用。在成型完毕后，浇口最先固化封口，有防止熔融塑料回流，以及避免模穴压力下降过快而使成型品产生收缩凹陷的功能。成型后，浇口应方便剪除以分离流道系统及塑件。

（4）冷料井：也称为冷料穴。冷料井的作用是在塑料注射成型模具中储存注射期间产生的冷料头，防止冷料直接进入模穴影响填充品质或堵塞浇口。冷料井通常设置在主流道末端，当分流道较长时，在末端也应开设冷料井。

B3-1-2　流道类型

塑料模具常用的流道类型有圆形流道、半圆形流道及梯形流道。分流道的断面形状及尺寸应根据塑件的成型体积、塑件壁厚、塑件形状，以及所用塑料的工艺特性、注射速率、分流道长度等来确定。

1. 圆形流道

如图 B3-1 所示，圆形流道的直径 d 一般为 4～12mm，对于流动性很好的聚丙烯、尼龙等塑料，当分流道很短时，其直径可为 2mm。对于流动性很差的聚碳酸酯、聚砜等塑料，分流道的直径可达 12mm。对于大多数塑料，当分流道直径为 5mm 以下时，对塑料流动性影响较大；当分流道的直径为 8mm 时，即使再增大直径，也不会对流动性有太大影响。

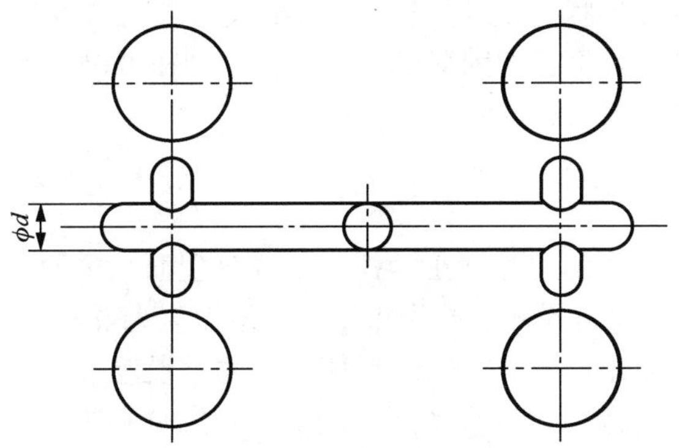

制品质量/g	d/mm
20以下（含20）	4
20～50（含50）	5
50～150（含150）	6
150～450（含450）	8
450～750	10
750以上（含750）	12

图 B3-1　圆形流道

圆形流道是所有流道中性能最好的，因为相比其他类型流道，圆形流道表面积小，所以压力和热量的损失是极微小的。但是，圆形流道的加工成本相对来说比较高，尺寸选择有特殊要求，而且很严格。

2. 梯形流道

如图 B3-2 所示，梯形流道的断面高度为 $h=2w/3$，其中 w 为断面宽度，梯形斜角单边常取 5° 和 10°，底部半径 $r=1.5$mm，分流道宽度常为 4～12mm。

梯形流道主要用于三板模，因为圆形流道不容易凸出，并且在分型面上面，圆形流道与模具的滑动部位非常容易干涉。

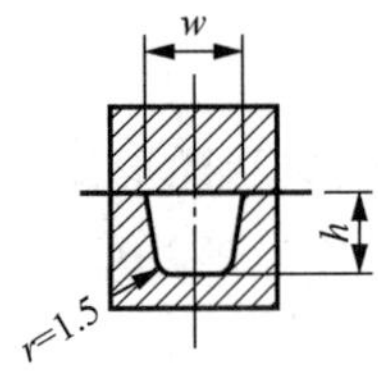

w	h
4	3
6	4
8	6
10	7
12	8

图 B3-2 梯形流道

B3-1-3 流道的常见加工方式

模具的流道截面设计为半圆形，流道顶部为半球形，而部分流道的顶部设计为梯形，特殊的流道设计为特殊的形状，以满足浇注需求。对于普通半球形流道，直接用铣刀加工即可，完全不需要精加工，每刀切削深度根据材料控制在 0.05～0.2mm 即可。特殊的流道应该使用特殊的技术方法来实现。

1. 基于水平面加工操作

利用软件 CAM 模块中的功能加工操作，生成分型面为平面的流道加工程序，编程要点在于：在选择部位时，应将模式调整为点线，类型设置为开放型，同时刀位设置应为上；利用“切削”方式进行操作，沿着轮廓逐步切削，并且设置一定的切削深度，满足对精确度的要求；“进刀/退刀”设置为“沿直线”“斜角”（角度分别为 0°、90°）；类型改为线性，刀具距离则根据实际情况进行具体设置。

2. 基于非水平面加工操作

调整 CAM 模块中的非水平面加工参数，使用辅助体方法，有效生成应有的流道加工刀路轨迹，具体的要点体现在以下几方面。

（1）根据流道的要求创建辅助体。

（2）选择辅助体为部件，同时选择加工辅助面为“加工区域”。

（3）在设置过程中，需要设置“切割模式”，其中“部件余量”为负值（绝对值为流道的半径），切割方向为“混合型”，勾选“移除边界跟踪选项”复选框。“进刀/退刀”设置“斜角”（角度分别为 0°、90°）。类型改为线性，刀具距离则根据实际情况进行具体设置。基于非水平面加工操作的优点体现在双向走刀，加工效率不断提高，能够很好地满足模具设计要求，同时可应用在分型面为平面类的加工流道编程中。

3. 基于曲面加工操作

修改软件中的曲面加工操作参数，驱动方法设置为“曲线/点”，并创建辅助面，能够有效生成流道加工刀路轨迹。要点体现在：创建需要的辅助面，不需要加工部件；辅助面设置为“驱动几何体”，设置刀位为上，设置切削方式为平行线，类型则根据具体情况灵活设置；设置“切削步长”为公差，按照具体要求更改为最小值；“进刀/退刀”设置为非切削模式；类型设置为线性。这种加工方式的优点在于刀具非常均匀地进行往复运动，刀路非常清晰，并且适合加工分型面为平行面的流道，也适用于平行面为曲面的流道。

除上述方式外，还有一种介于曲线与点之间的方式，它类似上述几种加工方式，优点在于比较均匀地来回下刀切削，刀路简单明了，同样适用于多种不同型面的流道加工。

能力训练：模具流道零件制造工艺过程卡及加工刀具卡的编制

1. 操作条件

（1）设备：装有 UG NX 12.0 的计算机一台。

（2）模型：模具流道零件模型文件一个。

流道 CAM 仿真加工

2. 注意事项

（1）在使用计算机之前，先开显示器等外设，后开主机。在关闭计算机时，则相反，先关闭主机，然后关闭显示器等外设。

（2）在加工流道前需要完成其他铣削加工流程。

3. 编制过程

选择典型零件流道板形状，如图 B3-3 所示（B3-1.prt 文件），一般布局形式都是由主流道分出 1 条对称分流道，两侧厚、中间薄且结构复杂，容易产生较大的变形量。工件材料为 718H 钢，加工设备为数控加工中心。

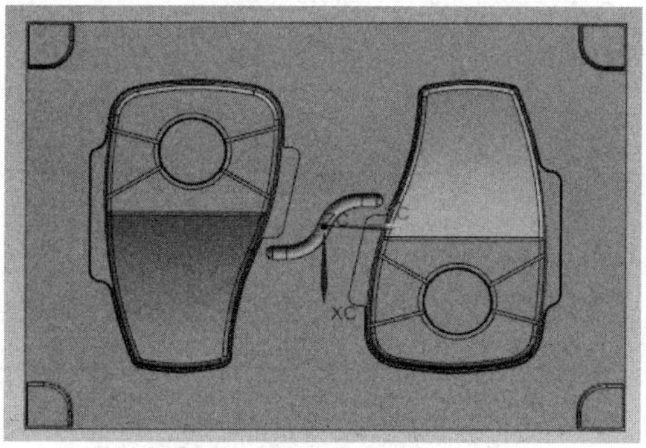

图 B3-3　典型零件流道板形状

1）零件工艺分析

生产要求：该零件材质为 718H 铜，单件生产。

热处理要求：32～38HRC，应安排在精加工完成后进行真空炉淬火处理。

毛坯分析：铣削前完成毛坯精磨加工，尺寸为 260mm×180mm×51.7mm。

基准设计：由于流道加工前，其他铣削加工已经完成，铣削基准设计为安装基准（坯料底面）；*XY* 平面基准设计为底面中心。

能力要求：能根据生产要求、热处理要求、毛坯分析、基准设计等对流道零件进行工艺分析。

2）确定装夹方案

定位基准选择：在选择定位基准时，应注意减少装夹次数，尽量做到在一次安装中把零件上所有要加工的表面都加工出来。选择流道型芯精坯料底面作为定位基准，该定位基准与装配基准重合，大大降低了定位误差对尺寸精度的影响。

装夹方案：该零件外形规则，加工面小，采用永磁吸盘装夹。

能力要求：能通过定位基准的选择确定流道零件的装夹方案。

3）模具流道零件加工制造的工艺规划

模具流道零件的工艺规划从下料开始，依次经历铣平面、磨平面、钻孔、攻丝、铣削加工、流道加工、检验、抛光。模具流道零件制造工艺过程卡如表 B3-1 所示。模具流道零件制造刀具卡如表 B3-2 所示。

表 B3-1 模具流道零件制造工艺过程卡

工序号	工序名称	尺寸	工艺要求	检验	备注
1	下料	185mm×265mm×55mm	带锯条	钢直尺检验自由公差度要求	3mm 余量手工去毛刺
2	铣平面	180.5mm×260.5mm×52.3mm	铣床铣削	游标卡尺检验，正公差 0.2mm	六面角尺
3	磨平面	180mm×260mm×52.7mm	平面磨	千分尺	高度留余量，其他留正公差 0～0.02mm
4	钻孔	按零件图要求尺寸	台钻	内径千分尺等、配合长度	
5	攻丝	攻螺纹、水堵管螺纹尺寸	丝攻	螺杆顺畅旋转配合	手工
6	铣削加工	达到零件图要求尺寸	精雕机床	千分尺	除流道外以上步骤都已完成
7	流道加工	达到零件图要求尺寸	精雕机床	肉眼观察	采点比对
8	检验	按零件图标注和技术要求		肉眼观察	以设计基准为检验基准
9	抛光	符合零件图粗糙度要求	抛光工具	与标准样板对比检验	严禁抛光分型面

表 B3-2 模具流道零件制造刀具卡

<table>
<tr><td colspan="3">代号</td><td colspan="2">零件名称</td><td colspan="2">零件图号</td></tr>
<tr><td colspan="3">模具流道加工零件制造</td><td colspan="2">模具流道零件</td><td colspan="2">20201026-01</td></tr>
<tr><td colspan="3">夹具名称</td><td colspan="2">使用设备</td><td colspan="2">车间</td></tr>
<tr><td colspan="3">精密平口钳</td><td colspan="2">加工中心</td><td colspan="2">机加 01</td></tr>
<tr><td>工序内容</td><td>刀具号</td><td>规格</td><td>主轴速度/（r/min）</td><td>进给速度/（mm/min）</td><td>每刀切削深度/mm</td><td>余量/mm</td></tr>
<tr><td>流道加工</td><td>T01</td><td>B6</td><td>8000</td><td>1000</td><td>0.05</td><td>−3</td></tr>
</table>

能力要求：能通过设计流道型芯零件加工工艺过程卡及刀具卡完成加工工艺规划。

能力拓展一

试指出半圆形流道采用球头刀走单线加工方式的优点。

能力拓展二

根据前面所学知识，判断梯形流道是否可以采用走单线的方式加工。

4. 学习结果评价

学习结果评价表如表 B3-3 所示。

表 B3-3　学习结果评价表

序号	评价内容	评价标准	评价结果（是/否）
1	知识与技能	了解模具流道的作用	□是　□否
		了解流道系统的组成	□是　□否
		能进行流道数控加工的工艺分析	□是　□否
2	总评	“是”与“否”在本次评价中所占百分比	“是”占____% “否”占____%

课后作业

1. 在网上查找注塑模进胶方式有哪几种，分别用什么方式加工。
2. 圆形流道有哪些特点？请简单分析。
3. 常用的流道加工方式主要有哪些？
4. 请完整地编制如图 B3-3 所示零件的加工工艺过程卡。

职业能力 B3-2 熟练完成模具流道 CAM 仿真加工

【核心概念】

固定轴曲面轮廓铣：UG NX 中用于曲面精加工的主要加工方式。固定轴曲面轮廓铣可在复杂曲面上产生精密的刀具路径，该刀具路径经由投影导向点到达零件表面。可以选择的驱动方法包括边界、区域铣削、曲线/点、螺旋式、径向切削、曲面、流线、清根、文本、刀轨等。根据零件与加工区域的特点选择不同的驱动方法，并进行驱动方法的设置。

曲线/点驱动：通过指定点和曲线来定义驱动几何体。驱动曲线可以是敞开的或封闭的、连续的或非连续的、平面的或非平面的。曲线/点驱动方法常用于在曲面上雕刻图案或文字，将零件面的余量设置为负值，刀具可以在低于零件面处切出槽。

【学习目标】

1．了解固定轴曲面铣的工序类型。
2．了解各工序的细节调整用途。
3．能完成流道曲面精加工的 CAM 设置。
4．培养安全意识，树立社会责任感。

基本知识：固定轴曲面铣及固定轴曲面轮廓铣

B3-2-1　固定轴曲面铣

固定轴曲面铣工序中的导向点是经由点、曲线、边界与曲面等驱动几何图形，按指定方式走刀产生的。固定轴曲面铣可用于执行精加工程序，采用不同的驱动方法，可以获得不同的刀轨形式，相当于其他 CAM 软件的沿面切削、外形投影、口袋投影、沿面投影及清角等工序，功能十分强大。在 UG NX 12.0 中，固定轴曲面铣工序有 12 种子类型。“创建工序”对话框如图 B3-4 所示。

B3-4　“创建工序”对话框

固定轴曲面铣工序主要包括如表 B3-4 所示的 12 种子类型，人们可以根据不同的需求选择不同的工序子类型来进行刀轨生成，完成工件的加工。

表 B3-4　固定轴曲面铣工序子类型

序号	子类型图标	英文名称	中文含义	说明
1		FIXED_CONTOUR	固定轮廓铣	用于各种驱动方法、空间范围和切削模式，对部件和切削区域进行轮廓铣。刀轴是+ZM
2		CONTOUR_AREA	区域轮廓铣	区域铣削驱动，以各种切削模式切削选定的面或切削区域。常用于精加工或半精加工

续表

序号	子类型图标	英文名称	中文含义	说明
3		CONTOUR_SURFACE_AREA	曲面区域轮廓铣	曲面区域驱动，建议用于精加工包含顺序整齐的驱动曲面矩形栅格的单个区域
4		STREAMLINE	流线铣	跟随自动或用户定义流，以及交叉曲线，切削面，建议用于精加工复杂形状，尤其是要控制光顺切削的流和方向
5		CONTOUR_AREA_NON_STEEP	非陡峭区域轮廓铣	与区域轮廓铣相同，但只切削非陡峭区域
6		CONTOUR_AREA_DIR_STEEP	陡峭区域轮廓铣	与区域轮廓铣相同，仅用于切削非陡峭区域
7		FLOWCUT_SINGLE	单刀路清根	用于对零件根部刀具未加工的部分进行铣削加工，刀轨效果为单路径
8		FLOWCUT_MULTIPLE	多刀路清根	用于对零件根部刀具未加工的部分进行铣削加工，刀轨效果为多路径
9		FLOWCUT_REF_TOOL	清根参考刀具	用于对零件根部未加工的部分进行铣削加工，以参考刀具确定加工范围生成清根刀具路径
10		SOLID_PROFILE_3D	实体轮廓 3D	与清根参考刀具相同，只是平稳进刀、退刀和移刀，用于高速加工
11		PROFILE_3D	轮廓 3D	特殊三维轮廓铣，常用于修边
12		CONTOUR_TEXT	轮廓文本	切削文字，用于三维雕刻

B3-2-2　固定轴曲面轮廓铣

1. 创建固定轴曲面轮廓铣操作

功能概述。固定轴曲面轮廓铣可用于执行精加工程序，采用不同的驱动方法可以获得不同的刀轨形式。

功能实现。创建固定轴曲面轮廓铣操作通常需要以下几个步骤。

1）创建操作

在创建操作时，设置“类型”为“mill_contour”，设置“工序子类型”为固定轮廓铣（FIXED_CONTOUR），如图 B3-5 所示，单击“确定”按钮，系统弹出“固定轮廓铣-[FIXED_CONTOUR]”对话框，如图 B3-6 所示。

2）指定几何体

可以指定几何体组参数，也可以直接指定部件几何体和检查几何体。在某些驱动方法下，还需要指定切削区域几何体和修剪边界。选择整个零件为部件几何体，选择下凹部分的成型面为切削区域，如图 B3-7 所示。

3）选择刀具

在刀具组中可以选择已有的刀具，也可以创建一个新的刀具作为当前操作使用的刀具。

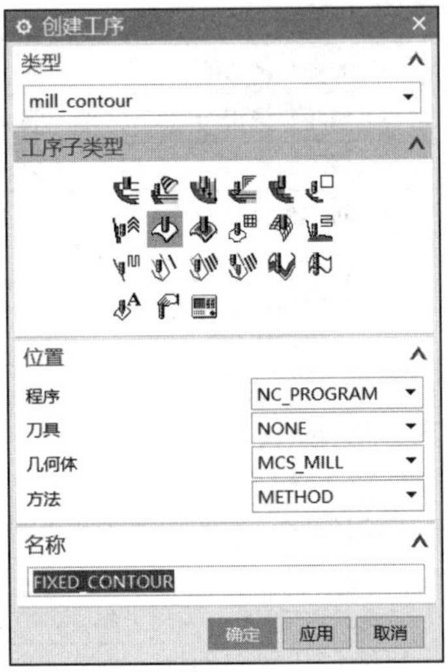

图 B3-5　创建操作

图 B3-6　“固定轮廓铣-[FIXED_CONTOUR]”对话框

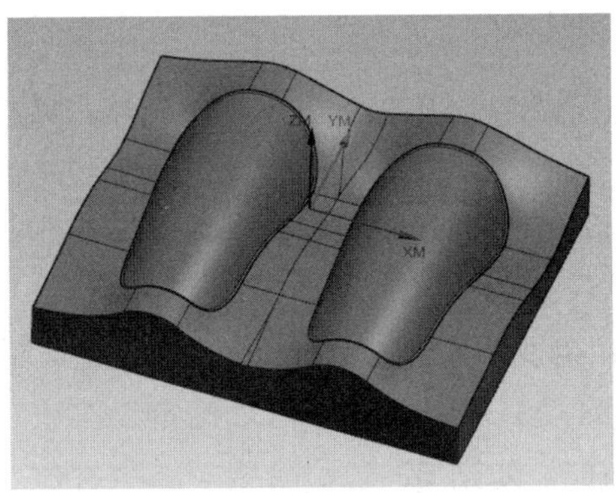

图 B3-7　指定几何体

4）选择驱动方法并设置驱动参数

在固定轴曲面轮廓铣操作中，非常重要的设置就是选择驱动方法，并根据不同的铣削方式设置驱动参数。

在驱动方法的对话框中设置驱动方法参数，不同驱动方法的参数差异很大。某些驱动方法需要选择驱动几何体。如图 B3-8 所示，选择“切削方法”为“区域铣削”，再进行区域铣削驱动方法的设置。

5）设置刀轨

在“固定轮廓铣-[FIXED_CONTOUR]”对话框的“刀轨设置”选项组中进行各选项参数的设置。一般来说，需要对刀轨设置中的切削参数、非切削移动参数、进给率和速度进行设置。图 B3-9 所示为“进给率和速度”对话框。

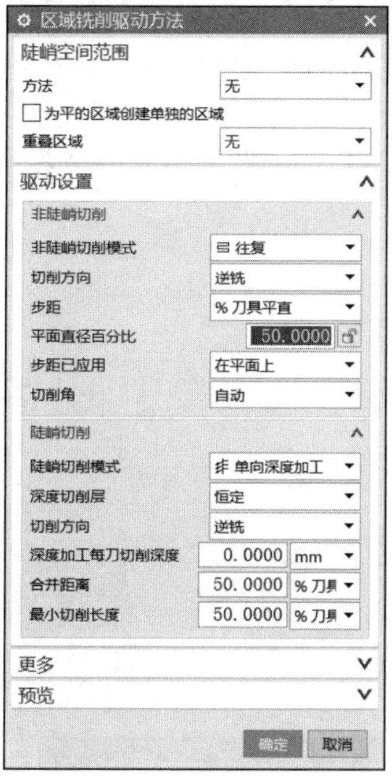

图 B3-8　驱动方法设置

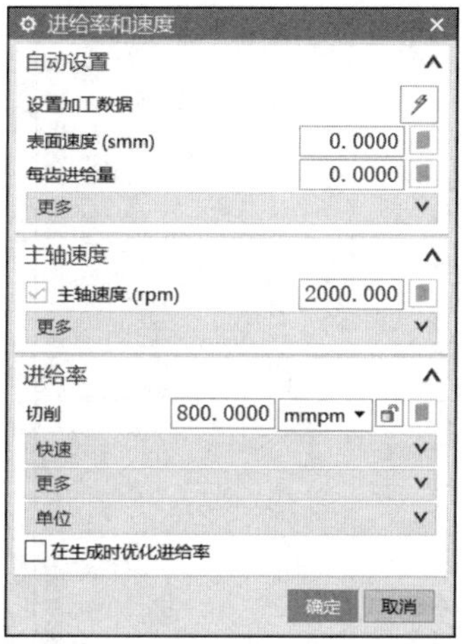

图 B3-9　“进给率和速度”对话框

6）生成刀轨并检验

在“固定轮廓铣-[FIXED_CONTOUR]”对话框中指定了所有参数后，单击该对话框底部的（生成刀轨）图标，生成刀轨。图 B3-10 所示为生成的一个固定轴曲面轮廓铣刀轨示意图。确认生成的刀轨后，单击“确定”按钮，关闭对话框，完成固定轴曲面轮廓铣操作的创建。

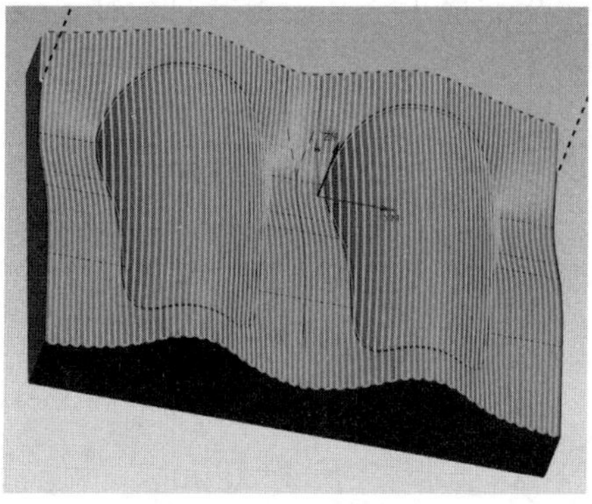

图 B3-10　生成的一个固定轴曲面轮廓铣刀轨示意图

2. 设置固定轴曲面轮廓铣操作参数

功能概述。固定轴曲面轮廓铣的操作参数如图 B3-11 所示，图中的组参数与型腔铣的组参数类似，主要的差异是前者比后者多了一个“驱动方法”选项组。

固定轴曲面轮廓铣操作的“几何体”选项组解析。固定轴曲面轮廓铣操作的“几何体”选项组中可以指定部件、指定检查、指定切削区域、指定修剪边界，选择的驱动方法不同，可选的几何体类型也不同，如图 B3-12 所示。当选择驱动方法为边界、曲线/点、螺旋、径向切削、曲面、流线或刀轨时，不能指定修剪边界几何体；当选择驱动方法为文本时，需要指定部件与制图文本。

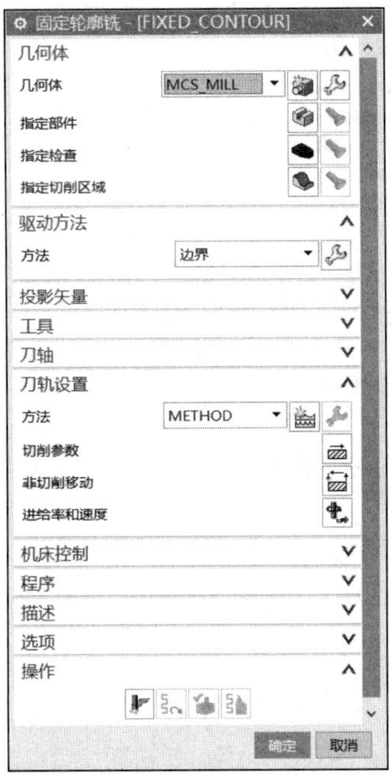

图 B3-11　固定轴曲面轮廓铣的操作参数

图 B3-12　固定轴曲面轮廓铣的几何体类型

相比型腔铣，固定轴曲面轮廓铣中没有“毛坯几何体”选项，而其他各种几何体的设置方法与型腔铣对应几何体的设置方法相同。

1）指定切削区域

功能：在创建固定轴曲面轮廓铣时，选择“切削区域”可以限定在这些曲面区域上生成刀轨。若不指定切削区域，则将把整个定义的部件几何体作为切削区域，如图 B3-13 所示。选择部分曲面为切削区域生成的刀轨如图 B3-14 所示。

2）指定检查

功能：指定检查几何体，切削时将避开这一区域。图 B3-15 所示为选择底面为检查几何体生成的刀轨。

3）指定修剪边界

功能：指定修剪边界几何体，用于进一步修剪刀轨，如图 B3-16 所示。

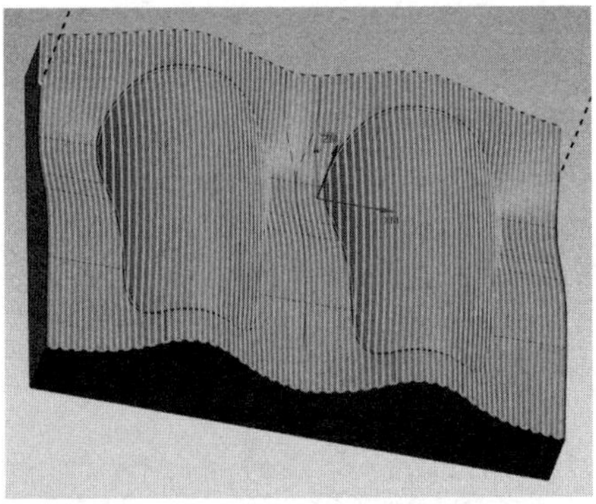

图 B3-13　不指定切削区域

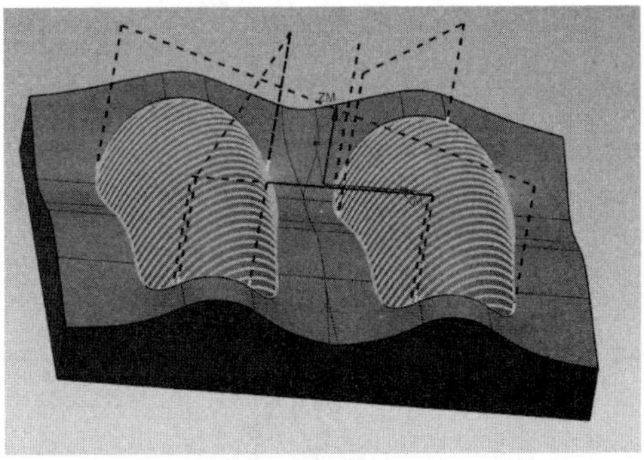

图 B3-14　选择部分曲面为切削区域生成的刀轨

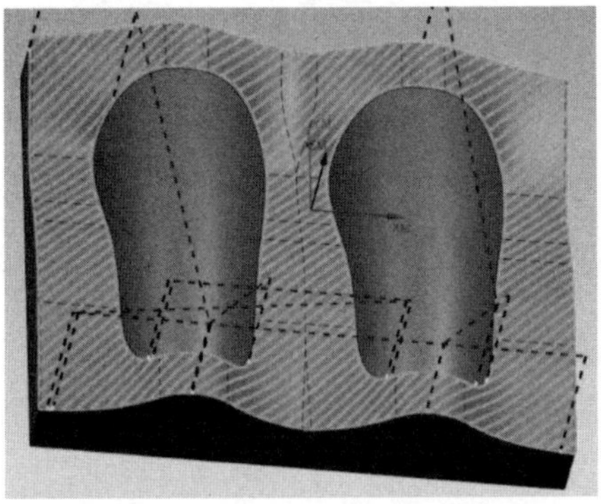

图 B3-15　选择底面为检查几何体生成的刀轨

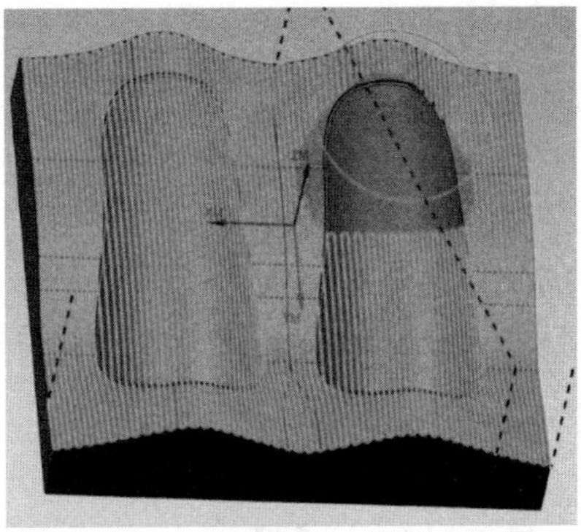

图 B3-16　指定修剪边界几何体

4）设置刀轨

选项解析。固定轴曲面轮廓铣的刀轨设置中可以选择加工方法组，并且可以设置切削参数、非切削移动参数、进给率和速度参数组，各参数组中的参数大部分是与型腔铣对应参数组中的参数一致的。下面介绍切削参数中有差别的几个参数。

选择图样为平行线方式时的“策略”选项卡的参数如图 B3-17 所示。

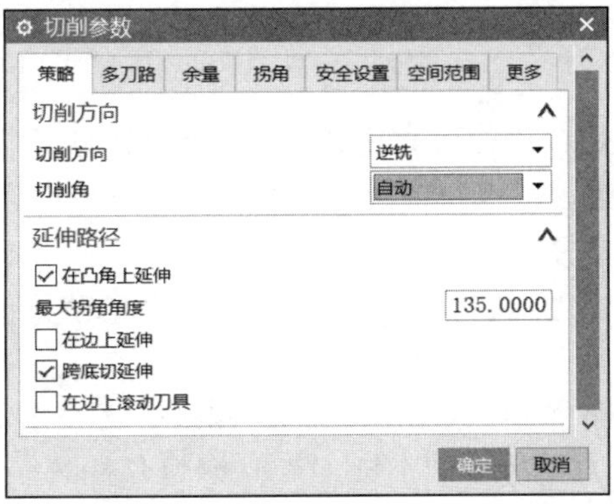

图 B3-17　选择图样为平行线方式时的“策略”选项卡的参数

（1）在凸角上延伸。

功能：勾选该复选框后，当刀具切削到凸角端点的高度时，将刀具平移到凸角的另一侧，如图 B3-18 所示。勾选该复选框后，还需要进行“最大拐角角度”的设置。

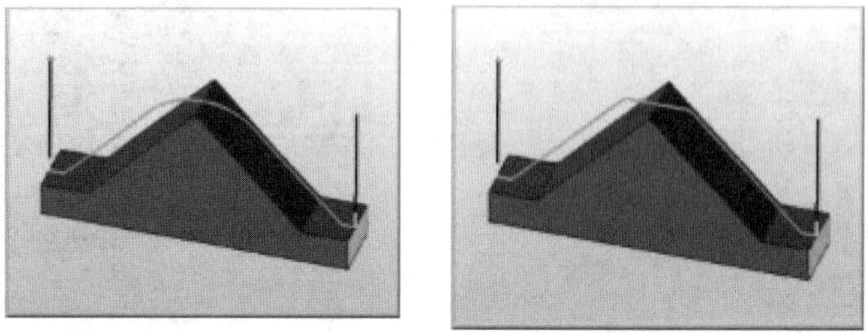

图 B3-18　在凸角上延伸

（2）多刀路。

功能：用千分层切除零件材料，常用于铸造类毛坯零件的加工。切削层由部件表面的偏置产生，而不是由零件面上刀轨的 *Z* 向偏移得到。

设置：在“多刀路”选项卡中进行设置，如图 B3-19 所示。图 B3-20 所示为“多刀路”的应用示例。

图 B3-19　“多刀路”选项卡

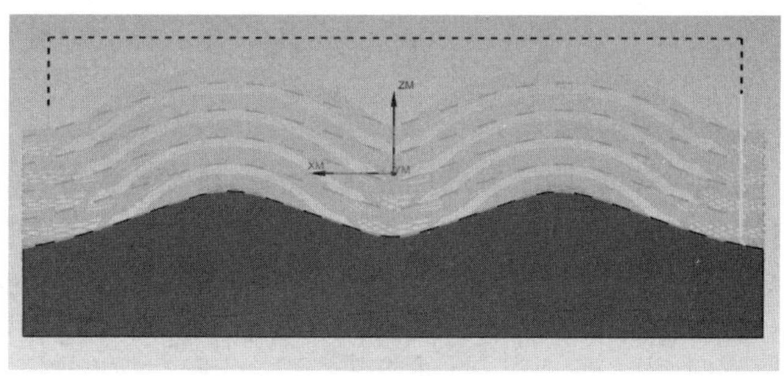

图 B3-20　“多刀路”的应用示例

① 部件余量偏置：指定在操作过程中去除的毛坯材料厚度。

② 多重深度切削：勾选该复选框才能生成多层切削的刀轨。多层加工的层数可以使用增量或刀路数进行定义。

- 增量：指定各路径层之间的间距，系统用加工余量偏置值除以增量值得到需要加工的层数。
- 刀路数：用于指定路径的总层数。输入刀路数，系统自动计算增量，即用加工余量偏置值除以输入的刀路数得到余址增量，增量是均等的。

设置：对于锻件等余址不均等的零件，可以采用“多刀路”进行分层加工完成粗加工。

（3）更多。

功能：可以设置一些高级选项，如指定刀具切削向上或向下的角度限制等，一般采用默认值。当使用刀具需要限制只向上或只向下时，可以使用“倾斜”选项组中的“向上斜坡角”或“向下斜坡角”进行限制。

设置：在“更多”选项卡中进行设置，如图 B3-21 所示。

① 切削步长：用于控制壁几何体上驱动轨迹的点间距。

② 倾斜：“向上斜坡角”“向下斜坡角”分别允许指定刀具的向上角度、向下角度运动限制。角度是从垂直于刀轴的平面测得的。

③ 优化刀轨：勾选该复选框后，可使系统在将“向上斜坡角”“向下斜坡角”与单向或往复结合使用时优化刀轨。

④ 延伸至边界：勾选该复选框后，可在创建“仅向上”或“仅向下“切削时将切削刀路的末端延伸至部件边界。

应用：设置合理的切削步长，避免忽略小特征。指定“向下斜坡角”可以避免刀具插入深槽中。

5）驱动方法

驱动方法定义了创建驱动点的方法。所选择的驱动方法决定了能选择的驱动几何体类型，以及可用的投影矢量、刀具轴和切削模式，不同的驱动方法需要进行不同的驱动设置。图 B3-22 所示为驱动方法列表。

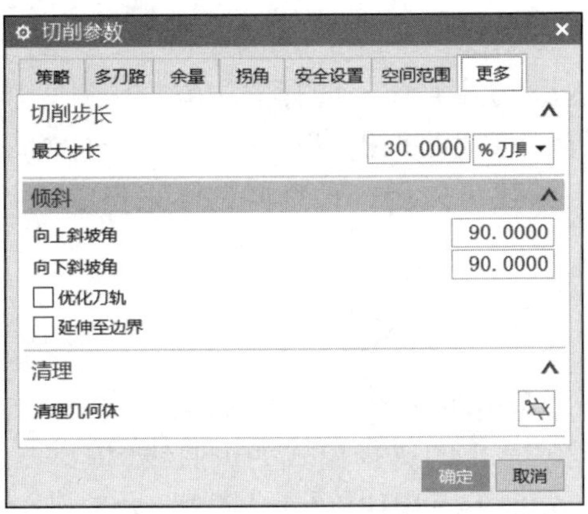

图 B3-21　“更多”选项卡

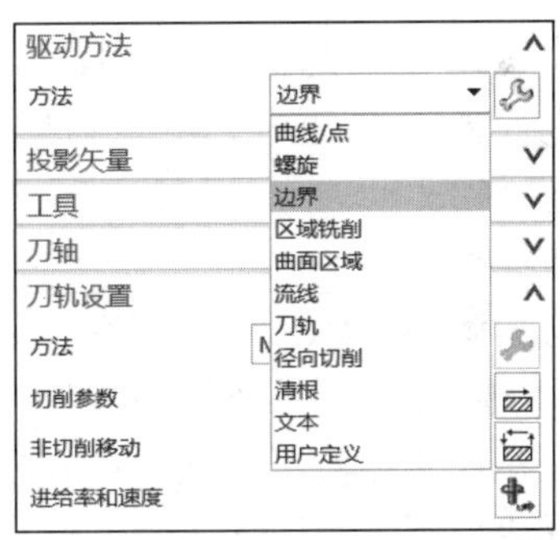

图 B3-22　驱动方法列表

3. 边界驱动方法

边界驱动是默认的固定轴曲面轮廓铣驱动方法。

边界驱动方法可指定用边界或空间范围来定义切削区域。根据边界及其圈定的区域范围按照指定的驱动产生驱动点，再沿投影向量投影至零件表面，定义刀具接触点与刀具路径。

指定的边界将限定切削范围，图 B3-23 所示为边界驱动方法刀具路径示意图。

选择“驱动方法”为“边界”，系统弹出如图 B3-24 所示的“边界驱动方法”对话框。

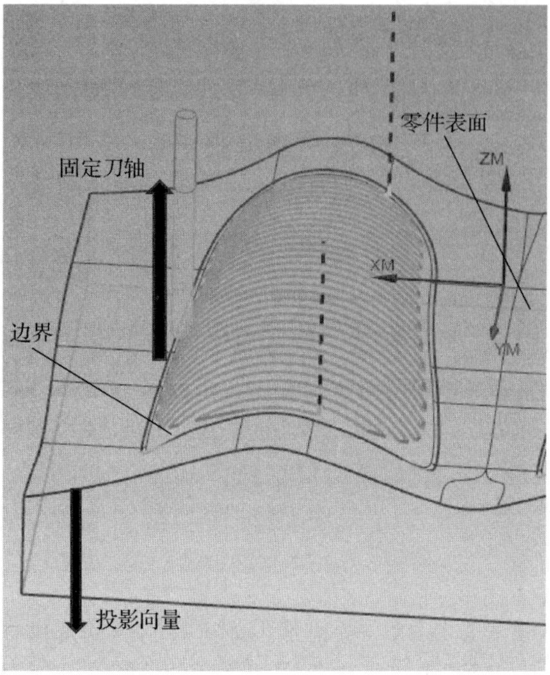

图 B3-23　边界驱动方法刀具路径示意图

图 B3-24　“边界驱动方法”对话框

1）驱动几何体

功能概述。指定驱动几何体：选择一个边界为驱动几何体，选择的边界将限制切削范围。驱动边界可以使用曲线，以及现有的永久边界、点或面来指定。还可以对选择的驱动几何体进行公差与偏置设定。除此之外，边界几何体还可以用部件空间范围来指定，并且可以与选择的驱动边界几何体组合使用。

选项解析如下。

指定驱动几何体。

选项：单击（指定驱动几何体）图标，将打开边界几何体参数设置对话框，如图 B3-25 所示。边界几何体与平面铣的选择方法及选项相同。常用的选择模式为“曲线/边”。

在驱动几何体的边界，刀具位置有 3 个选项，分别为“相切”“对中”“接触”，与“对中”和“相切”不同，“接触”点位置根据刀尖沿轮廓曲面运动时位置的改变而改变。刀具沿着曲面前进，直至接触到边界。在轮廓曲面上，刀尖处的接触点位置不同，如图 B3-26 所示，当刀具在部件另一侧时，接触点位于刀尖另一侧。

应用：在选择驱动几何体的边界时，可以选择开放或封闭的边界；驱动几何体的平面位置不影响刀轨的生成。在选择边界时，需要特别注意材料侧。

选择好边界后，单击图标，将弹出边界参数编辑对话框，在该对话框中可以对选择的边界进行编辑。

2）公差

功能：选择驱动几何体后，设置边界的内公差与外公差。

图 B3-25　边界几何体参数设置对话框

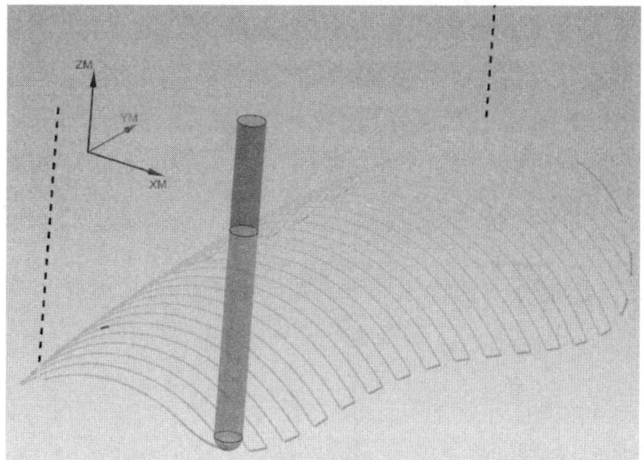

图 B3-26　刀尖处的接触点位置示意图

3）偏置

功能：可以对边界进行向内或向外的偏移。

应用：注意这里的“公差”与“偏置”只对选择的驱动边界几何体起作用，与“切削参数”对话框“余量”选项卡中的“公差”与“偏置”作用对象不同。

4）空间范围

功能：利用所选零件表面外部边缘生成的边界线定义切削区域，“环”与“边界”都可定义切削区域。

设置：部件空间范围可选择“关”（不使用），也可以选择“所有环”“最大的环”。选择的部件空间范围还可以进行编辑。

应用：最好使用“面”方式来选择部件几何体，使用“体”方式将难以确定“环”。

不选择驱动几何体，而选择部件空间范围为“最大的环”，在图形上将显示边界，并以该边界为驱动几何体生成刀轨，如图 B3-27 所示。

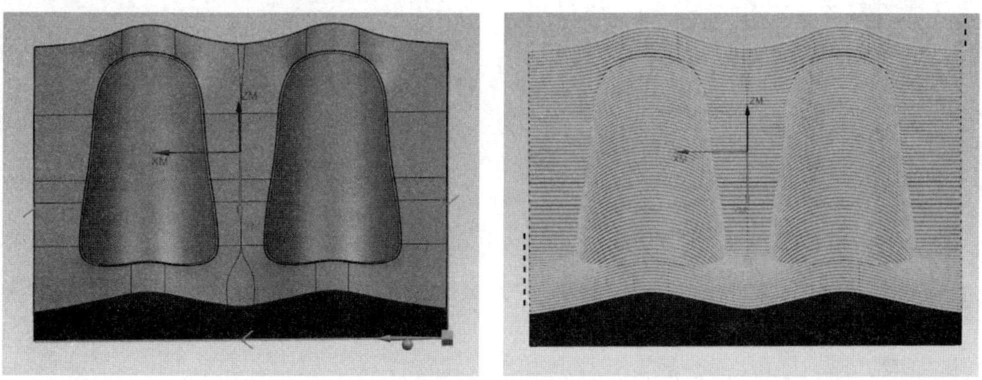

图 B3-27　选择部件空间范围为“最大的环”

5）驱动设置

“边界驱动方法”对话框中的“驱动设置”选项组如图 B3-28 所示。

“切削模式”的功能：限定了走刀路径的图样与切削方向，与平面铣中的切削模式类似。与平面铣切削模式不同的是，固定轴曲面轮廓铣中所有的切削刀路都是投影到曲面上的，不一定在一个平面上。

“切削模式”的设置：如图 B3-29 所示，可以选择的切削模式有 15 种，除在平面铣中介绍过的几种模式外，还增加了同心与径向两种图样，每种图样又有单向、往复、单向轮廓、单向步进 4 种走刀方式。

图 B3-28 “边界驱动方法”对话框中的“驱动设置”选项组

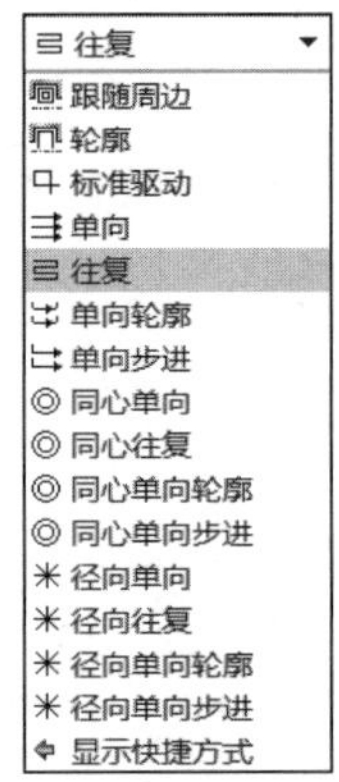

图 B3-29 切削模式

跟随周边：产生环绕切削的刀轨。需要指定加工方向（向内或向外）。图 B3-30 所示为跟随周边的刀轨示例。

轮廓（配置文件）：沿着切削区域的周边生成轨迹的一种切削模式。可以利用“附加轨迹”选项使刀具逐渐逼近切削边界。图 B3-31 所示为轮廓切削示例。

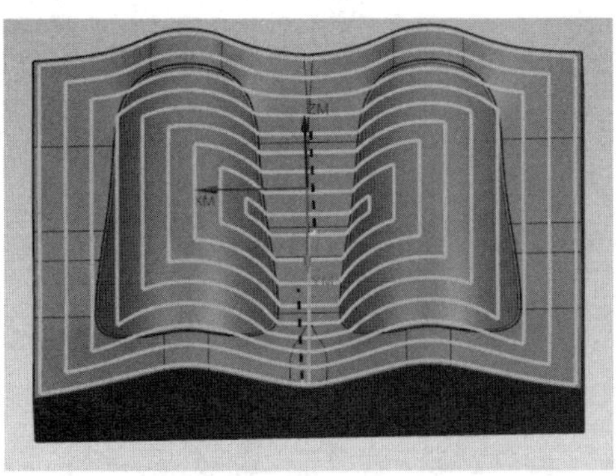

图 B3-30 跟随周边的刀轨示例

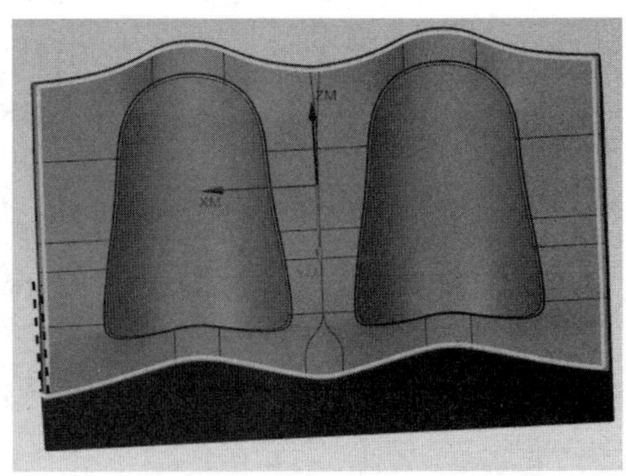

图 B3-31 轮廓切削示例

标准驱动：与轮廓类似，但允许自相交。

单向：创建单向的平行刀位轨迹。单向加工示例如图 B3-32 所示。此选项能始终保持一致的顺铣或逆铣。

往复：创建双向的平行切削刀轨，往复加工示例如图 B3-33 所示。

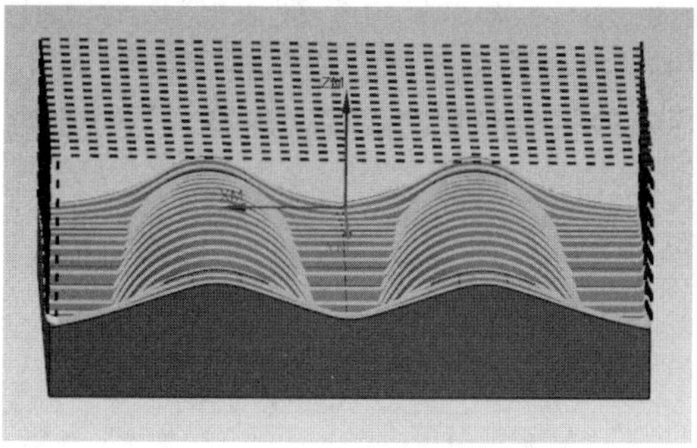

图 B3-32　单向加工示例

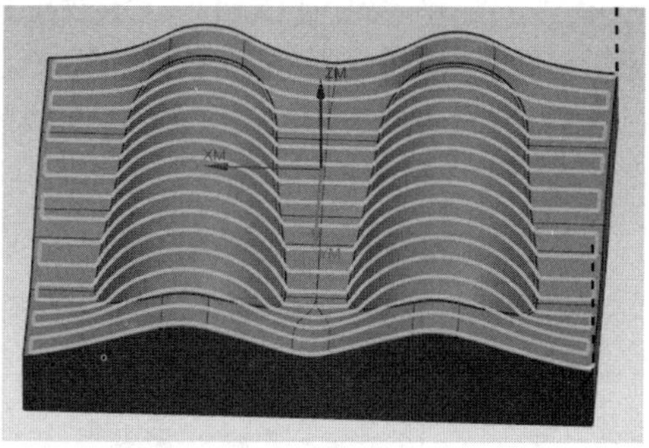

图 B3-33　往复加工示例

单向轮廓：相对于单向切削，进刀及退刀时将沿着轮廓到前一行的起点或终点，如图 B3-34 所示。

单向步进：用于创建单向、在进刀侧沿着轮廓而在退刀侧直接抬刀的刀位轨迹，如图 B3-35 所示。

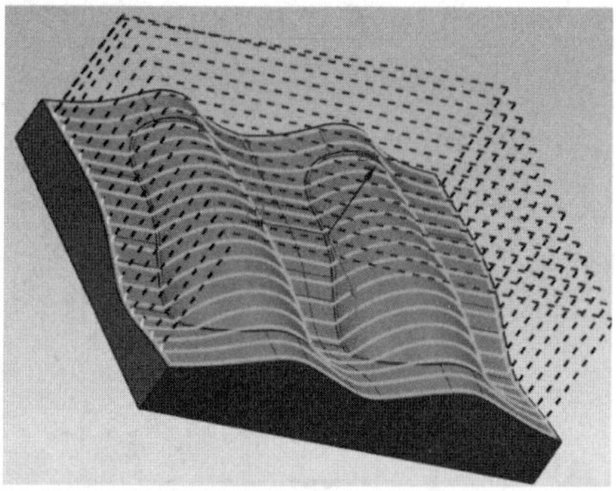

图 B3-34　单向轮廓

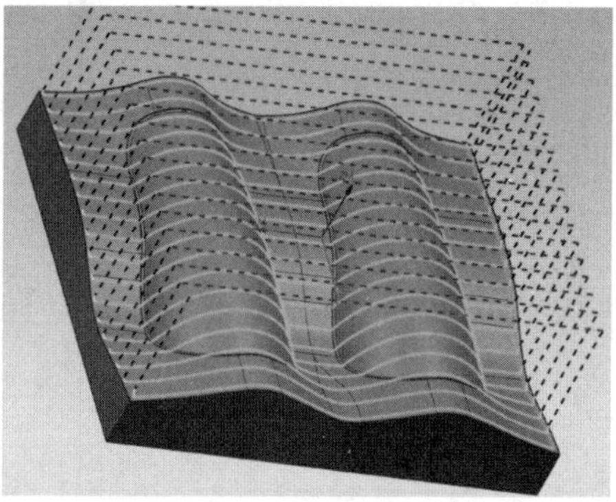

图 B3-35　单向步进

4. 区域铣削驱动

功能概述。区域铣削驱动曲面铣是常用的一种精加工操作方式。区域铣削驱动与边界驱动生成的刀轨类似，但是它不需要选择驱动几何体，并且创建的刀轨可靠性更好，同时具有陡峭区域判断及步距应用于部件功能，因此建议优先选用区域铣削驱动。

通过选择不同的图样方式与驱动设置，区域铣削驱动可以满足绝大部分的曲面精加工要求。

在创建操作时，可以直接选择操作子类型为轮廓区域铣驱动方法（CONTUR_AREA），默认选择区域铣削驱动方法，如图 B3-36 所示。

在区域铣削驱动方法中，可以指定修剪边界几何体。通过修剪边界几何体可以进一步约束切削区域。与边界驱动方法中的驱动边界几何体不同，修剪边界几何体的边界总是封闭的，并且刀具位置始终为“上”，但是可以进行偏置。

在“固定轮廓铣-[FIXED_CONTOUR]”对话框中，设置“驱动方法”为“区域铣削”，单击“确定”按钮，系统将弹出如图 B3-37 所示的“区域铣削驱动方法”对话框。

在“区域铣削驱动方法”对话框中可以进行各种驱动参数的设置，这些参数将影响最终刀轨的加工质量与加工效率。

图 B3-36　默认选择区域铣削驱动方法

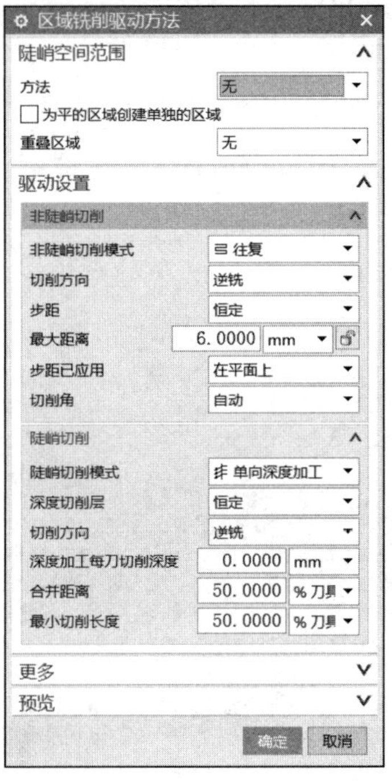

图 B3-37　“区域铣削驱动方法”对话框

“区域铣削驱动方法”对话框中的大部分选项与“边界驱动方法”对话框中的选项是相同的，但“陡峭空间范围”和“步距已应用”选项是“区域铣削驱动方法”对话框所特有的。

“陡峭空间范围”的功能：可以指定陡角，将切削区域分隔为陡峭区域与非陡峭区域。但是在加工时可以只对其中某个区域进行加工。

“陡峭空间范围”的设置：在陡峭空间范围中共有以下 4 种方法。

① 无：切削整个区域。不使用陡峭约束，加工整个工件表面，如图 B3-38 所示。

② 非陡峭：切削平缓的区域，而不切削陡峭区域。非陡峭 30° 如图 B3-39 所示。该方法通常可作为等高轮廓铣的补充。

③ 定向陡峭：切削大于指定陡角的区域。定向切削陡峭区域与切削角和切削方向有关。

④ 陡峭和非陡峭：通过指定陡峭壁角度自动分隔陡峭区域和非陡峭区域，在“驱动设置”选项组中可以单独设置刀轨参数，并同时生成刀轨。图 B3-40 所示为陡峭和非陡峭 10°。

应用：陡峭区域通常可以使用等高轮廓铣方式进行精加工，而区域铣削可以作为等高轮廓铣的补充。

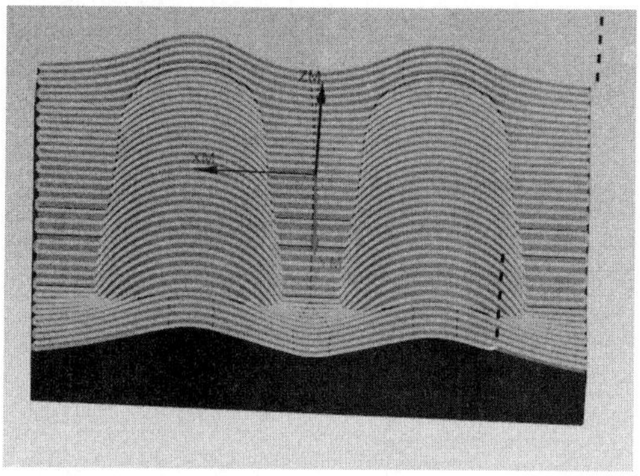

图 B3-38　方法为“无”

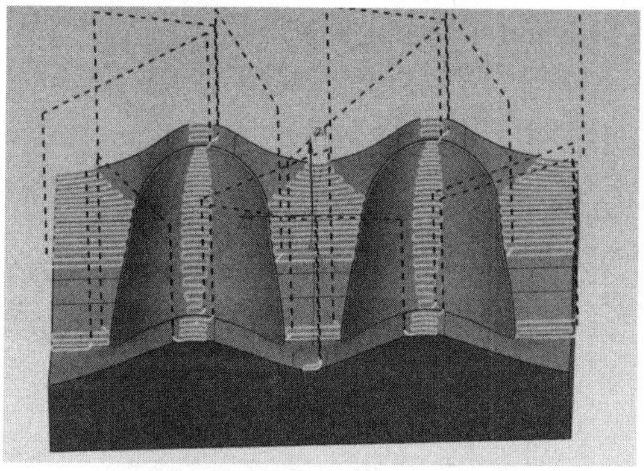

图 B3-39　非陡峭 30°

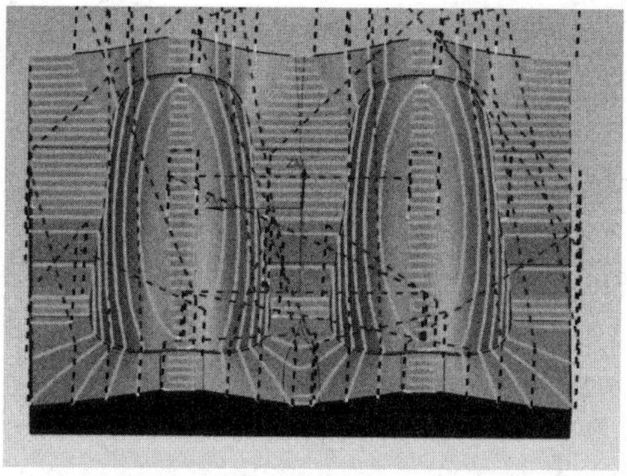

图 B3-40　陡峭和非陡峭 10°

5. 清根铣削驱动

清根铣削沿着零件表面的凹角和凹谷生成驱动路径。清根铣削常用于在前面加工中使用了较大直径的刀具，而在凹角处留下较多残料的加工。另外，清根铣削也常用于半精加工，以减弱精加工时转角部位余量偏大带来的不利影响。

在清根铣削中，一般使用球头刀，而不用平底刀或牛鼻刀，因为使用平底刀或牛鼻刀很难获得理想的刀具路径。

在“固定轮廓铣-[FIXED_CONTOUR]”对话框中设置“驱动方法”为“清根”，弹出“清根驱动方法”对话框，如图 B3-41 所示。在该对话框中设置完各个选项后，返回“固定轮廓铣—[FIXED_CONTOUR]”对话框进行设置，并生成刀轨。

（1）在“清根驱动方法”对话框的“驱动设置”选项组中，可以选择清根类型，如图 B3-42 所示。这里介绍常用的两种清根类型。

图 B3-41 “清根驱动方法”对话框

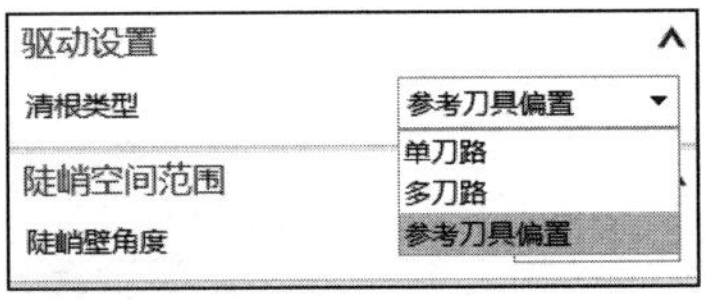

图 B3-42 清根类型

① 单刀路：沿着凹角与沟槽产生一条单一刀具路径，如图 B3-43 所示。在使用单刀路时，没有附加选项被激活。

图 B3-43 单刀路

② 参考刀具偏置：参考刀具驱动方法通过指定一参考刀具直径来定义加工区域的总宽度，并且指定该加工区域的步距，在以凹槽为中心的任意两边产生多条切削轨迹。可以用“重叠距离“选项沿着相切曲面扩展由参考刀具直径定义的加工区域宽度。“清根类型”设置为“参考刀具偏置”，如图 B3-44 所示。多个偏置生成的刀路如图 B3-45 所示。

图 B3-44　“清根类型”设置为“参考刀具偏置”

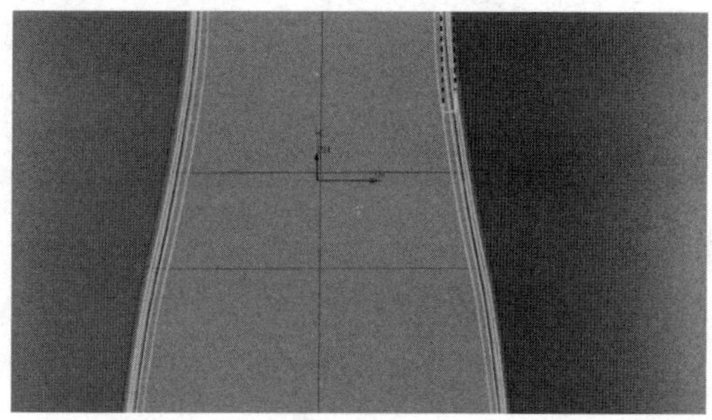

图 B3-45　多个偏置生成的刀路

（2）驱动几何体的功能：通过参数设置的方法来限定切削范围。

① 最大凹度：决定清根切削刀轨生成所基于的凹凸角度。刀轨只在等于或小于最大凹角的区域生成。当刀具处于零件表面上，并且超过指定最大值的区域时，刀具将回退或转移到其他区域。

② 最小切削长度：当切削区域尺寸小于所设置的最小切削长度时，在该处将不生成刀轨。在排除圆角交线处产生的非常短的切削移动时，该选项是非常有效的。

③ 合并距离：将小于指定切削距离的切削移动结束点连接起来，两个端点的连接是通过线性扩展两条轨迹得到的。

能力训练：完成模具流道 CAM 仿真加工

1. 操作条件

（1）设备：装有 UG NX 12.0 的计算机一台。

（2）模型：模具流道零件模型文件一个。

2. 注意事项

在使用计算机之前，先开显示器等外设，后开主机。在关闭计算机时，则相反，先关闭主机，然后关闭显示器等外设。

3. 操作过程

序号	操作步骤	操作方法及说明	能力要求
1	加工编程准备	第一步，进入 UG NX 12.0 初始界面。 第二步，在“标准”工具栏中单击“打开”图标，弹出“打开”对话框，选择文件“model1.prt”，单击“打开”按钮，打开文件，如图 B3-46 所示。 第三步，依次选择菜单命令“开始”→“所有应用模块”→“注塑模向导”→“注塑模工具”→“包容体”，选择最外侧 4 个面，创建包容体，如图 B3-47 所示。 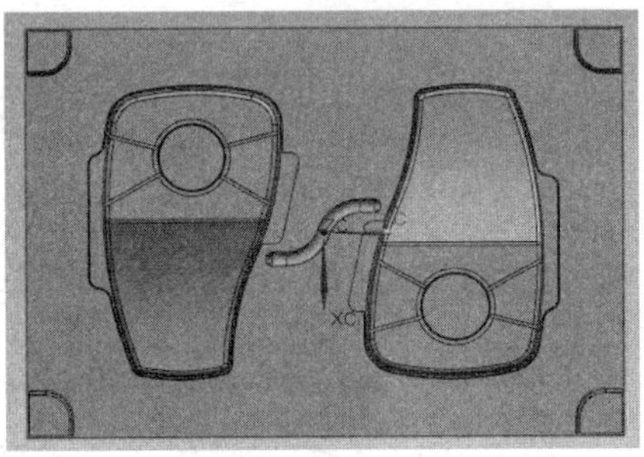 图 B3-46　流道模型 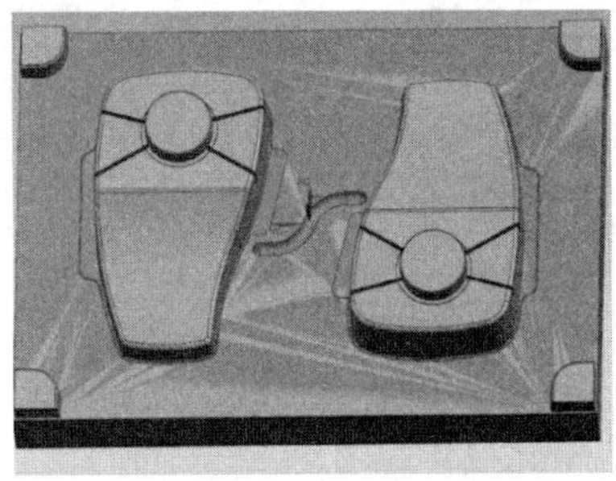 图 B3-47　创建包容体 第四步，工件分析。依次选择菜单命令“分析”→“几何属性”，得到待加工区域的集合特征信息，如流道的最小半径为 3mm。 第五步，在“应用”工具栏中，单击“加工”按钮，弹出如图 B3-48 所示的“加工环境”对话框，选择合适的加工配置模板，单击“确定”按钮。  图 B3-48　“加工环境”对话框	会进行加工编程前的准备

序号	操作步骤	操作方法及说明	能力要求
1	加工编程准备	第六步，设置 MCS。将“类型”设置为“两点之间”，选择工件分型面对角，如图 B3-49 所示。指定安全平面，“距离”设置为“50mm”，如图 B3-50 所示。  图 B3-49　MCS 的设置 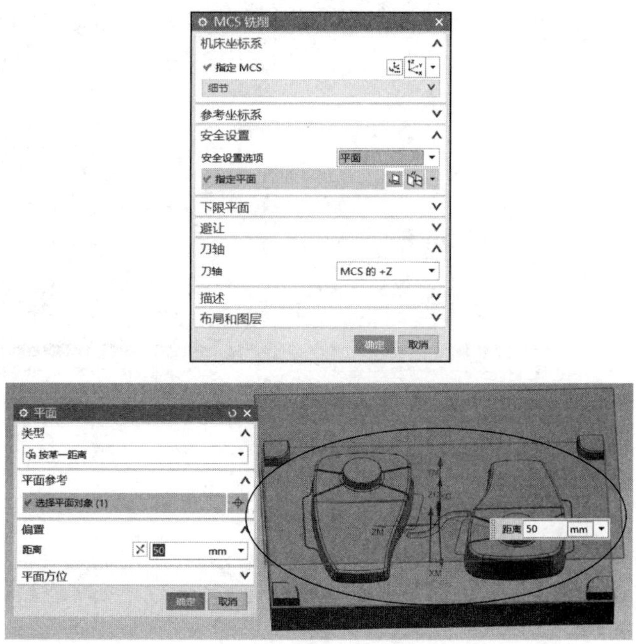 图 B3-50　安全平面的设置	会进行加工编程前的准备

<table>
<tr><th>序号</th><th>操作步骤</th><th>操作方法及说明</th><th>能力要求</th></tr>
<tr><td>1</td><td>加工编程准备</td><td>

第七步，在“工序导航器-几何”界面中双击“WORKPIECE”图标，系统弹出如图 B3-51 所示的“工件”对话框。

第八步，单击“部件几何体”图标，系统弹出“部件几何体”对话框，如图 B3-52 所示，选择长方体，单击“确定”按钮。创建的毛坯几何体如图 B3-53 所示。

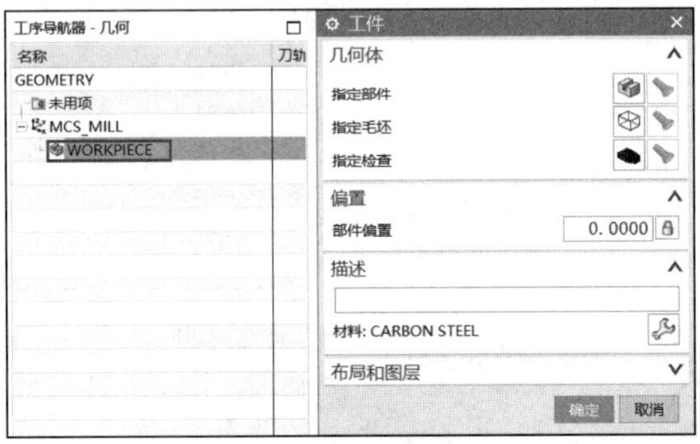

图 B3-51 “工件”对话框

图 B3-52 “部件几何体”对话框

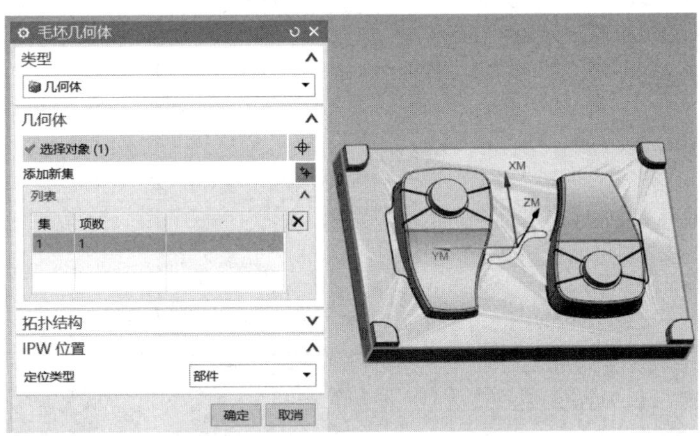

图 B3-53 创建的毛坯几何体

第九步，单击工具栏中的“创建刀具”图标，系统弹出“创建刀具”对话框，创建一把名称为“B6”的球头刀，如图 B3-54 所示。

</td><td>会进行加工编程前的准备</td></tr>
</table>

序号	操作步骤	操作方法及说明	能力要求
1	加工编程准备	 图 B3-54　创建刀具并设置参数	会进行加工编程前的准备
2	编写流道加工程序	第一步，显示流道中心线及面，如图 B3-55 和图 B3-56 所示。 第二步，单击工具栏中的“创建工序”图标，系统弹出如图 B3-57 所示的“创建工序”对话框，将“类型”设置为“mill_contour”，“刀具”设置为“B6”，“几何体”设置为“WORKPIECE”，“方法”设置为“METHOD”，如图 B3-58 所示。 第三步，单击“切削区域”图标，在弹出的界面中指定流道切削区域，如图 B3-59 所示。 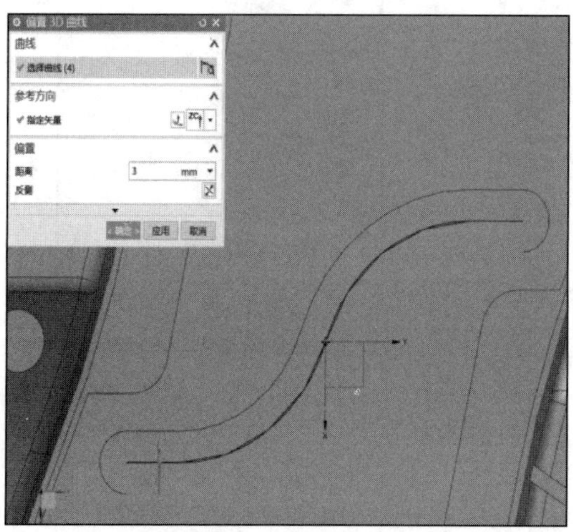 图 B3-55　流道中心线	能用固定轴曲面轮廓铣工序中曲线和点驱动方法加工流道

序号	操作步骤	操作方法及说明	能力要求
2	编写流道加工程序	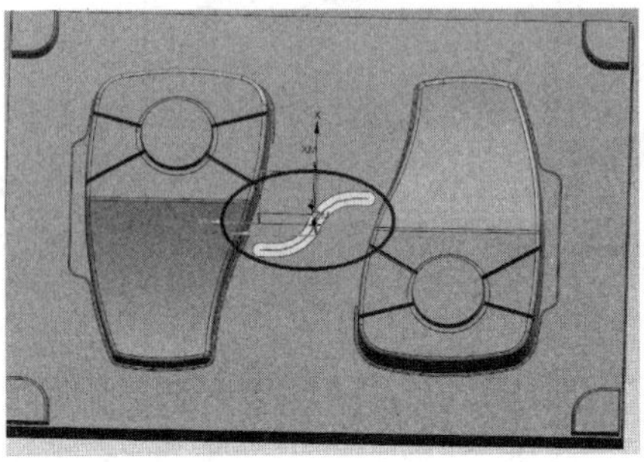 图 B3-56　面 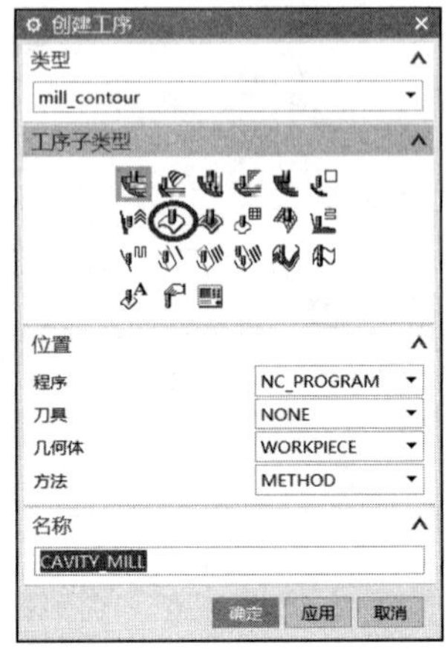 图 B3-57　“创建工序”对话框 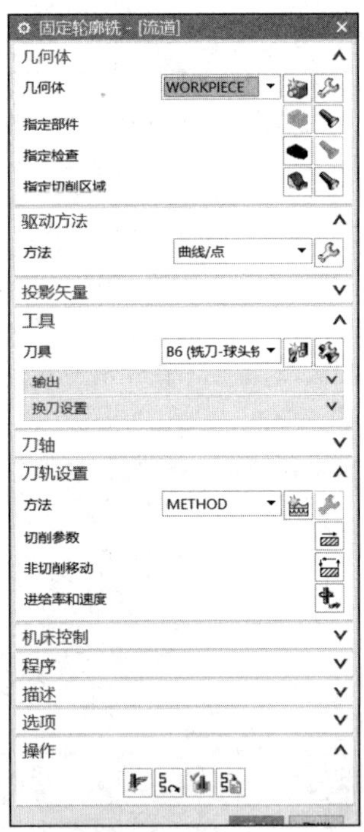 图 B3-58　创建流道工序	能用固定轴曲面轮廓铣工序中曲线和点驱动方法加工流道

<table>
<tr><th>序号</th><th>操作步骤</th><th>操作方法及说明</th><th>能力要求</th></tr>
<tr><td>2</td><td>编写流道加工程序</td><td>
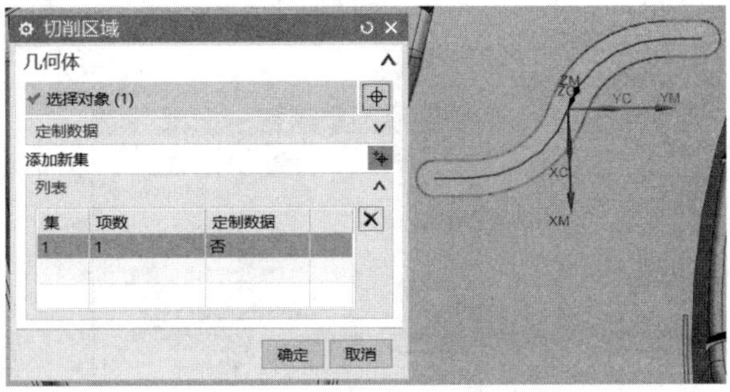

图 B3-59　指定流道切削区域

第四步，在如图 B3-60 所示的“曲线/点驱动方法”对话框中，“驱动几何体”选择“选择曲线”，指定流道中心线，“切削步长”改为“公差”（为 0.01）。

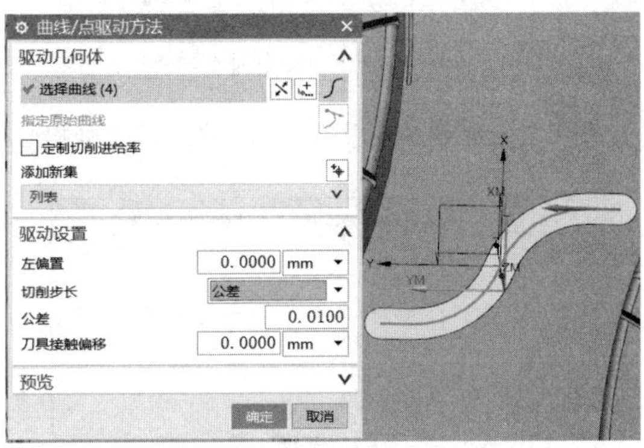

图 B3-60　“曲线/点驱动方法”对话框

第五步，单击“切削参数”图标，设置切削参数，如图 B3-61 所示。

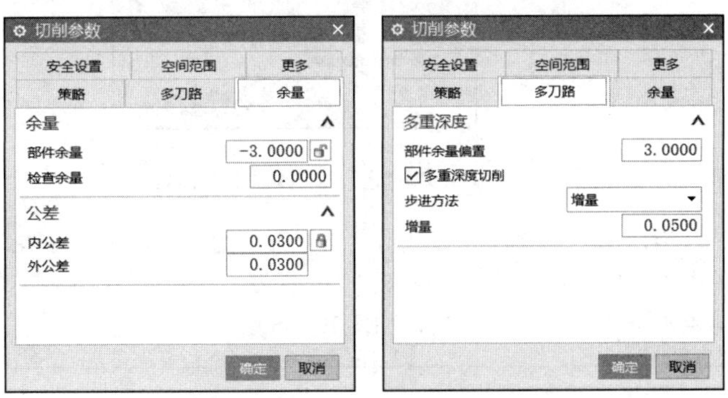

图 B3-61　设置切削参数
</td><td>能用固定轴曲面轮廓铣工序中曲线和点驱动方法加工流道</td></tr>
</table>

<table>
<tr><th>序号</th><th>操作步骤</th><th>操作方法及说明</th><th>能力要求</th></tr>
<tr><td>2</td><td>编写流道加工程序</td><td>
第六步，单击“非切削移动”图标，设置非切削移动参数，将“进刀类型”改为“插削”，如图 B3-62 所示。

图 B3-62　设置非切削移动参数
第七步，单击“进给率和速度”图标，设置进给率和速度，如图 B3-63 所示。
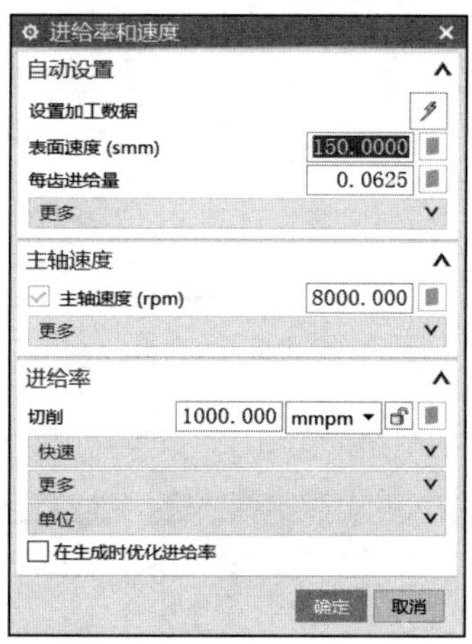

图 B3-63　设置进给率和速度
第八步，单击图标，系统自动进行刀轨的计算，流道刀轨效果如图 B3-64 所示；单击图标，系统弹出刀轨可视化对话框，打开“3D 动态”选项组，调整动画速度，单击按钮，进行仿真，如图 B3-65 所示。
</td><td>能用固定轴曲面轮廓铣工序中曲线和点驱动方法加工流道</td></tr>
</table>

序号	操作步骤	操作方法及说明	能力要求
2	编写流道加工程序	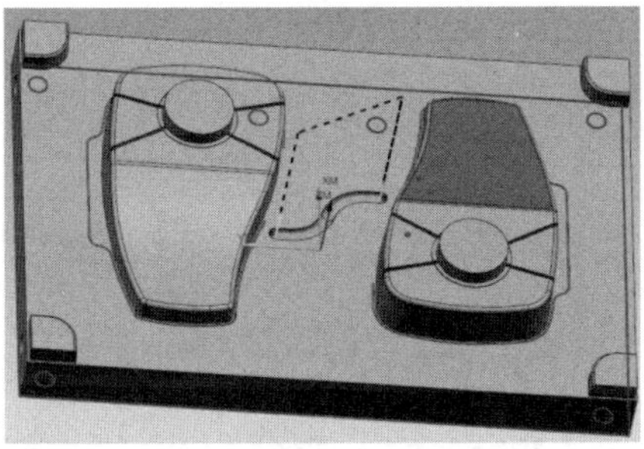 图 B3-64　流道刀轨效果 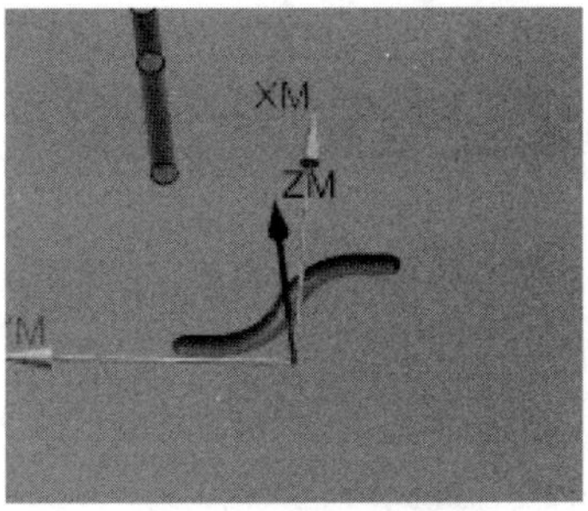 图 B3-65　仿真模拟	能用固定轴曲面轮廓铣工序中曲线和点驱动方法加工流道

能力拓展一

根据上述流道加工知识，判断能否用其他方法加工流道。

能力拓展二

根据前面所学知识，指出流道直径与流道距离的设置不当时会产生哪些不良影响。

4. 学习结果评价

学习结果评价表如表 B3-5 所示。

表 B3-5　学习结果评价表

序号	评价内容	评价标准	评价结果（是/否）
1	知识与技能	了解固定轴曲面轮廓铣的工序类型	□是　□否
		了解各工序的细节调整用途	□是　□否
		能完成流道曲面精加工的 CAM 设置	□是　□否
2	总评	“是”与“否”在本次评价中所占百分比	“是”占____% “否”占____%

课后作业

1. 请详细说明曲面流道精加工与平面流道精加工的区别。
2. 在对流道的加工中创建了哪两种类型的刀具？它们分别有什么特点？
3. 请完整地编制如图 B3-64 所示零件的整体铣削加工方案。

C

工作领域

模具其他零件加工

放电加工是利用电极与工件之间的放电腐蚀原理来实现零件残料加工的一种加工方法，广泛应用于模具零件的制造行业中。随着模具制造要求的提高，模具零件在材料硬度、特殊表面要求、加强筋位等方面越来越离不开放电加工。放电加工必须使用电极作为放电的工具。

“深度轮廓加工”是 UG NX 模具零件加工中的应用，需要刀具在受力均匀的加工条件下进行。应用“深度轮廓加工”可以完成数控加工中大量的工作。平面文本生成的刀轨与标准驱动的平面铣刀轨类似，前者刀具只能对中，并且从表面开始加工，向下加工指定的文本深度。钻孔属于粗加工，可达到的尺寸公差等级为 IT11～IT13，表面粗糙度为 *Ra*50～12.5m。

工作任务 C1 电极零件加工工艺设计及 CAM 仿真加工

职业能力 C1-1 熟练完成电极数控加工工艺设计

【核心概念】

电极：放电加工中，用于成型模具型腔与型芯的工具。

【学习目标】

1．了解放电加工的原理与特点。
2．能完成放电加工工艺方案规划。
3．发扬一丝不苟、精益求精的工匠精神。

基本知识：放电加工原理、特点及要求

C1-1-1　放电加工原理

放电加工是利用电极与工件之间所发生的放电作用，将被加工物的表面层去除，达到成型或研磨等目的的一种加工方法，广泛应用于模具零件的制造行业中。随着模具制造要求的提高，模具零件在材料硬度、特殊表面要求、加强筋位等方面越来越离不开放电加工。放电加工必须使用电极作为放电的工具。

C1-1-2　放电加工的特点及要求

在使用放电加工制造模具零件时，材料不是靠刀具机械力去除的，因而放电加工具有如下特点。

1）放电加工的优点

（1）加工精度高，表面粗糙度极小，可以完成现有铣削工艺无法完成加工的局部区域（如细长的加强筋位型面、立角位面等）的加工、模具零件表面有特殊要求（如火花纹、镜面效果）的成型面加工。

（2）电极材料的铣削加工工艺性好，更容易制造出复杂的结构形状。

（3）由于利用放电腐蚀原理进行加工，电极和模具零件不直接接触，宏观作用力小，所以不会引起模具零件的变形。

（4）放电加工的电流密度很高，产生的高温足以熔化或汽化任何导电材料，硬质合金、热处理后的钢材及合金等都能利用放电加工工艺进行加工。

2）放电加工的不足之处

（1）加工需要电极，放电加工占整个加工的比例较大。

（2）加工表面有变质层，对后加工及使用均有不利的影响。

（3）加工效率偏低。

（4）加工工件必须是可以导电的。

在进行放电加工时，因为电极与工件之间不断放电腐蚀工件材料，所以电极与工件之间必然存在间隙，如图C1-1所示。这个间隙在模具制造行业中被称为火花位，人们可以通过控制火花位的大小来控制模具型腔的精度，从而实现粗/精加工。对于加工余量比较大的模型，需要先设置粗加工电极，再设置精加工电极，进行多次放电才能完成放电加工。由于在加工过程中电极本身也会有微小的损耗，所以通常规定一个电极最多可对4个腔体进行加工。

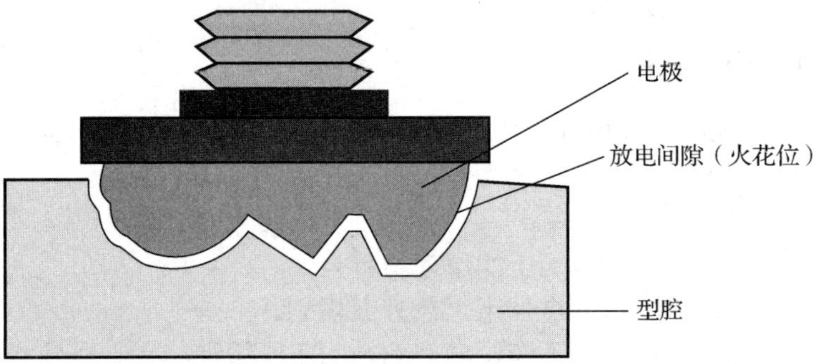

图C1-1　放电加工原理图

C1-1-3　电极及其结构

电极是放电加工中用于成型模具型腔与型芯的工具，是模具零件中需要放电区域的一个反向模型，通常可以通过铣削加工得到这个反向模型，如图C1-2所示。电极的主要材料包括红铜、铬铜和石墨3种。

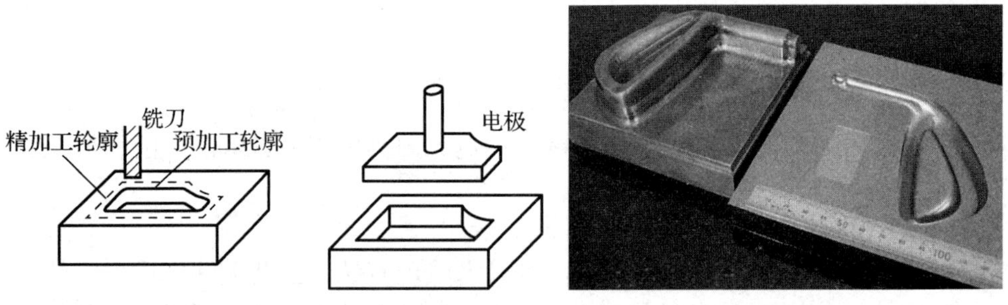

图C1-2　模具电极

一个完整的电极应该由产品成型部分和直身避空位、基准台3个部分组成，如图C1-3所示。

产品成型部分是对工件进行有效放电加工的部分，其形状与该处成品面的形状相近。直身避空位的作用有两个：一是防止电极与工件干涉；二是有利于对电极进行铣削加工。如图C1-4所示，设置一定高度的直身避空位方便铣削根部残料。基准台的作用有两个：一是在火花机上调整水平度与垂直度；二是定位电极相对于工件的位置。

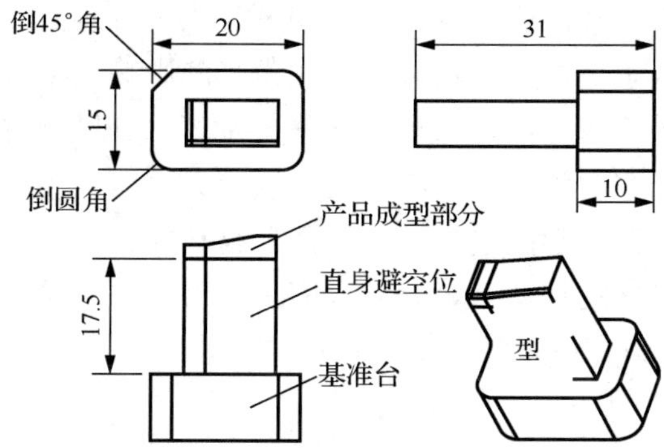

图 C1-3　电极结构

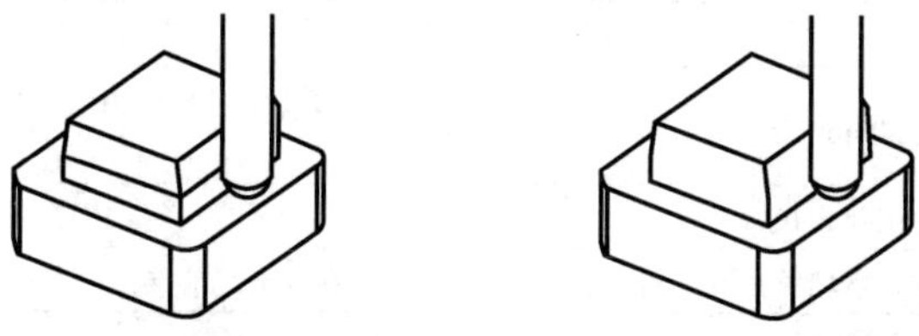

（a）有直身避空位　　（b）无直身避空位

图 C1-4　电极直身避空对比

能力训练：电极加工零件制造工艺过程卡及加工刀具卡的编制

1. 操作条件

（1）设备：装有 UG NX 12.0 的计算机一台。
（2）模型：酒杯型腔放电加工零件模型文件一个。

2. 注意事项

在使用计算机之前，先开显示器等外设，后开主机。在关闭计算机时，则相反，先关闭主机，然后关闭显示器等外设。

3. 编制过程

1）零件工艺分析

生产要求：该零件材质为纯铜，单件生产。

毛坯分析：铣削前尺寸为 50mm×50mm×35mm。

基准设计：由于坯料上表面进行了余量的设置，所以铣削基准设计为安装基准（坯料底面），*XY* 平面基准设计为顶面中心。

能力要求：能根据生产要求、毛坯分析、基准设计等对电极进行工艺分析。

2）确定装夹方案

定位基准选择：在选择定位基准时，应注意减少装夹次数，尽量做到在一次装夹中能把零件上所有要加工的表面都加工出来。选择电极坯料底面作为定位基准，该定位基准与装配基准重合，大大降低了定位误差对尺寸精度带来的影响。

装夹方案：该零件外形规则，除底面外都需要加工，在纯铜底面打螺纹孔，将纯铜底面与精板用螺钉拧紧，以底面和底面中心定位方式装夹。

能力要求：能通过定位基准的选择、加工面及材料加工确定电极的装夹方案。

酒杯型腔放电加工工艺规划从下料开始，依次经历钻孔、攻丝、型腔开粗、型腔精光、检验、抛光、检验。酒杯型腔放电加工工艺过程卡如表 C1-1 所示。酒杯型腔放电加工刀具卡如表 C1-2 所示。

表 C1-1　酒杯型腔放电加工工艺过程卡

工序号	工序名称	尺寸	工艺要求	检验	备注
1	下料	50mm×50mm×35mm	带锯条	钢直尺检验自由公差度要求	3mm 余量手工去毛刺
2	钻孔	按零件图要求尺寸	台钻	内径千分尺等、配合长度	
3	攻丝	攻螺纹、水堵管螺纹尺寸	丝攻	螺杆顺畅旋转配合	手工
4	型腔开粗	按零件图要求尺寸	铣床铣削	带表游标卡尺	腔体预留 0.35mm
5	型腔精光	达到零件图要求尺寸	铣床铣削	所有型面	采点比对
6	检验	按零件图标注和技术要求		千分尺，肉眼观察表面接刀痕	以设计基准为检验基准
7	抛光	符合零件图粗糙度要求	抛光工具	与标准样板对比检验	严禁抛光分型面
8	检验	按零件图标注和技术要求	三坐标机		以设计基准为检验基准

表 C1-2　酒杯型腔放电加工刀具卡

<table>
<tr><td colspan="4">代号</td><td colspan="2">零件名称</td><td colspan="2">零件图号</td></tr>
<tr><td colspan="4">酒杯型腔放电加工</td><td colspan="2">电极</td><td colspan="2">20201026-01</td></tr>
<tr><td colspan="4">夹具名称</td><td colspan="2">使用设备</td><td colspan="2">车间</td></tr>
<tr><td colspan="4">精密平口钳</td><td colspan="2">加工中心</td><td colspan="2">机加 01</td></tr>
<tr><td>工序号</td><td>工序内容</td><td>刀具号</td><td>规格</td><td>主轴速度/（r/min）</td><td>进给速度/（mm/min）</td><td>每刀切削深度/mm</td><td>余量/mm</td></tr>
<tr><td>1</td><td>正面零件整体开粗</td><td>T01</td><td>D10 R0.5</td><td>3000</td><td>3000</td><td>0.5</td><td>0.3</td></tr>
<tr><td>2</td><td>精加工</td><td>T02</td><td>D10 R0.5</td><td>6000</td><td>1800</td><td>0.1</td><td>0</td></tr>
</table>

能力要求：能通过设计放电加工工艺过程卡及刀具卡，完成加工工艺规划。

能力拓展一

根据前面所学知识，并查阅相关资料，找出现在市面上加工电极最多的设备。

能力拓展二

根据前面所学知识，并查阅相关资料，指出电极中没有设置排渣与排气孔时产生的后果。

4. 学习结果评价

学习结果评价表如表 C1-3 所示。

表 C1-3　学习结果评价表

序号	评价内容	评价标准	评价结果（是/否）
1	知识与技能	了解放电加工原理与特点	□是　□否
		能完成放电加工工艺方案规划	□是　□否
2	总评	“是”与“否”在本次评价中所占百分比	“是”占____% “否”占____%

课后作业

1. 电极中的基准台起什么作用？
2. 若忘记加工淬火料模仁螺纹，是否可以采用放电加工？
3. 模具电极一般应用于什么场合？

职业能力 C1-2　熟练完成电极 CAM 仿真加工

【核心概念】

放电加工：基于放电腐蚀原理的一种加工方法。在模具零件的制造中使用放电加工时，工件材料的去除不是靠刀具的机械力切削，因而不需要产生机械力的设备。

【学习目标】

1. 能使用深度轮廓铣进行放电加工。
2. 了解“连接”选项卡中层到层的方式。
3. 能完成酒杯型腔整体 CAM 设置。
4. 培养严谨、客观、认真分析问题的工作作风。

基本知识：深度轮廓加工及 UG NX 中与其配合使用的功能

C1-2-1 深度轮廓加工

“深度轮廓加工”是 UG NX 模具零件加工中的应用，需要刀具在受力均匀的加工条件下进行。应用“深度轮廓加工”可以完成数控加工中大量的工作。

例如，在进行粗加工时，一般刀具受力极大，因此“深度轮廓加工”能以控制切削深度的方式，将刀具受力限制在一个范围内。此外，在半精加工或精加工时，如果加工部位太陡、太深，需要延长刀刃，这样刀具太长，加工时偏摆太大，那么往往也需要用“深度轮廓加工”的方式来减小刀具受力。目前流行的高速切削机床也应用了“深度轮廓加工”。

UG NX 12.0 中的“深度轮廓加工”功能不仅提供多样化的加工方式，同时允许刀具在整个加工过程中在均匀受力状态下实现更快、更好的切削。

以下是 UG NX 12.0 中“深度轮廓加工”的特点。

（1）刀具总是贴着零件表面加工，无法去除多余的余量，主要用于铣削侧壁或平面余量。

（2）平曲面加工效果不理想。

（3）可以通过指定陡峭区域来定义加工范围。

（4）可通过优化切削和层之间的参数来完善曲面的加工刀路。

C1-2-2 UG NX 12.0 中与“深度轮廓加工”配合使用的功能

1. 陡峭空间范围

陡峭空间范围可以通过设置陡峭角度来限制，这是为了区分陡峭区域与非陡峭区域，从而对刀轨进行修剪，陡峭空间范围为 10° 和 45° 的对比如图 C1-5 所示。当仅开启陡峭功能时，“角度”选项才能使用；只有陡峭角度大于指定“角度”的区域才执行深度轮廓铣。

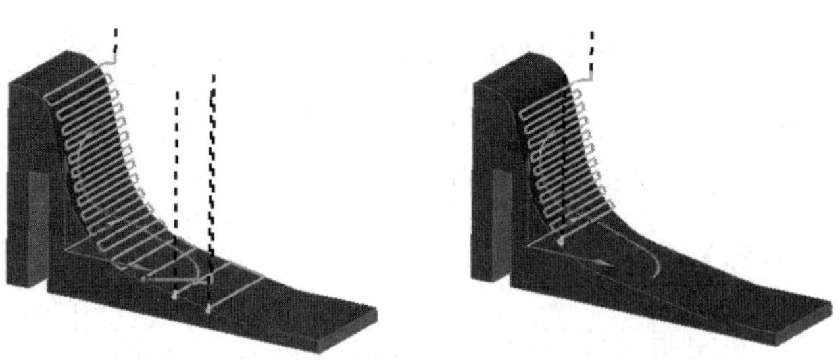

（a）陡峭空间范围为 10°　　（b）陡峭空间范围为 45°

图 C1-5 陡峭空间范围为 10° 和 45° 的对比

2. 合并距离

合并距离的作用是将小于指定分隔距离的切削移动结束点连接起来，以消除不必要的刀具退刀。指定的距离是模型的空间距离，主要用于连接同一切削层的两段刀轨。合并距离为 5 和 0.5 的对比如图 C1-6 所示。

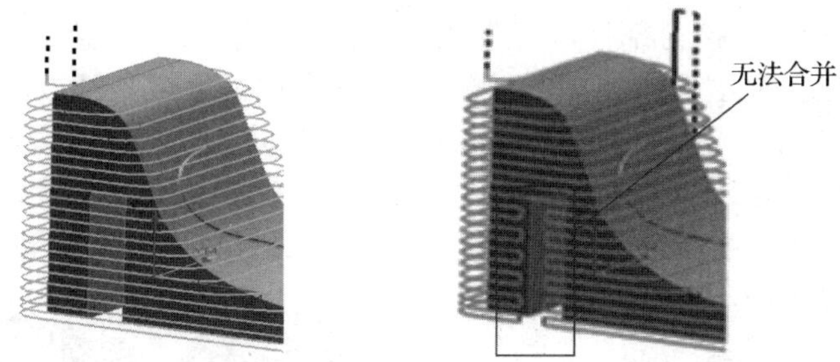

（a）合并距离为 5　　（b）合并距离为 0.5

图 C1-6　合并距离为 5 和 0.5 的对比

3. 最小切削长度

最小切削长度的作用是抑制小于设定的最小切削长度的刀轨生成。最小切削长度为 3 和 1 的对比如图 C1-7 所示。

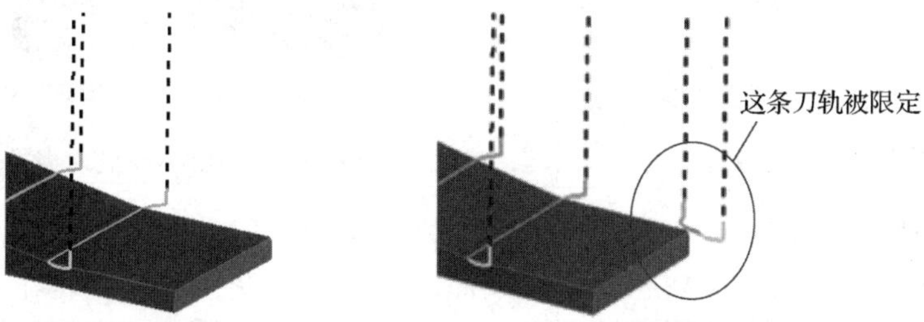

（a）最小切削长度为 3　　（b）最小切削长度为 1

图 C1-7　最小切削长度为 3 和 1 的对比

4. 混合切削方向

在“深度加工轮廓工序”的参数设置界面中，“切削方向”选项组中增加了“混合切削方向”这一重要功能选项。使用“混合切削方向”选项可在各切削层中交替改变切削方向。在加工开放区域面时，进行往复式加工，从而不用抬刀，可极大缩短加工中的抬刀时间。在使用“混合切削方向”选项后，抬刀次数明显减少，效率高，多用于侧壁的半精加工。混合切削方向刀轨对比如图 C1-8 所示。

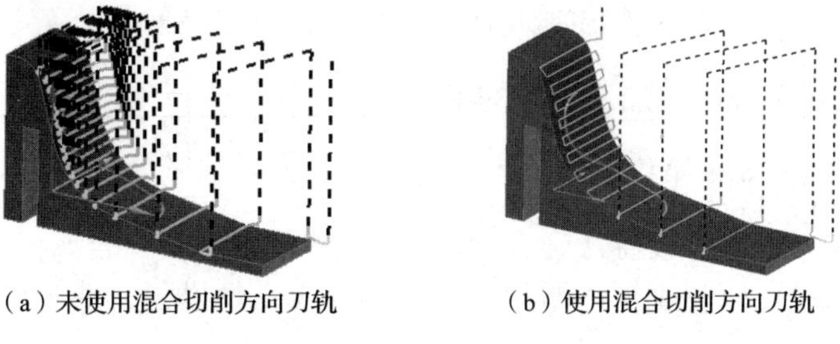

（a）未使用混合切削方向刀轨　　（b）使用混合切削方向刀轨

图 C1-8　混合切削方向刀轨对比

5. 层到层

“层到层”是一个专用于深度轮廓加工铣的切削参数。“层到层”包括 4 个选项，如图 C1-9 所示。当使用“直接对部件进刀”选项时，从一层到下一层加工而无须抬刀至安全平面。层到层不同进刀类型对比如图 C1-10 所示。当加工区域是开放区域并将切削方向设置为“混合”时，“层到层”下拉列表中的“沿部件斜进刀”“沿部件交叉斜进刀”选项都不可被选定。当选用“沿部件斜进刀”或“沿部件交叉斜进刀”选项后，为了保证层间平滑过渡，层到层斜坡角度一般设置为 3° ～5° 。

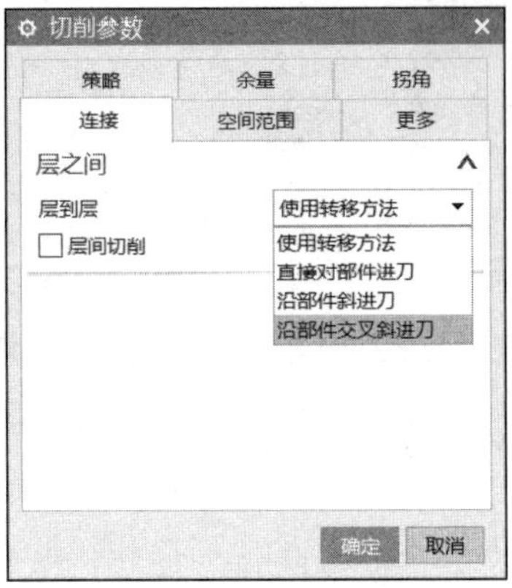

图 C1-9　“层到层”下拉列表

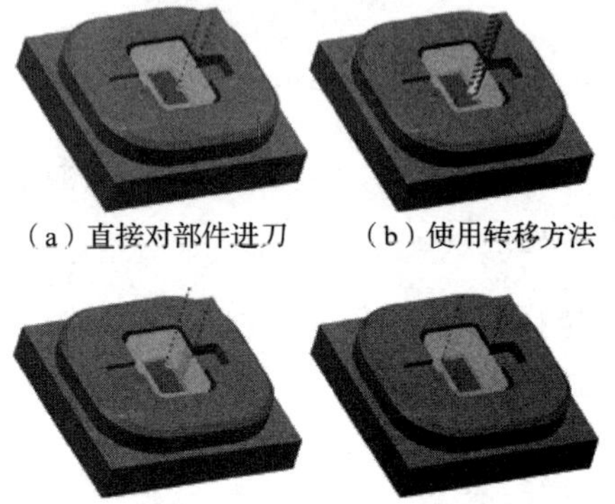

（a）直接对部件进刀　（b）使用转移方法

（c）沿部件斜进刀　（b）沿部件交叉斜进刀

图 C1-10　层到层不同进刀类型对比

勾选“层间切削”复选框可消除在先前的操作中留下的大的残余高度，进而避免在含有大残余高度的区域中快速加载和卸载刀具而产生的刀具磨损甚至破裂。当启用层间切削功能后，在进行半精加工时，层间切削可生成更多的均匀余量；在进行精加工时，退刀和进刀的次数更少，并且表面精加工更连贯。层间切削功能关闭与开启刀轨效果对比如图 C1-11 所示。层间步距的设置方法与切削参数步距设置方法一致，这里不进行详细介绍。

（a）层间切削功能关闭　（b）层间切削功能开启

图 C1-11　层间切削功能关闭与开启刀轨效果对比

能力训练：完成酒杯型腔放电加工程序的编制

1. 操作条件

（1）设备：装有 UG NX 12.0 的计算机一台。
（2）模型：酒杯型腔放电加工零件模型文件一个。

电极 CAM 仿真加工（创建精加工）

2. 注意事项

在使用计算机之前，先开显示器等外设，后开主机。在关闭计算机时，则相反，先关闭主机，然后关闭显示器等外设。

3. 操作过程

<table>
<tr><th>序号</th><th>操作步骤</th><th>操作方法及说明</th><th>能力要求</th></tr>
<tr><td>1</td><td>导入数字模型</td><td>单击图标，在弹出的“打开”对话框中，根据文件存放路径选择“电极”文件后单击“OK”按钮，导入数字模型，如图 C1-12 所示。
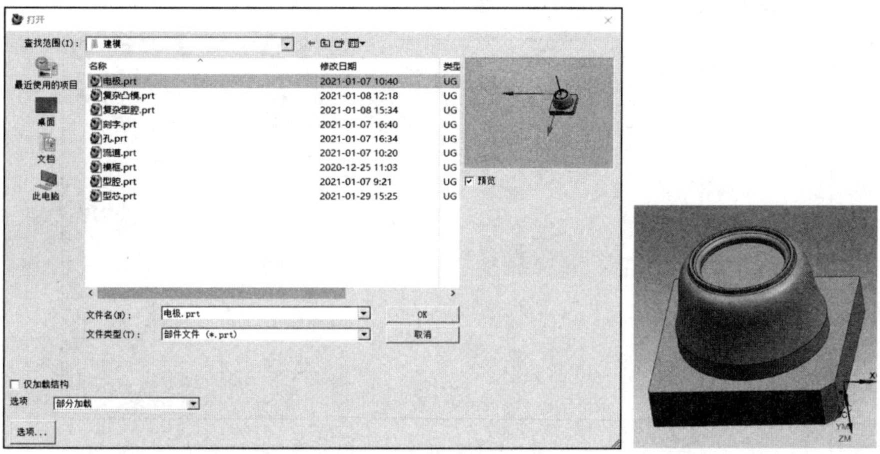
图 C1-12　导入数字模型</td><td>能导入数字模型</td></tr>
<tr><td>2</td><td>进入加工环境</td><td>单击“应用模块”→“加工”图标进入加工环境，如图 C1-13 所示。

图 C1-13　进入加工环境</td><td>能进入加工环境</td></tr>
<tr><td>3</td><td>创建几何体</td><td>第一步，在如图 C1-14 所示的界面中单击（几何视图）图标。

图 C1-14　选择程序顺序界面</td><td>能创建几何体</td></tr>
</table>

<table>
<tr><th>序号</th><th>操作步骤</th><th>操作方法及说明</th><th>能力要求</th></tr>
<tr><td>3</td><td>创建几何体</td><td>
第二步，双击导航器中的 MCS_MILL 图标，系统弹出如图 C1-15 所示的“MCS 铣削”对话框。
第三步，在“机床坐标系”选项组中勾选“指定 MCS”复选框，在弹出的“坐标系”对话框的“类型”下拉列表中选择“自动判断”选项，然后选中圆的上表面，完成 MCS 的设置，如图 C1-16 所示。
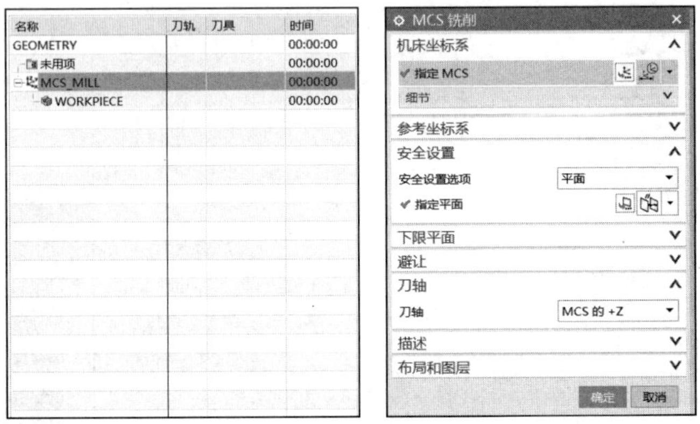

图 C1-15 “MCS 铣削”对话框
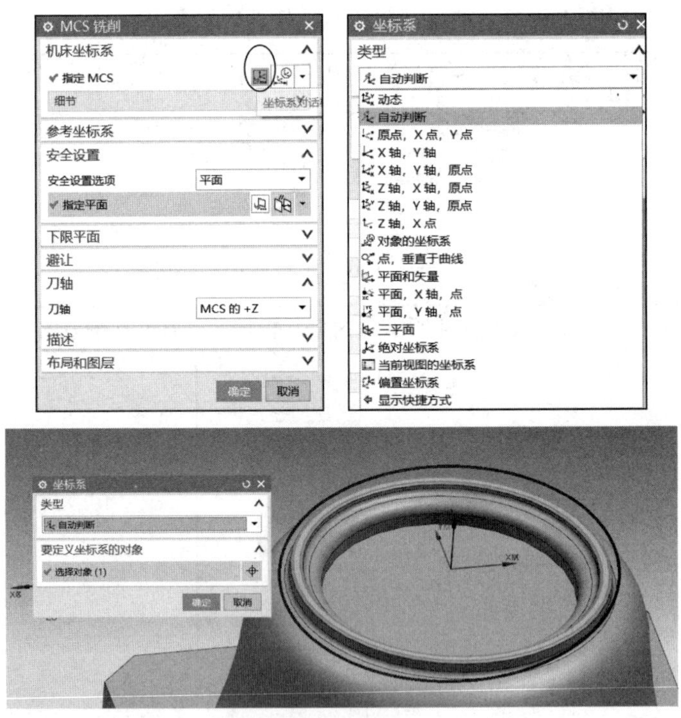

图 C1-16 设置 MCS
第四步，指定安全平面。选中上表面，在“距离”文本框中输入“30”，创建安全平面，如图 C1-17 所示。
</td><td>能创建几何体</td></tr>
</table>

<table>
<tr><th>序号</th><th>操作步骤</th><th>操作方法及说明</th><th>能力要求</th></tr>
<tr><td>3</td><td>创建几何体</td><td>

图 C1-17 创建安全平面

第五步，单击导航器中的“MCS_MILL”选项左侧的“+”图标，双击 WORKPIECE 图标，系统弹出如图 C1-18 所示的“铣削几何体”对话框，单击图标，系统弹出如图 C1-19 所示的“部件几何体”对话框，选中导入的酒杯电极加工模型，单击“确定”按钮，完成部件几何体的设置。

图 C1-18 “铣削几何体”对话框

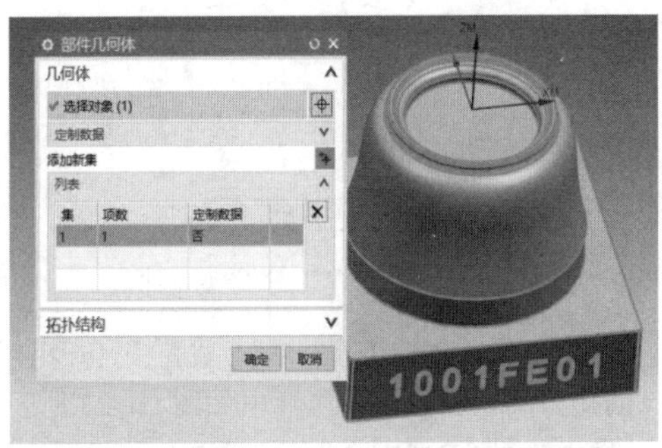

图 C1-19 “部件几何体”对话框

第六步，打开“毛坯几何体”对话框，进行包容块的设置。框选部件，X 轴、Y 轴方向各向外移动 2mm，Z 轴正方向移动 1mm，如图 C1-20 所示。

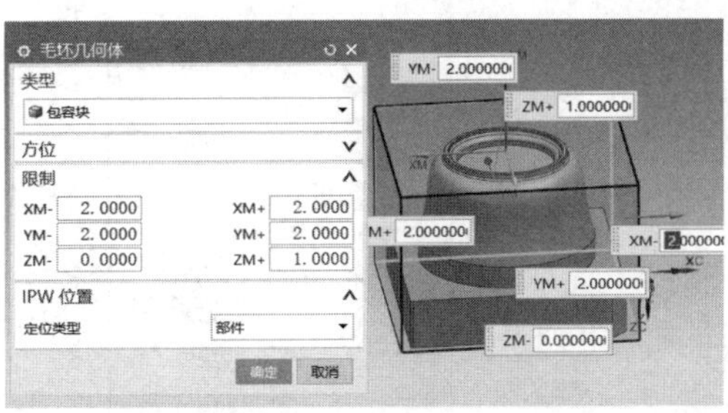

图 C1-20 设置包容块

</td><td>能创建几何体</td></tr>
</table>

<table>
<tr><th>序号</th><th>操作步骤</th><th>操作方法及说明</th><th>能力要求</th></tr>
<tr><td>4</td><td>开粗</td><td>

第一步，创建开粗程序。在插入工具条中单击（创建工序）图标，系统弹出如图 C1-21 所示的“创建工序”对话框。“类型”选择“mill_contour”，“工序子类型”选择（型腔铣），“几何体”选择“WORKPIECE”，在“名称”文本框中输入“开粗”，单击“确定”按钮，系统弹出如图 C1-22 所示的“型腔铣-[开粗]”对话框。

图 C1-21 “创建工序”对话框

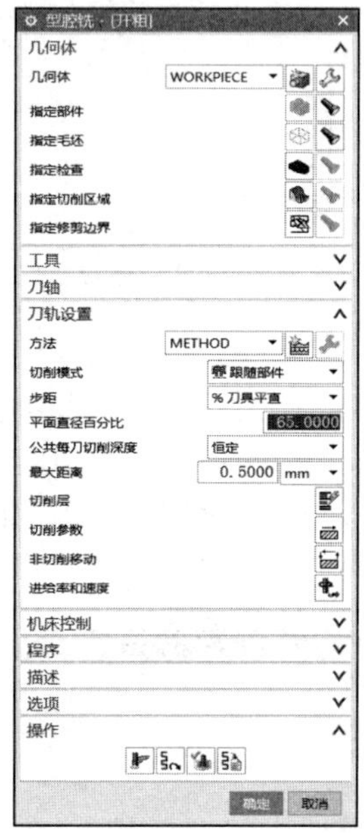

图 C1-22 “型腔铣-[开粗]”对话框

第二步，创建刀具。在“型腔铣-[开粗]”对话框中的“工具”选项组中单击（创建刀具）图标，系统弹出如图 C1-23 所示的“创建刀具”对话框，在“名称”文本框中输入“D10R0.5”圆角立铣刀，设置直径为“10”，下半径为“0.5”，如图 C1-24 所示，单击“确定”按钮，完成“D10R0.5”圆角立铣刀的创建。

第三步，设置刀轨基本参数。在如图 C1-25 所示的刀轨参数设置界面中，选择“平面直径百分比”为“65”，设置“最大距离”为“0.5mm”。

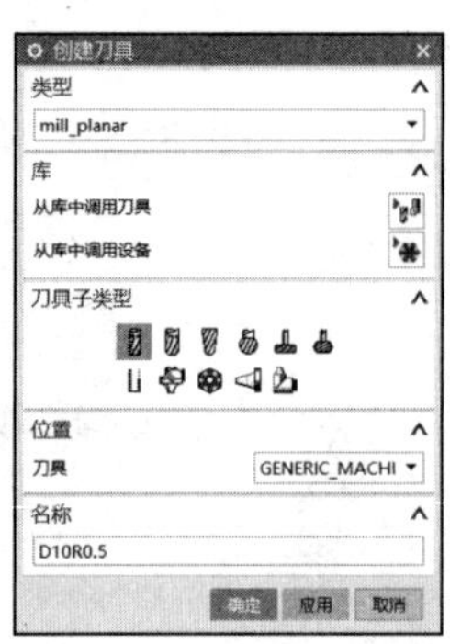

图 C1-23 “创建刀具”对话框

</td><td>能用型腔铣工序开粗</td></tr>
</table>

<table>
<tr><th>序号</th><th>操作步骤</th><th>操作方法及说明</th><th>能力要求</th></tr>
<tr><td>4</td><td>开粗</td><td>

图 C1-24　设置“D10R0.5”圆角立铣刀的参数　　图 C1-25　刀轨参数设置界面

第四步，设置切削参数。单击（切削参数）图标，系统弹出“切削参数”对话框。在“连接”选项卡“开放刀路”下拉列表中选择“变换切削方向”选项，如图 C1-26 所示。“余量”选项卡如图 C1-27 所示，设置“部件侧面余量”为“0.3”，“部件底面余量”为“0.2”。“拐角”选项卡如图 C1-28 所示。其他参数保持不变，单击“确定”按钮，完成切削参数的设置。

图 C1-26　“连接”选项卡　　图 C1-27　“余量”选项卡

</td><td>能用型腔铣工序开粗</td></tr>
</table>

<table>
<tr><th>序号</th><th>操作步骤</th><th>操作方法及说明</th><th>能力要求</th></tr>
<tr><td>4</td><td>开粗</td><td>

图 C1-28　“拐角”选项卡

第五步，设置进给率和速度参数。单击图标，系统弹出如图 C1-29 所示的“进给率和速度”对话框，勾选“主轴速度”复选框，设置“主轴速度”为“5000”，注意单位为“rpm”，“进给率”设置为“3000mmpm”；单击图标，系统自动计算表面速度与每齿进给量，单击“确定”按钮，完成进给率和速度的设置。

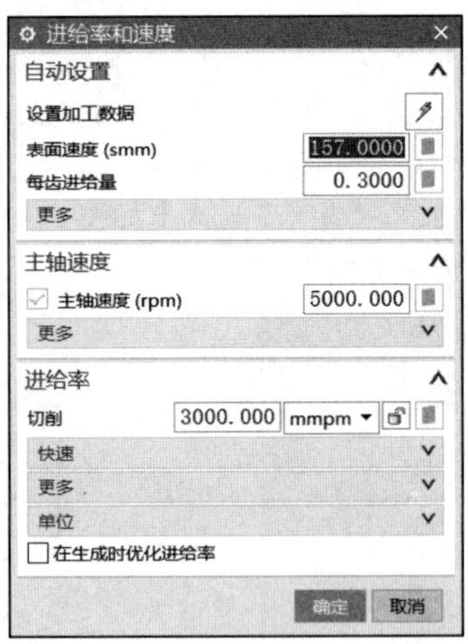

图 C1-29　“进给率和速度”对话框

第六步，设置非切削移动参数。“进刀”选项卡如图 C1-30 所示。“转移/快速”选项卡如图 C1-31 所示。
</td><td>能用型腔铣工序开粗</td></tr>
</table>

<table>
<tr><th>序号</th><th>操作步骤</th><th>操作方法及说明</th><th>能力要求</th></tr>
<tr><td>4</td><td>开粗</td><td>
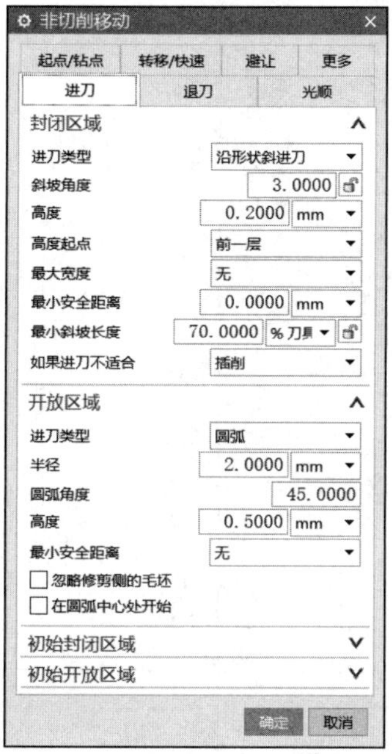

图 C1-30　“进刀”选项卡

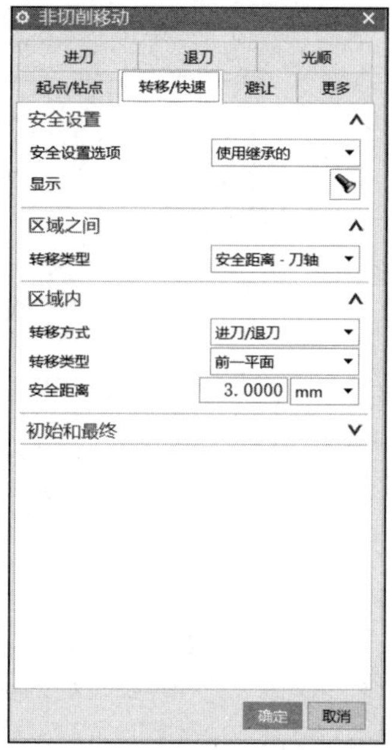

图 C1-31　“转移/快速”选项卡

第七步，生成酒杯型腔开粗刀轨。单击“型腔铣-[开粗]”对话框中的（生成刀轨）图标，系统自动完成开粗刀轨的计算，刀轨效果如图 C1-32 所示。单击图标，并打开“3D 动态”选项组，调整动画速度，单击▶按钮，虚拟切削效果如图 C1-33 所示。

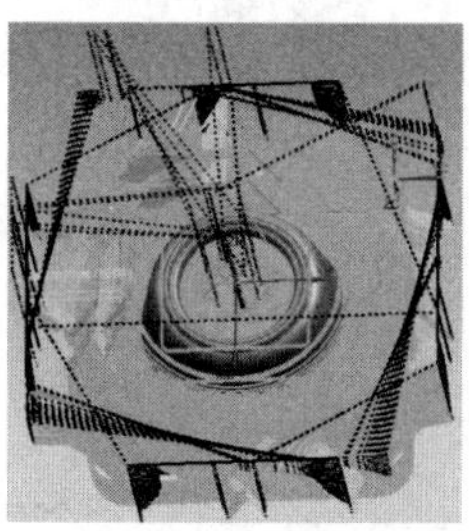

图 C1-32　刀轨效果

图 C1-33　虚拟切削效果
</td><td>能用型腔铣工序开粗</td></tr>
<tr><td>5</td><td>精加工</td><td>第一步，创建精加工程序。在插入工具条中单击（创建工序）图标，在弹出的“创建工序”对话框的“类型”下拉列表中选择“mill_contour”选项，“工序子类型”选择（深度轮廓加工），“几何体”选择“WORKPIECE”，在“名称”文本框中输入“精加工”。单击“确定”按钮，系统弹出如图 C1-34 所示的“深度轮廓铣-[精加工]”对话框，选择“D10R0.5（铣刀）”，设置“最大距离”为“0.1mm”，其他参数采用默认设置。</td><td>能用深度轮廓铣工序进行精加工</td></tr>
</table>

<table>
<tr><th>序号</th><th>操作步骤</th><th>操作方法及说明</th><th>能力要求</th></tr>
<tr><td>5</td><td>精加工</td><td>
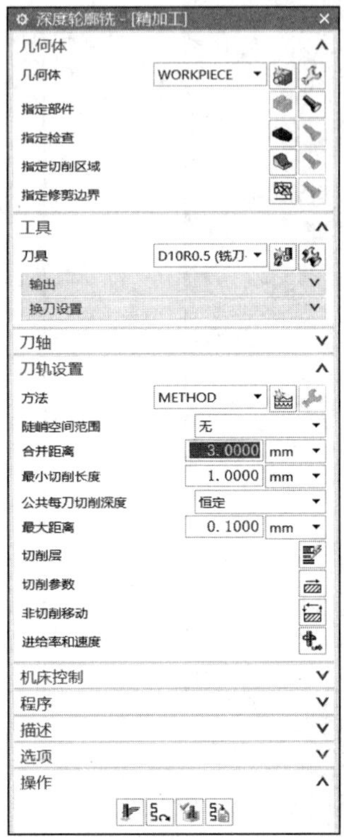

图 C1-34 “深度轮廓铣-[精加工]”对话框

第二步，设置切削参数。单击 图标，系统弹出“切削参数”对话框。“策略”选项卡如图 C1-35 所示。在如图 C1-36 所示的“连接”选项卡中，设置“层到层”为“直接对部件进刀”，设置“平面直径百分比”为“40”。

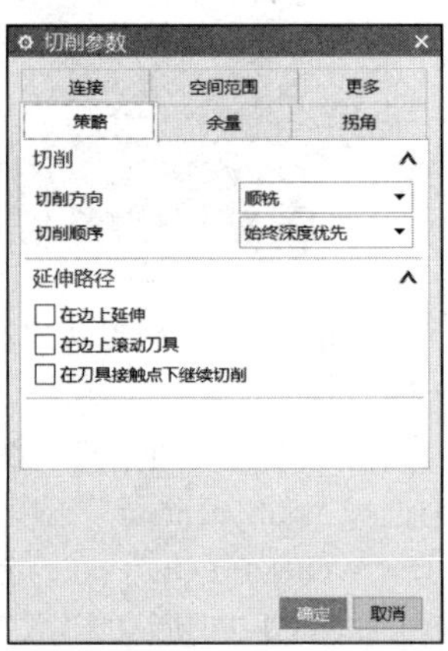

图 C1-35 “策略”选项卡

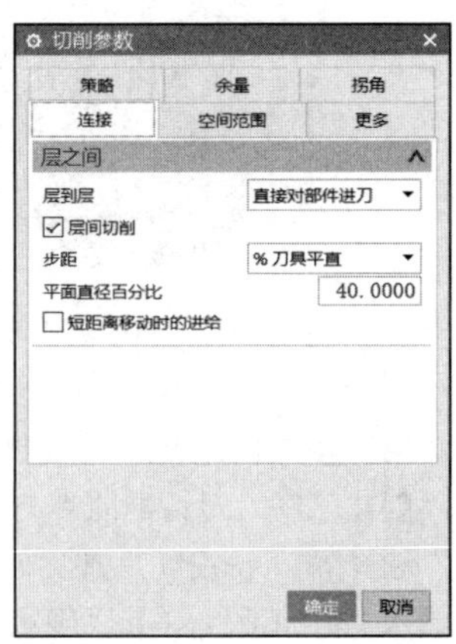

图 C1-36 “连接”选项卡
</td><td>能用深度轮廓铣工序进行精加工</td></tr>
</table>

<table>
<tr><th>序号</th><th>操作步骤</th><th>操作方法及说明</th><th>能力要求</th></tr>
<tr><td>5</td><td>精加工</td><td>
第三步，设置进给率和速度。单击图标，系统弹出如图 C1-37 所示的“进给率和速度”对话框，勾选“主轴速度”复选框，设置“主轴速度”为“6000”，注意单位为“rpm”，“进给率”设置为“1500mmpm”；单击图标，系统自动计算表面速度与每齿进给量，单击“确定”按钮，完成进给率和速度的设置。

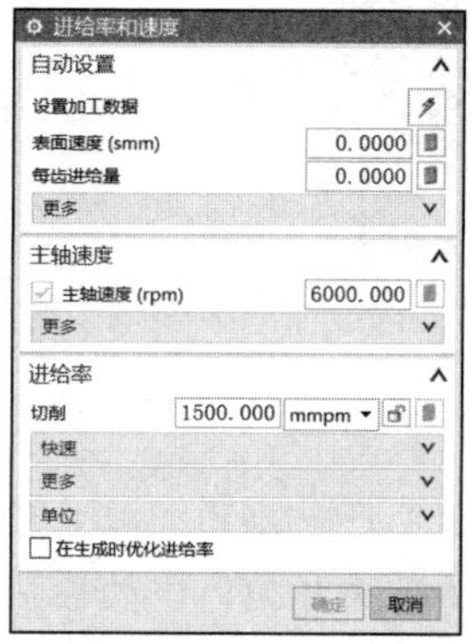

图 C1-37　“进给率和速度”对话框

第四步，设置非切削移动参数。单击图标，系统弹出“非切削移动”对话框，“进刀”选项卡和“转移/快速”选项卡设置分别如图 C1-38 和图 C1-39 所示。单击“确定”按钮，完成非切削移动参数的设置。

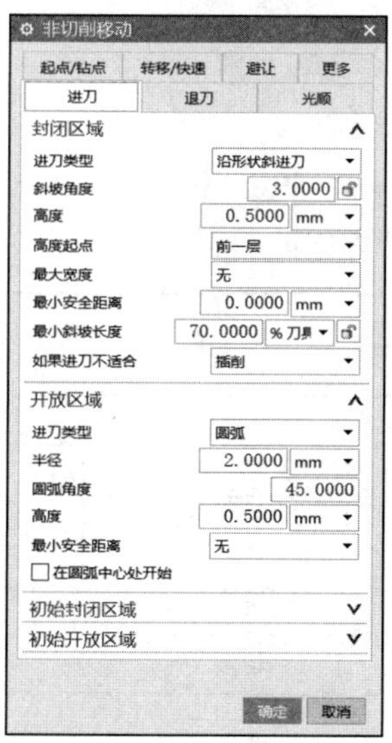

图 C1-38　“进刀”选项卡

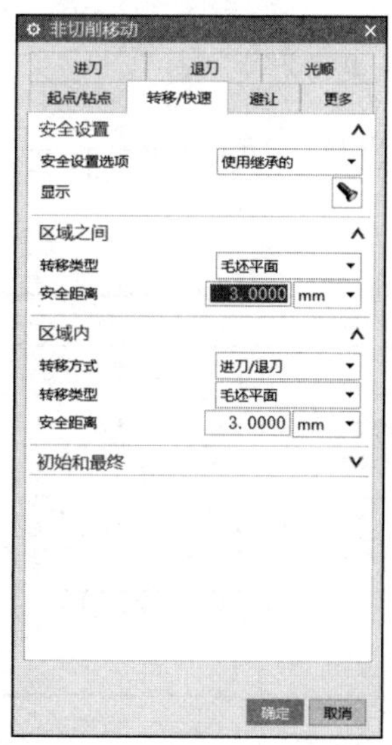

图 C1-39　“转移/快速”选项卡

第五步，生成精加工刀轨。单击（生成刀轨）图标，系统自动完成精加工刀轨的计算。刀轨效果如图 C1-40 所示。单击图标，进行仿真，虚拟切削效果如图 C1-41 所示。
</td><td>能用深度轮廓铣工序进行精加工</td></tr>
</table>

<table>
<tr><th>序号</th><th>操作步骤</th><th colspan="2">操作方法及说明</th><th>能力要求</th></tr>
<tr><td>5</td><td>精加工</td><td>
图 C1-40　刀轨效果</td><td>
图 C1-41　虚拟切削效果</td><td>能用深度轮廓铣工序进行精加工</td></tr>
</table>

能力拓展一

电火花机和加工中心在实际生产中应用比较广泛，根据前面所学知识，并查阅相关资料，指出其使用的伊洛瓦夹具在放电加工中的优势。

能力拓展二

根据数控加工知识，指出在用铣削方式加工石墨电极时需要注意的相关事项。

4．学习结果评价

学习结果评价表如表 C1-4 所示。

表 C1-4　学习结果评价表

序号	评价内容	评价标准	评价结果（是/否）
1	知识与技能	能使用深度轮廓铣进行放电加工	□是　□否
		了解“连接”选项卡中“层到层”的方式	□是　□否
		能完成酒杯型腔整体 CAM 设置	□是　□否
2	总评	“是”与“否”在本次评价中所占百分比	“是”占____% “否”占____%

课后作业

1．请按照能力训练步骤再次完成酒杯电极的刀轨设置。

2．如果在进行电极建模时没有考虑火花位，那么在按建模实际尺寸进行加工时，实际放电加工会产生什么后果？

3．请尝试用 UG NX 12.0 独立完成放电加工程序的编制。

工作任务 C2　模具表面刻字加工工艺设计及 CAM 仿真加工

职业能力 C2-1　熟练完成模具表面刻字加工工艺设计

【核心概念】

模具上的文字通常有 3 种：凸字，也称为阳文；凹字，也称为阴文；凹坑凸字，也称为阴阳文。

平面文本：沿文本曲线加工的一种铣削方式。

【学习目标】

1．了解模具雕刻的主要形式。
2．能进行模具表面刻字零件的加工工艺规划。
3．了解我国制造业发展历程，学习制造强国战略。

基本知识：模具雕刻的主要形式与雕刻机

C2-1-1　模具雕刻的主要形式

平面文本生成的刀轨与标准驱动的平面铣刀轨类似，前者刀具只能对中，并且从表面开始加工，向下加工指定的文本深度。

模具雕刻的主要形式如下。

（1）放电加工或电化学加工文字。此种方法利用放电加工或化学腐蚀来加工模具上的文字，是使用较为广泛的方法。

（2）采用雕刻机加工文字。此种方法利用数控铣刀对材料进行加工。

（3）采用冷挤压或钳工方式加工文字。

C2-1-2　雕刻机

从加工原理来看，雕刻是一种钻铣组合加工，雕刻机多种数据输入模式可根据实际需要灵活调整。机械雕刻机是目前数控雕刻机中使用较多、适用范围较广的一类，可用于模具表面刻字。在现有技术中，雕刻机包括底座、真空吸附台和设置在底座上的支架，支架上滑移连接有刀具。刀具能够在支架上相对滑移，并且刀具自身能够相对真空吸附台垂直运动，真空吸附台能够相对底座水平滑移，所以刀具与真空吸附台之间属于三轴运动关系，能够进行立体雕刻。

雕刻机工作时，先将待雕刻工件固定在工作台上，驱动机构驱动刀具运动雕刻工件表面，刀具的各种运动均按预先设定的程序进行。其中，真空吸附台上表面具有若干气孔，真空吸附台内形成真空腔，真空腔与真空泵相连通。被雕刻工件放在真空吸附台上时，启动真空泵抽气，被雕刻工件就被牢牢固定在真空吸附台上，然后刀具可对被雕刻工件进行雕刻。

能力训练：模具表面刻字加工工艺过程卡及加工刀具卡的编制

1. 操作条件

（1）设备：装有UG NX 12.0的计算机一台。
（2）模型：模具表面刻字零件模型文件一个。

2. 注意事项

在使用计算机之前，先开显示器等外设，后开主机。在关闭计算机时，则相反，先关闭主机，然后关闭显示器等外设。

3. 编制过程

1）零件分析
模具表面刻字模型（.prt文件）如图C2-1所示，要求除刻字工序外其余加工工序都已经完成，字符下凹深度为1mm。毛坯为方块，材料为铝合金。

图C2-1 模具表面刻字模型（.prt文件）

生产要求：该零件材质为铝，单件生产。
毛坯分析：铣削前，尺寸为195mm×155mm×28mm。
基准设计：由于模具坯料尺寸较小，因此表面不留余量，铣削基准和设计基准重合原则是，坯料*XY*平面基准设计为上表面中心。
能力要求：能根据生产要求、毛坯分析、基准设计等对模具表面刻字零件进行工艺分析。
2）确定装夹方案
在选择定位基准时，应注意减少装夹次数，尽量在一次装夹中把零件上所有要加工的表面都加工出来。由于该零件需要进行翻面加工，所以选择基准十分重要。
定位基准选择：在进行翻面倒角加工时，选择顶面作为定位基准，以统一基准；在进行自行车尾灯正面铣削时，将自行车尾灯型腔精坯料底面作为定位基准，该定位基准与装配基准重合，可大大减弱定位误差对尺寸精度的影响。
装夹方案：该零件外形规则，加工面大多数在上表面，采用真空吸盘。
能力要求：能通过定位基准的选择确定模具表面刻字零件的装夹方案。

3）模具表面刻字模型零件的工艺规划

从下料开始，依次经历铣平面、磨平面、铣削、刻五环、文本刻字、检验、抛光、检验。模具表面刻字加工工艺过程卡如表 C2-1 所示。模具表面刻字加工刀具卡如表 C2-2 所示。

表 C2-1　模具表面刻字加工工艺过程卡

工序号	工序名称	尺寸	工艺要求	检验	备注
1	下料	195mm×155mm×28mm	带锯条	钢直尺检验自由公差度要求	3mm 余量手工去毛刺
2	铣平面	190.5mm×150.5mm×23.5mm	铣床铣削	游标卡尺检验，正公差 0.2mm	六面角尺
3	磨平面	190mm×150mm×23mm	平面磨	千分尺	高度留余量，其他留负公差−0.02mm～0
4	铣削	除刻字工序外其他工序全部达到零件图要求尺寸	精雕机床	千分尺	公差−0.02mm～0
5	刻五环	达到零件图要求尺寸	精雕机床	肉眼观察	磨平面
6	文本刻字	达到零件图要求尺寸	精雕机床	肉眼观察	采点比对
7	检验	按零件图标注和技术要求		肉眼观察表面接刀痕	以设计基准为检验基准
8	抛光	符合零件图粗糙度要求	抛光工具	与标准样板对比检验	严禁抛光分型面
9	检验	按零件图标注和技术要求	三坐标机		以设计基准为检验基准

表 C2-2　模具表面刻字加工刀具卡

<table>
<tr><td colspan="4">代号</td><td colspan="2">零件名称</td><td colspan="2">零件图号</td></tr>
<tr><td colspan="4">模具表面刻字加工</td><td colspan="2">表面刻字的模具</td><td colspan="2">20201026-01</td></tr>
<tr><td colspan="4">夹具名称</td><td colspan="2">使用设备</td><td colspan="2">车间</td></tr>
<tr><td colspan="4">真空吸盘</td><td colspan="2">雕刻机</td><td colspan="2">机加 01</td></tr>
<tr><td>工序号</td><td>工序内容</td><td>刀具号</td><td>规格</td><td>主轴速度/（r/min）</td><td>进给速度/（mm/min）</td><td>每刀切削深度/mm</td><td>余量/mm</td></tr>
<tr><td>1</td><td>固定轮廓铣</td><td>T01</td><td>B2</td><td>12000</td><td>800</td><td>0.1</td><td>-1</td></tr>
<tr><td>2</td><td>文本刻字</td><td>T01</td><td>B2</td><td>12000</td><td>800</td><td>0.1</td><td>-1</td></tr>
</table>

能力要求：能通过设计模具表面刻字加工工艺过程卡及刀具卡，完成加工工艺规划。

能力拓展一

除了上述平面文本刻字方法，试列举一种也可以在模具表面刻字的方法，并简述其原理。

能力拓展二

根据前面所学知识，并查阅相关资料，指出在企业当中，刻字采用最多的刀具，并对该刀具进行详细介绍。

4. 学习结果评价

学习结果评价表如表 C2-3 所示。

表 C2-3 学习结果评价表

序号	评价内容	评价标准	评价结果（是/否）
1	知识与技能	了解模具雕刻的主要形式	□是 □否
		能进行模具表面刻字零件的加工工艺规划	□是 □否
2	总评	“是”与“否”在本次评价中所占百分比	“是”占____% “否”占____%

课后作业

1. 将一个包含自己姓名的文本创建在 100mm×100mm×24mm 材料的上表面中心，为后续加工做准备。
2. 在曲面上刻字可采用平面文本刻字加工方法吗？
3. 在网上查找专用刻字刀的图片，根据图片分析其结构，与普通刀具相比，该专用刻字刀有何优点？

职业能力 C2-2 熟练完成模具表面刻字整体 CAM 仿真加工

【核心概念】

平面文本：用于生成沿文本曲线加工的刀轨，将制图文本的曲线离散后沿刀轴投影到底面上生成刀轨。

【学习目标】

1. 了解表面刻字的加工特点。
2. 能熟练完成带边界面铣削几何体的选择及刀轨设置。
3. 能完成平面文本的加工设置。
4. 能熟练完成模具表面刻字的整体 CAM 设置。
5. 培养团结互助的团队精神。

基本知识：几何体的选择与文本深度

平面文本生成的刀轨与标准驱动的平面铣刀轨类似，其刀具位置只能“对中”。平面文本从底面开始加工，向下加工指定的文本深度。

选择平面铣的子类型为（PLANAR-TEXT）可以进行文字雕刻加工。“平面文本”对话框如图 C2-2 所示。

C2-2-1 几何体的选择

平面文本的加工对象只有文本和底面。在“平面文本”对话框中单击**A**（文本几何体）图标，弹出“文本几何体”对话框，如图 C2-3 所示。直接在图形上拾取注释文字，如图 C2-4 所示。

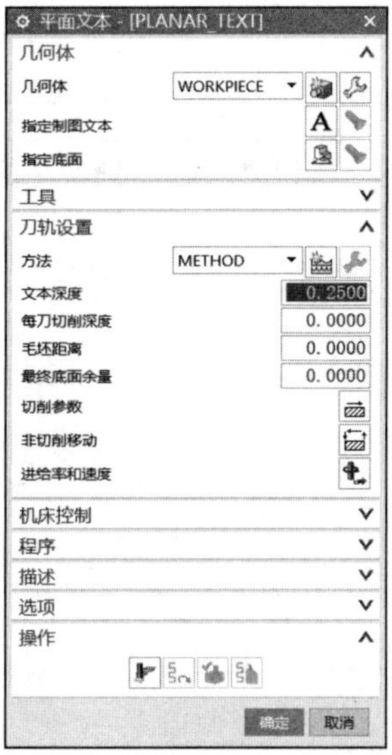

图 C2-2　“平面文本”对话框

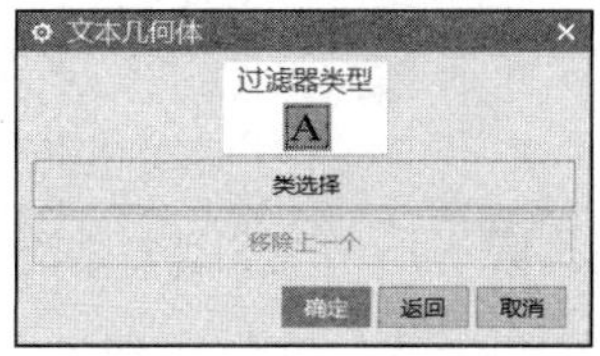

图 C2-3　“文本几何体”对话框

图 C2-4　直接在图形上拾取注释文字

文本几何体可以选择在制图模块中创建的文本，或者使用“插入注释”命令创建的文本，但不能使用由“插入”→“曲线”→“文字”命令创建的文字。

C2-2-2　文本深度

在“平面文本”对话框中，需要设置文本深度，它是文本加工到底面以下的深度，如图 C2-5 所示的刀轨将在底面之下。当文本深度较大时，可以设置每刀深度进行分次加工，其设置方法与带边界面铣削的设置方法相同。

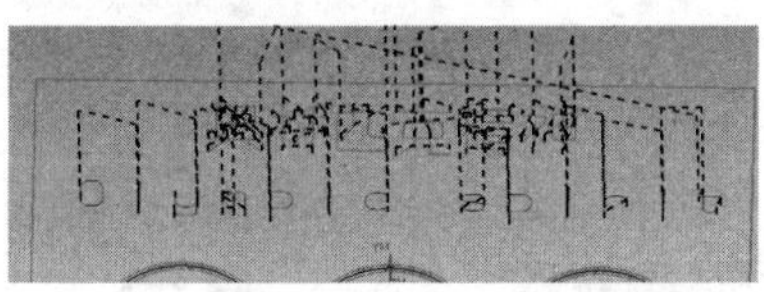

图 C2-5　文本深度

能力训练：模具表面刻字整体 CAM 操作

1. 操作条件

（1）设备：装有 UG NX 12.0 的计算机一台。
（2）模型：模具表面刻字零件模型文件一个。

刻字 CAM 仿真加工

2. 注意事项

在开始使用计算机之前，先开显示器等外设，后开主机。在关闭计算机时，则相反，先关闭主机，然后关闭显示器等外设。

3. 操作过程

<table>
<tr><th>序号</th><th>操作步骤</th><th>操作方法及说明</th><th>能力要求</th></tr>
<tr><td>1</td><td>设置几何视图</td><td>
第一步，在空白处右击，在弹出的如图 C2-6 所示的快捷菜单中选择“几何视图”选项。
第二步，在弹出的导航器中双击 MCS_MILL 图标，系统弹出如图 C2-7 所示的“MCS 铣削”对话框。

图 C2-6 选择“几何视图”选项
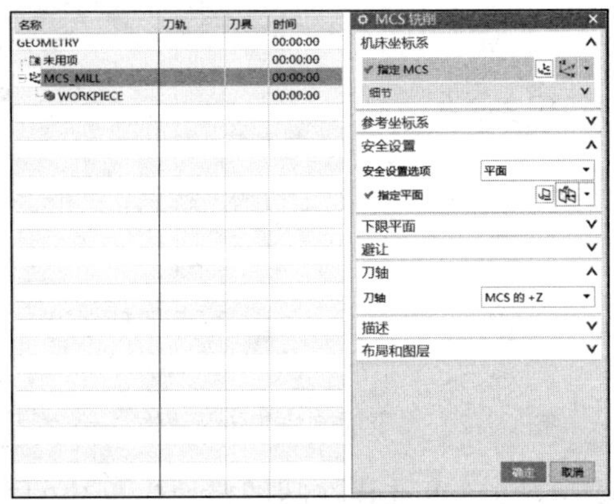

图 C2-7 “MCS 铣削”对话框
第三步，在“机床坐标系”选项组中单击图标，弹出如图 C2-8 所示的“坐标系”对话框，在“控制器”选项组中单击（点构造器）图标，在弹出的“点”对话框的“类型”下拉列表中选择“两点之间”选项，如图 C2-9 所示。通过如图 C2-10 所示的“点”对话框进行 MCS 坐标原点的构建，在设置坐标系几何体时，MCS 坐标原点的构建如图 C2-11 所示。
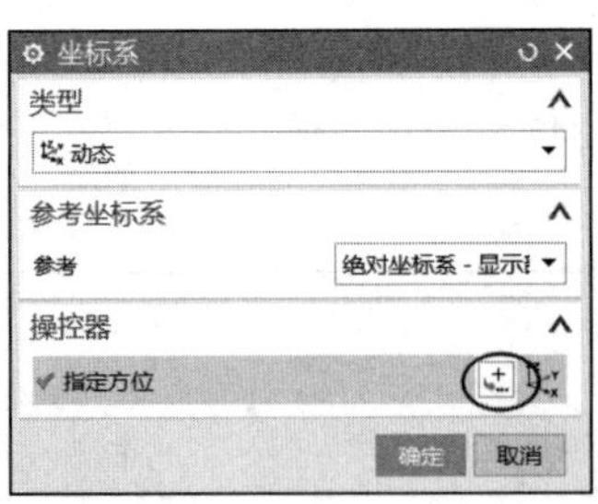

图 C2-8 “坐标系”对话框
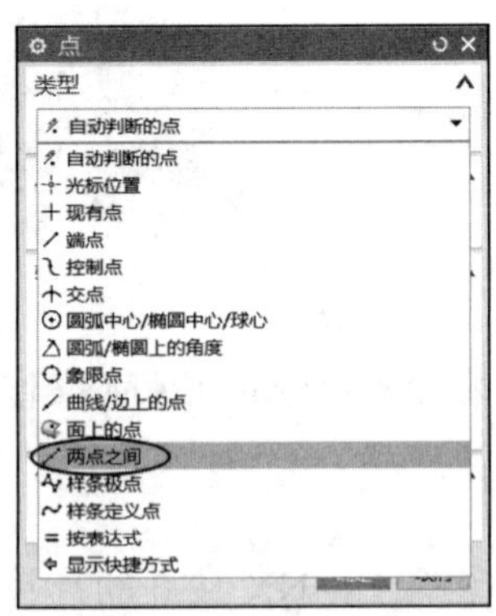

图 C2-9 “类型”下拉列表
</td><td>能设置几何视图</td></tr>
</table>

<table>
<tr><th>序号</th><th>操作步骤</th><th>操作方法及说明</th><th>能力要求</th></tr>
<tr><td>1</td><td>设置几何视图</td><td>

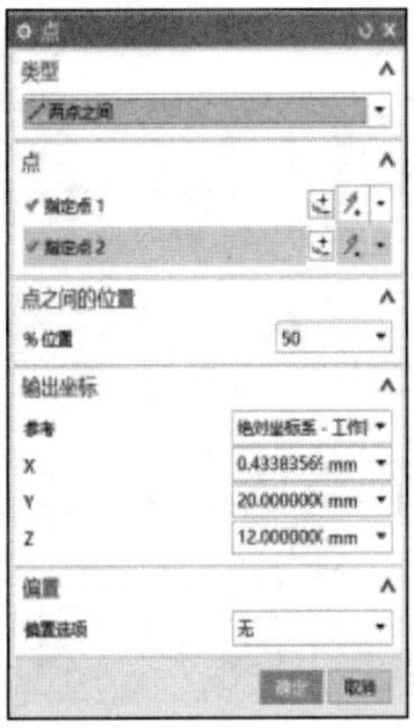

图 C2-10　“点”对话框

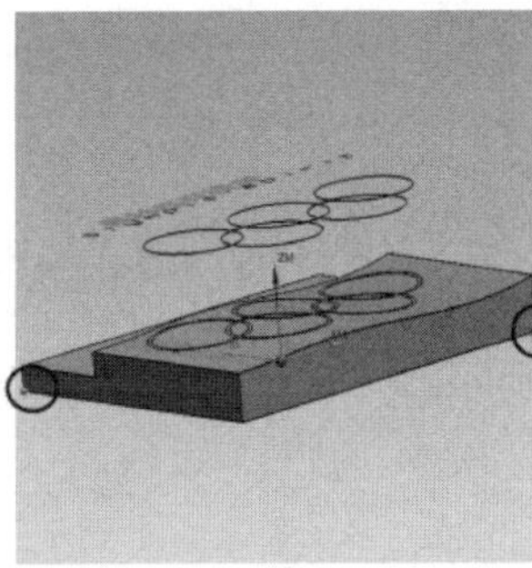

图 C2-11　构建 MCS 坐标原点

第四步，指定安全平面。选中部件平面，在“距离”文本框中输入“50mm”，指定安全平面，如图 C2-12 所示。

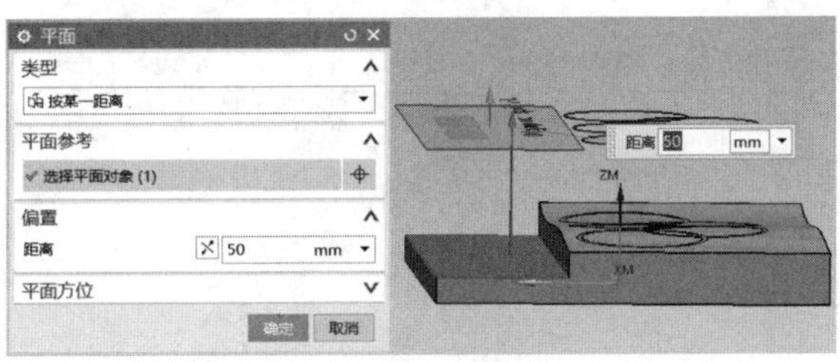

图 C2-12　指定安全平面

第五步，显示毛坯几何体，如图 C2-13 所示。单击导航器中的“MCS_MILL”选项左侧的“+”图标，双击 WORKPIECE 图标，系统弹出“铣削几何体”对话框，如图 C2-14 所示。单击图标，系统弹出“毛坯几何体”对话框，如图 C2-15 所示，单击“确定”按钮，完成毛坯几何体的设置。

第六步，单击图标，系统弹出“部件几何体”对话框，如图 C2-16 所示，单击“确定”按钮，完成部件几何体的设置。

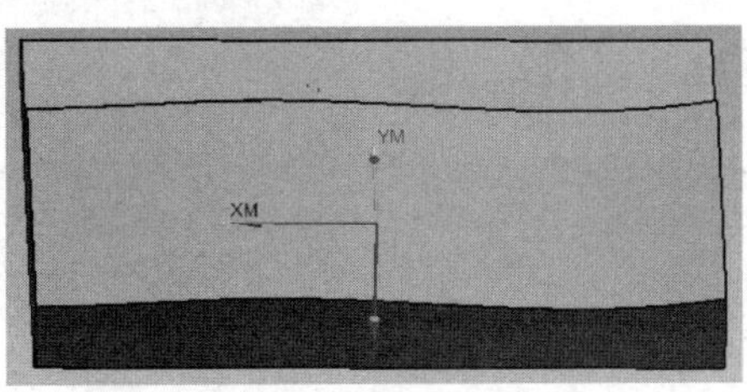

图 C2-13　显示毛坯几何体

</td><td>能设置几何视图</td></tr>
</table>

<table>
<tr><th>序号</th><th>操作步骤</th><th>操作方法及说明</th><th>能力要求</th></tr>
<tr><td>1</td><td>设置几何视图</td><td>

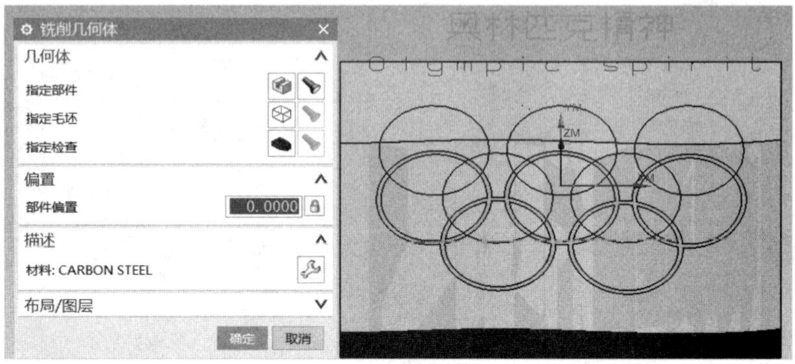

图 C2-14 “铣削几何体”对话框

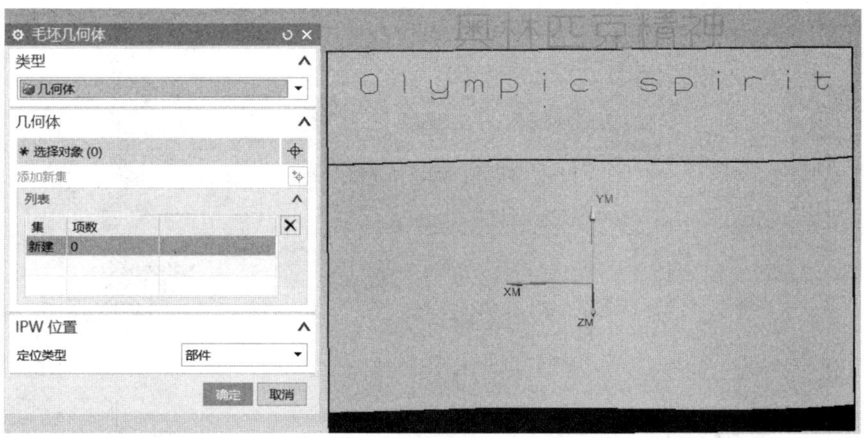

图 C2-15 “毛坯几何体”对话框

图 C2-16 “部件几何体”对话框

</td><td>能设置几何视图</td></tr>
</table>

<table>
<tr><th>序号</th><th>操作步骤</th><th>操作方法及说明</th><th>能力要求</th></tr>
<tr><td>2</td><td>五环加工</td><td>

第一步，固定轮廓铣。在插入工具条中单击（创建工序）图标，系统弹出“创建工序”对话框，“类型”选择“mill_contour”，“工序子类型”选择“固定轮廓铣”，“几何体”选择“WORKPIECE”，在“名称”文本框中输入“五环加工”。单击“确定”按钮，系统弹出如图 C2-17 所示的“固定轮廓铣-[五环加工]”对话框。

图 C2-17　“固定轮廓铣-[五环加工]”对话框

第二步，创建刀具。在插入工具条中单击（创建刀具）图标，系统弹出如图 C2-18 所示的“新建刀具”对话框，在“名称”文本框中输入“B2”。单击“确定”按钮，弹出“铣刀-球头铣”对话框，设置“球直径”为“2”。单击“确定”按钮，完成刀具的创建，如图 C2-19 所示。

第三步，设置切削区域，选中加工五环，如图 C2-20 所示。

第四步，选择驱动方法，选择曲线和点，每选择一条中心线，都进行新集添加，如图 C2-21 所示。

</td><td>能用曲线和点驱动工序在曲面上进行刻字加工</td></tr>
</table>

<table>
<tr><th>序号</th><th>操作步骤</th><th>操作方法及说明</th><th>能力要求</th></tr>
<tr><td>2</td><td>五环加工</td><td>
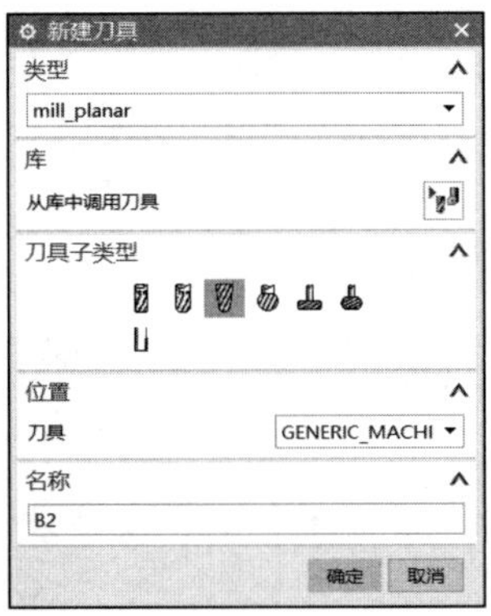

图 C2-18 “新建刀具”对话框

图 C2-19 设置B2铣刀参数

图 C2-20 设置切削区域
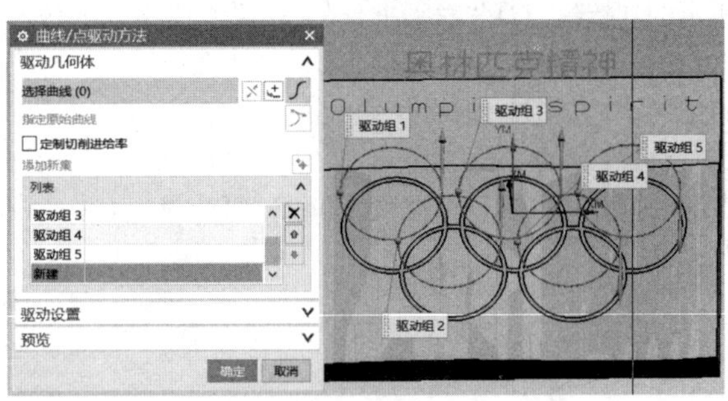

图 C2-21 选择驱动方法
</td><td>能用曲线和点驱动工序在曲面上进行刻字加工</td></tr>
</table>

<table>
<tr><th>序号</th><th>操作步骤</th><th>操作方法及说明</th><th>能力要求</th></tr>
<tr><td>2</td><td>五环加工</td><td>

第五步，设置切削参数。单击▭（切削参数）图标，系统弹出“切削参数”对话框，“多刀路”选项卡如图 C2-22 所示。“余量”选项卡如图 C2-23 所示。

图 C2-22　“多刀路”选项卡

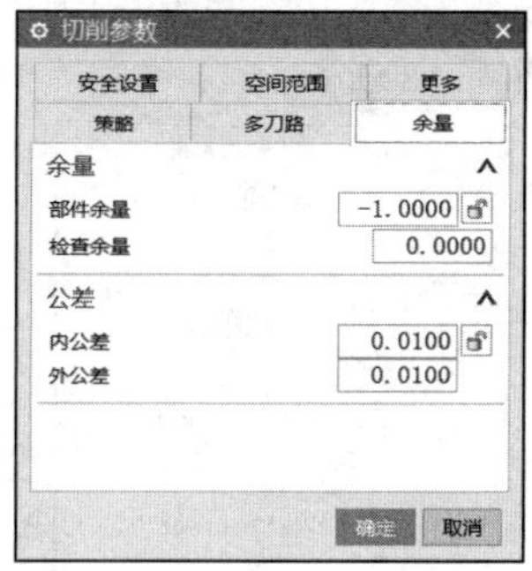

图 C2-23　“余量”选项卡

第六步，设置非切削移动参数，设置进刀和退刀相关参数，如图 C2-24 所示。设置转移/快速相关参数，如图 C2-25 所示。

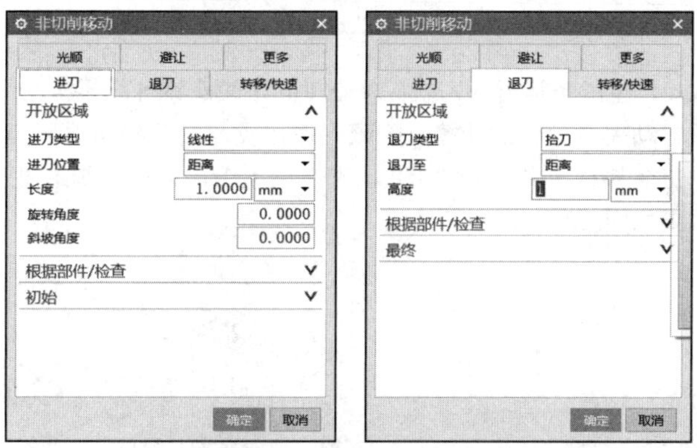

图 C2-24　设置进刀和退刀相关参数

图 C2-25　设置转移/快速相关参数

</td><td>能用曲线和点驱动工序在曲面上进行刻字加工</td></tr>
</table>

<table>
<tr><th>序号</th><th>操作步骤</th><th>操作方法及说明</th><th>能力要求</th></tr>
<tr><td>2</td><td>五环加工</td><td>第七步，设置进给率和速度。单击图标，系统弹出如图 C2-26 所示的“进给率和速度”对话框，勾选“主轴速度”复选框，设置“主轴速度”为“12000”，注意单位为“rpm”；单击图标，系统自动计算表面速度与每齿进给量，“进给率”设置为“800mmpm”；单击“确定”按钮，完成进给率和速度的设置。
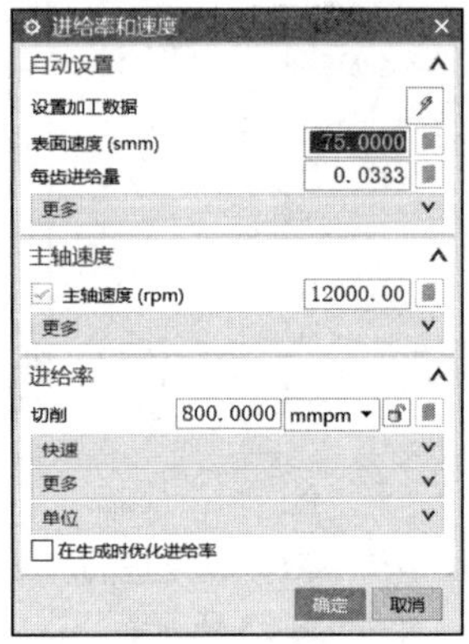

图 C2-26　“进给率和速度”对话框

第八步，生成奥运五环刀轨。单击“固定轮廓铣-[五环加工]”对话框中的图标，系统自动完成刀轨的计算，隐藏几何体及曲面，奥运五环刀轨效果如图 C2-27 所示。单击图标，并打开“3D 动态”选项组，调整动画速度，单击按钮，虚拟切削效果如图 C2-28 所示。
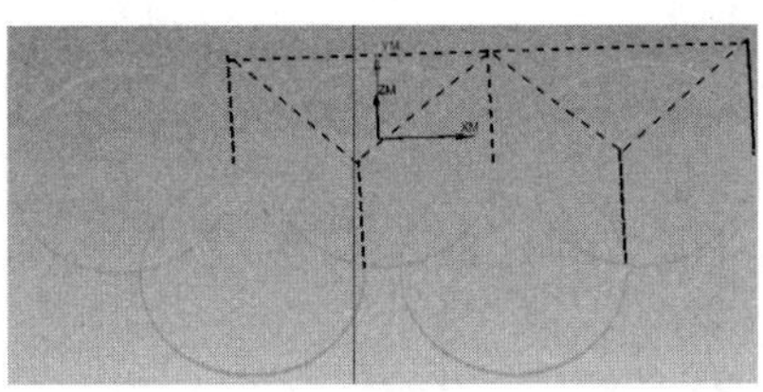
图 C2-27　奥运五环刀轨效果
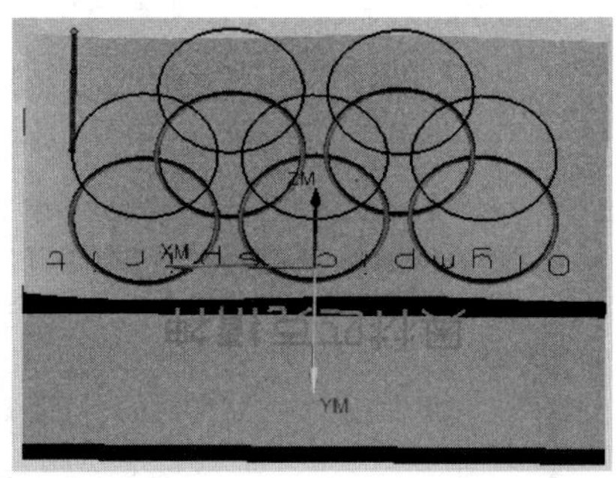

图 C2-28　虚拟切削效果</td><td>能用曲线和点驱动工序在曲面上进行刻字加工</td></tr>
<tr><td>3</td><td>刻字</td><td>第一步，显示部件几何体，创建平面文本刻字。在“创建工序”对话框中，设置“类型”为“mill_planar”，“名称”为“刻字”，如图 C2-29 所示。设置平面文本参数，如图 C2-30 所示。</td><td>能用平面文本工序进行刻字加工</td></tr>
</table>

序号	操作步骤	操作方法及说明	能力要求
3	刻字	 图 C2-29 “创建工序”对话框 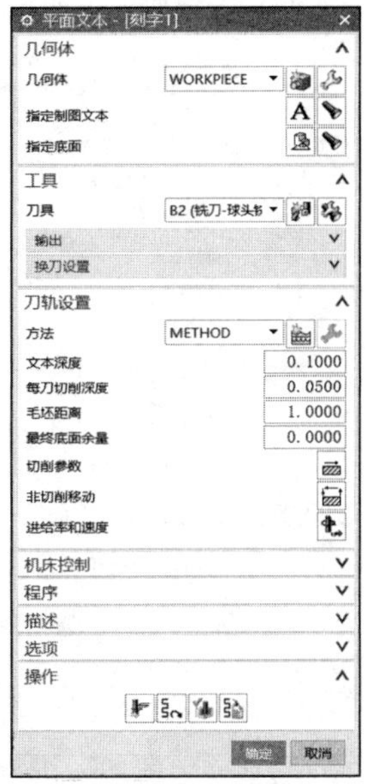 图 C2-30 设置平面文本参数 第二步，选定文本几何体。在“文本几何体”对话框中，选择“过滤器类型”，如图 C2-31 所示。“类选择”对话框如图 C2-32 所示。 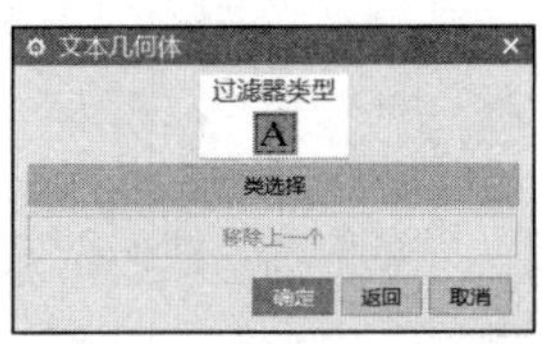 图 C2-31 “文本几何体”对话框 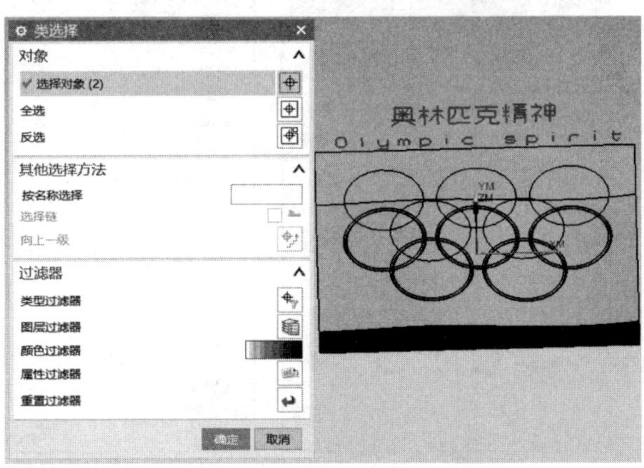 图 C2-32 “类选择”对话框	能用平面文本工序进行刻字加工

<table>
<tr><th>序号</th><th>操作步骤</th><th>操作方法及说明</th><th>能力要求</th></tr>
<tr><td>3</td><td>刻字</td><td>

第三步，指定底面，如图 C2-33 所示。

图 C2-33　指定底面

第四步，设置非切削移动参数。设置进刀和退刀相关参数，如图 C2-34 所示。设置转移/快速和起点/钻点相关参数，如图 C2-35 所示。

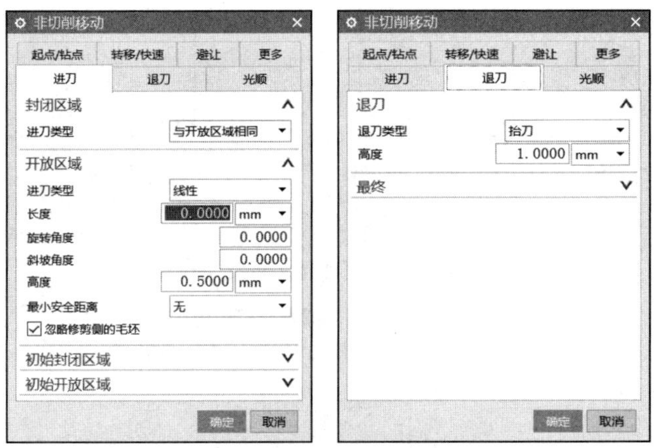

图 C2-34　设置进刀和退刀相关参数

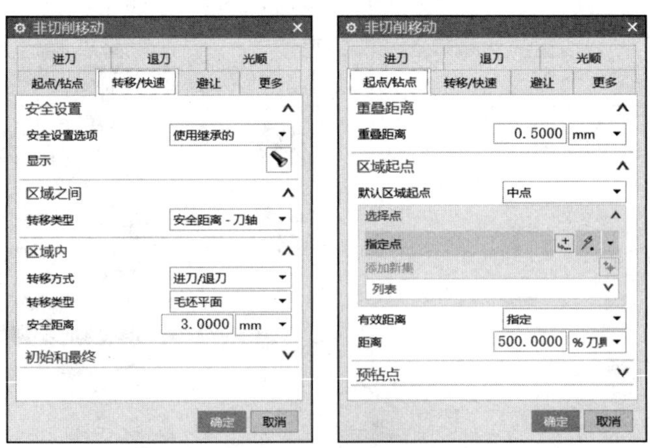

图 C2-35　设置转移/快速和起点/钻点相关参数

</td><td>能用平面文本工序进行刻字加工</td></tr>
</table>

<table>
<tr><th>序号</th><th>操作步骤</th><th>操作方法及说明</th><th>能力要求</th></tr>
<tr><td>3</td><td>刻字</td><td>
第五步，设置进给率和速度，如图 C2-36 所示。
第六步，生成文本刀轨。单击“固定轮廓铣-[五环加工]”对话框中的图标，系统自动完成刀轨的计算，隐藏刀轨，文本刀轨效果如图 C2-37 所示。单击图标，并打开“3D 动态”选项组，调整动画速度，单击按钮，虚拟切削效果如图 C2-38 所示。
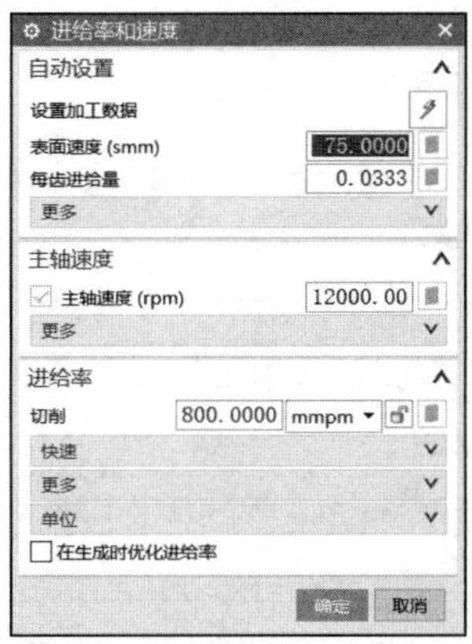

图 C2-36　设置进给率和速度
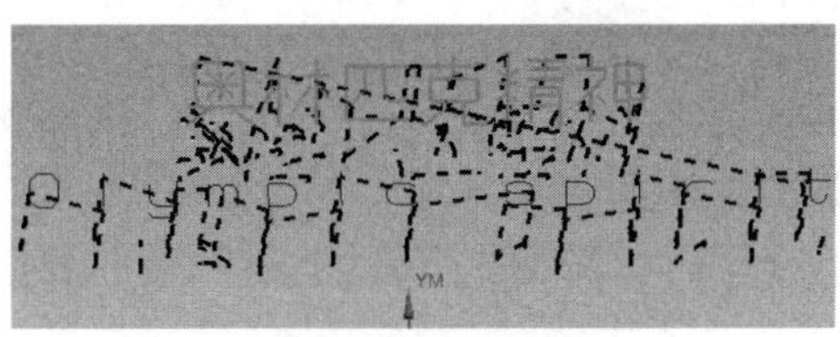
图 C2-37　文本刀轨效果

图 C2-38　虚拟切削效果
</td><td>能用平面文本工序进行刻字加工</td></tr>
</table>

能力拓展

结合前面所学知识，并查阅相关资料，指出 UG NX 12.0 中的中文单线字体。

能力拓展二

文字加工常用于模具标记、零件装饰、简单文字雕刻等，一般在零件精加工之后进行。结合前面所学知识，并查阅相关资料，判断“通常加工的刀具直径很小，刀具越小，转速越高，进给越慢”的正确与否。

4. 学习结果评价

学习结果评价表如表 C2-4 所示。

表 C2-4 学习结果评价表

序号	评价内容	评价标准	评价结果（是/否）
1	知识与技能	了解表面刻字的加工特点	□是 □否
		能熟练完成带边界面铣削几何体的选择及刀轨设置	□是 □否
		能完成平面文本的加工设置	□是 □否
		能熟练完成模具表面刻字的整体 CAM 设置	□是 □否
2	总评	“是”与“否”在本次评价中所占百分比	“是”占____% “否”占____%

课后作业

1. 完成书中模具表面刻字的表面刻字加工案例。
2. 完成自己姓名文本的表面刻字加工。
3. 在进行文本加工刻字时，笔画与笔画之间铣破的原因是什么？应当如何解决？

工作任务 C3 模具零件钻孔加工工艺设计及 CAM 仿真加工

职业能力 C3-1 熟练完成灯罩盖 A 板钻孔加工工艺设计

【核心概念】

钻孔：用钻头在工件实体部位加工孔。

顶针板：由两块板组成，一块是固定板，另一块是托板（也称为顶板）。顶针板的作用是通过顶针把注塑成型的注塑件顶出注塑模具。

【学习目标】

1. 了解钻孔工艺及其特点。
2. 认识 UG NX 12.0 孔加工的类型。
3. 能制定模具零件孔加工工艺方案。
4. 了解我国制造业的发展历程，学习制造强国战略。

基本知识：钻孔的工艺特点及钻孔工序类型

C3-1-1 钻孔及其工艺特点

钻孔属于粗加工，可达到的尺寸公差等级为 IT13～IT11，表面粗糙度为 $Ra50$～12.5μm。由于麻花钻较长，钻芯直径小而刚性差，又受到横刃的影响，故钻孔具有以下工艺特点。

1. 钻头容易偏斜

受到横刃的影响，钻头定心不准，切入时容易引偏。钻头的刚性和导向性较差，切削时容易弯曲。在钻床上钻孔时，容易引起孔的轴线偏移和弯曲，但孔径无显著变化。在车床上钻孔时，容易引起孔径的变化，但孔的轴线仍然是直的。因此，在钻孔前应先加工端面，并用钻头或中心钻预钻一个锥坑，以便钻头定心。在钻小孔和深孔时，为了避免孔的轴线偏移和弯曲，应尽可能采用工件回转方式进行钻孔。

2. 孔径容易扩大

钻削时钻头两切削刃径向力不等将引起孔径扩大。卧式车床钻孔时的切入引偏也是孔径扩大的重要原因。此外，钻头的径向跳动等也是造成孔径扩大的原因。

3. 孔的表面质量较差

钻削切屑较宽，在孔内被迫卷为螺旋状，流出时与孔壁产生摩擦会刮伤已加工表面。

4. 钻削时轴向力大

钻削时轴向力大主要是由钻头的横刃引起的。在钻孔时，50%的轴向力和 15%的转矩是由横刃产生的。因此，当钻孔直径 d>30mm 时，一般分两次进行钻削：第一次钻出（0.5～0.7）d；第二次钻出所需的孔径。由于横刃第二次不参加切削，故可采用较大的进给量，这样孔的表面质量和生产率均可得到提高。

C3-1-2　钻孔工序类型

钻孔工序主要包括如表 C3-1 所示的几种类型，可以根据不同的需求选择不同的工序类型。

表 C3-1　钻孔工序类型

序号	类型图标	英文名称	中文含义	说明
1		SPOP_DRILLNG	定心钻	用中心钻钻出定位孔
2		DRILLNG	钻孔	普通的钻孔
3		PEAK_DRILLNG	深孔钻	啄式钻孔
4		COUNTERSINKING	钻埋头孔	钻沉头孔
5		BACK_COUNTER_SINKING	背面钻埋头孔	钻背面沉头孔
6		TAPPING	攻丝	用丝锥攻螺纹
7		HOLE_MILLNG	孔铣	用铣削方法加工孔
8		HOLE_CHAMFER_MILLING	孔倒斜铣	用铣削方法倒斜孔
9		SEQUENTIAL_DRILLING	顺序钻	用于断孔几何体钻孔
10	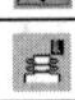	BOSS_MILLING	凸台铣	用于凸台加工
11	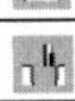	THREAD_MILLNIG	螺纹铣	用螺纹铣刀在铣床上铣内螺纹
12		BOSS_THREAD_MILLING	凸台螺纹铣	用螺纹铣刀在铣床上铣外螺纹
13	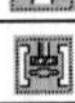	RADIAL_GROOVE_MILLING	径向槽铣	使用圆弧模式加工径向槽

能力训练：模具 A 板钻孔工艺过程卡及加工刀具卡的编制

1. 操作条件

（1）设备：装有 UG NX 12.0 的计算机一台。
（2）模型：模具 A 板 3D 模型文件。

2. 注意事项

在使用计算机之前，先开显示器等外设，后开主机。在关闭计算机时，则相反，先关闭主机，然后关闭显示器等外设。

3. 编制过程

1）零件工艺分析

生产要求：该零件材质为 45 钢，单件生产。

毛坯分析：钻削前完成精磨加工，尺寸为 240mm×200mm×45mm。

基准设计：因为模具坯料尺寸较小，所以表面不留余量。铣削基准和设计基准重合原则是，坯料 *XY* 平面基准设计为上表面中心。

能力要求：能根据生产要求、毛坯分析、基准设计等对灯罩盖 A 板零件进行工艺分析。

2）确定装夹方案

在选择定位基准时，应注意减少装夹次数，尽量在一次装夹中把零件上所有要加工的表面都加工出来。由于该零件需要进行翻面加工，所以基准选择十分重要。

定位基准选择：在进行翻面倒角加工时，选择顶面作为定位基准进行加工，以统一基准；在进行模具 A 板钻削时，选择 A 板精料底面作为定位基准，该定位基准与装配基准重合，可大大减少定位误差对尺寸精度的影响。

装夹方案：该零件外形规则，加工面大多数在上表面，钻削直径较大，因此选用强力永久磁铁。

能力要求：能通过定位基准的选择确定 A 板零件的装夹方案。

模具 A 板零件的工艺规划从下料开始，依次经历铣平面、磨平面、钻孔、检验、去毛刺、检验。模具 A 板钻孔工艺过程卡如表 C3-2 所示。模具 A 板钻孔刀具卡如表 C3-3 所示。

表 C3-2　模具 A 板钻孔工艺过程卡

工序号	工序名称	尺寸	工艺要求	检验	备注
1	下料	245mm×205mm×50mm	带锯条	钢直尺检验自由公差度要求	3mm 余量手工去毛刺
2	铣平面	240.5mm×200.5mm×45.5mm	铣床铣削	游标卡尺检验，正公差 0.2mm	六面角尺
3	磨平面	240mm×200mm×45mm	平面磨	千分尺	高度留余量，其他留正公差-0.02mm～0
4	ϕ12 钻孔	达到零件图要求尺寸	加工中心	游标卡尺	
5	ϕ20.5 钻孔	达到零件图要求尺寸	加工中心	游标卡尺	
6	检验	按零件图标注和技术要求		带表游标卡尺	以设计基准为检验基准
7	去毛刺	符合零件图粗糙度要求	倒角器	与标准样板对比检验	
8	检验	按零件图标注和技术要求	三坐标机		以设计基准为检验基准

表 C3-3 模具 A 板钻孔刀具卡

代号				零件名称		零件图号	
模具 A 板钻孔				灯罩盖 A 板钻孔		20201026-01	
夹具名称				使用设备		车间	
强力永久磁铁				加工中心		机加 01	
工序号	工序内容	刀具号	规格	主轴速度/（r/min）	进给速度/（mm/min）	每刀切削深度/mm	余量/mm
1	ϕ12 钻孔	T01	S12	800	100	50	0
2	ϕ20.5 钻孔	T02	S20.5	350	50	50	0

能力要求：能通过设计模具 A 板钻孔的工艺过程卡及刀具卡完成加工工艺规划。

能力拓展一

根据前面所学知识，叙述加工一个 50mm × 2.5mm 的普通外螺纹可采取的方法。

能力拓展二

根据 A 板零件铣削的工艺规划知识，对如图 C3-1 所示的法兰盘零件（.prt 文件）进行钻孔工艺的规划。

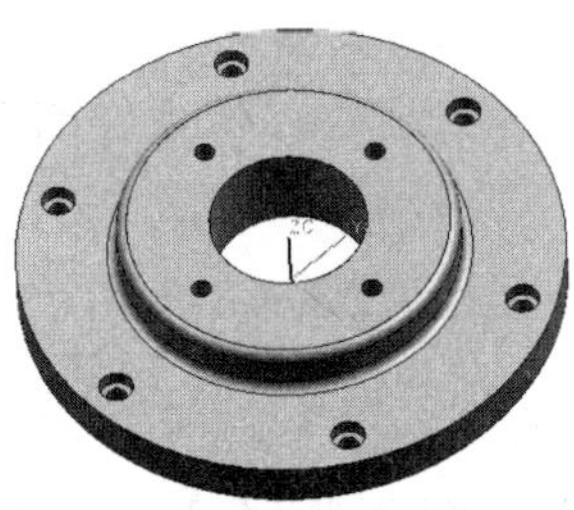

图 C3-1 法兰盘零件（.prt 文件）

4. 学习结果评价

学习结果评价表如表 C3-4 所示。

表 C3-4 学习结果评价表

序号	评价内容	评价标准	评价结果（是/否）
1	知识与技能	了解钻孔工艺及其特点	□是 □否
		认识 UG NX 12.0 孔加工的类型	□是 □否
		能制定模具零件孔加工工艺方案	□是 □否
2	总评	“是”与“否”在本次评价中所占百分比	“是”占____% “否”占____%

课后作业

1. 钻孔工艺具有哪些特点？
2. 简述常见的几种钻孔类型及其应用场景。
3. 简述 A 板零件钻孔工序。
4. 完成如图 C3-1 所示零件的工艺过程卡。

职业能力 C3-2 熟练完成灯罩盖 A 板钻孔 CAM 仿真加工

【核心概念】

点位加工：刀具先快速移动到指定加工位置，再以切削进给速度加工到指定深度，最后以退刀速度退回。在 UG NX 中，点位加工可以创建钻孔、攻螺纹、镗孔、平底扩孔和扩孔等工序的刀轨。

点位加工特点：在 UG NX 中，点位加工创建几何体操作十分简便，指定要进行点位加工的点位置、加工表面和底面即可。

【学习目标】

1. 能熟练设置钻孔刀具及其参数。
2. 熟悉孔加工的切削模式。
3. 能完成 A 板零件孔加工工序的创建过程及 CAM 设置。
4. 培养安全意识，树立社会责任感。

基本知识：钻孔加工的相关设置与钻孔操作的创建步骤

C3-2-1 钻孔加工的几何体设置与刀具

在加工中心机床上进行的钻孔加工，其刀轨运动由 3 个步骤组成：首先刀具快速定位到加工位置，然后切入零件，最后完成切削，退回起始点。每个步骤的轨迹移动都可以定义不同的运动方式，因此可以根据需要采用不同的钻孔指令。例如，FANUC 系统中的常规孔加工指令 G71-G89，使用 CAM 软件进行钻孔程序的编制，可以直接生成完整程序。当孔的数量较大时，自动编程有明显的优势。另外，对于孔的位置分布较复杂的工件，使用 UG NX 12.0 可以一次生成所有孔加工的轨迹，而使用手工编程的方式较难实现。UG NX 的钻孔加工可以创建钻孔、攻螺纹、镗孔、平底扩孔、铣孔等工序的刀轨。

1. 钻孔加工的几何体设置

钻孔工序几何体的设置与其他工序的几何体设置是不同的，钻孔工序需要确定孔中心的位置，以及钻孔的起始位置与终止位置。钻孔工序几何体的设置包括几何体组的选择与钻孔。

在“钻孔”对话框中，单击（指定孔）图标，系统弹出如图 C3-2 所示的“特征几何体”对话框。

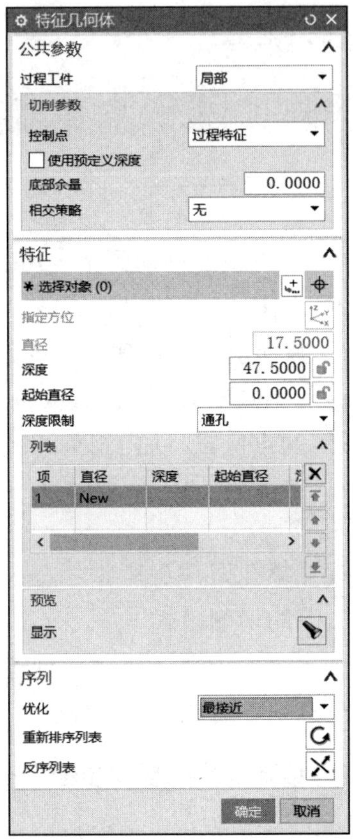

图 C3-2 “特征几何体”对话框

2. 钻孔加工的刀具

钻孔加工使用的刀具与铣削加工使用的刀具不同，根据钻孔类型，可以使用的钻孔刀具包括中心钻、钻刀、铰刀、镗刀、丝攻、铣刀等。

打开“新建刀具”对话框，设置“类型”为“hole_making”，如图 C3-3 所示。在该对话框中还可创建钻孔加工所需的各种刀具。各种钻孔刀具的参数类似，主要涉及刀具直径与刀尖角度，如图 C3-4 所示。图 C3-4 显示的是钻孔刀具的部分参数设置。直径及刀尖角度的含义如表 C3-5 所示。

图 C3-3 “新建刀具”对话框

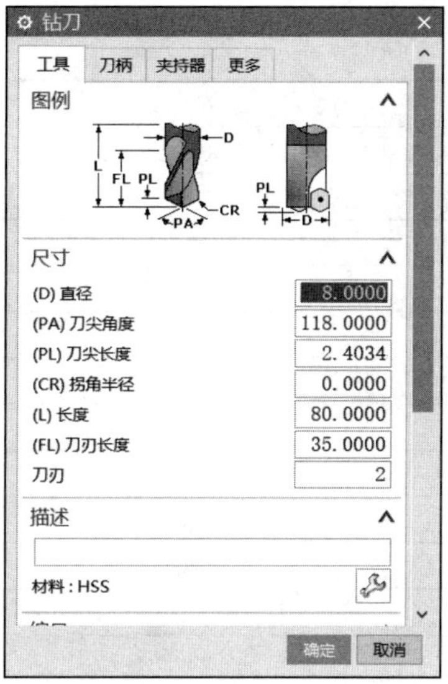

图 C3-4 钻刀参数

表 C3-5 直径及刀尖角度的含义

名称	含义
直径（*D*）	钻刀的直径，指刀具完整切削加工部分的直径
刀尖角度（PA）	一个非负角度，是刀尖主偏角的两倍，主偏角是指刀具前角和刀轴直线所形成的角度。通常设置为 118°

C3-2-2 循环类型及参数设置

1. 循环类型

在“钻孔”对话框的“循环”下拉列表中有 14 种循环类型，如图 C3-5 所示。循环类型标准指令如表 C3-6 所示。

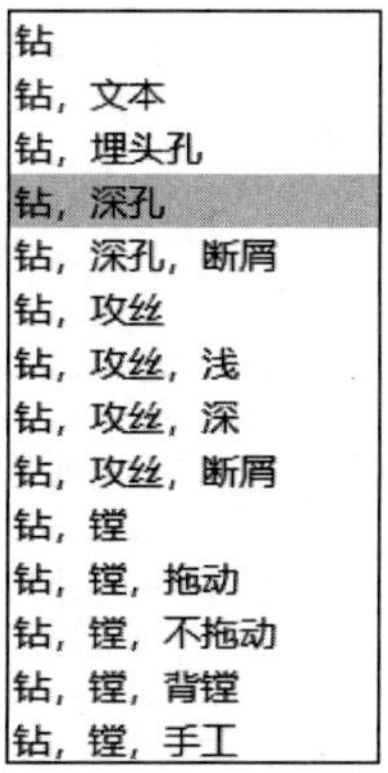

图 C3-5 孔加工循环类型

表 C3-6　循环类型标准指令

选项	标准指令
无循环	取消循环
啄钻	用 G00、G01，不使用循环指令
断屑	
标准文本	
标准钻	G81
标准沉孔钻	G81
标准钻，深度	G73
标准断屑钻	G83
标准攻丝	G84
标准镗	G85
标准镗，快退	G86
标准镗，横向偏置后快退	G76
标准背镗	G87
标准镗，手工退刀	G88

2. 循环参数

设置多个循环参数组，允许将不同的“循环参数”值与刀轨中不同的点或点群进行关联。这样就可以在同一刀轨中钻削不同深度的多个孔，或者使用不同的进给速度加工一组孔，以及设置不同的抬刀方式。

选择循环类型后，单击图标，进行循环参数的设置，如图 C3-6 所示。设定切削参数，如图 C3-7 所示。设置非切削移动参数，如图 C3-8 所示。单击“确定”按钮，进行下一组参数的设置。

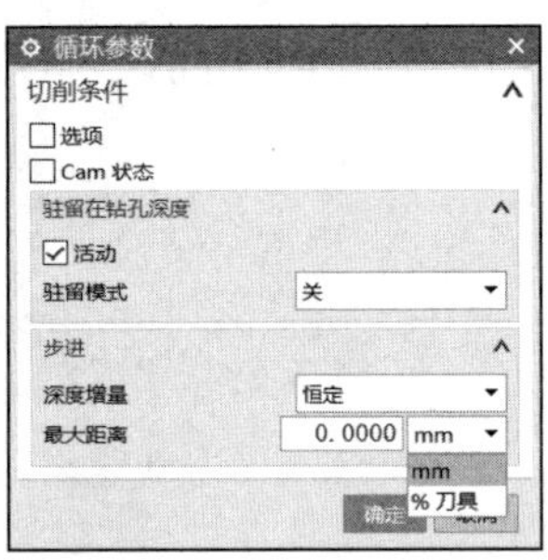

图 C3-6　设置循环参数

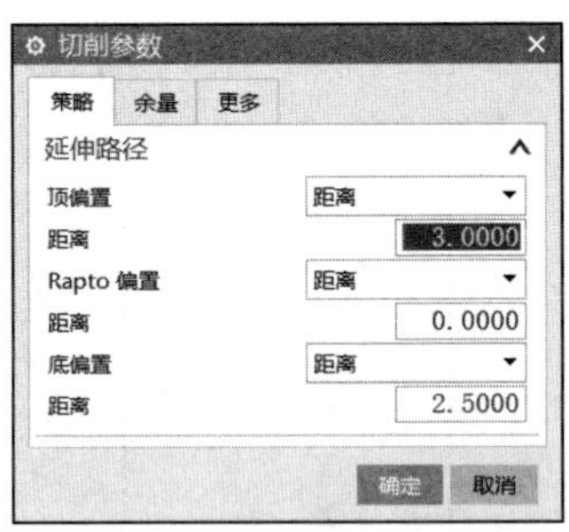

图 C3-7　设定切削参数

图 C3-8　设置非切削移动参数

循环参数包括深度增量、进给速度、暂停时间等。选择的循环类型不同，需要设置的循环参数也有所不同。

3. 进给率和速度

单击图标，系统弹出如图 C3-9 所示的“进给率和速度”对话框，勾选“主轴速度”

复选框，设置“主轴速度”为“800”，注意单位为“rpm”；单击图标，系统自动计算表面速度与每齿进给量，“进给率”设置为“50mmpm”；单击“确定”按钮，完成进给率和速度的设置。

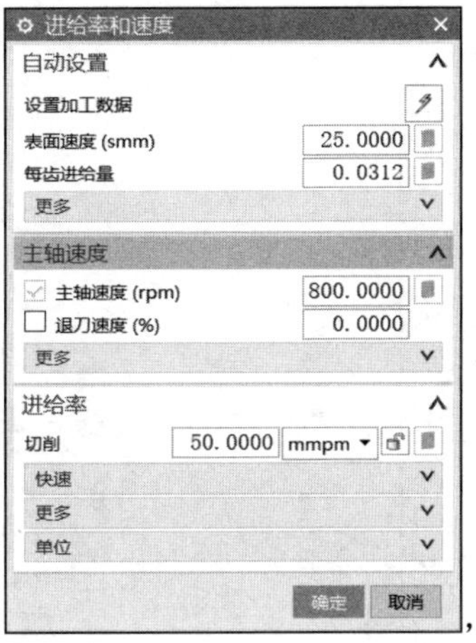

图 C3-9　“进给率和速度”对话框

C3-2-3　创建钻孔操作的一般步骤

（1）创建钻孔操作：在“创建工序”对话框的“类型”下拉列表中选择“hole_making”，并选择“工序子类型”及各个位置参数，如图 C3-10 所示。单击“确定”按钮，打开“钻孔-[DRILLING]”对话框，如图 C3-11 所示。

图 C3-10　“创建工序”对话框

图 C3-11　“钻孔-[DRILLING]”对话框

（2）设置循环类型：在“钻孔”对话框中，选择循环类型，如图 C3-12 所示；再进行每一参数组的循环参数设置，如图 C3-13 所示。

图 C3-12　选择循环类型

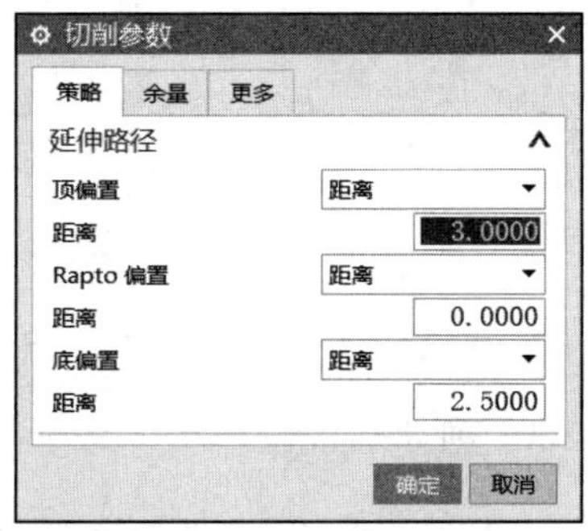

图 C3-13　设置循环参数

（3）选择钻孔加工几何体：钻孔加工的几何体包括钻孔点、表面、底面。其中钻孔点是必选的，在选择钻孔点时可以指定不同的循环参数组。

（4）设置操作参数：在“钻孔”对话框中设置钻孔的相关操作参数，如安全距离、深度偏置，并设置避让、进给率和速度等。

（5）生成刀轨：参数设置完成后，进行刀轨的生成。检验确认后，单击“确定”按钮，关闭“钻孔”对话框。

能力训练：完成模具点位打孔 CAM 操作

1. 操作条件

（1）设备：装有 UG NX 12.0 的计算机一台。

（2）模型：模具顶针板零件模型文件一个。

2. 注意事项

在使用计算机之前，先开显示器等外设，后开主机。在关闭计算机时，则相反，先关闭主机，然后关闭显示器等外设。

孔 CAM 仿真加工

3. 操作过程

<table>
<tr><th>序号</th><th>操作步骤</th><th>操作方法及说明</th><th>能力要求</th></tr>
<tr><td>1</td><td>创建几何体</td><td>
第一步，在如图 C3-14 所示的“工序导航器-程序顺序”界面中右击，在弹出的快捷菜单中选择“几何视图”选项。

第二步，双击“工序导航器-程序顺序”界面中的 MCS_MILL 图标，系统弹出如图 C3-15 所示的“MCS 铣削”对话框。

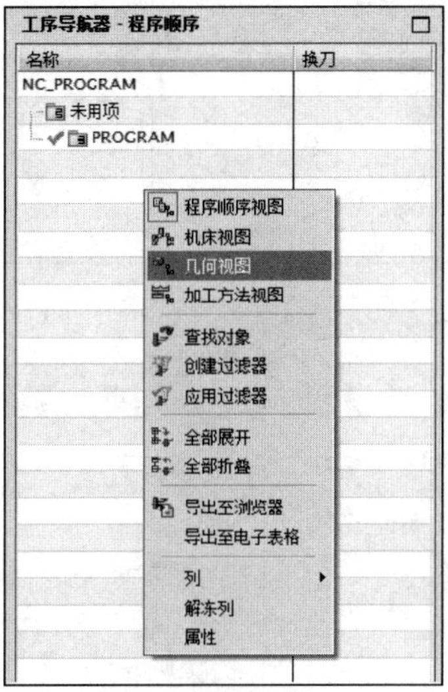

图 C3-14　“工序导航器-程序顺序”界面

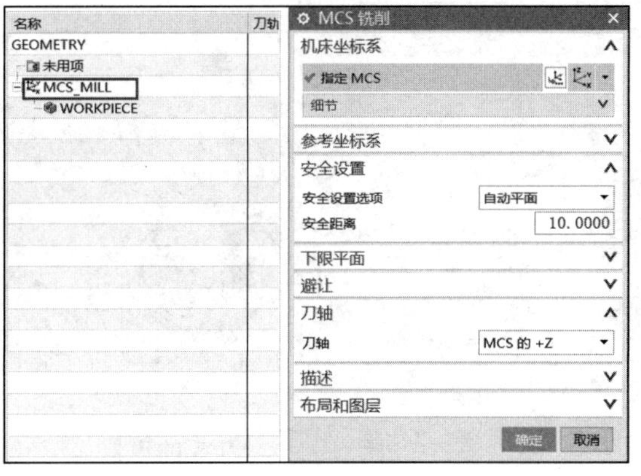

图 C3-15　“MCS 铣削”对话框

第三步，单击“应用模块”→“加工”图标进入加工环境。

第四步，在“机床坐标系”选项组中勾选“指定 MCS”复选框，“操控器”选择“指定方位”，“类型”选择“两点之间”，选择工件上表面对角，指定平面选中最高面，在“距离”文本框中输入“50”，创建安全平面，如图 C3-16 所示。
</td><td>能创建几何体</td></tr>
</table>

<table>
<tr><th>序号</th><th>操作步骤</th><th>操作方法及说明</th><th>能力要求</th></tr>
<tr><td>1</td><td>创建几何体</td><td>
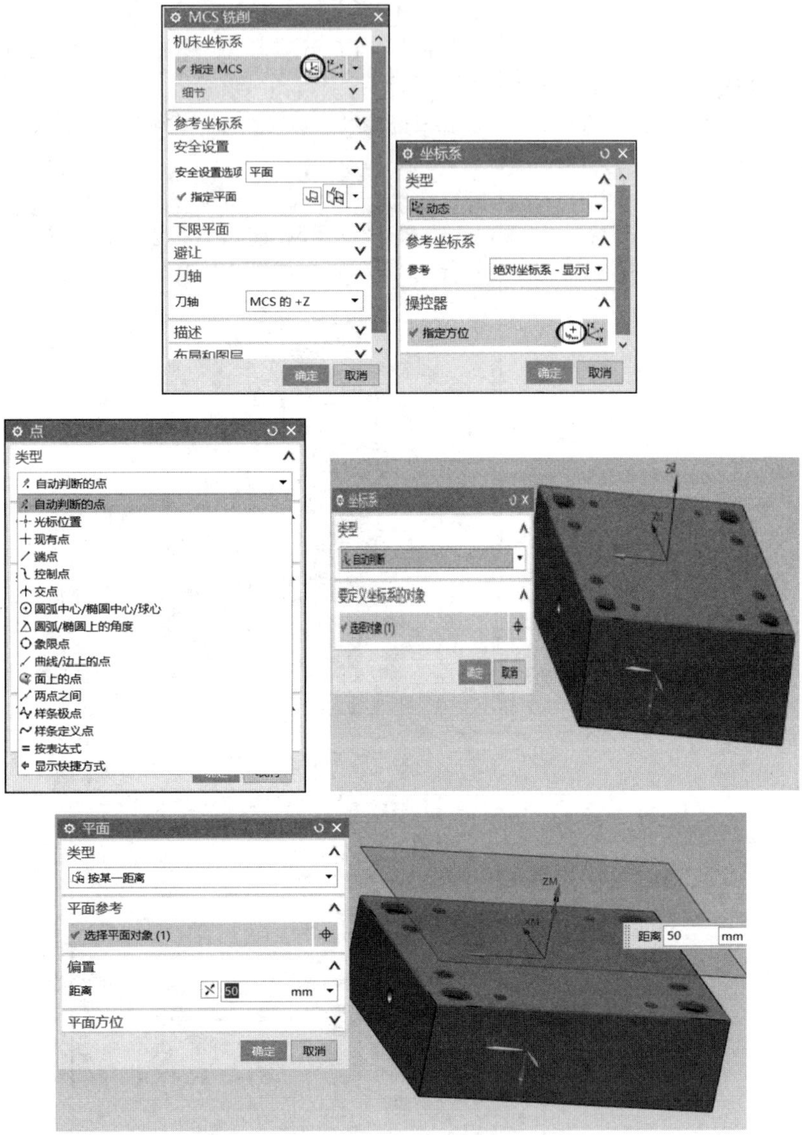

图 C3-16　MCS 的设置

第五步，双击 WORKPIECE 图标，系统弹出如图 C3-17 所示的“工件”对话框，单击图标弹出如图 C3-18 所示的“部件几何体”对话框，选中导入的灯罩盖 A 板模型，单击“确定”按钮，完成部件几何体的设置。

第六步，单击图标，弹出“毛坯几何体”对话框，“类型”选择“包容块”，获得所需毛坯体，如图 C3-19 所示。
</td><td>能创建几何体</td></tr>
</table>

<table>
<tr><th>序号</th><th>操作步骤</th><th>操作方法及说明</th><th>能力要求</th></tr>
<tr><td>1</td><td>创建几何体</td><td>

图 C3-17 “工件”对话框
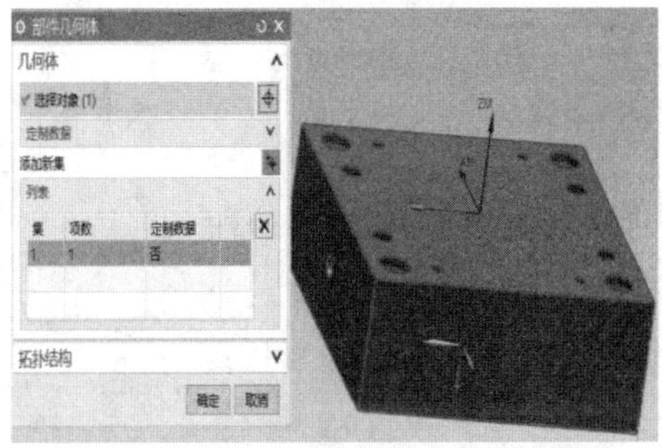

图 C3-18 “部件几何体”对话框
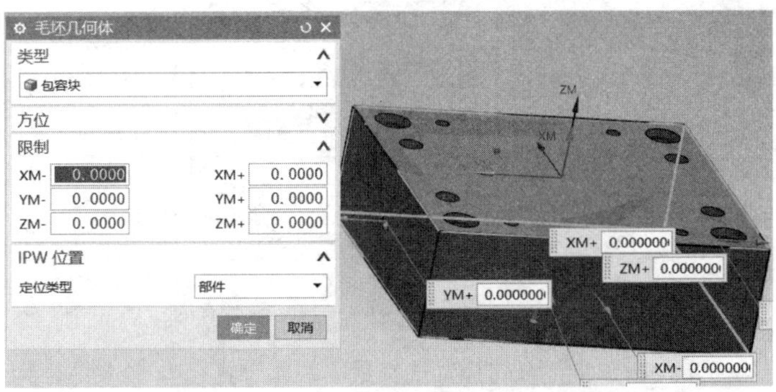

图 C3-19 “毛坯几何体”对话框
</td><td>能创建几何体</td></tr>
<tr><td>2</td><td>钻孔 $\phi 12$</td><td>
第一步，创建钻孔工序，设置“名称”为“钻孔 12”，如图 C3-20 所示。
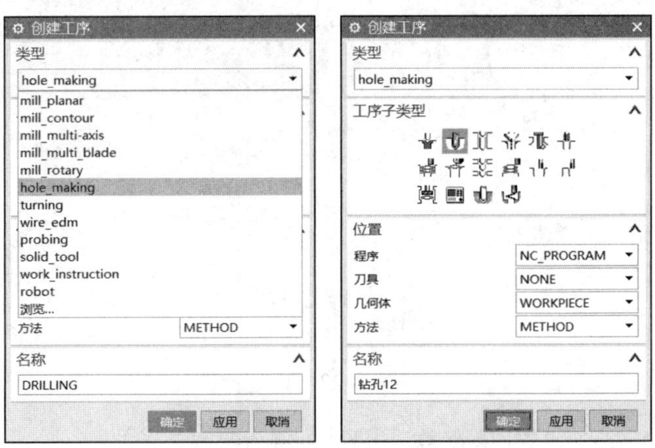

图 C3-20 创建钻孔工序
第二步，创建 S12 钻头，如图 C3-21 所示。
</td><td>能用钻孔工序进行钻孔加工</td></tr>
</table>

<table>
<tr><th>序号</th><th>操作步骤</th><th>操作方法及说明</th><th>能力要求</th></tr>
<tr><td>2</td><td>钻孔 $\phi 12$</td><td>
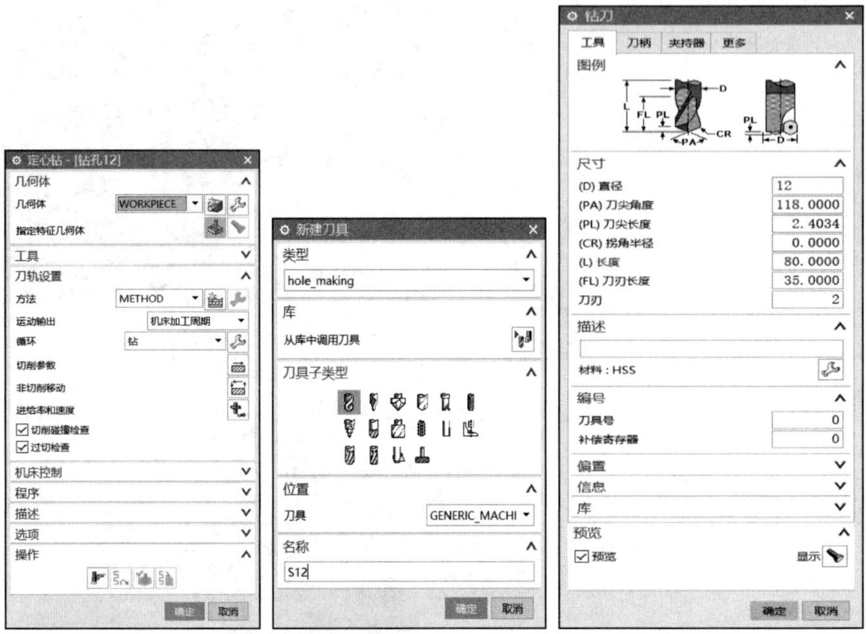

图 C3-21　创建 S12 钻头
第三步，指定特征几何体，选择最小的 4 个直径为 12（单位为 mm）的孔，如图 C3-22 所示。
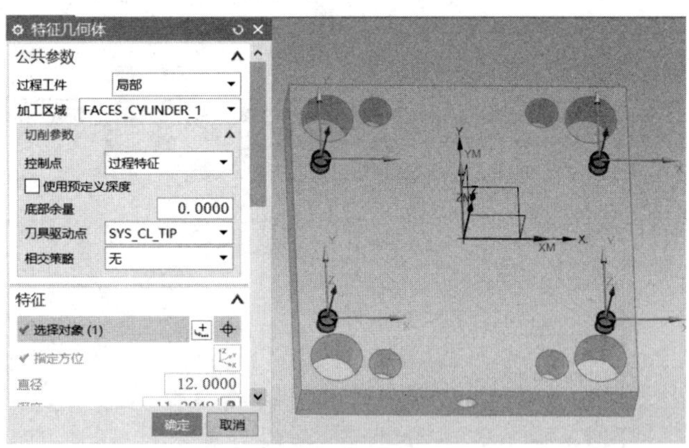

图 C3-22　指定特征几何体
第四步，设置切削参数，如图 C3-23 所示。
第五步，设置进给率和转速。设置“主轴速度”为“800”，“进给率”设置为“100mmpm”，如图 C3-24 所示。
</td><td>能用钻孔工序进行钻孔加工</td></tr>
</table>

<table>
<tr><th>序号</th><th>操作步骤</th><th>操作方法及说明</th><th>能力要求</th></tr>
<tr><td>2</td><td>钻孔 $\phi12$</td><td>
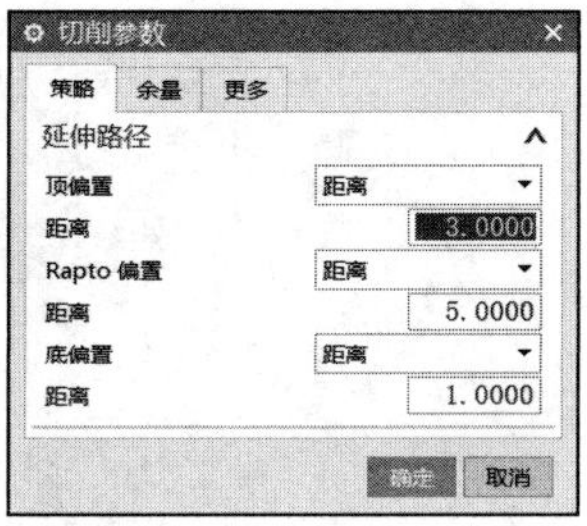

图 C3-23 “策略”选项卡

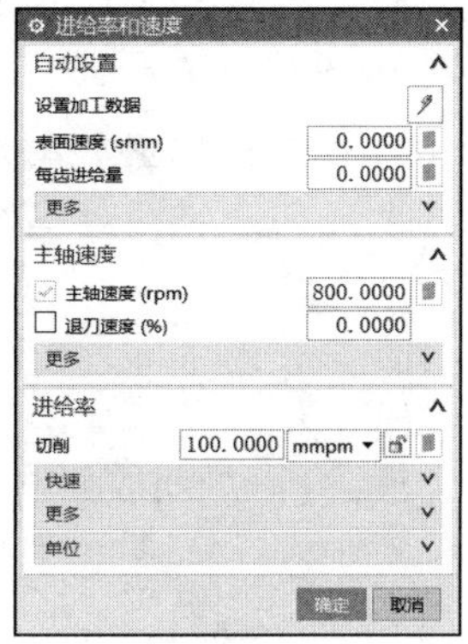

图 C3-24 “进给率和速度”对话框

第六步，生成刀轨并进行仿真模拟，如图 C3-25 和图 C3-26 所示。

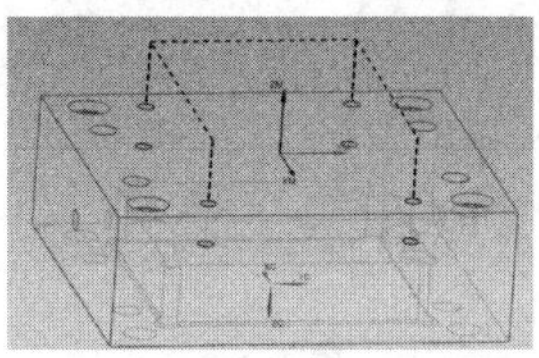
图 C3-25 S12 钻孔刀轨

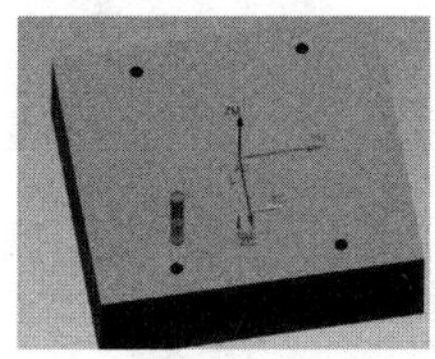
图 C3-26 仿真模拟
</td><td>能用钻孔工序进行钻孔加工</td></tr>
<tr><td>3</td><td>钻孔 $\phi20.5$</td><td>
第一步，复制上一操作步骤“钻孔 12”的工序，设置“名称”为“钻孔 20.5”，创建“S20.5（钻刀）”，同时设置循环参数，如图 C3-27 所示。

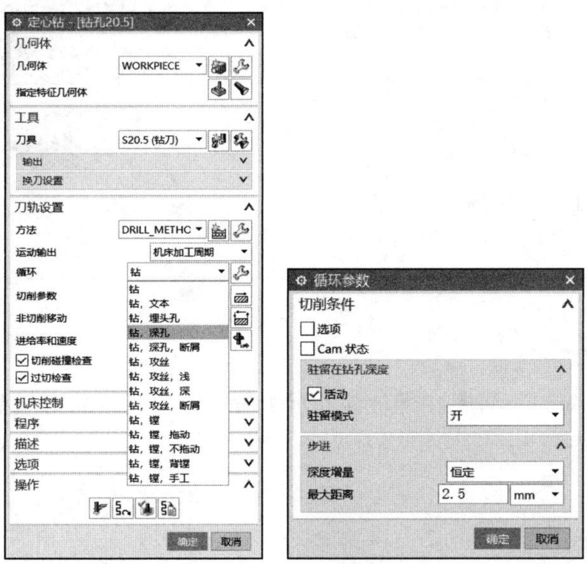

图 C3-27 创建刀具设置循环参数
</td><td>能用钻孔工序进行钻孔加工</td></tr>
</table>

序号	操作步骤	操作方法及说明	能力要求
3	钻孔 ϕ20.5	第二步，指定特征几何体，重新选中直径为 20.5（单位为 mm）的 4 个孔，如图 C3-28 所示。 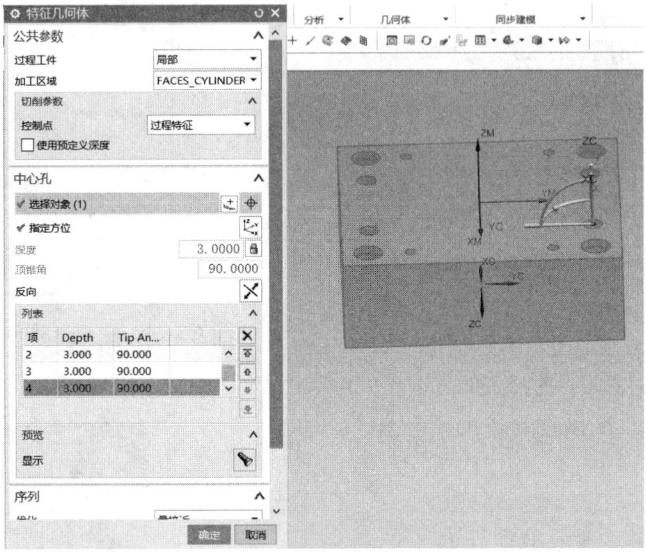 图 C3-28 指定特征几何体 第三步，生成刀轨并进行仿真模拟，如图 C3-29 和图 C3-30 所示。 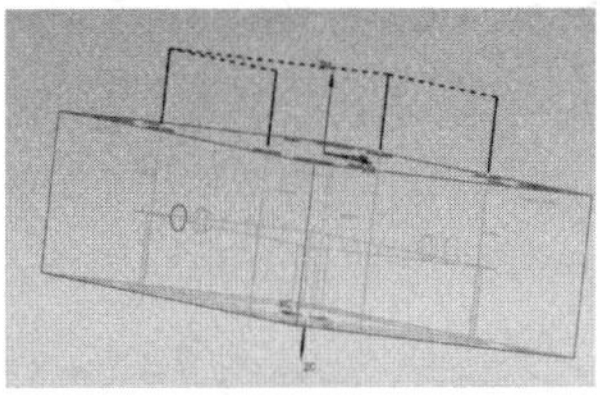 图 C3-29 直径为 20.5（单位为 mm）的刀轨 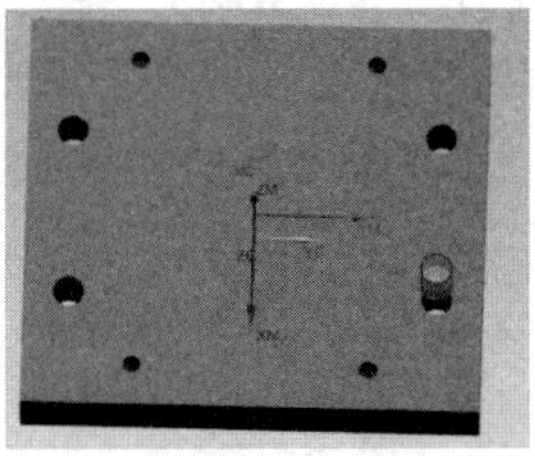 图 C3-30 仿真模拟	能用钻孔工序进行钻孔加工

能力拓展一

根据前面所学知识，简述在进行钻孔加工时避免刀具横越时撞到工件上面问题的方法。

能力拓展二

根据模具中直径为 10mm 的定位销孔，定制一个加工工序卡。

4. 学习结果评价

学习结果评价表如表 C3-7 所示。

表 C3-7　学习结果评价表

序号	评价内容	评价标准	评价结果（是/否）
1	知识与技能	能熟练设置钻孔刀具及其参数	□是　□否
		熟悉孔加工的切削模式	□是　□否
		能完成 A 板零件孔加工工序的创建过程及 CAM 设置	□是　□否
2	总评	“是”与“否”在本次评价中所占百分比	“是”占____% “否”占____%

课后作业

1．请使用 UG NX 12.0 独立完成上述 A 板零件的钻孔加工。
2．简要说明钻孔加工的参数及钻孔的循环类型参数。
3．若要钻削一个直径为 10mm、深度为 100mm 的孔，则应当采用哪种钻孔方式？

D

工作领域

复杂模具零件仿真加工

在确定零件的数控铣削加工工艺时，合理选择定位基准对保证零件的尺寸和相互位置精度起着决定性作用。在数控铣床上加工工件时，为了使加工表面满足图样规定的尺寸、几何形状，以及与其他表面的相互位置精度等技术要求，在加工前，必须先将工件装夹牢靠。

UG NX 12.0 提供的刀轨仿真功能可用于模拟刀轨铣削的全过程，来检查是否过切或切削不足。通过刀轨仿真，用户能够及时调整刀轨，得到理想的刀具路径。需要注意的是，切削仿真不能脱离 UG NX 的 CAM 加工环境运行。

当完成刀轨仿真并确认刀轨无误后，即可对刀轨进行后处理，生成用于加工的程序代码，并传输至机床进行加工。

工作任务 D1　复杂型芯加工工艺设计及 CAM 仿真加工

职业能力 D1-1　熟练完成护膝型芯数控加工工艺设计

【核心概念】

固定轴曲面铣：一种精加工曲面轮廓所形成的区域加工方法。固定轴曲面铣通过控制刀具轴和投影矢量，使刀具沿着曲面上非常复杂的轮廓进行切削运动。这种方法通过定义不同的驱动几何体来产生驱动点阵列，并沿着指定的投影矢量投影到部件几何体上，然后刀具定位到几何体上进行切削。此方法一般用于精加工。

【学习目标】

1. 了解定位基准的选择方法。
2. 了解工件的装夹方法。
3. 了解切削用量的优化选择方法。
4. 能完成护膝复杂型芯零件曲面铣削加工工艺方案规划。
5. 发扬一丝不苟、精益求精的工匠精神。

基本知识：定位基准的选择、工件的装夹与切削用量的优化选择

D1-1-1　定位基准的选择

在确定零件的数控铣削加工工艺时，合理选择定位基准对保证零件的尺寸和相互位置精度起着决定性作用。定位基准有粗基准、精基准和辅助基准 3 种。在机加工的第一道工序中，只能用毛坯上未加工的表面作为定位基准，这种定位表面称为粗基准。在随后的工序中，用已加工过的表面作为定位基准，这种定位表面称为精基准。有时为了方便装夹或易于实现基准统一，在工件上专门制出一种定位基准，称为辅助基准。

1. 粗基准的选择

粗基准主要影响不加工表面与加工表面之间的相互位置精度，以及加工表面的余量分配。选择粗基准主要需要解决两个问题：一是使所有待加工表面都有足够的加工余量；二是保证各加工表面对不加工表面有一定的位置精度。

选择粗基准时一般应考虑的原则如表 D1-1 所示。

表 D1-1　选择粗基准时一般应考虑的原则

原则	说明
余量选择原则	选择工件上余量最小的表面作为粗基准，以保证各加工表面有足够的加工余量
保证不加工表面位置正确原则	对于同时具有加工表面与不加工表面的工件，为了保证加工表面与不加工表面间的位置要求，应选择不加工表面作为粗基准。 如果工件上有多个不加工表面，则应选择其中与加工表面相互位置精度要求较高的表面作为粗基准
粗基准只能有效使用一次原则	粗基准在同一尺寸方向上只能使用一次。因为毛坯面粗糙且精度低，所以重复使用将产生较大的误差
粗基准平整、光滑、可靠原则	作为粗基准的表面，应尽量平整、光洁，无飞边，有一定的面积，以使工件定位可靠、装夹方便

2. 精基准的选择

精基准的选择主要应从减少加工误差、保证加工精度（特别是加工表面的相互位置精度），以及实现工件装夹的方便、简单、可靠与准确等方面考虑。

选择精基准时一般应考虑的原则如表 D1-2 所示。

表 D1-2　选择精基准时一般应考虑的原则

原则	说明
基准重合原则	对于加工过程中的某道工序，尽量采用设计基准作为定位基准，这样可以避免定位基准与设计基准不重合引起的定位误差（基准不重合误差）
基准统一原则	在加工统一零件的多道工序时，应尽量采用统一的定位基准，以避免因基准转换而产生误差。基准统一可使各工序的夹具结构统一，简化夹具的设计制造工作， 降低成本，缩短生产准备周期
自为基准原则	当一些高精度结构或光整加工工序要求余量小而均匀时，可以选择加工表面自身作为定位基准。在采用自为基准定位时，只能提高加工表面本身的尺寸精度、形状精度，而不能提高加工表面的位置精度，加工表面的位置精度应由前一道工序保证
互为基准原则	对于相互位置精度要求高的零件，可采用互为基准原则，反复多次进行加工
可靠的、方便装夹原则	选择定位可靠、装夹方便的表面作为定位基准，尽可能使夹具简单，操作方便。同时，精基准应该选择精度高、表面粗糙度小、支撑面积大的表面

辅助基准是为了便于装夹或易于实现基准统一而人为制成的一种定位基准，它不是零件的工作表面，只是出于工艺上的需要加工出来的，如毛坯上的工艺凸台和轴类零件加工时的中心孔。此外，某些零件上的次要表面因工艺上宜作为定位基准而提高其加工精度和表面质量，以便定位时使用，这种表面也称为辅助基准。例如，从螺纹副的传动来看，丝杠的外圆表面是非配合的次要表面，但在丝杠螺纹的加工中，外圆表面往往作为定位基准，它的圆度和圆柱度直接影响螺纹的加工精度，所以要提高外圆的加工精度，并降低其表面粗糙度。

D1-1-2　工件的装夹

在数控铣床上加工工件时，为了使加工表面满足图样规定的尺寸、几何形状，以及与其他表面的相互位置精度等技术要求，在加工前，必须先将工件装夹牢靠。工件装夹包括定位与夹紧两项内容。工件定位和装夹如表 D1-3 所示。

表 D1-3 工件定位和装夹

内容	说明
工件定位	若要使工件在加工后各个表面的尺寸及位置精度符合图样或工艺文件所规定的要求，则必须在切削前就使工件在数控铣床上或夹具中占有一个确定的位置，使其相对于刀具或机床的切削运动具有正确的位置。工件定位就是指工件在数控铣床上或夹具中占有正确位置的过程
工件装夹	工件在加工过程中受到切削力、离心力和重力等外力的作用会产生移动或振动，为防止工件的定位被破坏，必须将工件夹牢靠

装夹工件的目的是通过定位与夹紧，使工件在加工过程中始终保持正确的加工位置，以保证达到该加工工序所规定的加工技术要求。

在数控铣床上，工件装夹除必须保证加工工序所规定的加工技术要求外，还应适应数控铣床的加工特点，充分发挥数控铣床的加工效能，工件的装夹必须快捷。数控铣床对工件装夹的要求：首先应具有可靠的夹紧力，以防止在加工过程中工件松动；其次应具有较高的定位精度，并便于迅速和方便地装、拆工件。

D1-1-3 切削用量的优化选择

数控铣床加工中心的切削用量包括切削深度、主轴速度或切削速度、进给速度或进给量，这些参数均应在数控铣床给定的允许范围内选取。

在工件材料、刀具材料、刀具几何参数、数控铣床等切削条件一定的情况下编制加工程序时，合理选择切削用量，形成最佳切削参数，是工艺处理的重要内容之一。合理选择切削用量不仅对切削力、切削热、积屑瘤、工件的加工精度、表面粗糙度有很大的影响，还与提高生产率，降低生产成本有密切的关系。

合理的切削用量应满足的要求：在保证安全生产、工件加工质量，不发生人身、设备事故的前提下，能充分地发挥数控铣床的效能和刀具的切削性能，在不超过数控铣床的有效功率和工艺系统刚性所允许的额定负荷情况下，尽量选用较大的切削用量。

在具体选择切削用量时，应根据数控铣床使用说明书、切削用量手册进行确定，并结合实际经验加以修正。

能力训练：护膝复杂型芯制造工艺过程卡及加工刀具卡的编制

1. 操作条件

（1）设备：装有 UG NX 12.0 的计算机一台。
（2）模型：护膝复杂型芯模型文件一个。

2. 注意事项

在使用计算机之前，先开显示器等外设，后开主机。在关闭计算机时，则相反，先关闭主机，然后关闭显示器等外设。

3. 制定护膝复杂型芯零件数控加工工艺规划

1）零件分析

生产要求：该零件材质为 718H，单件生产。

毛坯分析：铣削前完成精磨加工，尺寸为 270mm×220mm×65mm。

基准设计：由于模具坯料尺寸较小，所以表面不留余量，铣削基准和设计基准重合，坯料 *XY* 平面基准设计为上表面中心。

能力要求：能根据生产要求、毛坯分析、基准设计等对护膝复杂型芯零件进行工艺分析。

2）确定装夹方案

在选择定位基准时，应注意减少装夹次数，尽量做到在一次安装中能把零件上所有要加工的表面都加工出来。由于该零件需要进行翻面加工，所以基准选择十分重要。

定位基准选择：在进行翻面倒角加工时，我们选择顶面作为定位基准进行加工，用于统一基准；在进行护膝复杂型芯零件正面铣削时，选择护膝复杂型芯精坯料底面作为定位基准。该定位基准与装配基准重合，大大减少定位误差对尺寸精度的影响。

装夹方案：该零件外形规则，加工面大多数在上表面，采用强力永磁吸盘固定。

能力要求：能通过定位基准的选择确定护膝复杂型芯零件的装夹方案。

护膝复杂型芯零件数字化模型（.prt 文件）如图 D1-1 所示，分型面是光滑过度的曲面，成型表面是两张大的自由曲面和圆角面。结构上采用一模两腔出两件。本任务需要加工的是护膝复杂型芯零件的整体曲面。坯料采用精坯料，高度可以有一定的余量。

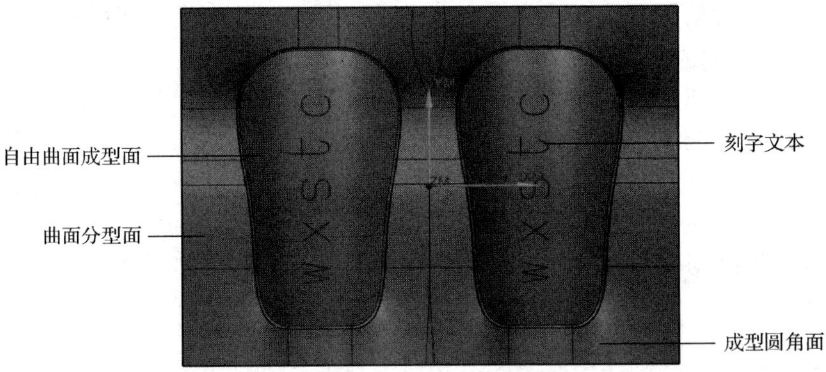

图 D1-1 护膝复杂型芯零件数字化模型

3）护膝复杂型芯零件加工工艺规划

护膝复杂型芯零件的工艺规划从下料开始，依次经历铣平面、磨平面、钻孔、攻丝、型芯开粗、型芯补开、型芯半精加工、清角加工、型芯精加工、分型面精加工、刻字、检验、抛光、检验。护膝复杂型芯零件制造工艺过程卡如表 D1-4 所示。护膝复杂型芯零件加工刀具卡如表 D1-5 所示。

表 D1-4　护膝复杂型芯零件制造工艺过程卡

工序号	工序名称	尺寸	工艺要求	检验	备注
1	下料	275mm×225mm×70mm	带锯条	钢直尺检验自由公差度要求	3mm 余量手工去毛刺
2	铣平面	270.5mm×220.5mm×65.5mm	铣床铣削	游标卡尺检验，正公差 0.2mm	六面角尺
3	磨平面	270mm×220mm×65mm	平面磨	千分尺	高度留余量，其他留正公差 0～0.02mm
4	钻孔	按零件图要求尺寸	台钻	内径千分尺等、配合长度	
5	攻丝	攻螺纹、水堵管螺纹尺寸	丝攻	螺杆顺畅旋转配合	手工
6	型芯开粗	按零件图要求尺寸	铣床加工	千分尺	腔体预留 0.3mm
7	型芯补开	达到零件图要求尺寸	精雕机床	千分尺	腔体预留 0.3mm
8	型芯半精加工	达到零件图要求尺寸	精雕机床	千分尺	腔体预留 0.1mm
9	清角加工	达到零件图要求尺寸	精雕机床	千分尺	
10	型芯精加工	达到零件图要求尺寸	精雕机床	千分尺	
11	分型面精加工	达到零件图要求尺寸	精雕机床	千分尺	
12	刻字	按零件图要求尺寸	精雕机床	肉眼观察	
13	检验	按零件图标注和技术要求		千分尺，肉眼观察表面接刀痕	以设计基准为检验基准
14	抛光	符合零件图粗糙度要求	抛光工具	与标准样板对比检验	严禁抛光分型面
15	检验	按零件图标注和技术要求	三坐标机		以设计基准为检验基准

表 D1-5　护膝复杂型芯零件加工刀具卡

代号				零件名称		零件图号	
护膝复杂型芯零件加工				护膝复杂型芯		20201026-01	
夹具名称				使用设备		车间	
强力永磁吸盘				加工中心/精雕机		机加 01	
工序号	工序内容	刀具号	规格	主轴速度/（r/min）	进给速度/（mm/min）	每刀切削深度/mm	余量/mm
1	整体粗加工	T01	D16R1	2200	2500	0.5	0.3
2	整体补开粗加工	T02	D6R1	6500	2500	0.2	0.3
3	整体半精加工	T03	B6R3	8000	2500	0.25	0.1
4	清角	T04	B3R1.5	12000	1800	0.1	0
5	型腔精加工	T04	B3R1.5	12000	2050	0.1	0
6	分型面精加工	T04	B3R1.5	12000	2050	0.1	0
7	刻字	T05	B2R1	15000	2050	0	−1

能力要求：能通过设计护膝复杂型芯零件加工工艺过程卡及刀具卡，完成加工工艺规划。

能力拓展一

试根据如图D1-2所示的电瓶车后视镜型芯（.prt文件）制定加工工艺卡。

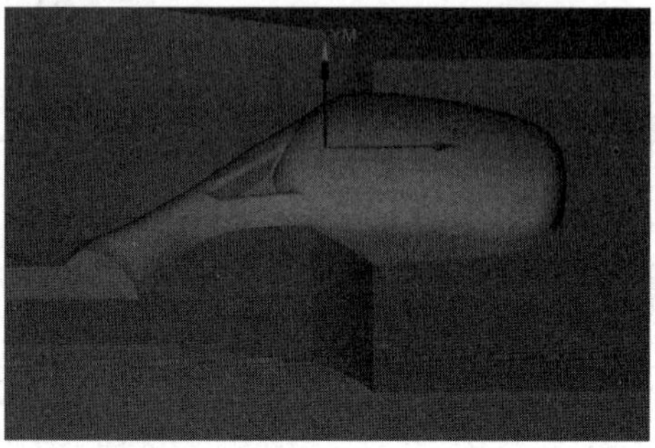

图D1-2　电瓶车后视镜型芯

能力拓展二

根据前面所学知识，试判断固定轴曲面轮廓铣是否可用于零件的粗加工。

4. 学习结果评价

学习结果评价表如表D1-6所示。

表D1-6　学习结果评价表

序号	评价内容	评价标准	评价结果（是/否）
1	知识与技能	了解定位基准的选择	□是　□否
		了解工件的装夹	□是　□否
		了解切削用量的优化选择	□是　□否
		能完成护膝复杂型芯零件曲面铣削加工工艺方案规划	□是　□否
2	总评	“是”与“否”在本次评价中所占百分比	“是“占____% “否”占____%

课后作业

1．简述固定轴曲面铣的功能。
2．简述常见的几种固定轴曲面铣子类型及其应用场景。
3．对正文中的护膝复杂型芯零件的铣削工序卡进行优化。
4．在编制护膝复杂型芯零件工艺卡时的难点是什么？试举例说明。
5．对护膝复杂型芯零件图进行分析，你觉得在哪个区域有可能出现断刀情况？

职业能力 D1-2　熟练完成护膝型芯零件 CAM 仿真加工

【核心概念】

驱动几何体：用于产生驱动点的几何体。

驱动点：驱动几何体上产生的、将投射到零件几何体上的点。

驱动方法：驱动点产生的方法。某些驱动方法在曲线上产生一系列驱动点，有的驱动方法则在一定面积内产生整列的驱动点。

投射矢量：用于指引驱动点投射到零件表面。

【学习目标】

1．能熟练设置刀轨可视化选项卡。
2．能熟练进行刀轨后处理操作。
3．能完成护膝型芯零件 CAM 操作。
4．培养严谨、客观、认真分析问题的工作作风。

基本知识：刀轨可视化设置与刀轨后处理

D1-2-1　刀轨可视化设置

UG NX 12.0 提供的刀轨仿真功能可用于模拟刀轨铣削的全过程，来检查是否过切或切削不足。通过刀轨仿真，用户能够及时调整刀轨，得到理想的刀具路径。需要注意的是，切削仿真不能脱离 UG NX 的 CAM 加工环境运行。

“刀轨可视化”对话框中包括“重播”“3D 动态”“2D 动态”3 个选项卡，分别如图 D1-3～图 D1-5 所示。

1．重播

重播刀具轨迹是在轨迹已经生成的前提下进行刀具轨迹重播的，同时可以利用分析工具对刀具轨迹与边界之间的距离进行分析。

在重播刀具轨迹状态下可以检查过切和干涉情况，但是仅限于检查零件与刀具夹具的干涉和过切，不能对机床干涉进行检查。

2．3D 动态

3D 动态模拟了刀具对毛坯进行切削的过程，并可以形成 IPW 残料，而不再是单纯的刀具运动。3D 动态更便于我们进行观察与分析，模拟仿真也显得更加真实。在“3D 动态”选项卡中，用户可以根据需要设置参数，如刀具显示、IPW 精度等。3D 动态模拟内容更丰富，能够满足不同情况下的需要。

图 D1-3 “重播”选项卡

图 D1-4 “3D 动态”选项卡

图 D1-5 “2D 动态”选项卡

3. 2D 动态

2D 动态和 3D 动态有一定的相似之处，它们都是用于模拟刀具切削毛坯过程的方法。不同的是，2D 动态只能在一个静止的画面内进行仿真模拟，无法同 3D 动态一样在模拟的同时在任意方位观看模拟过程。由于 2D 动态只能在单一静止画面上模拟，模拟的速度会大大加快，因此是编程人员常用的一种模拟方法。

在 3D 动态与 2D 动态中，由于可以设置 IPW 精度，因此在完成模拟后，我们可以通过颜色显示来侦测切削余量是否均匀，工件是否满足要求。根据颜色显示判断残料量，以便我们对零件进行下一步的铣削工艺规划。

D1-2-2 刀轨后处理

当完成刀轨仿真并确认刀轨无误后，即可对刀轨进行后处理，生成用于加工的程序代码，并传输至机床进行加工。刀轨的后处理需要选用后处理器，UG NX 12.0 自带各种类型的后处理器，同时提供后处理构造器，方便用户在使用时根据机床控制系统特性和特殊要求对后处理文件进行编辑，从而制作一个属于自己的后处理。

在 CAM 加工环境下，在工序导航器界面中选取程序后，在界面空白处右击，在弹出的快捷菜单中选择“后处理”命令，系统弹出如图 D1-6 所示的“后处理”对话框。

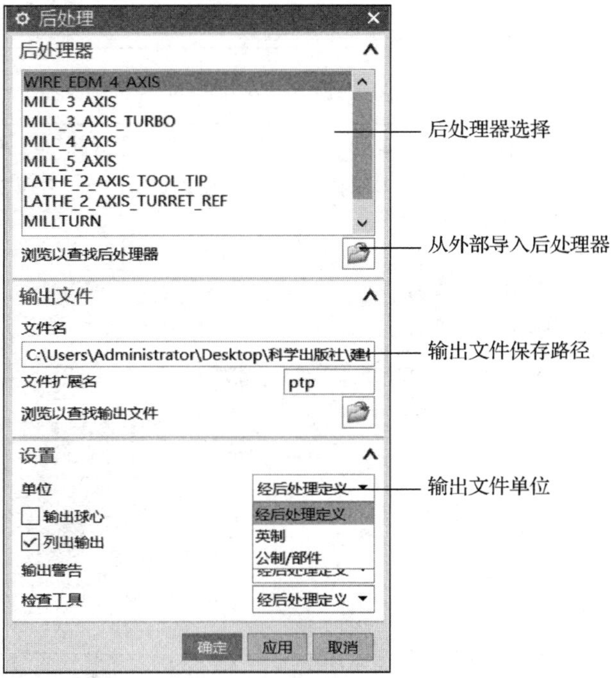

图 D1-6　“后处理”对话框

“后处理器”列表框中显示的文件为 UG NX 自带的后处理文件，可以根据加工机床类型和控制系统选择不同的后处理器，也可通过浏览功能查找后处理器，并从外部导入制作好的后处理文件。

选定后处理文件后，在“输出文件”选项组中设置输出程序文件的保存路径，也可修改输出文件的扩展名，通常程序扩展名为“NC”，也可以是后处理文件设置的扩展名。

在“设置”选项组中，还可以对文件输出后刀轨的单位进行设置，分为“英制”和“公制/部件”两种，其中“公制/部件”指的是毫米。

在图 D1-6 中，“MILL_3_AXIS”为系统自带的 FANUCS 系统三轴后处理文件，当选择该文件后，后处理得到的程序代码就是专门用于 FANUCS 三轴系统机床的。用户也可以用 UG NX 自带的后处理器构造器进行后处理文件的编辑创建。

能力训练：完成护膝型芯 CAM 操作

1. 操作条件

（1）设备：装有 UG NX 12.0 的计算机一台。
（2）模型：护膝型芯零件模型文件一个。

护膝型芯 CAM 仿真加工

2. 注意事项

在使用计算机之前，先开显示器等外设，后开主机。在关闭计算机时，则相反，先关闭主机，然后关闭显示器等外设。

3. 操作过程

<table>
<tr><th>序号</th><th>操作步骤</th><th>操作方法及说明</th><th>能力要求</th></tr>
<tr><td>1</td><td>创建几何体</td><td>
第一步，依次单击“应用模块”→“建模”→“文件图标”，在弹出的菜单中依次选择“首选项”→“所有应用模块”→“特定于工艺”→“电极设计”选项，进入电极设计界面，如图 D1-7 所示。

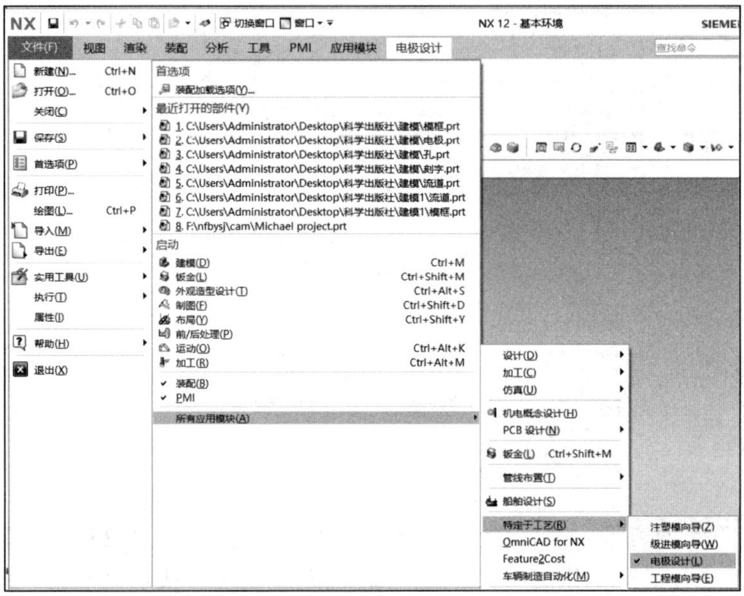

图 D1-7　进入电极设计界面

第二步，单击“包容体”图标，进入包容体设置界面，选中部件，“偏置”改为“0”，如图 D1-8 所示。

第三步，依次单击应用模块→加工图标，进入加工模块。在如图 D1-9 所示的快捷菜单中选择“几何视图”选项。

图 D1-8　设置“包容体”　　　　图 D1-9　选择程序顺序界面

第四步，双击“工序导航器-程序顺序”中的 MCS_MILL 图标，系统弹出如图 D1-10 所示的“MCS 铣削”对话框。
</td><td>能创建几何体</td></tr>
</table>

序号	操作步骤	操作方法及说明	能力要求
1	创建几何体	 图 D1-10　“MCS 铣削”对话框 第五步，设置 MCS 及安全平面。在“MCS 铣削”对话框中选择“指定 MCS”“指定平面”，“类型”选择“两点之间”，选择工件上表面对角，单击（自动判断指定平面）图标，选中最高面，“距离”设置为“50”，创建安全平面，如图 D1-11 所示。 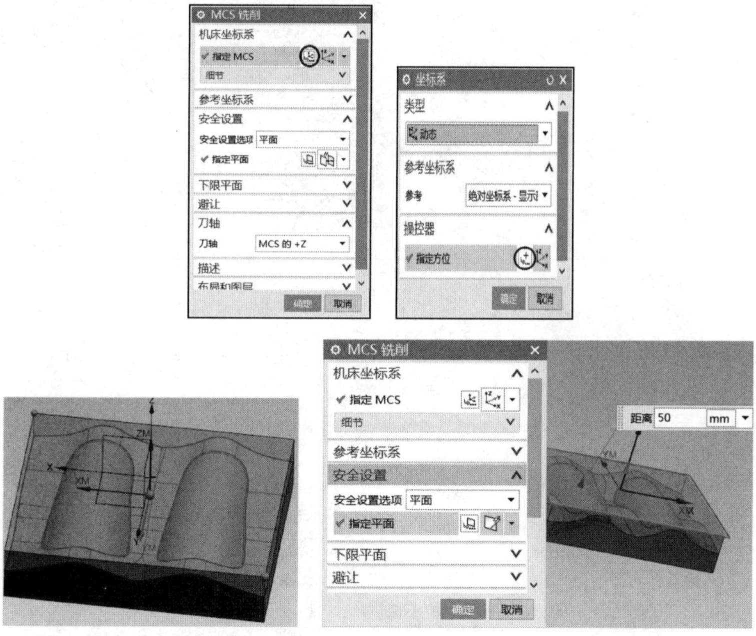 图 D1-11　设置 MCS 及安全平面 第六步，同时按 Ctrl+Shift+I 快捷键，系统弹出如图 D1-12 所示的界面，隐藏包容块。	能创建几何体

<table>
<tr><th>序号</th><th>操作步骤</th><th>操作方法及说明</th><th>能力要求</th></tr>
<tr><td>1</td><td>创建几何体</td><td>
第七步，单击“MCS_MILL”左侧的“+”图标，显示 WORKPIECE 图标，双击 WORKPIECE 图标，系统弹出如图 D1-13 所示的“铣削几何体”对话框。单击图标，系统弹出“部件几何体”对话框，选中导入的护膝型芯零件模型，单击“确定”按钮，完成部件几何体的设置，如图 D1-14 所示。

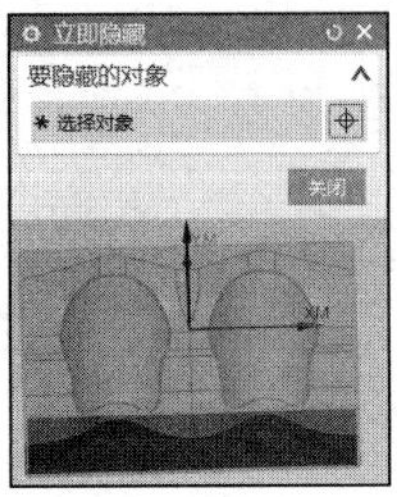

图 D1-12　隐藏包容块

图 D1-13　“铣削几何体”对话框

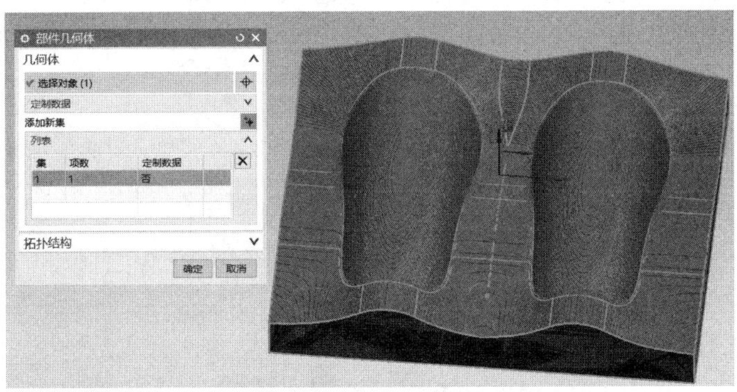

图 D1-14　设置部件几何体

第八步，单击图标，系统弹出“毛坯几何体”对话框，选择包容块，获得所需的毛坯几何体，如图 D1-15 所示。

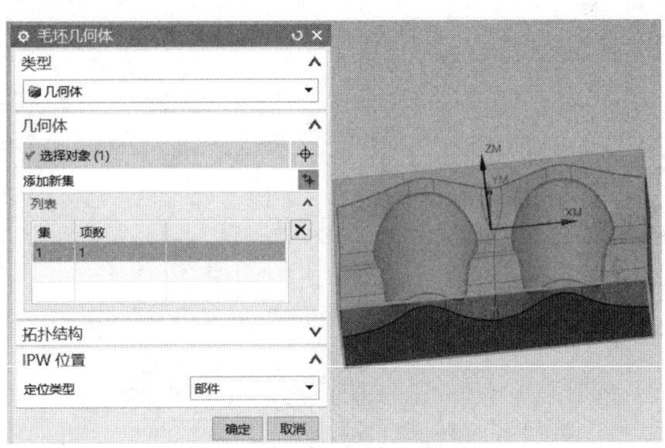

图 D1-15　设置毛坯几何体
</td><td>能创建几何体</td></tr>
</table>

序号	操作步骤	操作方法及说明	能力要求
2	开粗加工	第一步，创建开粗程序。在插入工具条中单击（创建工序）图标，系统弹出如图 D1-16 所示的“创建工序”对话框，“类型”选择“mill_contour”，“工序子类型”选择（型腔铣），“几何体”选择“WORKPIECE”，“名称”设置为“开粗”。单击“确定”按钮，系统弹出如图 D1-17 所示的“型腔铣-[开粗]”对话框。  图 D1-16　“创建工序”对话框  图 D1-17　“型腔铣-[开粗]”对话框 第二步，创建刀具。在“型腔铣-[开粗]”对话框的“工具”选项组中，单击（创建刀具）图标，系统弹出如图 D1-18 所示的“创建刀具”对话框，创建“D16R1”圆角立铣刀，其参数如图 D1-19 所示。同时按以上步骤创建“D6R1”“B2”“B3”“B6”刀具。其中“B6”刀具选择（球头刀），其他参数相同。	能用型腔铣工序开粗

<table>
<tr><th>序号</th><th>操作步骤</th><th>操作方法及说明</th><th>能力要求</th></tr>
<tr><td>2</td><td>开粗加工</td><td>

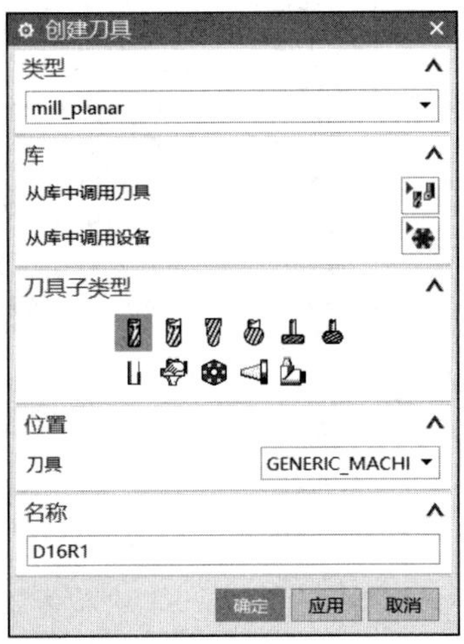

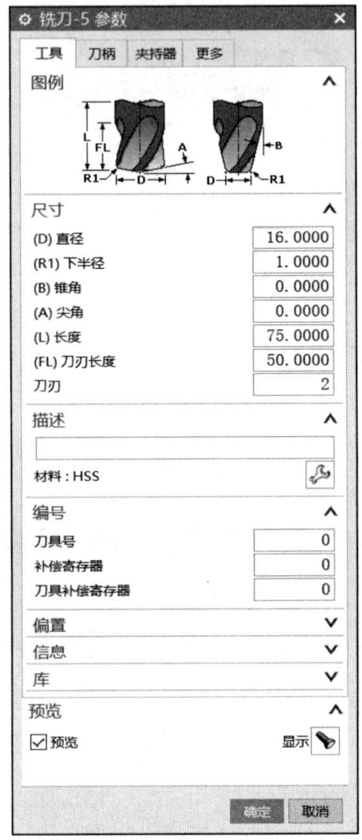

图 D1-18 “创建刀具”对话框　　图 D1-19 “D16R1”圆角立铣刀参数

第三步，在“工具”选项组中把刀具切换为“D16R1”，设置刀轨基本参数。在如图 D1-20 所示的“刀轨设置”选项组中，选择“平面直径百分比”为“65”，设置“最大距离”为“0.5mm”，完成刀轨基本参数的设置。

第四步，指定切削区域，如图 D1-21 所示。

第五步，设置切削参数。单击（切削参数）图标，系统弹出“切削参数”对话框。“连接”选项卡如图 D1-22 所示。“余量”选项卡如图 D1-23 所示，设置“部件侧面余量”为“0.3”，“部件底面余量”为“0.2”。“拐角”选项卡如图 D1-24 所示。“策略”选项卡如图 D1-25 所示。其他参数保持不变，单击“确定”按钮，完成切削参数的设置。

</td><td>能用型腔铣工序开粗</td></tr>
</table>

<table>
<tr><th>序号</th><th>操作步骤</th><th>操作方法及说明</th><th>能力要求</th></tr>
<tr><td>2</td><td>开粗加工</td><td>

图 D1-20　设置刀轨基本参数
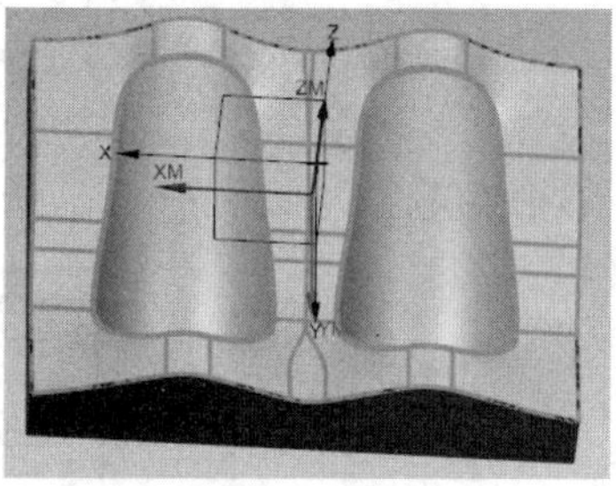

图 D1-21　指定切削区域

图 D1-22　“连接”选项卡
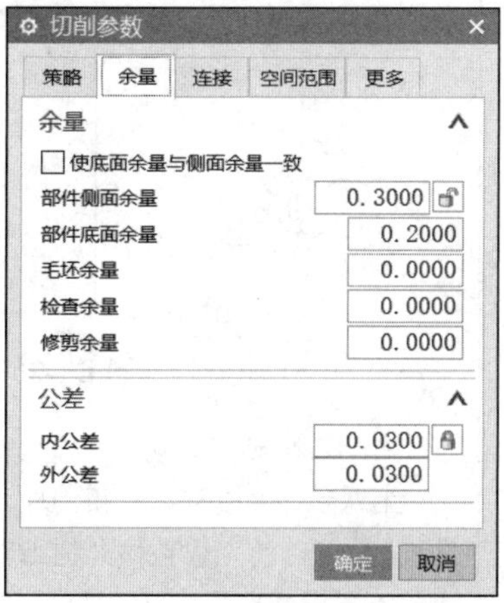

图 D1-23　“余量”选项卡
</td><td>能用型腔铣工序开粗</td></tr>
</table>

<table>
<tr><th>序号</th><th>操作步骤</th><th>操作方法及说明</th><th>能力要求</th></tr>
<tr><td>2</td><td>开粗加工</td><td>

图 D1-24 “拐角”选项卡

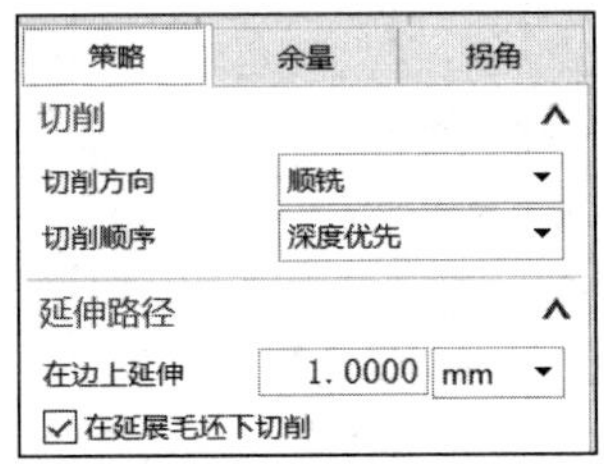

图 D1-25 “策略”选项卡

第六步，设置进给率和速度。单击图标，系统弹出如图 D1-26 所示的“进给率和速度”对话框，勾选“主轴速度”复选框，设置“主轴速度”为“2200”，“进给率”设置为“2500mmpm”，单击图标，单击“确定”按钮，完成进给率和速度的设置。

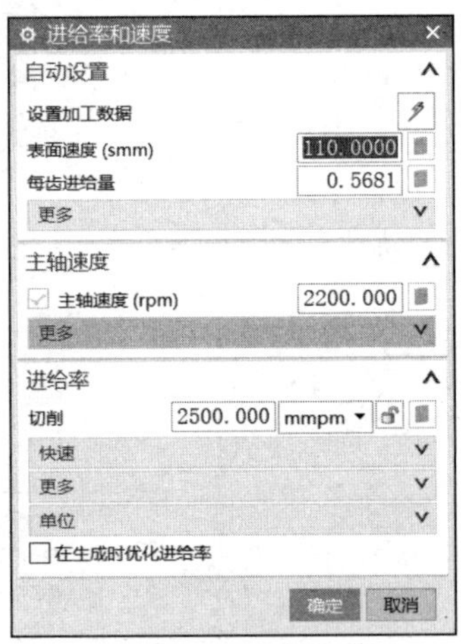

图 D1-26 “进给率和速度”对话框

第七步，设置非切削移动参数，如图 D1-27 和图 D1-28 所示。

第八步，生成整体开粗刀轨。单击“型腔铣-[开粗]”对话框中的（生成刀轨）图标，系统自动完成整体开粗刀轨的计算。护膝型芯开粗刀轨效果如图 D1-29 所示。单击图标，打开“3D 动态”选项组，调整动画速度，单击按钮，虚拟切削效果如图 D1-30 所示。
</td><td>能用型腔铣工序开粗</td></tr>
</table>

<table>
<tr><th>序号</th><th>操作步骤</th><th>操作方法及说明</th><th>能力要求</th></tr>
<tr><td>2</td><td>开粗加工</td><td>

图 D1-27　“进刀”选项卡

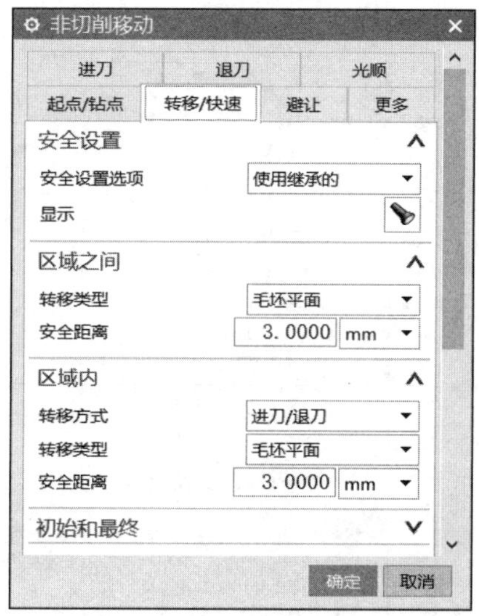

图 D1-28　“转移/快速”选项卡

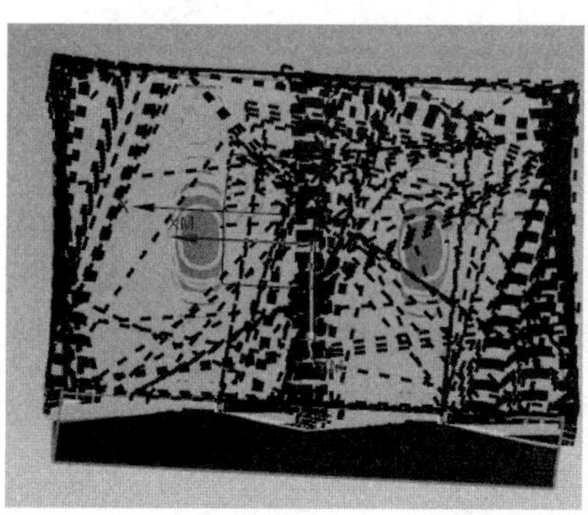

图 D1-29　护膝型芯开粗刀轨效果

图 D1-30　虚拟切削效果

</td><td>能用型腔铣工序开粗</td></tr>
</table>

序号	操作步骤	操作方法及说明	能力要求
2	开粗加工	第九步，创建 IPW，如图 D1-31 所示。IPW 显示如图 D1-32 所示。 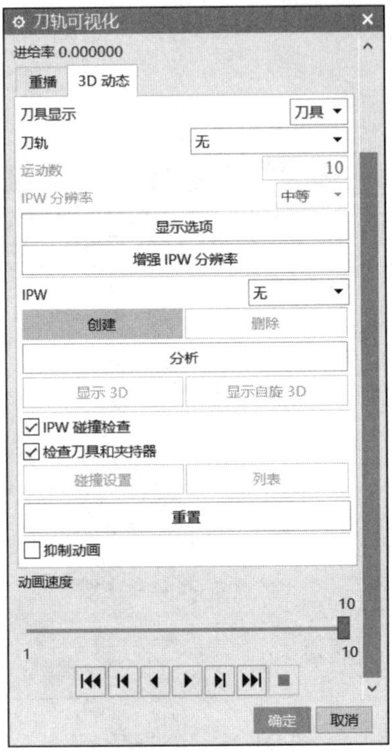 图 D1-31　创建 IPW 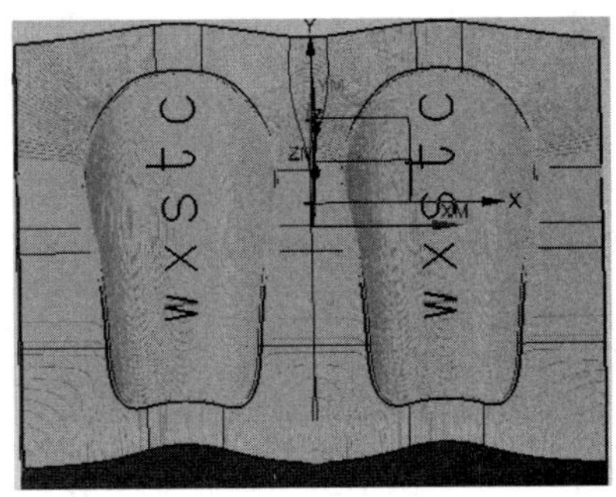 图 D1-32　IPW 显示	能用型腔铣工序开粗
3	补开粗加工	第一步，复制开粗工序并粘贴，将程序名称改为“补开粗”，双击补开粗程序，进入补开粗程序设置界面。 第二步，选择刀具。在“型腔铣-[补开]”对话框的“工具”选项组中，选择“D6R1”圆头立铣刀。 第三步，设置刀轨基本参数。在“刀轨设置”选项组中，选择“平面直径百分比”为“65”，设置“最大距离”为“0.2mm”，完成刀轨的基本设置，如图 D1-33 所示。 第四步，设置切削参数。单击（切削参数）图标，系统弹出“切削参数”对话框，“过程工件”改为“使用 3D”，最小除料量=每刀切削深度+部件余量+内外公差≈0.6，如图 D1-34 所示。 第五步，修改进给率和速度。单击图标，系统弹出如图 D1-35 所示的“进给率和速度”对话框，勾选“主轴速度”复选框，设置“主轴速度”为“6500”，注意单位为“rpm”；单击图标，系统自动计算表面速度与每齿进给量，“进给率”设置为“3000mmpm”，单击“确定”按钮，完成进给率和速度的设置。	能用型腔铣工序补开粗

<table>
<tr><th>序号</th><th>操作步骤</th><th>操作方法及说明</th><th>能力要求</th></tr>
<tr><td>3</td><td>补开粗加工</td><td>

图 D1-33　设置刀轨

图 D1-34　设置切削参数
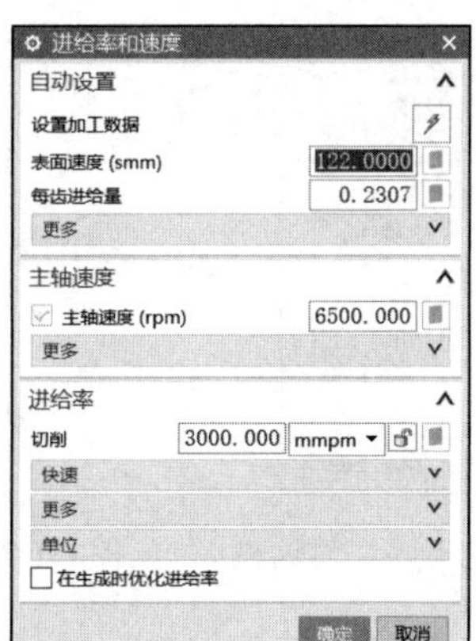

图 D1-35　“进给率和速度”对话框
</td><td>能用型腔铣工序补开粗</td></tr>
</table>

序号	操作步骤	操作方法及说明	能力要求
3	补开粗加工	第六步，生成整体补开粗刀轨。单击“型腔铣-[补开]”对话框中的图标，系统自动完成补开粗刀轨的计算，护膝型芯补开粗刀轨效果如图D1-36所示。单击图标，打开“3D动态”选项组，调整动画速度，单击▶按钮，虚拟切削效果如图D1-37所示。 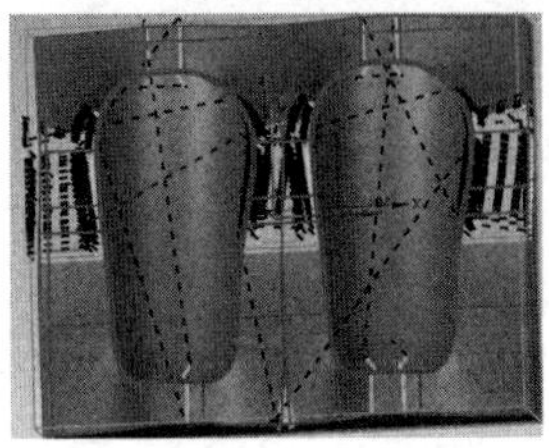 图D1-36　护膝型芯补开粗刀轨效果 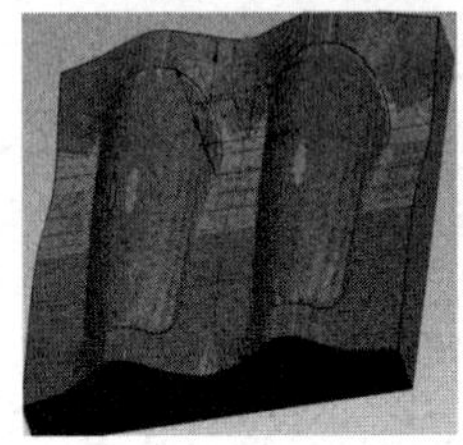 图D1-37　虚拟切削效果	能用型腔铣工序补开粗
4	半精加工	第一步，创建半精加工程序。在插入工具条中单击（创建工序）图标，系统弹出如图D1-38所示的“创建工序”对话框，“类型”选择“mill_contour”，“工序子类型”选择（固定轮廓铣），刀具选择“B6”，“几何体”选择“WORKPIECE”，“名称”改为“半精加工”。单击“确定”按钮，系统弹出如图D1-39所示的“固定轮廓铣-[半精加工]”对话框，在“工具”选项组中，选择“B6”刀具，其他选项卡参数默认不变，同时指定切削区域。  图D1-38　“创建工序”对话框 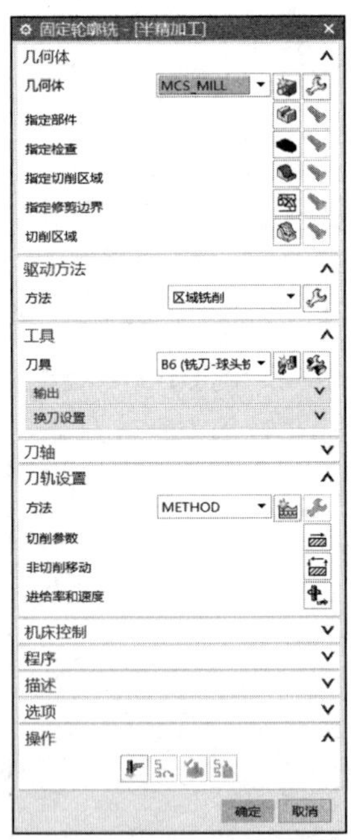 图D1-39　“固定轮廓铣-[半精加工]”对话框 第二步，设置半精加工切削区域，如图D1-40所示。在“区域铣削驱动方法”对话框中，将“步距”改为“恒定”，“最大距离”改为“0.25”，如图D1-41所示。	能用固定轮廓铣工序进行半精加工

<table>
<tr><th>序号</th><th>操作步骤</th><th>操作方法及说明</th><th>能力要求</th></tr>
<tr><td>4</td><td>半精加工</td><td>

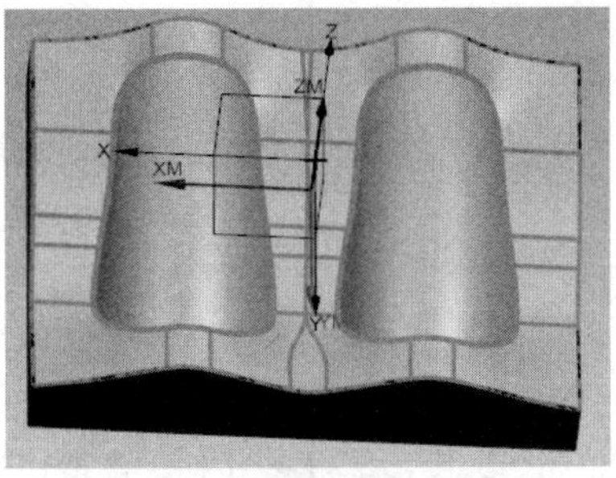

图 D1-40　设置半精加工切削区域

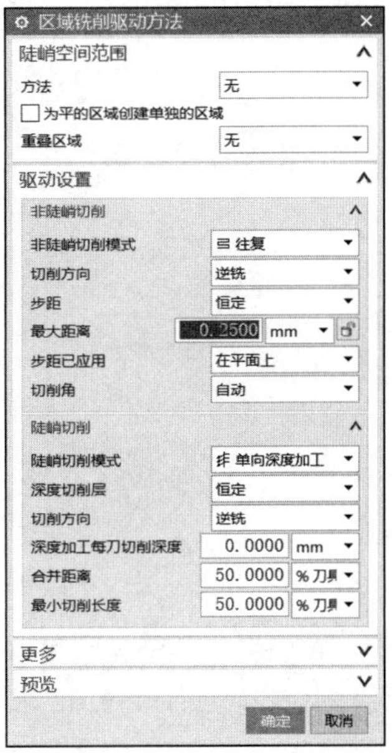

图 D1-41　设置驱动方法

第三步，设置切削参数。单击图标，系统弹出“切削参数”对话框，在如图 D1-42 所示的“余量”选项卡中，将“部件余量”改为“0.1”。

图 D1-42　“余量”选项卡

第四步，设置进给率和速度。单击图标，系统弹出如图 D1-43 所示的“进给率和速度”对话框，勾选“主轴速度”复选框，设置“主轴速度”为“8000”，注意单位为“rpm”；单击按钮，系统自动计算表面速度与每齿进给量，“进给率”设置为“2500mmpm”，单击“确定”按钮，完成进给率和速度的设置。

</td><td>能用固定轮廓铣工序进行半精加工</td></tr>
</table>

序号	操作步骤	操作方法及说明	能力要求
4	半精加工	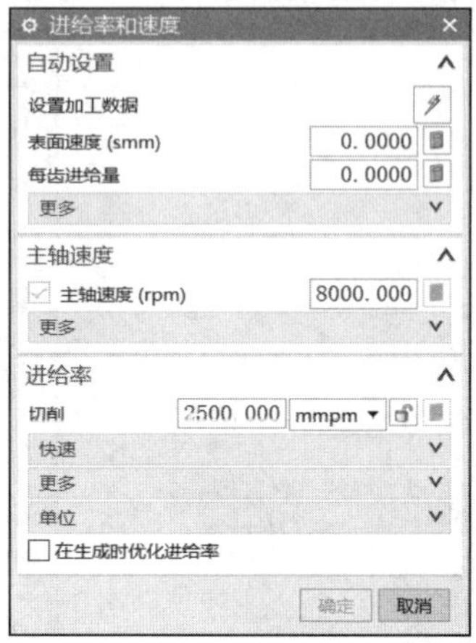 图 D1-43 “进给率和速度”对话框 第五步，生成半精加工刀轨。单击“固定轮廓铣-[半精加工]”对话框中的图标，系统自动进行半精加工刀轨的计算，半精加工刀轨效果如图 D1-44 所示。单击图标，打开“3D 动态”选项组，调整动画速度，单击按钮，虚拟切削效果如图 D1-45 所示。 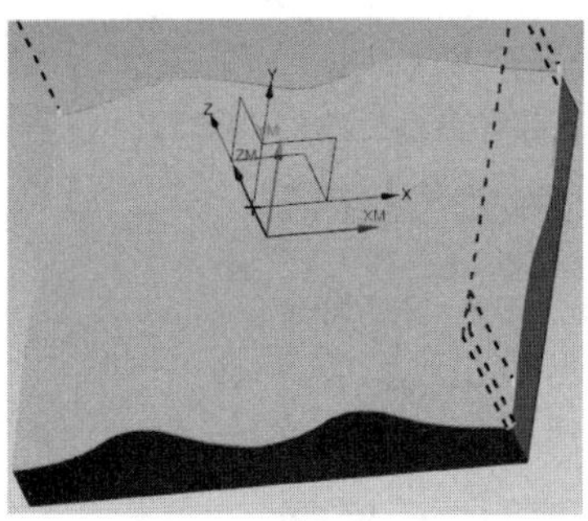 图 D1-44 半精加工刀轨效果 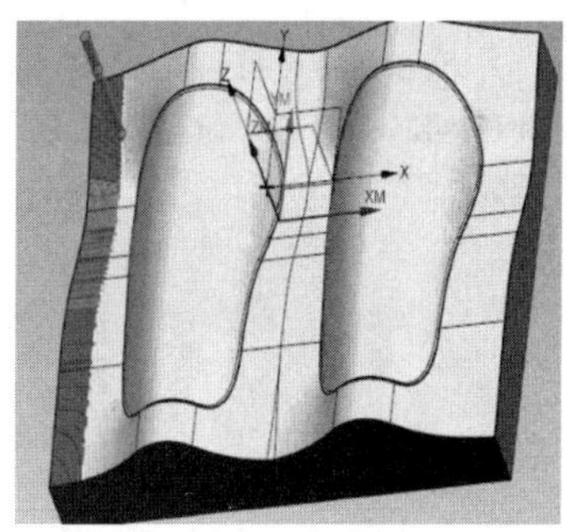 图 D1-45 虚拟切削效果	能用固定轮廓铣工序进行半精加工
5	清角	第一步，复制半精加工程序，生成清角程序。 第二步，将刀具替换为“B3”，修改“驱动方法”为“清根”，如图 D1-46 所示。“非陡峭切削模式”改为“跟随周边”，“步距”改为“0.1mm”，“参考刀具”改为“B6”，“重叠距离”改为“1”，如图 D1-47 所示。 第三步，设置进给率和速度。单击图标，系统弹出如图 D1-48 所示的“进给率和速度”对话框，勾选“主轴速度”复选框，设置“主轴速度”为“12000”，注意单位为“rpm”；单击图标，系统自动计算表面速度与每齿进给量，“进给率”设置为“1800mmpm”，单击“确定”按钮，完成进给率和速度的设置。	能用固定轮廓铣工序中清根驱动方法进行清角

<table>
<tr><th>序号</th><th>操作步骤</th><th>操作方法及说明</th><th>能力要求</th></tr>
<tr><td>5</td><td>清角</td><td>
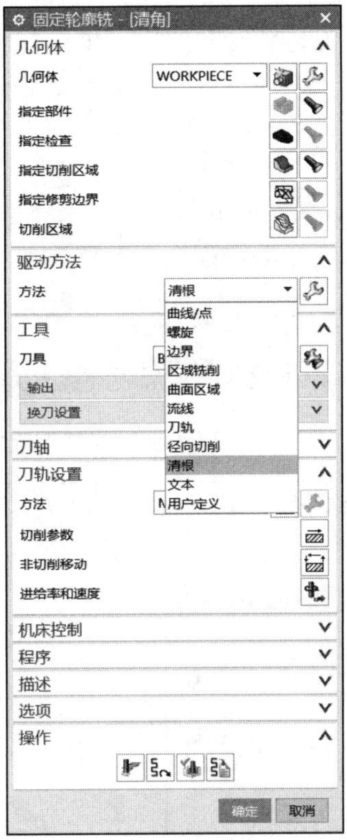

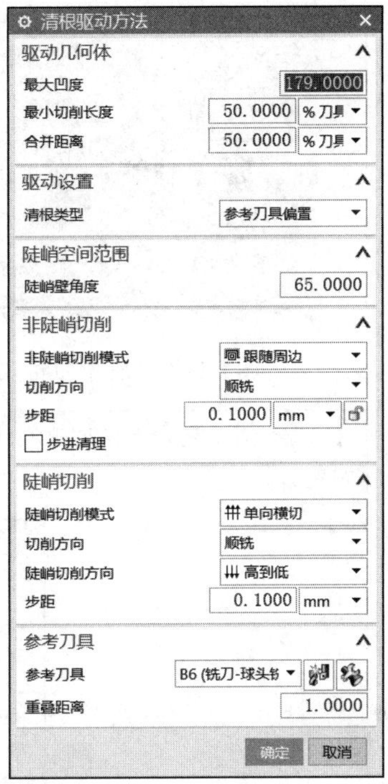

图 D1-46　“固定轮廓铣-[清角]”对话框　图 D1-47　“清根驱动方法”对话框
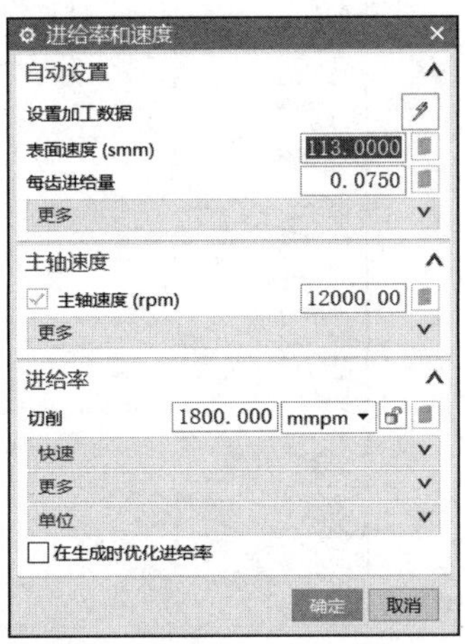

图 D1-48　“进给率和速度”对话框
</td><td>能用固定轮廓铣工序中清根驱动方法进行清角</td></tr>
</table>

<table>
<tr><th>序号</th><th>操作步骤</th><th>操作方法及说明</th><th>能力要求</th></tr>
<tr><td>5</td><td>清角</td><td>第四步，生成清角刀轨。单击“固定轮廓铣-[清角]”对话框中的图标，系统自动生成刀轨，清角刀轨效果如图 D1-49 所示。单击图标，打开“3D 动态”选项组，调整动画速度，单击按钮，虚拟切削效果如图 D1-50 所示。
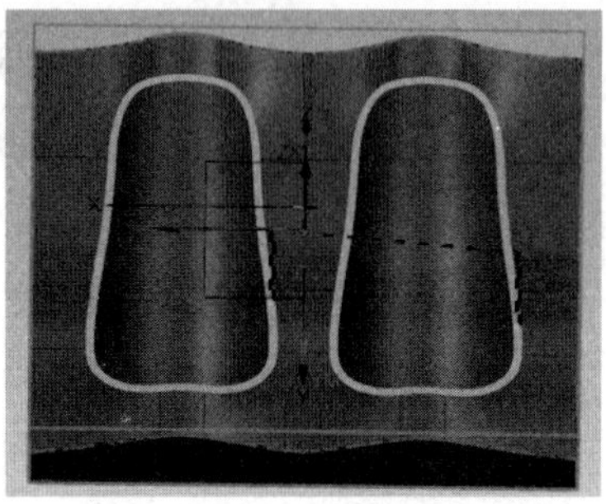
图 D1-49　清角刀轨效果
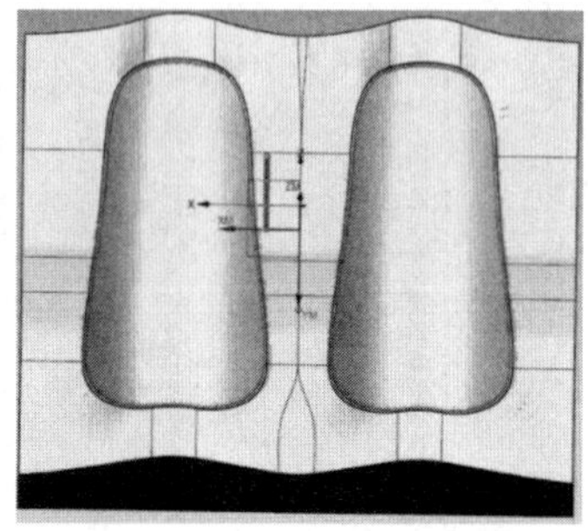
图 D1-50　虚拟切削效果</td><td>能用固定轮廓铣工序中清根驱动方法进行清角</td></tr>
<tr><td>6</td><td>型腔精加工</td><td>第一步，复制半精加工程序，将“名称”改为“型腔精加工”，“刀具”改为“B3”，如图 D1-51 所示。
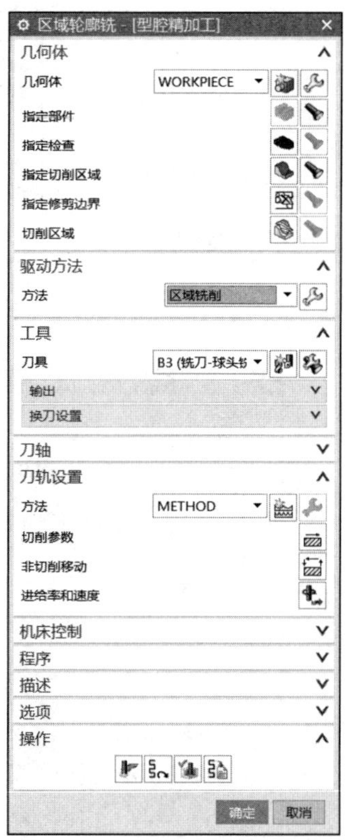

图 D1-51　“区域轮廓铣-[型腔精加工]”对话框</td><td>能用区域铣削驱动进行型腔精加工</td></tr>
</table>

序号	操作步骤	操作方法及说明	能力要求
6	型腔精加工	第二步，修改切削区域，如图 D1-52 所示。在“区域铣削驱动方法”对话框中，将“步距”改为“恒定”，“最大距离”改为“0.1mm”，勾选“精加工刀路”复选框，如图 D1-53 所示。 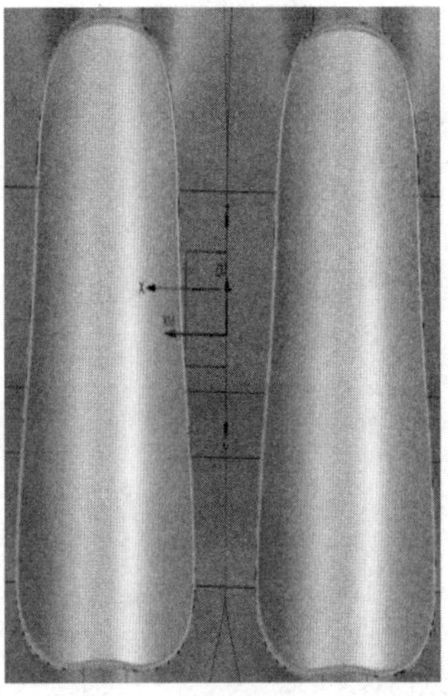 图 D1-52　设置型腔精加工切削区域  图 D1-53　设置驱动方法 第三步，设置切削参数。单击图标，系统弹出“切削参数”对话框。在“余量”选项卡中，将“部件余量”改为“0”，“内公差”“外公差”均改为“0.005”；在“策略”选项卡中，将“切削方向”改为“顺铣”，“切削角”改为“指定”并设为 45°，如图 D1-54 所示。 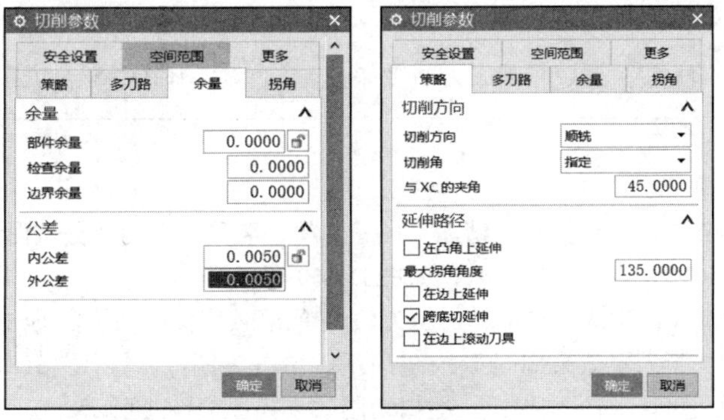 图 D1-54　设置切削参数	能用区域铣削驱动进行型腔精加工

<table>
<tr><th>序号</th><th>操作步骤</th><th>操作方法及说明</th><th>能力要求</th></tr>
<tr><td>6</td><td>型腔精加工</td><td>
第四步，设置进给率和速度。单击图标，系统弹出如图 D1-55 所示的“进给率和速度”对话框，勾选“主轴速度”复选框，设置“主轴速度”为“12000”，注意单位为“rpm”；单击按钮，系统自动计算表面速度与每齿进给量，“进给率”设置为“2050mmpm”，单击“确定”按钮，完成进给率和速度的设置。
第五步，设置非切削移动参数，如图 D1-56 所示。
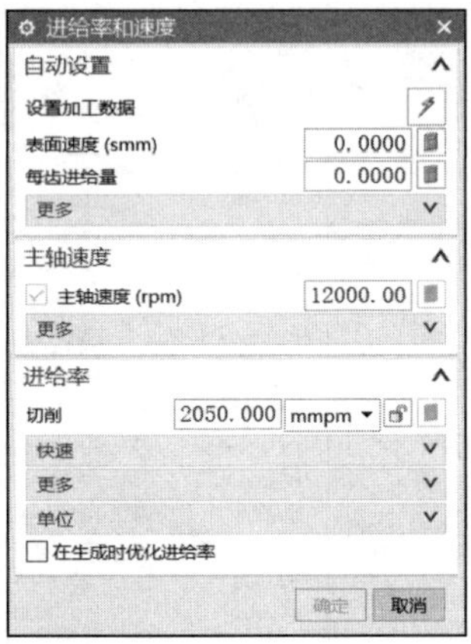

图 D1-55 “进给率和速度”对话框
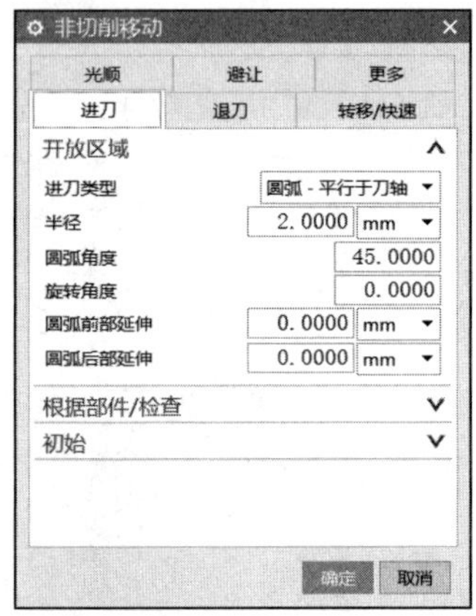

图 D1-56 设置非切削移动参数
第六步，生成型腔精加工刀轨。单击图标，系统自动进行刀轨的计算，型腔精加工刀轨效果如图 D1-57 所示。单击图标，打开“3D 动态”选项组，调整动画速度，单击▶按钮，虚拟切削效果如图 D1-58 所示。
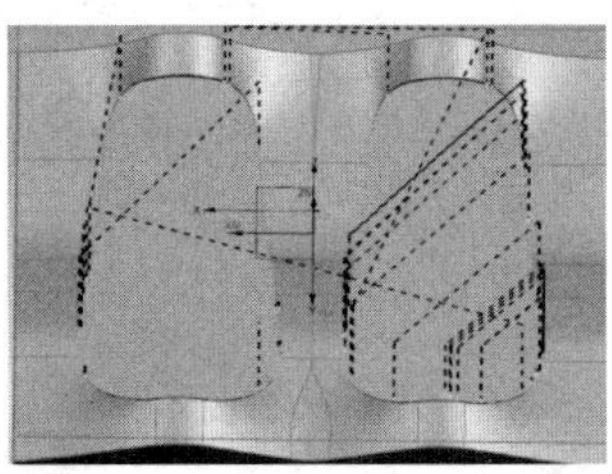
图 D1-57 型腔精加工刀轨效果
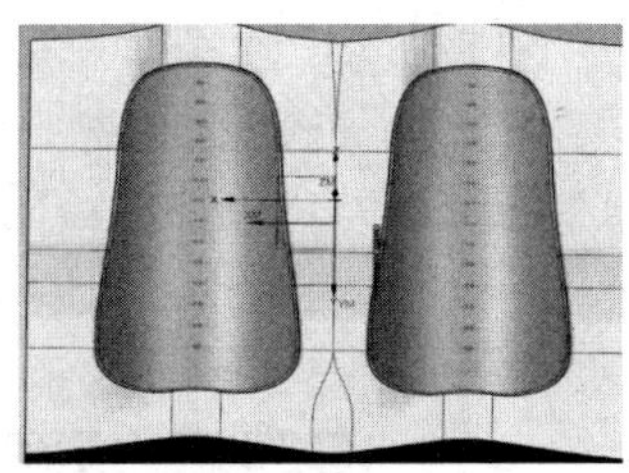
图 D1-58 虚拟切削效果
</td><td>能用区域铣削驱动进行型腔精加工</td></tr>
<tr><td>7</td><td>分型面精加工</td><td>
第一步，复制型腔铣精加工程序，将“名称”改为“分型面精加工”。
第二步，设置切削区域，如图 D1-59 所示。
第三步，生成分型面精加工刀轨。单击图标，系统自动进行刀轨的计算，分型面精加工刀轨效果如图 D1-60 所示。单击图标，打开“3D 动态”选项组，调整动画速度，单击▶按钮，虚拟切削效果如图 D1-61 所示。
</td><td>能用区域铣削驱动方法进行分型面精加工</td></tr>
</table>

序号	操作步骤	操作方法及说明	能力要求
7	分型面精加工	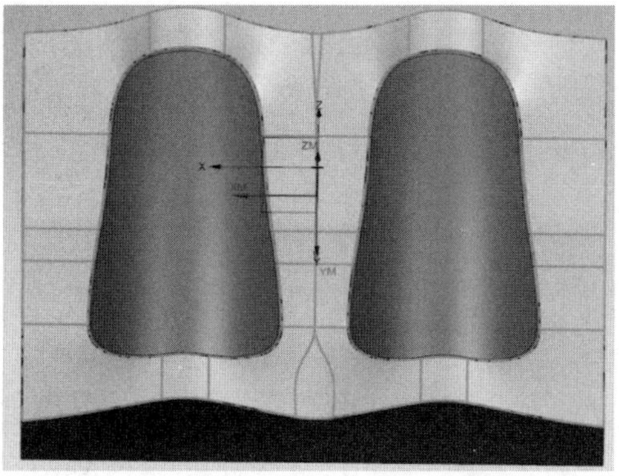 图 D1-59 设置分型面精加工切削区域 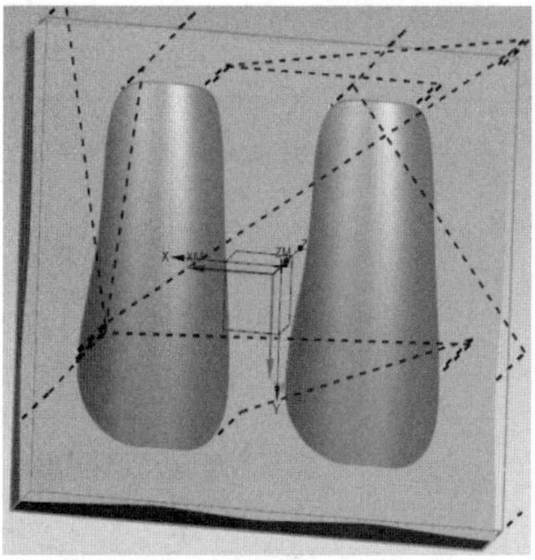 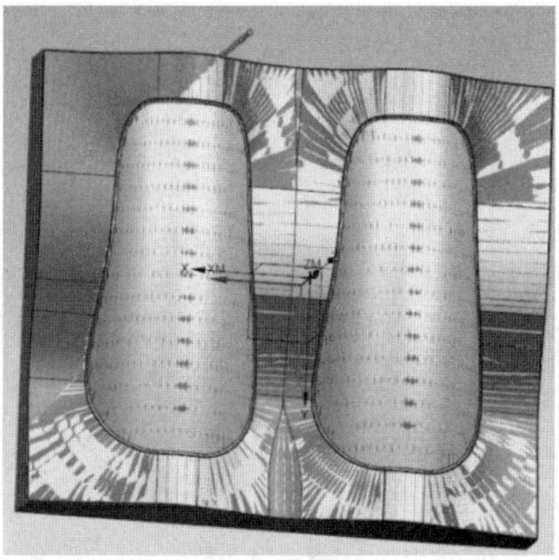 图 D1-60 分型面精加工刀轨效果 图 D1-61 虚拟切削效果	能用区域铣削驱动方法进行分型面精加工
8	刻字	第一步，创建轮廓文本程序。在插入工具条中单击（创建工序）图标，系统弹出如图 D1-62 所示的“创建工序”对话框，“类型”选择“mill_contour”，“工序子类型”选择（固定轮廓铣），“几何体”选择“WORKPIECE”，“名称”设置为“刻字”。单击“确定”按钮，系统弹出如图 D1-63 所示的“固定轮廓铣-[刻字]”对话框，在“工具”选项组中，选择“B2”刀具，其他选项卡中参数默认不变，同时指定切削区域。 第二步，设置切削区域，如图 D1-64 所示。 第三步，设置制图文本。“刻字文本几何体”对话框如图 D1-65 所示，指定文本如图 D1-66 所示。 第四步，设置切削参数。单击图标，系统弹出“切削参数”对话框，“策略”“多刀路”“余量”选项卡分别如图 D1-67～图 D1-69 所示。	能用轮廓文本工序进行刻字

<table>
<tr><th>序号</th><th>操作步骤</th><th>操作方法及说明</th><th>能力要求</th></tr>
<tr><td>8</td><td>刻字</td><td>

图 D1-62 “创建工序”对话框
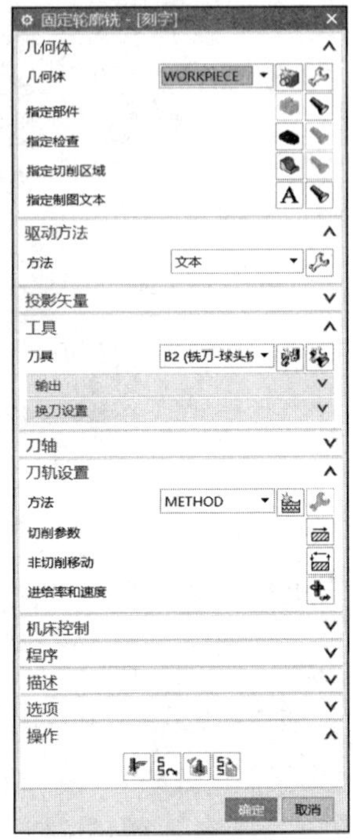

图 D1-63 “固定轮廓铣-[刻字]”对话框
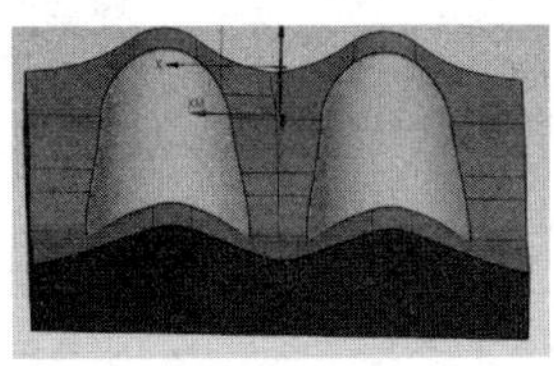
图 D1-64 设置切削区域
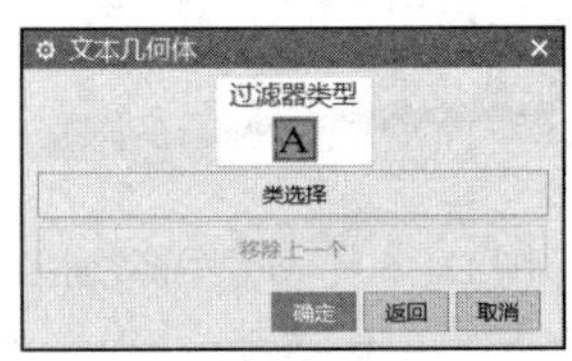

图 D1-65 “刻字文本几何”对话框
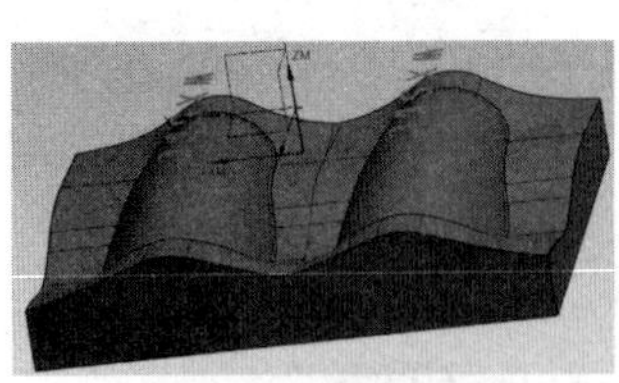
图 D1-66 指定文本

图 D1-67 “策略”选项卡
</td><td>能用轮廓文本工序进行刻字</td></tr>
</table>

<table>
<tr><th>序号</th><th>操作步骤</th><th>操作方法及说明</th><th>能力要求</th></tr>
<tr><td>8</td><td>刻字</td><td>

图 D1-68　“多刀路”选项卡
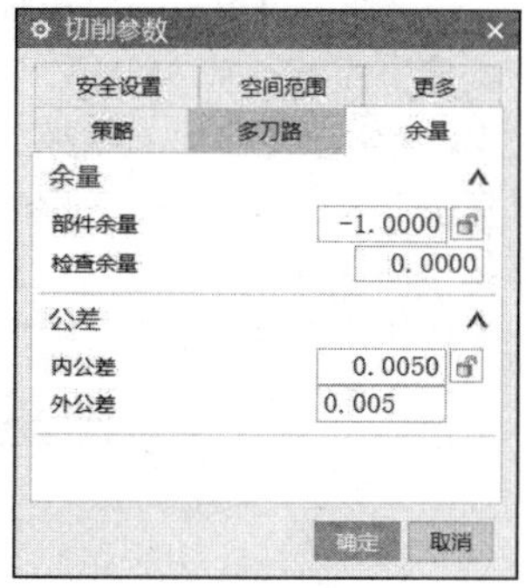

图 D1-69　“余量”选项卡
第五步，设置非切削移动参数，“进刀”选项卡如图 D1-70 所示，“转移/快速”选项卡如图 D1-71 所示。转移/快速平面选择如图 D1-72 所示。
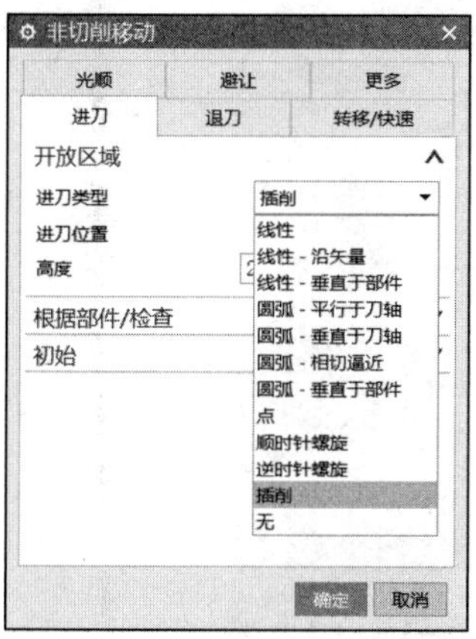

图 D1-70　“进刀”选项卡
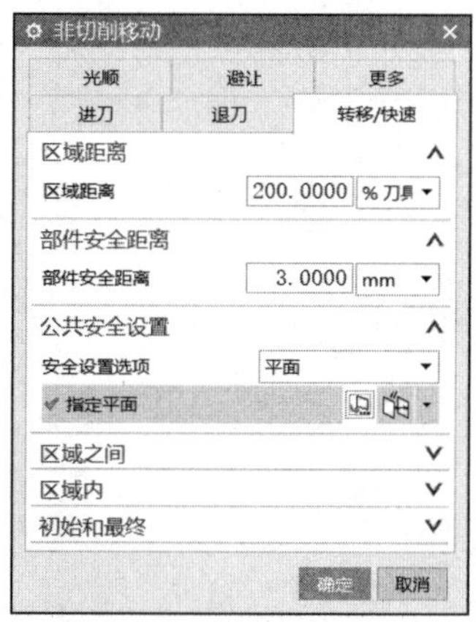

图 D1-71　“转移/快速”选项卡
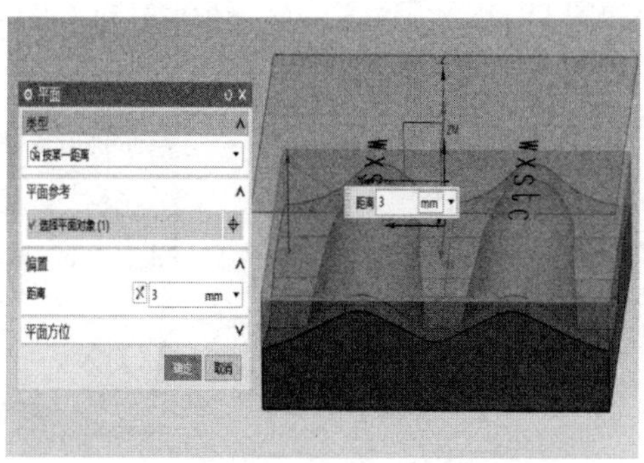

图 D1-72　选择转移/快速平面
</td><td>能用轮廓文本工序进行刻字</td></tr>
</table>

<table>
<tr><th>序号</th><th>操作步骤</th><th>操作方法及说明</th><th>能力要求</th></tr>
<tr><td>8</td><td>刻字</td><td>

第六步，设置进给率和速度。单击图标，系统弹出如图 D1-73 所示的“工序参数警告”对话框，单击“否”按钮（这是因为刻字余量是负数系统，它认为存在过切，而实际没有），系统弹出如图 D1-74 所示的“进给率和速度”对话框，勾选“主轴速度”复选框，设置“主轴速度”为“15000”，注意单位为“rpm”；单击图标，系统自动计算表面速度与每齿进给量，“进给率”设置为“1000mmpm”，单击“确定”按钮，完成进给率和速度的设置。

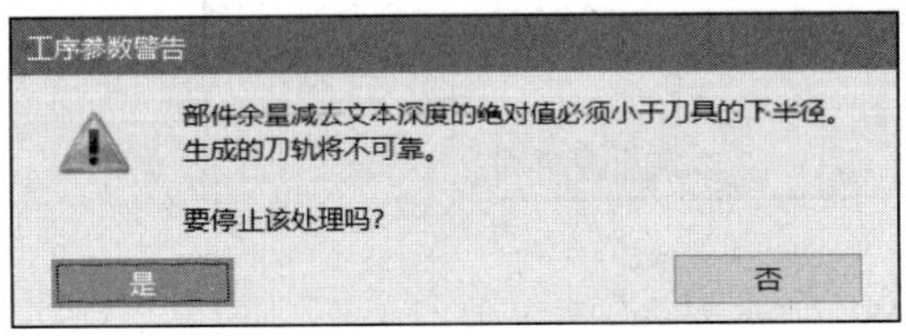

图 D1-73　“工序参数警告”对话框

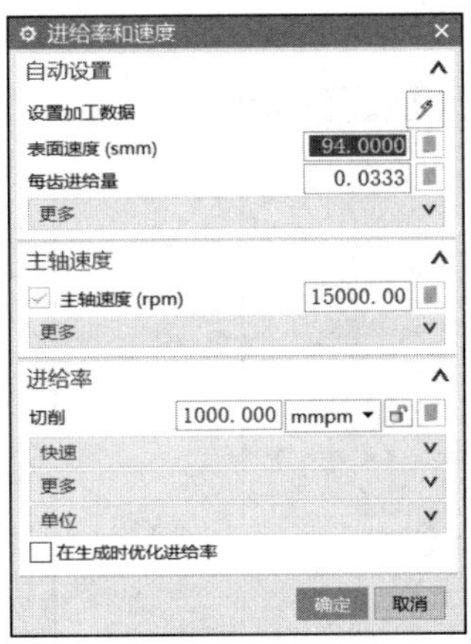

图 D1-74　“进给率和速度”对话框

第七步，生成文本刀轨。单击图标，系统自动完成文本刀轨的计算，文本加工刀轨效果如图 D1-75 所示。单击图标，打开“3D 动态”选项组，调整动画速度，单击▶按钮，虚拟切削效果如图 D1-76 所示。

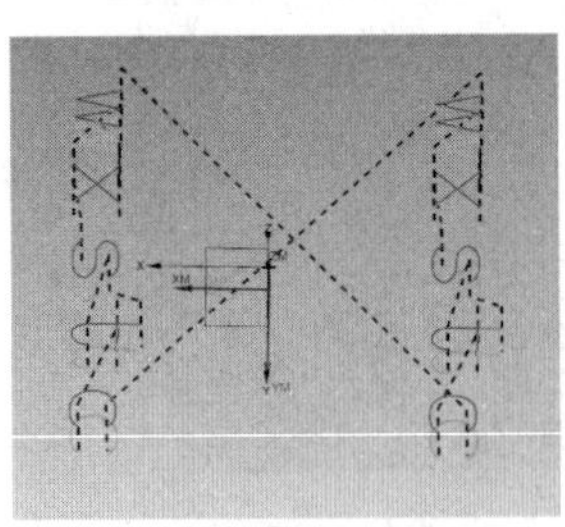

图 D1-75　文本加工刀轨效果

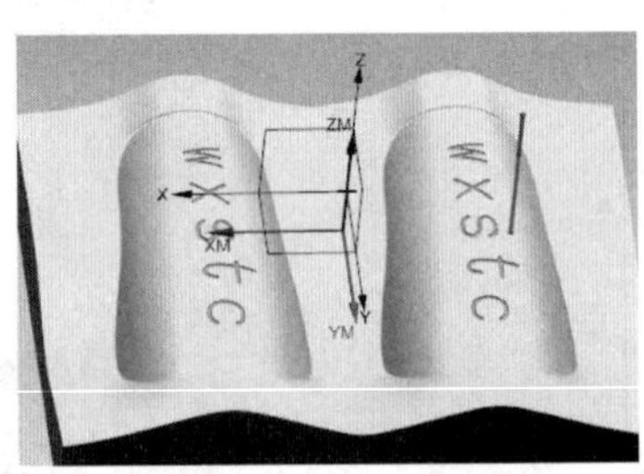

图 D1-76　虚拟切削效果

</td><td>能用轮廓文本工序进行刻字</td></tr>
</table>

能力拓展一

根据前面所学知识，试判断固定轴曲面轮廓铣是否可用于平面的加工，并说明理由。

能力拓展二

根据上述内容，指出边界清根的作用。已知驱动几何体的边界的刀具位置有相切、对中、接触 3 个，试指出它们有何区别。

4. 学习结果评价

学习结果评价表如表 D1-7 所示。

表 D1-7　学习结果评价表

序号	评价内容	评价标准	评价结果（是/否）
1	知识与技能	能熟练设置刀轨可视化选项卡	□是　□否
		能熟练进行刀轨后处理操作	□是　□否
		能完成护膝型芯零件 CAM 操作	□是　□否
2	总评	“是”与“否”在本次评价中所占百分比	“是”占____% “否”占____%

课后作业

1. 仿真结束后创建 IPW 有何作用？
2. 在加工分型面时需要注意哪些事项？
3. 请自行完成护膝型芯零件的加工。

工作任务 D2 复杂型腔加工工艺设计及 CAM 仿真加工

职业能力 D2-1 熟练完成保护盒型腔零件加工工艺设计

【核心概念】

加工阶段的划分：加工阶段可以划分为粗加工阶段、半精加工阶段、精加工阶段和光整加工阶段。

【学习目标】

1. 了解加工方法的选择。
2. 了解加工阶段的划分。
3. 了解工序的划分方法。
4. 了解加工顺序的安排。
5. 能确定刀具走刀路线。
6. 培养团结互助的团队精神。

基本知识：加工方法的选择、加工阶段和工序的划分、加工顺序和走刀路线的确定

D2-1-1 加工方法的选择

拟定工艺路线首先要确定零件各加工要素的加工方法。每种加工要素都有多种加工方法，不同的数控铣床具有不同的加工方法。例如，FANUC 0i-MC 系统的 VMC600 型数控铣床能进行铣削、钻削、镗孔、铰孔和攻螺纹等加工。

根据零件的加工精度、表面粗糙度、材料、结构形状、尺寸及加工类型等，选择零件各要素的加工方法。

D2-1-2 加工阶段和工序的划分

1. 加工阶段的划分

当零件的加工质量要求较高时，往往不可能用一道工序来满足其要求，而要用几道工序逐步达到所要求的加工质量。零件的加工阶段通常可分为粗加工、半精加工、精加工和光整加工 4 个阶段。加工阶段的划分如表 D2-1 所示。

表 D2-1　加工阶段的划分

加工阶段	说明
粗加工阶段	其任务主要是切除毛坯上大部分多余的材料，使毛坯在形状和尺寸上尽量接近零件成品，主要目标是提高生产率
半精加工阶段	其任务主要是在粗加工的基础上，使主要表面达到一定的精度，留有一定的精加工余量，为主要表面的精加工做好准备。同时可完成一些次要表面的加工，如扩孔、攻螺纹、铣键槽等
精加工阶段	其任务是保证各主要表面达到规定的尺寸精度和表面粗糙度要求。主要目标是全面保证加工质量
光整加工阶段	对零件的精度和表面粗糙度要求很高的表面需要进行光整加工，其主要目标是提高尺寸精度、减小表面粗糙度。一般不用于提高位置精度

2. 工序的划分

1）工序集中与分散

工序的划分可以采用两种不同原则，即工序集中原则和工序分散原则。工序集中就是在一台机床上尽可能多地加工出工件表面，从而有效保证加工质量，提高生产效率。工序分散就是在每台机床上完成的加工内容较少，整个工艺过程的工序数目较多，工艺路线较长。

2）数控铣床加工工序划分方法

数控铣床加工根据零件的结构形状不同，通常选择外轮廓、上平面、 内孔、外圆等装夹工件。常用划分工序的方法如表 D2-2 所示。

表 D2-2　常用划分工序的方法

划分方法	说明
按零件加工表面划分	将位置精度要求较高的表面安排在一次装夹下完成，以免多次装夹产生的安装误差影响位置精度
按粗、精加工划分	将粗加工中完成的工艺过程作为一道工序，将精加工中完成的工艺过程作为另一道工序。这种划分方法适用于零件有强度和硬度要求，零件精度要求较高，需要有效去除内应力或进行热处理，或者零件加工后变形较大而需要按粗、精加工阶段进行划分的零件加工
按所用刀具划分	为了减少换刀次数、空行程的时间、不必要的定位误差，可以用同一把刀具加工完零件上所有该刀具应加工的表面后，再换第二把刀具。这种方法适用于零件的待加工表面较多，机床连续工作时间较长，加工程序的编制和检查难度较大等情况
按加工部位划分	对于加工内容很多的工件，可按其结构特点将加工部位分成几个部分，如内腔、外形、曲面或平面，以完成相同型面的工艺过程为一道工序

D2-1-3　加工顺序和走刀路线的确定

1. 加工顺序的确定

在分析零件图样，选定了加工方法和划分工序后，要合理安排这些加工方法和加工工序的顺序。

2. 走刀路线的确定

刀具的走刀路线是编写程序的重要依据之一。刀具的走刀路线是指刀具从程序启动开始运行至程序结束停止运行所经过的路径，包括切削加工的路径，以及刀具切入、切出等非切削空行程所经过的路径。确定刀具走刀路线的重点是确定粗加工及空行程的刀具走刀路线，精加工切削过程的走刀路线基本上都是沿着路径轮廓连续进行的。

能力训练：保护盒型腔加工工艺过程卡及加工刀具卡的编制

1. 操作条件

（1）设备：装有 UG NX 12.0 的计算机一台。
（2）模型：保护盒型腔模型文件一个。

2. 注意事项

在使用计算机之前，先开显示器等外设，后开主机。在关闭计算机时，则相反，先关闭主机，然后关闭显示器等外设。

3. 制定保护盒型腔零件铣削的工艺规划

1）零件工艺分析

零件工艺分析是产品制造工艺规划环节中的铣削工序编制，零件结构已经进行了处理，对放电加工的位置面进行了删除，铣削加工相对简单，具有良好的可切削性。

生产要求：该零件材质为 718H，单件生产。

热处理要求：32～38HRC 做表面处理，安排在精加工前进行。

毛坯分析：铣削前完成毛坯精磨加工，尺寸为 112.5mm×165mm×60mm。

基准设计：由于坯料上表面进行了余量的设置，因此铣削基准设计为安装基准（坯料底面），*XY* 平面基准设计为底面中心，为后续热处理留 0.03～0.05mm 的变形量。

能力要求：能根据生产要求、热处理要求、毛坯分析、基准设计等对保护盒型腔零件进行工艺分析。

2）确定装夹方案

在选择定位基准时，应注意减少装夹次数，尽量做到在一次装夹中能把零件上所有要加工的表面都加工出来。由于该零件需要进行翻面加工，所以选择基准十分重要。

定位基准选择：在进行翻面倒角加工时，我们选择顶面作为定位基准，用于统一基准；保护盒正面铣削时选择保护盒型腔精坯料底面作为定位基准。该定位基准与装配基准重合，大大减小了定位误差对尺寸精度的影响。

装夹方案：采用强力永久磁铁装夹。

能力要求：能通过定位基准的选择确定保护盒型腔零件的装夹方案。

3）保护盒型腔零件加工工艺规划

保护盒型腔零件的工艺规划从下料开始，依次经历铣平面、磨平面、钻孔、攻丝、R

角加工、型腔开粗、型腔补开、虎口位半精加工、虎口位精加工、避空位加工、腔体直壁半精加工、分型面半精加工、腔体平坦面半精加工、腔体直壁精加工、分型面精加工、腔体平坦面精加工、流道加工、检验、抛光、检验。保护盒型腔加工工艺过程卡如表 D2-3 所示。保护盒型腔加工刀具卡如表 D2-4 所示。

表 D2-3　保护盒型腔加工工艺过程卡

工序号	工序名称	尺寸	工艺要求	检验	备注
1	下料	115mm×170mm×65mm	带锯条	钢直尺检验自由公差度要求	3mm 余量手工去毛刺
2	铣平面	113mm×165.5mm×59.75mm	铣床铣削	游标卡尺检验，正公差 0.2mm	六面角尺
3	磨平面	112.5mm×165mm×59.25mm	平面磨	千分尺	高度留余量，其他留正公差 0～0.02mm
4	钻孔	按零件图要求尺寸	台钻	内径千分尺等、配合长度	
5	攻丝	攻螺纹、水堵管螺纹尺寸	丝攻	螺杆顺畅旋转配合	手工
6	R 角加工	达到零件图要求尺寸	铣床加工	游标卡尺、角度尺	反面加工
7	型腔开粗	按零件图要求尺寸	铣床加工	带表游标卡尺	腔体预留 0.5mm
8	型腔补开	按零件图要求尺寸	加工中心	带表游标卡尺	腔体预留 0.5mm
9	虎口位半精加工	按零件图要求尺寸	加工中心	带表游标卡尺	腔体预留 0.1mm
10	虎口位精加工	按零件图要求尺寸	加工中心	带表游标卡尺	
11	避空位加工	按零件图要求尺寸	加工中心	带表游标卡尺	
12	腔体直壁半精加工	按零件图要求尺寸	加工中心	带表游标卡尺	腔体预留 0.1mm
13	分型面半精加工	按零件图要求尺寸	加工中心	带表游标卡尺	腔体预留 0.1mm
14	腔体平坦面半精加工	按零件图要求尺寸	加工中心	带表游标卡尺	腔体预留 0.1mm
15	腔体直壁精加工	按零件图要求尺寸	加工中心	带表游标卡尺	
16	分型面精加工	按零件图要求尺寸	加工中心	带表游标卡尺	
17	腔体平坦面精加工	按零件图要求尺寸	加工中心	带表游标卡尺	
18	流道加工	按零件图要求尺寸	精雕机床	肉眼观察	
19	检验	按零件图标注和技术要求		千分尺，肉眼观察表面接刀痕	以设计基准为检验基准
20	抛光	符合零件图粗糙度要求	抛光工具	与标准样板对比检验	严禁抛光分型面
21	检验	按零件图标注和技术要求	三坐标机		以设计基准为检验基准

表 D2-4　保护盒型腔加工刀具卡

代号				零件名称		零件图号	
保护盒型腔加工				保护盒型腔		20201026-01	
夹具名称				使用设备		车间	
强力永久磁铁				加工中心		机加 01	
工序号	工序内容	刀具号	规格	主轴速度/（r/min）	进给速度/（mm/min）	每刀切削深度/mm	余量/mm
1	R 角加工	T01	D20R1	2200	1800	0.5	−0.05
2	型腔开粗	T02	D20R1	2200	2000	0.5	0.5
3	型腔补开	T03	D6R1	6500	2000	0.25	0.5
4	虎口位半精加工	T04	D6R1	8000	2000	0.25	0.1
5	虎口位精加工	T05	D6R1	8000	2000	0.25	0
6	避空位加工	T06	D6R1	8000	2000	0.25	0
7	腔体直壁半精加工	T07	B6R3	8000	2500	0.15	0.1
8	分型面半精加工	T08	B6R3	7000	2000	0	0.1
9	腔体平坦面半精加工	T09	B6R3	7000	2000	0	0.1
10	腔体直壁精加工	T10	B6R3	8000	2500	0.15	0
11	分型面精加工	T11	B6R3	7000	2000	0	0
12	腔体平坦面精加工	T12	B6R3	7000	2000	0	0
13	流道加工	T13	B4R2	10000	800	0.05	−2

能力要求：通过设计保护盒型腔加工工艺过程卡及刀具卡完成加工工艺规划。

能力拓展一

试叙述能力训练中型腔零件的装夹方案的确定过程。

能力拓展二

根据保护盒型腔零件铣削的工艺规划，对如图 D2-1 所示的酒杯型腔数模零件进行工艺规划。

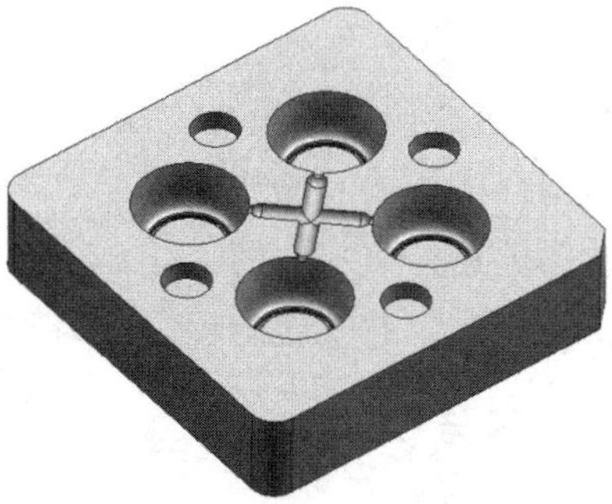

图 D2-1　酒杯型腔数模零件

4. 学习结果评价

学习结果评价表如表 D2-5 所示。

表 D2-5　学习结果评价表

序号	评价内容	评价标准	评价结果（是/否）
1	知识与技能	了解加工方法的选择	□是　□否
		了解加工阶段的划分	□是　□否
		了解工序的划分方法	□是　□否
		了解加工顺序的安排	□是　□否
		能确定刀具走刀路线	□是　□否
2	总评	“是”与“否”在本次评价中所占百分比	“是”占____% “否”占____%

课后作业

1. 典型模具成型零件的工艺过程规划包括哪些内容？
2. 请对保护盒型腔零件进行简要的工艺分析。
3. 请简述保护盒型腔零件的铣削工序，并说明各工序的刀具选用步骤。

职业能力 D2-2 熟练完成保护盒型腔 CAM 仿真加工

【核心概念】

程序传输：在刀轨完成后处理后，我们可以通过 3 种载体将程序传输至机床进行加工。这 3 种载体分别是 CNC、U 盘及 CF 卡。

【学习目标】

1．了解 CNC 在线传输的设置方法。
2．了解典型程序传输的操作方法。
3．能完成保护盒型腔零件的 CAM 参数设置。
4．了解我国制造业的发展历程，学习制造强国战略。

基本知识：CNC 在线传输、U 盘传输与 CF 卡传输

D2-2-1　CNC 在线传输

CNC 在线传输采用通信电缆连接计算机端和 CNC 端，通过计算机端的软件进行在线传输。需要注意的是，在进行 DNC 通信时，必须使用 2.5mm^2 的导线将计算机外壳与机床的地线可靠地相连，否则可能造成计算机接口与机床接口的电流短路损坏。只有在计算机和机床均关闭的情况下才能连接和断开通信电缆。制定型腔零件加工工艺规程的基本原则是，要保证以更低的市场成本和更高的生产效率，可靠地加工出符合设计图样所要求的模具产品。

FANUC 可以使用的传输软件大致有 PCIN、AIC、WinPCIN、Mastercam、NCSentry、WINCOMM、CIMCO Edit 7 种，其中 AIC、PCIN 只能在 Windows 98 系统下运行。

CIMCO Edit 可进行存储和检索 NC 程序、NC 程序优化、后处理及快速 NC 程序仿真。这里主要对 FANUC 系统所使用 CIMCO Edit 软件中的 CNC 在线传输进行讲解。

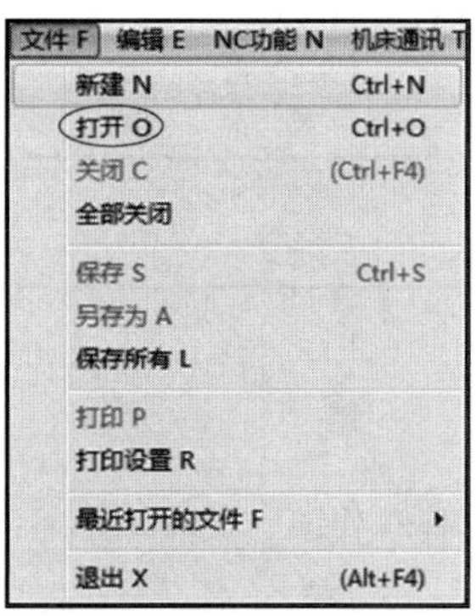

图 D2-2　打开文件

（1）文件：打开 CIMCO Edit 软件，在软件的菜单栏中，可以直接将程序拖入软件窗口或通过工具栏中的“文件”选项打开程序，如图 D2-2 所示。

（2）NC 功能：在如图 D2-3 所示的“机床通讯”列表中可以对程序进行双向传输，将计算机端程序传输至机床操作系统进行加工，或通过软件的接收功能将机床操作系统内的程序传输至计算机端。在接收文件时，可以接收至新窗口或当前窗口。在传输文件时，需要删除 CNC 无法识别的文字，如刀号、日期等。

在使用 CNC 在线传输时，需要根据机床型号及参数进行 DNC 参数设置。在“机床通讯”列表中，选择“DNC 设置”，系统弹出如图 D2-4 所示的“DNC 设置”对话框，可以对已有的机床进行设置，也可以新建机床进行设置。单击“增加新机床”按钮，系统弹出如图 D2-5 所示的“Generic Serial Connected CNC”对话框，主要修改“端口”选项卡中的参数，“端口”通常默认为“COM1”。当用一台计算机控制多个加工中心进行程序传输加工时，需要设置多个端口进行多端口传输。“波特率”需要根据不同的机床型号进行设置。在机床端，“奇偶位”选择“偶”。其他参数保持不变。

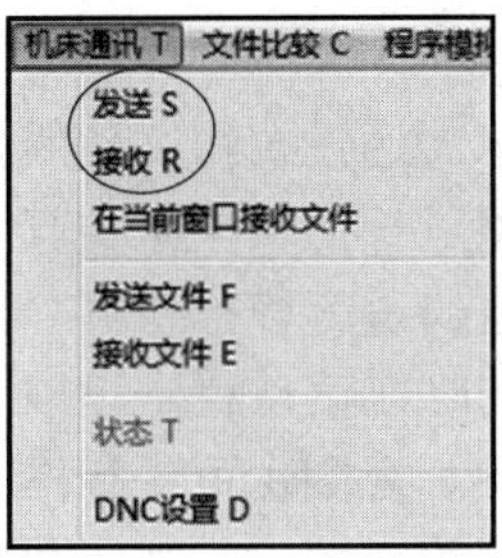

图 D2-3　“机床通讯”列表

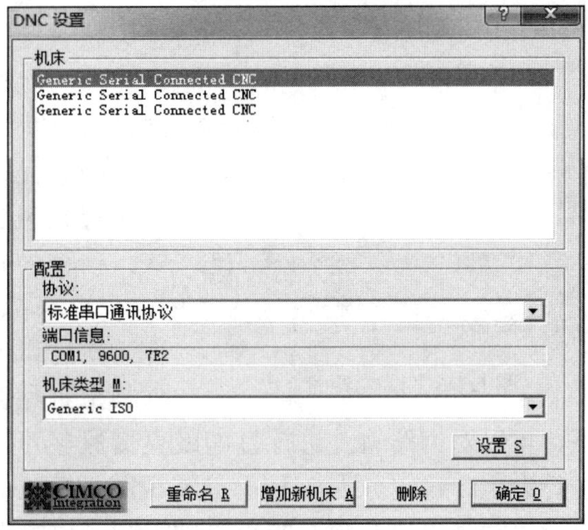

图 D2-4　“DNC 设置”对话框

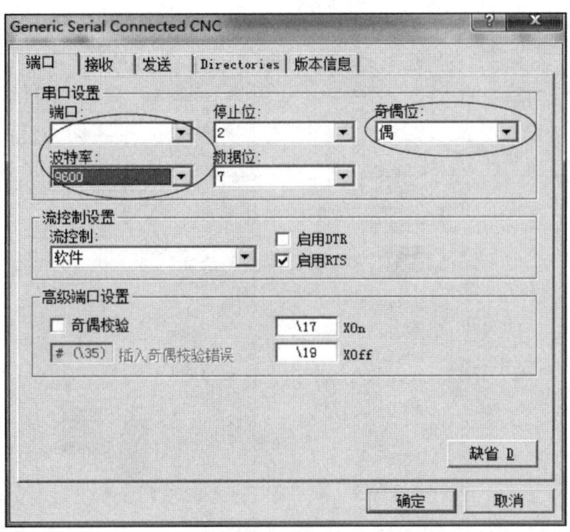

图 D2-5　“Generic Serial Connected CNC”对话框

在 FANUC 系统机床操作面板中将模式选择为 MDI 模式。在操作面板右上角 MDI 键盘中，按按键，进入如图 D2-6 所示的设定界面。在设定界面中修改“I/O 通道”为“0”即可进行 CNC 在线传输。在使用 CNC 在线传输时，需要在操作面板上将模式修改为 DNC，并点亮“开始加工”按键。为了保证加工安全，通常将进给率倍率设置为 0%，以防止在铣削进刀过程中对刀错误造成撞刀等加工事故。

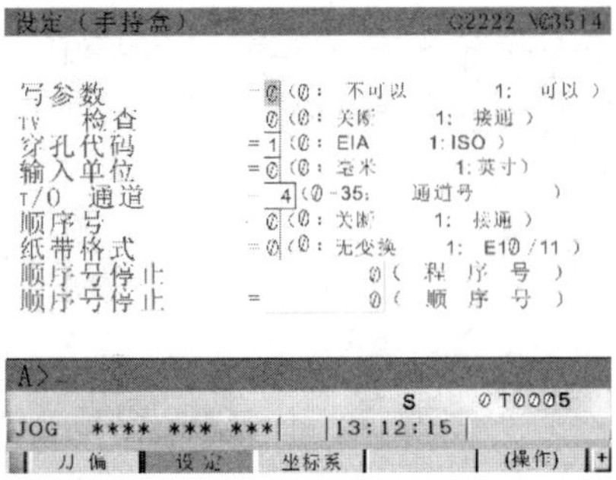

图 D2-6 设定界面

（3）文件比较：在 CIMCO Edit 软件中，可以对两个刀轨进行比较，当对刀轨进行修改后，可通过该功能对修改刀轨与原刀轨进行比较，得到两个刀轨中的不同之处。

（4）程序模拟：在 CIMCO Edit 软件中可以根据程序进行相应的模拟仿真。CIMCO Edit 软件有两种模拟方式：一种为 3D 模拟，另一种为 2D 模拟。

3D 模拟如图 D2-7 所示。通过窗口文件模拟，可以在刀轨窗口下创建 3D 模型进行刀轨模拟仿真。磁盘文件模拟则是创建一个新的窗口进行模拟仿真。在 3D 模拟下，可以对刀路轨迹进行打印或直接保存刀路轨迹图片，同时在菜单栏中可以对视图操作进行设定。设定分为 3 种：旋转视图、缩放视图和平移视图。视图也可进行操作，视图复位可将模型复位至中心的正等轴测图，也可设置当前视图为俯视图、前视图和左视图。此外，还可以通过图 D2-7 所示菜单栏中的选项对显示对象进行设置，对快速移动刀路、圆弧及刀具进行显示设置。

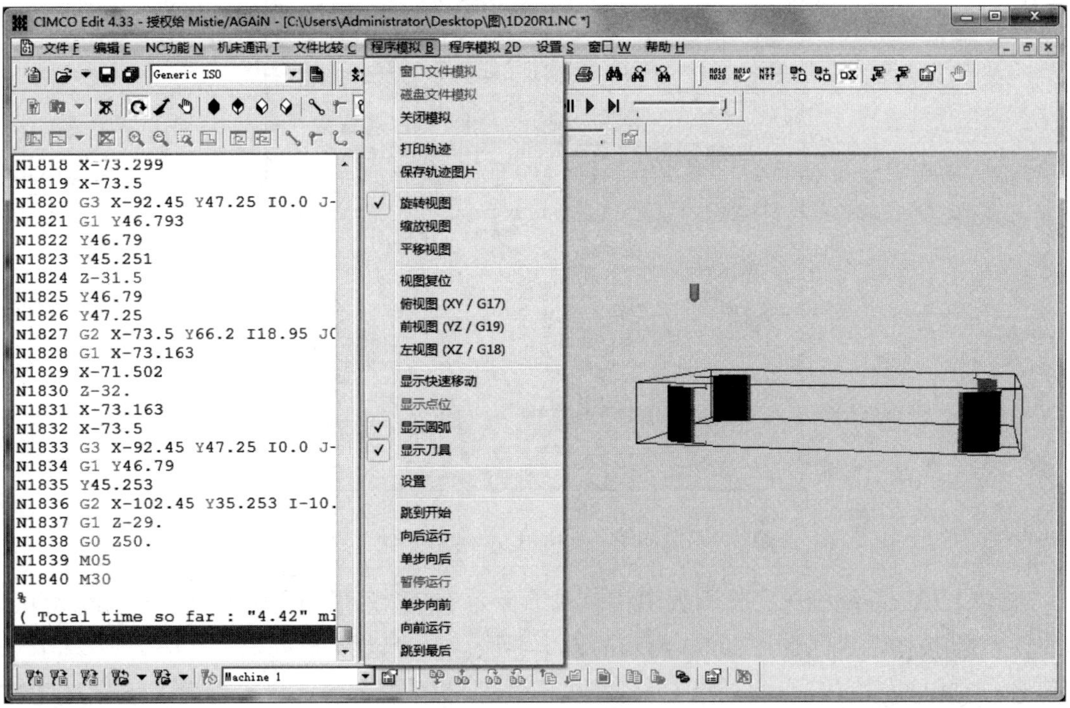

图 D2-7 3D 模拟

在如图 D2-8 所示的“模拟设置”对话框中，可以设置各刀路的颜色、刀具的尺寸、圆弧及打印质量。

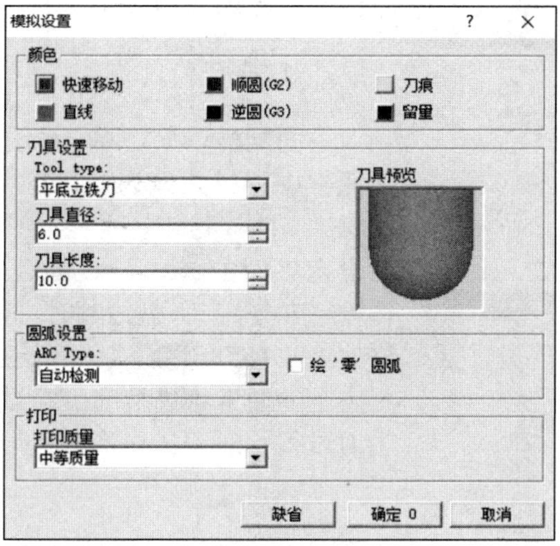

图 D2-8　“模拟设置”对话框

在模拟仿真过程中，通过模拟菜单栏中的选项对模拟仿真过程进行控制，其中有 7 个选项：跳到开始、向后运行、单步向后、暂停运行、单步向前、向前运行和跳到最后。通过这 7 个选项对模拟仿真过程进行控制，对指定或全部的刀轨进行模拟仿真。

2D 模拟与 3D 模拟的区别是，前者只能在一个 2D 视图上进行模拟仿真，在模拟仿真过程中可对模拟仿真刀轨进行缩放。2D 模拟如图 D2-9 所示。

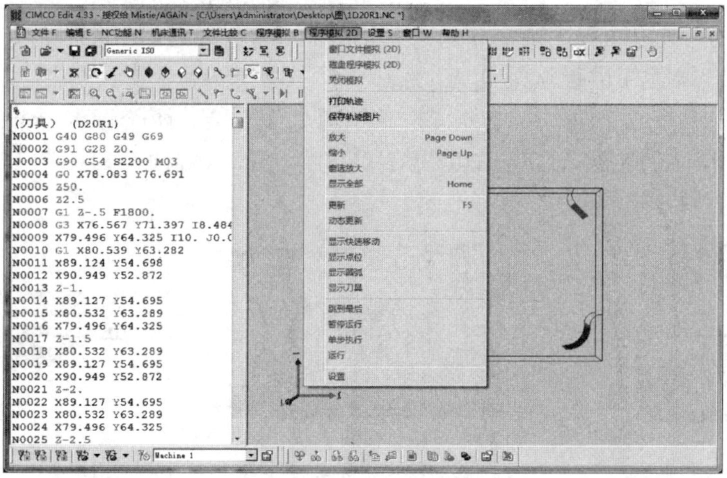

图 D2-9　2D 模拟

D2-2-2　U 盘传输

1. U 盘传输介绍

常规的 FANUC 系统都配置有 U 盘接口。它是一种硬存储载体，基于该接口，U 盘将程序代码传输至机床操作系统，以控制机床运行。在使用 U 盘传输时，需要将机床上的“I/O

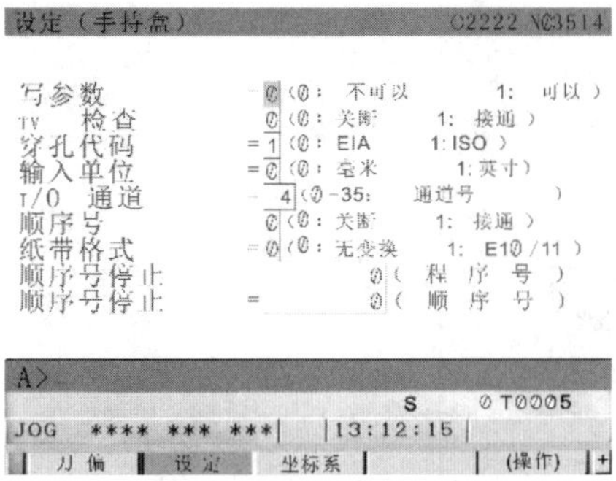

图 D2-10　设定界面

通道”设置为“17”。

2. U 盘传输过程

下面同样以 FANUC 系统机床为例进行讲解，在操作面板中将模式改为 MDI。在操作面板右上角 MDI 键盘中，按 按键，进入如图 D2-10 所示的设定界面。在设定界面中修改“I/O 通道”为“17”即可进行 U 盘传输。在使用 U 盘传输时，需要在操作面板上将模式修改为 DNC，并点亮“开始加工”按键。为了保证加工安全，通常将进给率倍率设置为 0%，以防止在铣削进刀过程中对刀错误造成撞刀等加工事故。

D2-2-3　CF 卡传输

1. CF 卡传输介绍

常规的 FANUC 系统都配置有 CF 卡。它是一种硬存储载体，通过专门的接口，将程序代码传输至机床操作系统，以控制机床运行。在使用 CF 卡传输时，需要将机床上的“I/O 通道”设置为“4”。CF 卡传输程序又分为两种：第一种是通过 CF 卡将一个完整的程序输入机床操作系统内存中，然后机床操作系统重新读取该程序并进行加工；第二种是机床操作系统直接从 CF 卡中读取程序进行加工。第一种 CF 卡传输程序适用于程序较小，机床内存足够的情况，更为安全，可以避免接口接触问题引起的程序错读、丢失数据等造成加工事故。第二种 CF 卡传输程序适用于程序较大、机床操作系统的储存空间不够的情况，可直接从 CF 卡中读取程序进行铣削加工。

CF 卡套件主要有 3 个部件：一张 CF 卡和两个读卡器。两个读卡器分别对应计算机端和机床端，用于程序的转移。CF 卡如图 D2-11 所示，机床端读卡器如图 D2-12 所示，计算机端读卡器如图 D2-13 所示。

图 D2-11　CF 卡

图 D2-12　机床端读卡器

图 D2-13　计算机端读卡器

下面以 FANUC 0i 控制系统为例进行讲解。首先修改通道，在如图 D2-14 所示的机床操作面板中将模式选择为 MDI。在操作面板右上角 MDI 键盘中，按 按键，进入设定界面。在设定界面中修改“I/O 通道”为“4”后退出机床操作系统，插入 CF 卡即可进行 CF 卡传输。

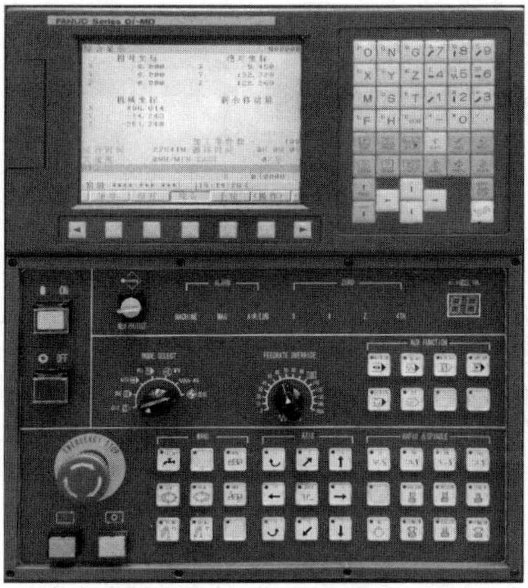

图 D2-14　机床操作面板

2. CF 卡直接传输设置

CF 卡文件传输加工是将文件直接传输至机床操作系统中进行加工的，操作步骤如下。

（1）选择模式为 EDIT。

（2）按按键，进入程序界面。

（3）按“列表”按键，进入列表界面。

（4）按“操作”按键，弹出选项栏，按按键，转到更多选项。

（5）按“M-卡”按键，系统自动读取 CF 卡中的所有程序信息并列表。

（6）再次按按键后选择 F 输入按键，在弹出界面中设置 F 与 O，F 指的是 CF 卡中程序在列表所显示的顺序位号，O 是指需要导入刀具的机床程序号，假设 F 设定为 3，O 设定为 6。输入完成后得到的程序就是列表中显示的第三个程序文件，并且程序的名称被设置为 O0006。之后切换到加工模式便可进行加工。

CF 卡程序传输流程如图 D2-15 所示。

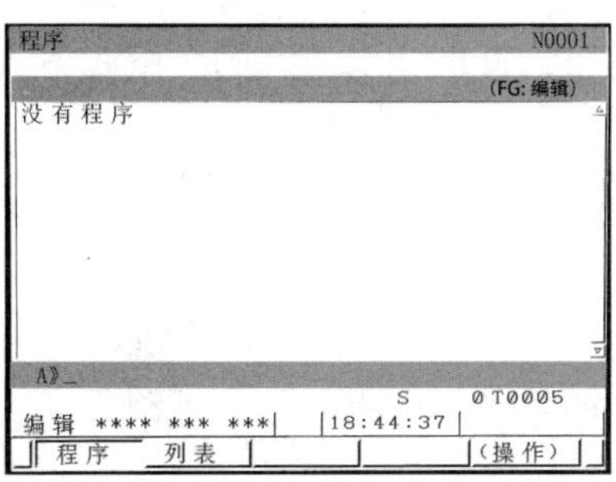

程序界面

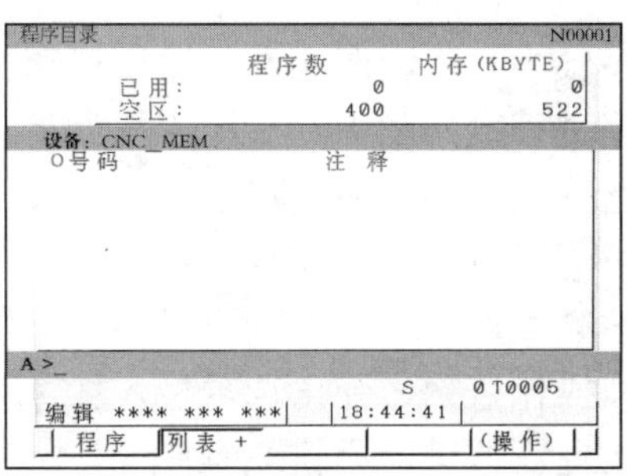

列表界面

图 D2-15　CF 卡程序传输流程

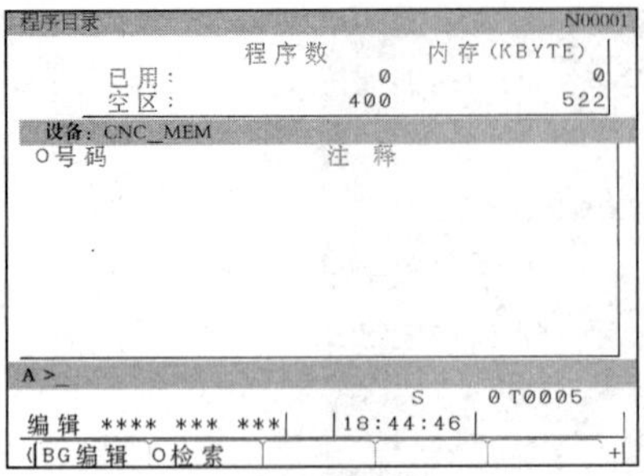

操作界面

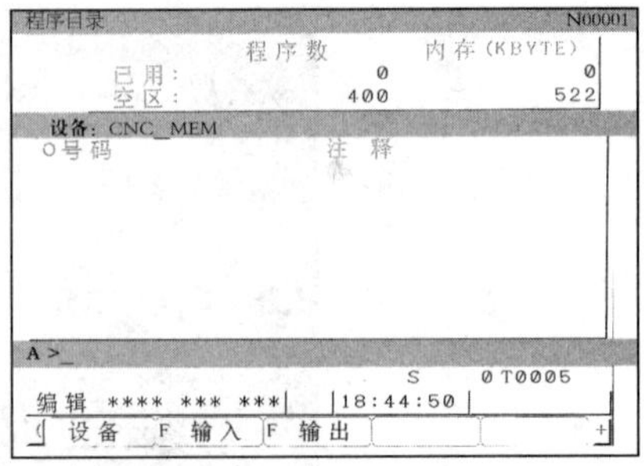

+界面

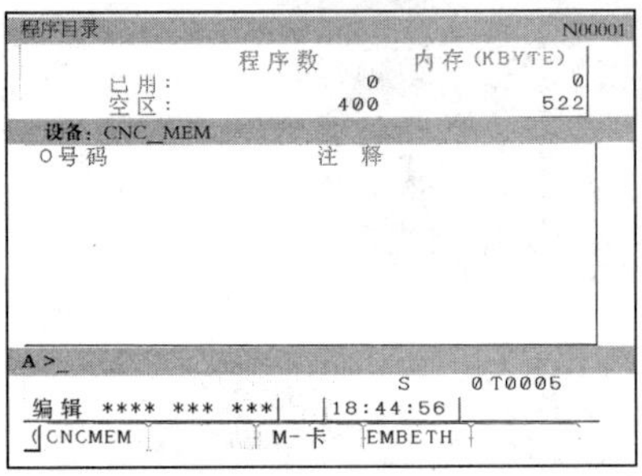

设备界面

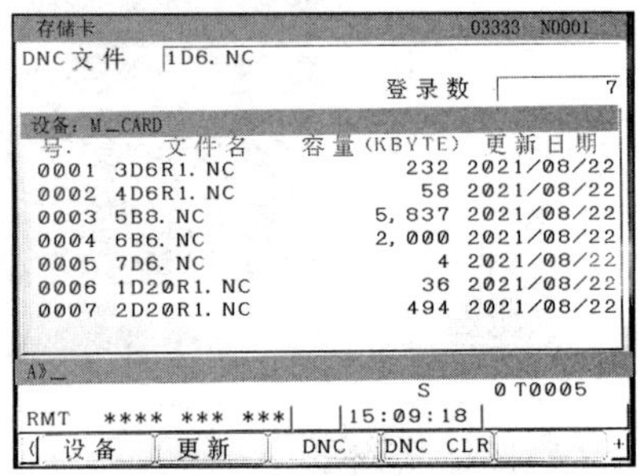

M-卡界面

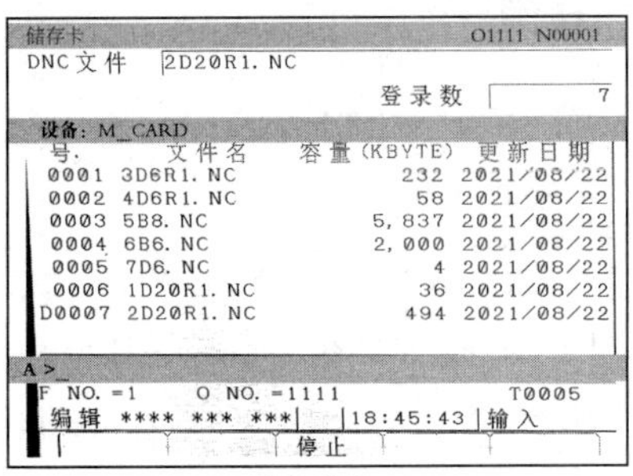

程序传输界面

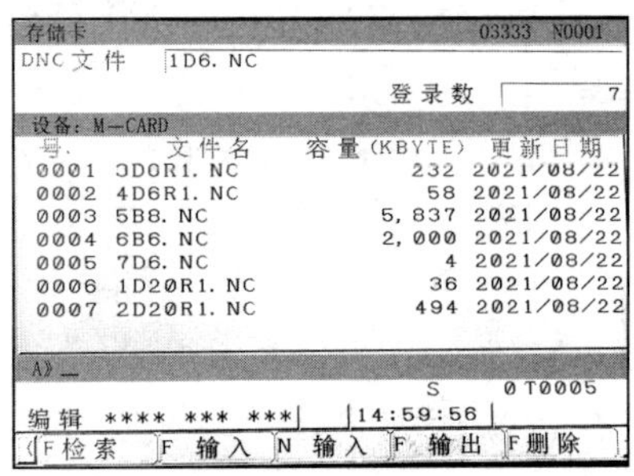

传输完成界面

图 D2-15（续）

3. CF 卡在线传输设置

当程序较大时，程序无法传输至机床操作系统，此时可以在 DNC 模式下直接读取 CF 卡中的程序进行直接加工，设置流程如下。

（1）选择模式为 DNC 模式。

（2）按按键，进入程序界面。

（3）按列表按键，进入列表界面。

（4）按操作按键，弹出选项栏，按按键，转到更多选项。

（5）按更新按键，刷新 CF 卡程序文件。

（6）输入需要加工程序所排列的序位号，单击“DNC”按钮，在将要执行的程序前会出现“D”，表示当前程序。按下机床启动按钮，机床进入加工状态，之后系统一边从 CF 卡中读程序一边加工。

CF 卡程序直接加工顺序如图 D2-16 所示。

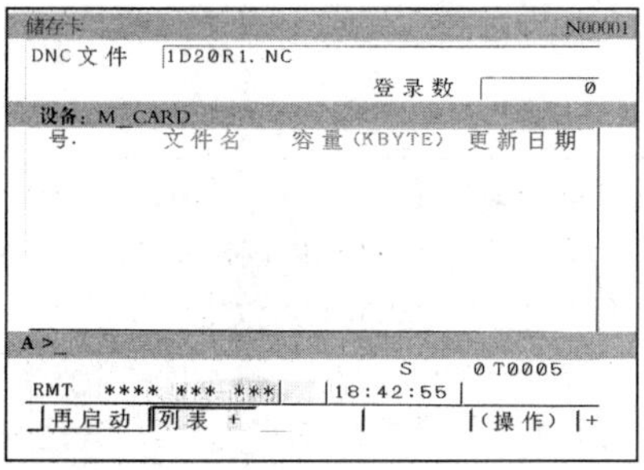

列表界面

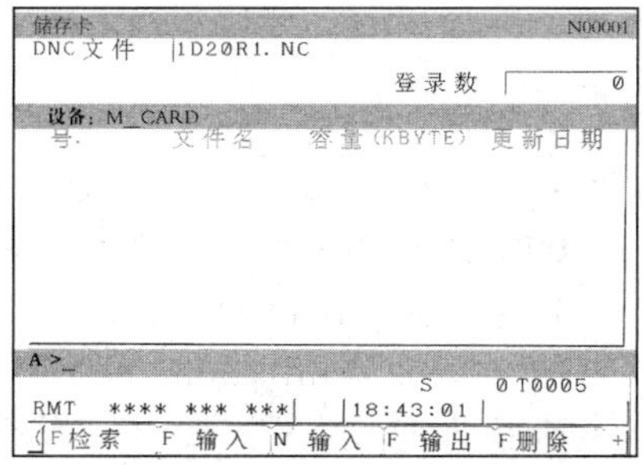

操作界面

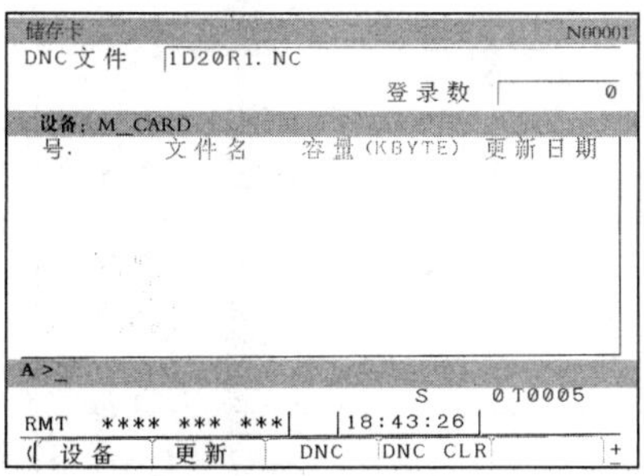

+界面

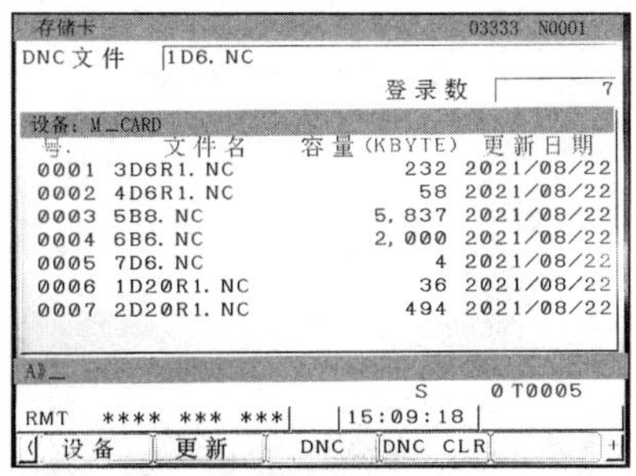

M-卡界面

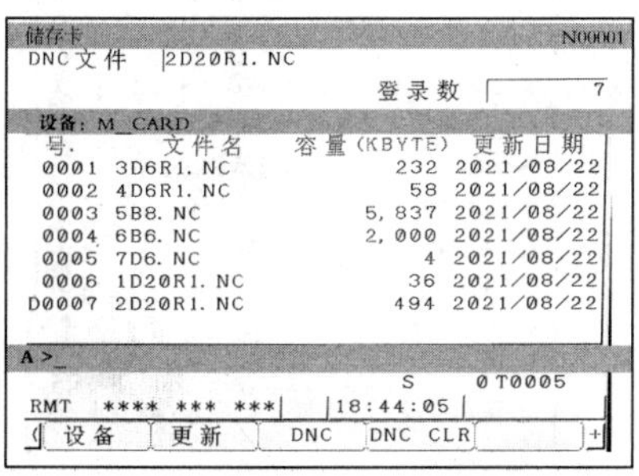

指定刀轨

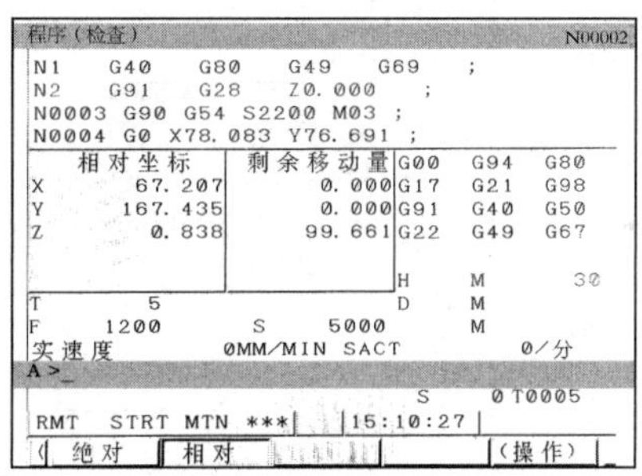

程序传输完成

图 D2-16　CF 卡程序直接加工顺序

能力训练：完成保护盒型腔 CAM 仿真加工

1. 操作条件

（1）设备：装有 UG NX 12.0 的计算机一台。

（2）模型：保护盒型腔模型文件一个。

保护盒型腔 CAM 仿真加工

2. 注意事项

（1）在使用计算机之前，先开显示器等外设，后开主机。在关闭计算机时，则相反，先关闭主机，然后关闭显示器等外设。

（2）在使用计算机时，文件不要放到系统盘下。

3. 保护盒型腔零件反面 CAM 仿真加工

序号	操作步骤	操作方法及说明	能力要求
1	加工基本操作	创建 R 角加工程序。在插入工具条中单击（创建工序）图标，系统弹出如图 D2-17 所示的“创建工序”对话框，“类型”选择“mill_contour”，“工序子类型”选择（深度轮廓加工），“几何体”选择“WORKPIECE”，“名称”设置为“R 角加工”。单击“确定”按钮，系统弹出如图 D2-18 所示的“深度轮廓铣-[R 角加工]”对话框，在“工具”选项组中，选择“D20R1”刀具，其他选项卡中的参数不变。  图 D2-17 “创建工序”对话框 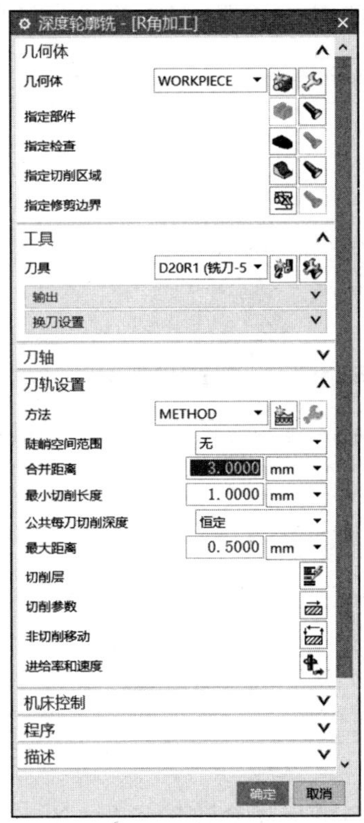 图 D2-18 “深度轮廓铣-[R 角加工]”对话框	能熟练完成加工的基本操作
2	R 角加工	第一步，设置切削区域，如图 D2-19 所示。 第二步，设置切削层，如图 D2-20 所示。	能用深度轮廓铣工序完成去 R 角加工

<table>
<tr><th>序号</th><th>操作步骤</th><th>操作方法及说明</th><th>能力要求</th></tr>
<tr><td>2</td><td>R 角加工</td><td>
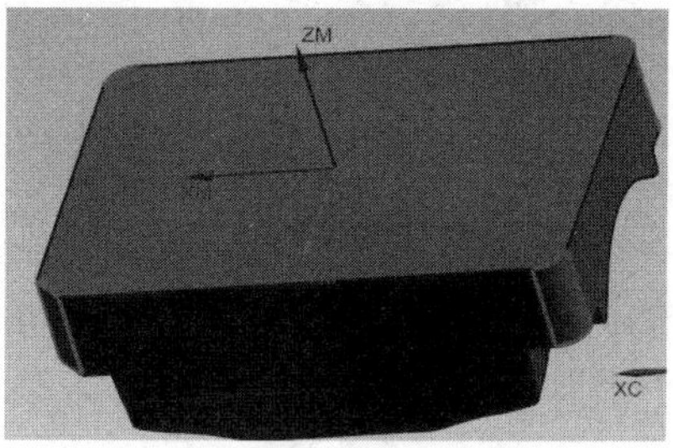

图 D2-19　设置切削区域
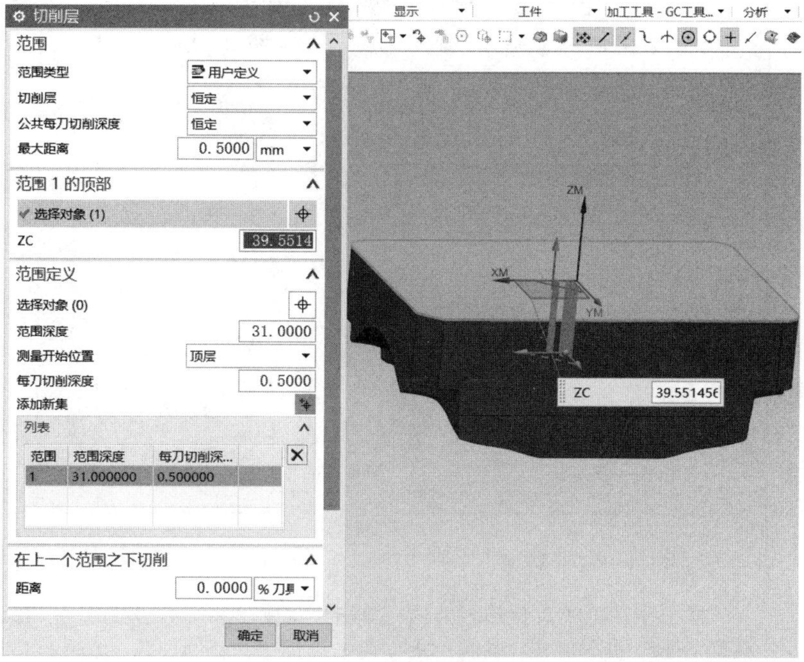

图 D2-20　设置 R 角加工切削层

第三步，设置切削参数。单击图标，系统弹出“切削参数”对话框。“策略”选项卡如图 D2-21 所示。在如图 D2-22 所示的“连接”选项卡中，“层到层”选择“直接对部件进刀”。在如图 D2-23 所示的“余量”选项卡中，勾选“使底面余量与侧面余量一致”复选框。同时设置“内公差”为“0.003”，“外公差”为“0.003”，其他选项卡中的参数不变。单击“确定”按钮，完成切削参数的设置。

第四步，设置进给率和速度。单击图标，系统弹出如图 D2-24 所示的“进给率和速度”对话框，勾选“主轴速度”复选框，设置“主轴速度”为“2200”，注意单位为“rpm”；单击按钮，系统自动计算表面速度与每齿进给量，“进给率”设置为“1800mmpm”，单击“确定”按钮，完成进给率和速度的设置。
</td><td>能用深度轮廓铣工序完成去 R 角加工</td></tr>
</table>

序号	操作步骤	操作方法及说明	能力要求
2	R 角加工	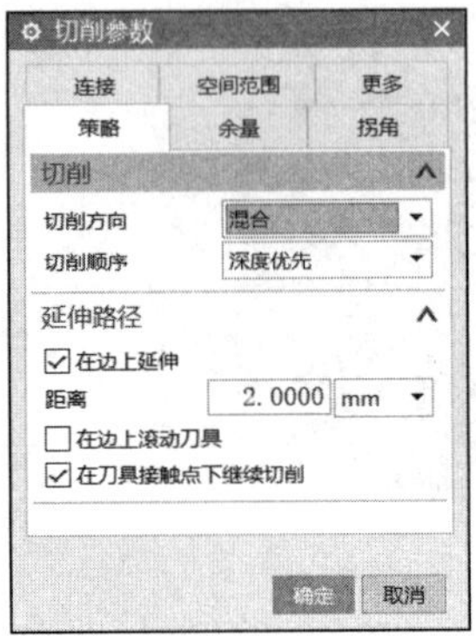 图 D2-21 “策略”选项卡  图 D2-22 “连接”选项卡 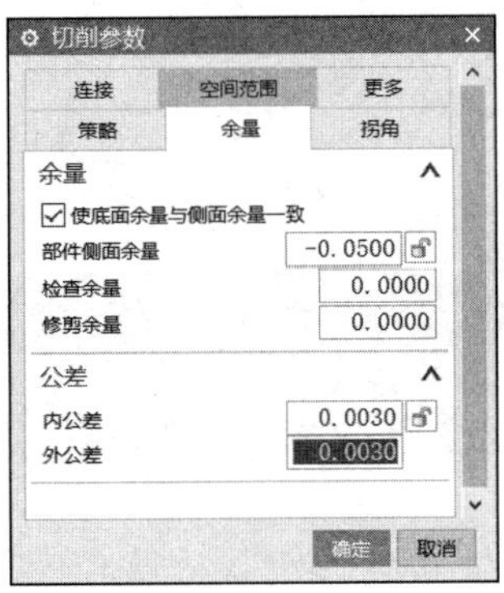 图 D2-23 “余量”选项卡 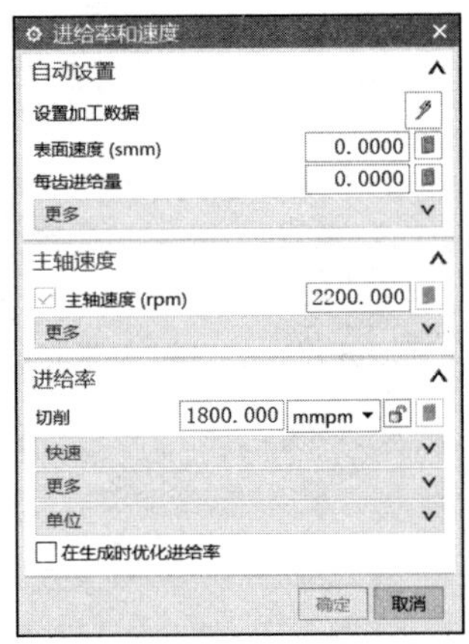 图 D2-24 “进给率和速度”对话框 第五步，生成 R 角加工刀轨。单击“深度轮廓铣-[R 角加工]”对话框中的（生成刀轨）图标，系统自动完成半精加工刀轨的计算，R 角加工刀轨效果如图 D2-25 所示。单击图标，打开“3D 动态”选项组，调整动画速度，单击▶按钮，虚拟切削效果如图 D2-26 所示。 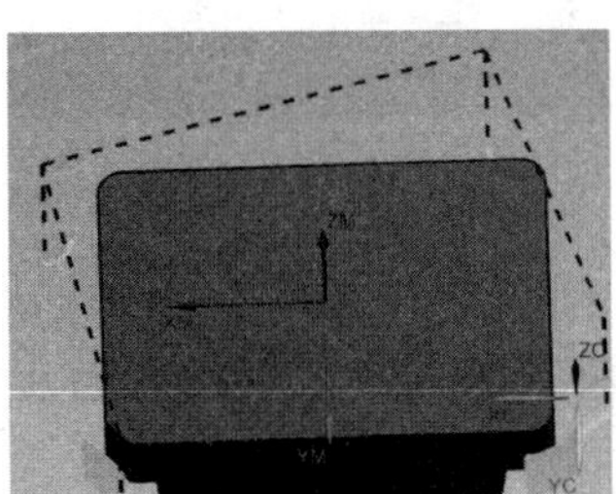 图 D2-25 R 角加工刀轨效果 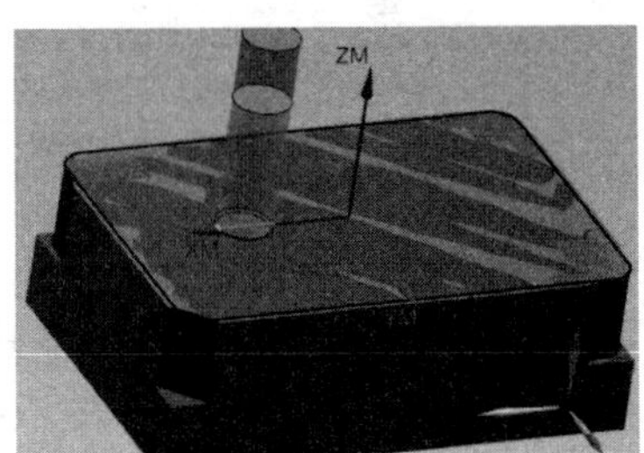 图 D2-26 虚拟切削效果	能用深度轮廓铣工序完成去 R 角加工

4. 保护盒型腔零件正面 CAM 仿真加工

<table>
<tr><th>序号</th><th>操作步骤</th><th>操作方法及说明</th><th>能力要求</th></tr>
<tr><td>1</td><td>创建几何体</td><td>
第一步，创建保护盒型腔零件正面加工坐标，如图 D2-27 所示。

图 D2-27　创建保护盒型腔零件正面加工坐标
第二步，在“机床坐标系”选项组中选中“指定 MCS”，在斜角的地方指定方位，“类型”选择“X 轴，Y 轴”，指定两条边界，注意方向一致，单击“确定”按钮，完成 MCS 的设置，如图 D2-28 所示。
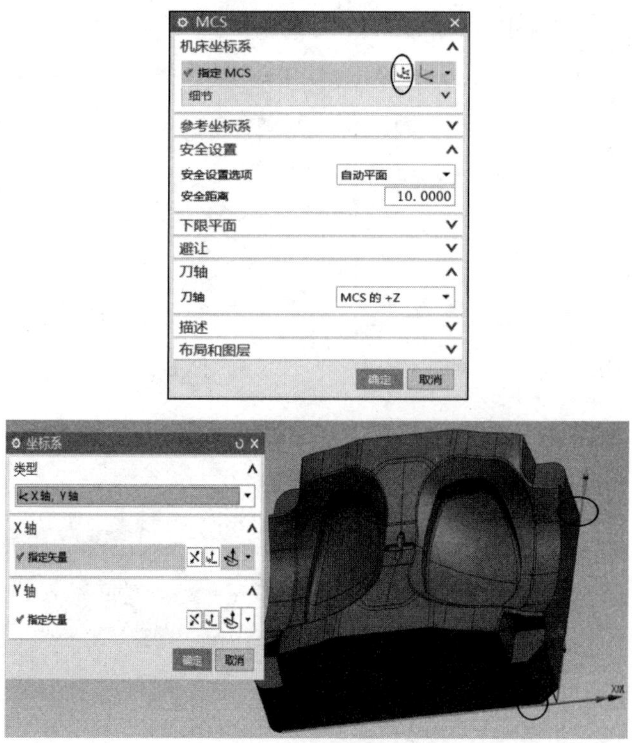

图 D2-28　设置 MCS
</td><td>能创建几何体</td></tr>
</table>

<table>
<tr><th>序号</th><th>操作步骤</th><th>操作方法及说明</th><th>能力要求</th></tr>
<tr><td>1</td><td>创建几何体</td><td>

第三步，选择平面，指定上表面，“距离”设置为“50”，创建安全平面，如图 D2-29 所示。

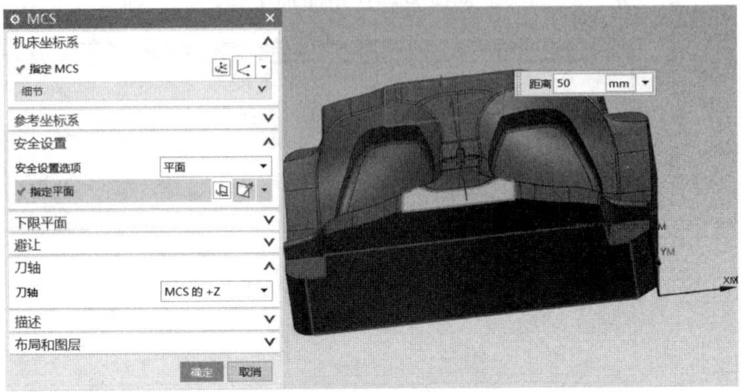

图 D2-29　设置安全平面

第四步，双击 WORKPIECE 图标，系统弹出“工件”对话框，如图 D2-30 所示。单击图标，系统弹出“部件几何体”对话框，选中导入的护膝型芯模型，单击“确定”按钮，完成部件几何体的设置，如图 D2-31 所示。

图 D2-30　“工件”对话框

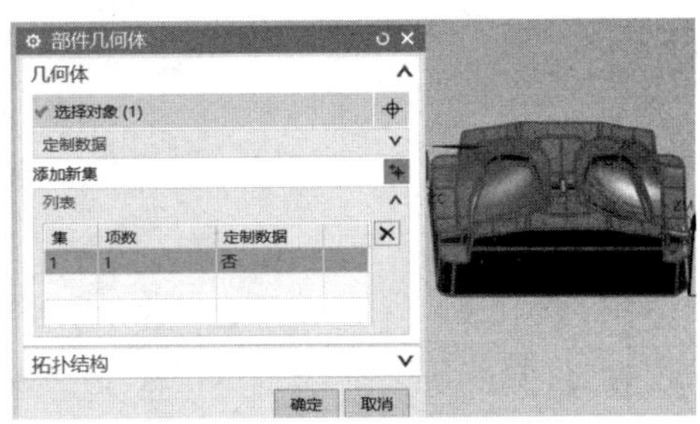

图 D2-31　设置部件几何体

第五步，设置毛坯几何体，如图 D2-32 所示。

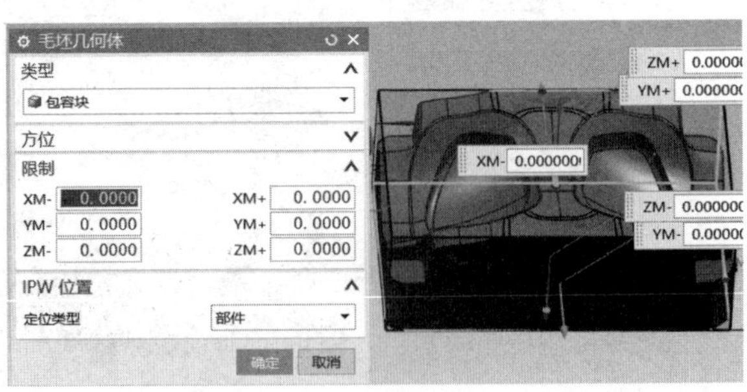

图 D2-32　设置毛坯几何体

</td><td>能创建几何体</td></tr>
</table>

<table>
<tr><th>序号</th><th>操作步骤</th><th>操作方法及说明</th><th>能力要求</th></tr>
<tr><td>2</td><td>开粗加工</td><td>
第一步，创建开粗程序，在插入工具条中单击（创建工序）图标，系统弹出如图 D2-33 所示的“创建工序”对话框，“类型”选择“mill_contour”，“工序子类型”选择（型腔铣），“几何体”选择“WORKPIECE”，“名称”设置为“开粗”，单击“确定”按钮，系统弹出如图 D2-34 所示的“型腔铣-[开粗]”对话框。

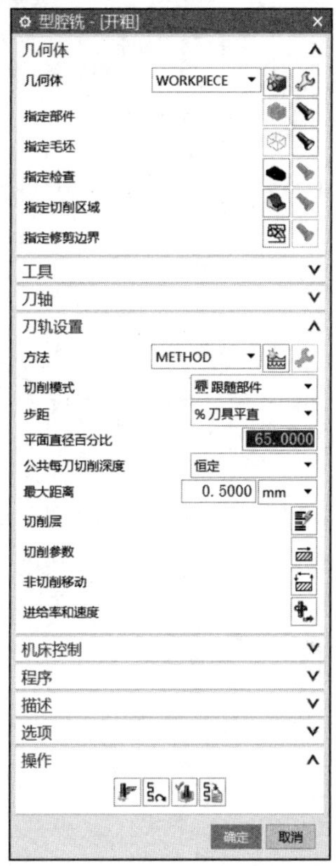

图 D2-33　“创建工序”对话框　　图 D2-34　“型腔铣-[开粗]”对话框
第二步，创建刀具。在“型腔铣-[开粗]”对话框的“工具”选项组中，单击（创建刀具）图标，系统弹出“新建刀具”对话框，创建“D6R1”圆角立铣刀，“B4”“B6”刀具选择（球头刀），最后在“工具”选项组中把刀具切换为“D20R1”，如图 D2-35 所示。
第三步，指定切削区域，如图 D2-36 所示。
第四步，设置刀轨基本参数。在“刀轨设置”选项组中，设置“平面直径百分比”为“65”，设置“最大距离”为“0.5mm”，完成刀轨的基本设置，如图 D2-37 所示。
</td><td>能熟练使用型腔铣工序开粗</td></tr>
</table>

<table>
<tr><th>序号</th><th>操作步骤</th><th>操作方法及说明</th><th>能力要求</th></tr>
<tr><td>2</td><td>开粗加工</td><td>
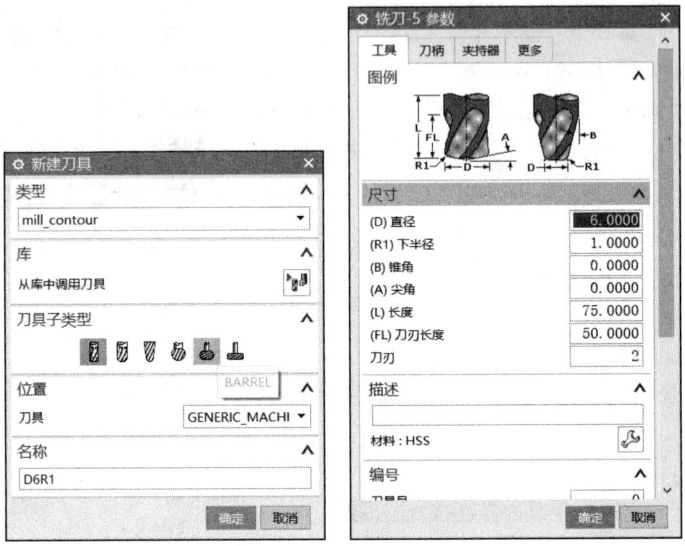

图 D2-35 新建刀具

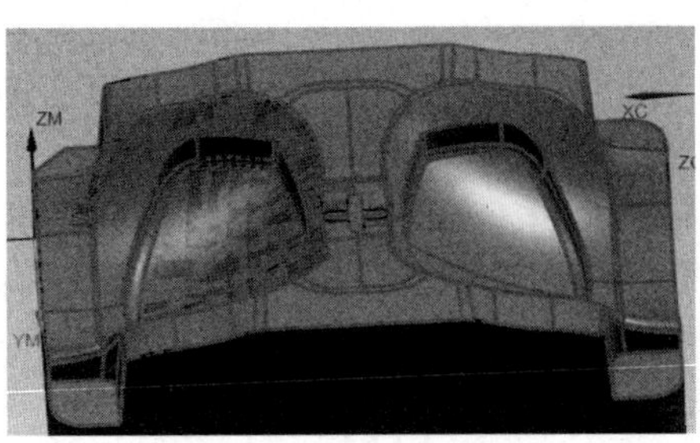

图 D2-36 指定切削区域

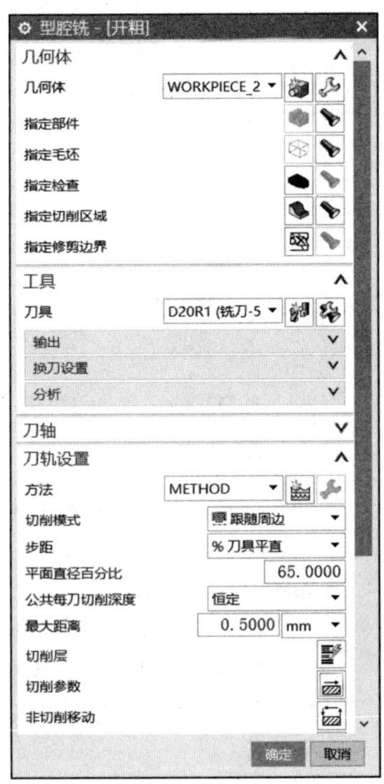

图 D2-37 刀轨的基本设置
</td><td>能熟练使用型腔铣工序开粗</td></tr>
</table>

<table>
<tr><th>序号</th><th>操作步骤</th><th>操作方法及说明</th><th>能力要求</th></tr>
<tr><td>2</td><td>开粗加工</td><td>
第五步，设置切削参数。单击（切削参数）图标，系统弹出“切削参数”对话框。“连接”选项卡如图 D2-38 所示。“余量”选项卡如图 D2-39 所示，取消勾选“使底面余量与侧面余量一致”复选框，设置“部件侧面余量”为“0.5”，“部件底面余量”为“0.25”。“策略”选项卡如图 D2-40 所示。“拐角”选项卡如图 D2-41 所示。其他参数保持不变，单击“确定”按钮，完成切削参数的设置。

图 D2-38　“连接”选项卡
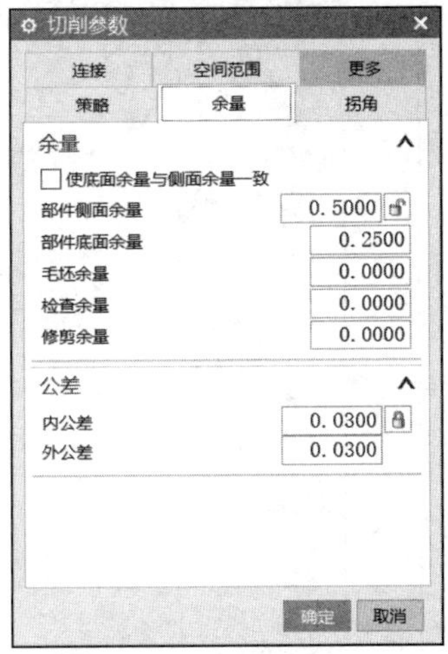

图 D2-39　“余量”选项卡
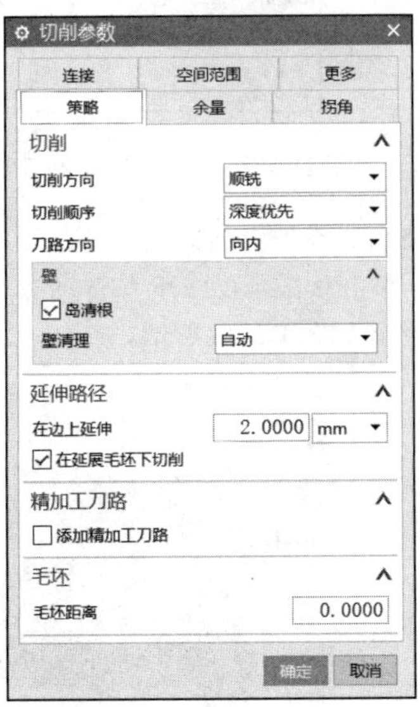

图 D2-40　“策略”选项卡
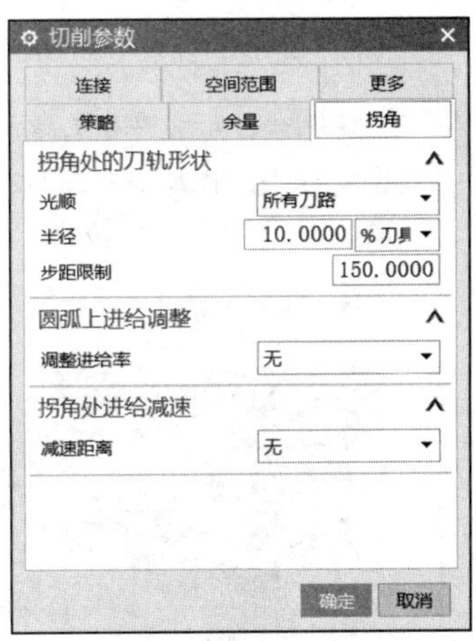

图 D2-41　“拐角”选项卡
第六步，设置非切削移动参数，如图 D2-42 所示。
</td><td>能熟练使用型腔铣工序开粗</td></tr>
</table>

<table>
<tr><th>序号</th><th>操作步骤</th><th>操作方法及说明</th><th>能力要求</th></tr>
<tr><td>2</td><td>开粗加工</td><td>

第七步，设置进给率和速度。单击图标，系统弹出如图 D2-43 所示的“进给率和速度”对话框，勾选“主轴速度”复选框，设置“主轴速度”为“2200”，注意单位为“rpm”；单击图标，系统自动计算表面速度与每齿进给量，“进给率”设置为“2000mmpm”，单击“确定”按钮，完成进给率和速度的设置。

图 D2-42　设置非切削移动参数

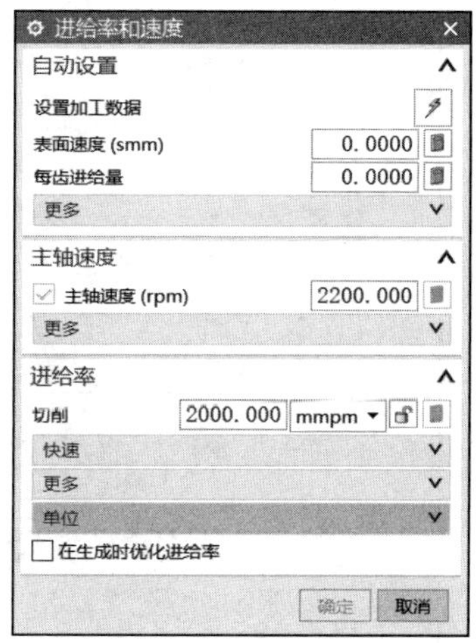

图 D2-43　“进给率和速度”对话框

第八步，生成开粗刀轨。单击图标，系统自动进行开粗刀轨的计算。保护盒型腔开粗刀轨效果如图 D2-44 所示。单击图标，打开“3D 动态”选项组，调整动画速度，单击▶按钮，虚拟切削效果如图 D2-45 所示。

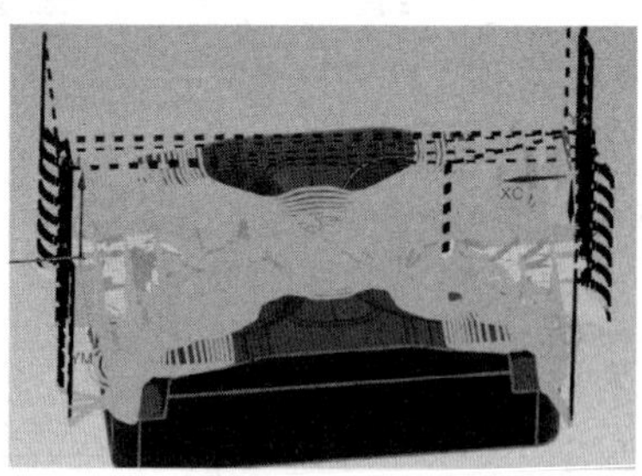

图 D2-44　保护盒型腔开粗刀轨效果

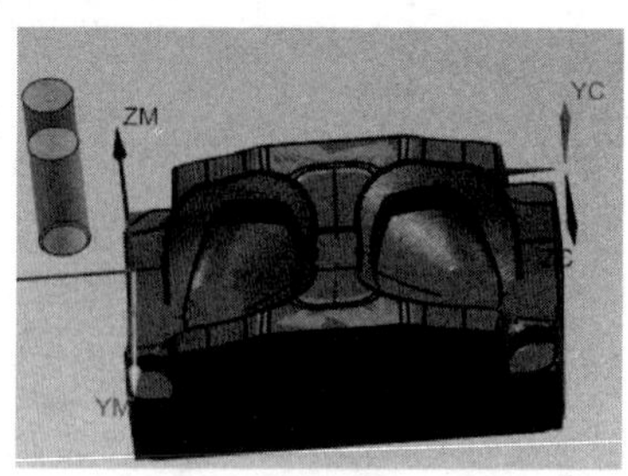

图 D2-45　虚拟切削效果

第九步，创建 IPW，如图 D2-46 所示。IPW 显示如图 D2-47 所示。

</td><td>能熟练使用型腔铣工序开粗</td></tr>
</table>

序号	操作步骤	操作方法及说明	能力要求
2	开粗加工	 图 D2-46　创建 IPW 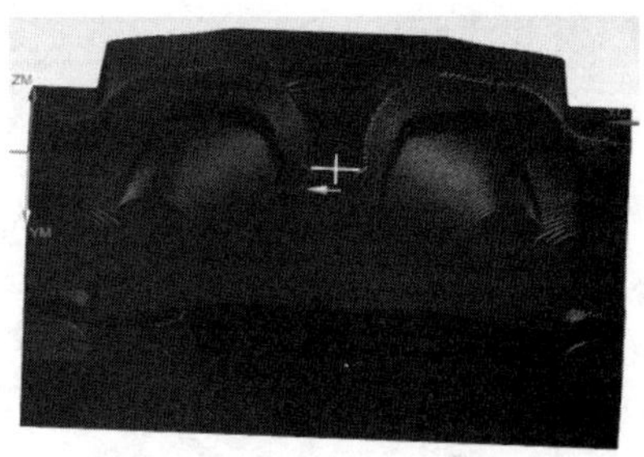 图 D2-47　IPW 显示	能熟练使用型腔铣工序开粗
3	补开粗加工	第一步，复制开粗工序并粘贴，将程序名称改为“补开”，双击补开程序，进入补开程序设置界面。 第二步，选择刀具。在“型腔铣-[补开]”对话框的“工具”选项组中，选择“D6R1”圆头立铣刀。 第三步，设置刀轨基本参数。在“刀轨设置”选项组中，选择“平面直径百分比”为“65”，设置“最大距离”为“0.25mm”，完成刀轨的基本设置，如图 D2-48 所示。 第四步，设置切削参数。单击（切削参数）图标，系统弹出“切削参数”对话框，将“过程工件”改为“使用 3D”，如图 D2-49 所示。 第五步，修改进给率和速度。单击图标，系统弹出如图 D2-50 所示的“进给率和速度”对话框，勾选“主轴速度”复选框，设置“主轴速度”为“6500”，注意单位为“rpm”；单击按钮，系统自动计算表面速度与每齿进给量，“进给率”设置为“3000mmpm”，单击“确定”按钮，完成进给率和速度的设置。 第六步，设置非切削移动参数，如图 D2-51 所示。	能熟练使用 IPV 补开粗

<table>
<tr><th>序号</th><th>操作步骤</th><th>操作方法及说明</th><th>能力要求</th></tr>
<tr><td>3</td><td>补开粗加工</td><td>
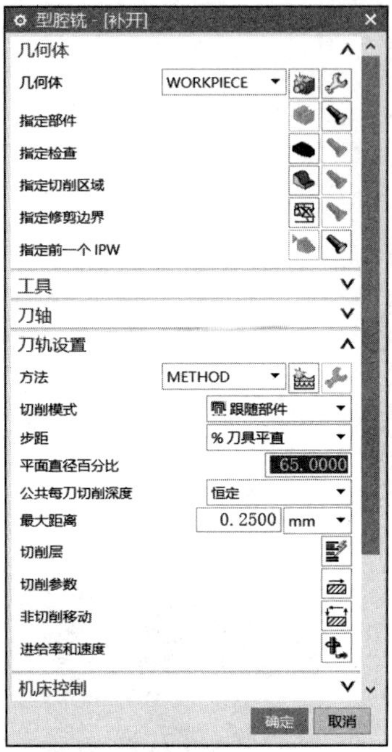

图 D2-48　刀轨的基本设置

图 D2-49　设置切削参数

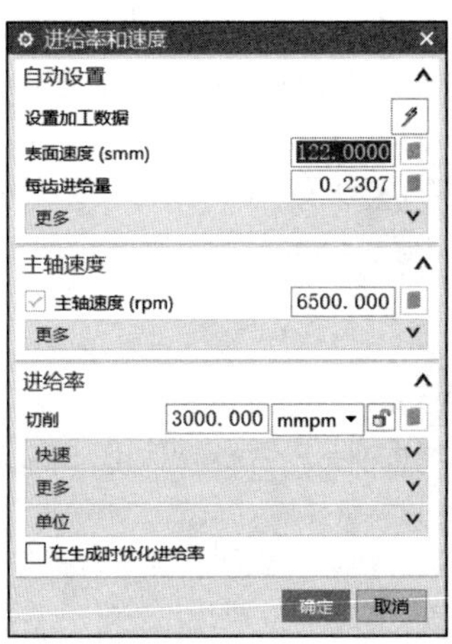

图 D2-50　“进给率和速度”对话框

图 D2-51　设置非切削移动参数
</td><td>能熟练使用IPV补开粗</td></tr>
</table>

<table>
<tr><th>序号</th><th>操作步骤</th><th>操作方法及说明</th><th>能力要求</th></tr>
<tr><td>3</td><td>补开粗加工</td><td>第七步，生成整体补开粗刀轨。单击“型腔铣-[补开]”对话框中的图标，系统弹出如图 D2-52 所示的报警信息，单击“确定”按钮，系统自动完成补开粗刀轨的计算。保护盒型腔补开粗刀轨效果如图 D2-53 所示。单击图标，打开“3D 动态”选项组，调整动画速度，单击▶按钮，虚拟切削效果如图 D2-54 所示。
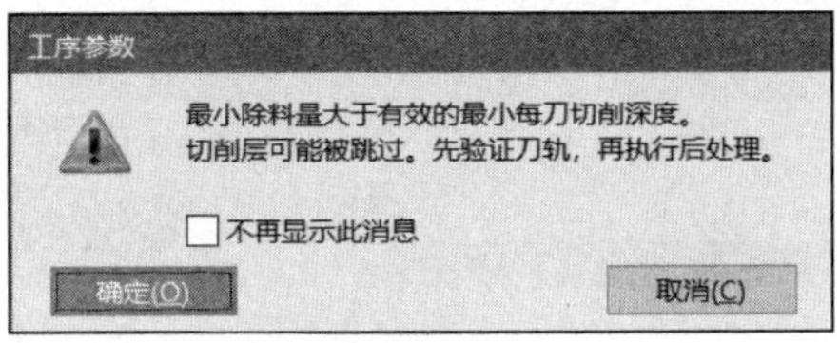

图 D2-52　报警信息
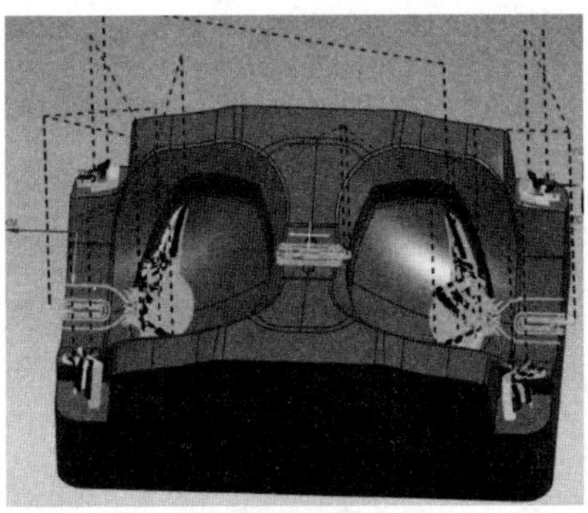
图 D2-53　保护盒型腔补开粗刀轨效果
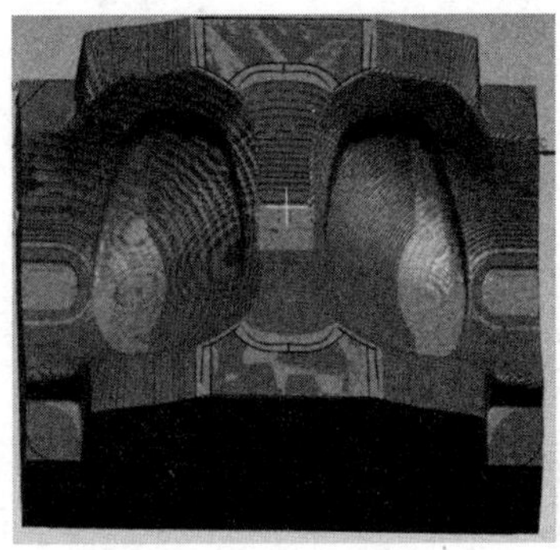
图 D2-54　虚拟切削效果</td><td>能熟练使用 IPV 补开粗</td></tr>
<tr><td>4</td><td>虎口半精加工</td><td>第一步，创建半精加工程序。在插入工具条中单击（创建工序）图标，系统弹出如图 D2-55 所示的“创建工序”对话框，“类型”选择“mill_contour”，“工序子类型”选择（深度轮廓加工），“几何体”选择“WORKPIECE_1”，“名称”设置为“半精加工”，单击“确定”按钮，系统弹出如图 D2-56 所示的“深度轮廓铣-[虎口位半精]”对话框。
第二步，设置切削区域，如图 D2-57 所示。
第三步，设置切削层，如图 D2-58 所示。
第四步，设置切削参数。单击图标，系统弹出“切削参数”对话框。“策略”选项卡如图 D2-59 所示。在如图 D2-60 所示的“连接”选项卡中，“层到层”选择“直接对部件进刀”。在如图 D2-61 所示的“余量”选项卡中，勾选“使底面余量与侧面余量一致”复选框，“部件侧面余量”设置为“0.1”。其他选项卡中的参数不变，单击“确定”按钮，完成切削参数的设置。</td><td>能用深度轮廓铣工序进行半精加工</td></tr>
</table>

序号	操作步骤	操作方法及说明	能力要求
4	虎口半精加工	 图 D2-55　“创建工序”对话框  图 D2-56　“深度轮廓铣-[虎口位半精]”对话框 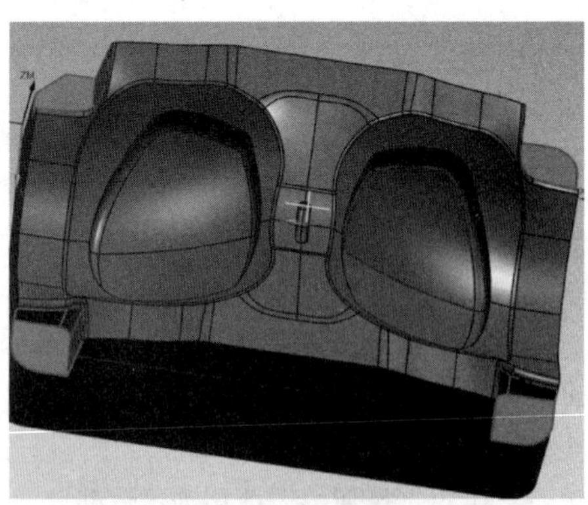 图 D2-57　设置虎口位半精加工切削区域	能用深度轮廓铣工序进行半精加工

序号	操作步骤	操作方法及说明	能力要求
4	虎口半精加工	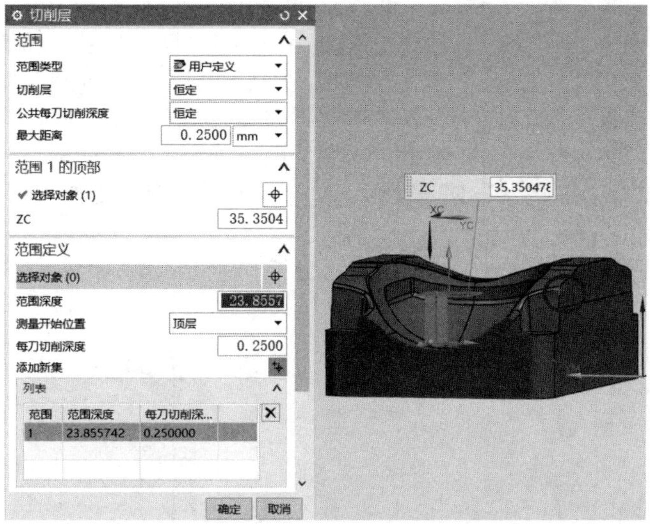 图 D2-58　设置虎口位半精加工切削层 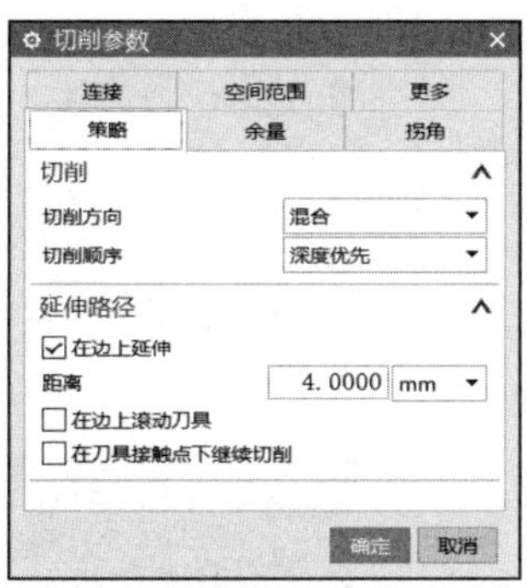 图 D2-59　“策略”选项卡  图 D2-60　“连接”选项卡 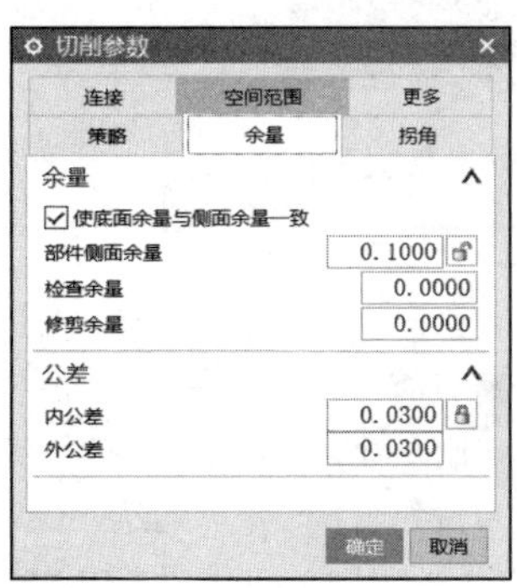 图 D2-61　“余量”选项卡	能用深度轮廓铣工序进行半精加工

<table>
<tr><th>序号</th><th>操作步骤</th><th>操作方法及说明</th><th>能力要求</th></tr>
<tr><td>4</td><td>虎口半精加工</td><td>

第五步，设置进给率和速度。单击图标，系统弹出如图 D2-62 所示的“进给率和速度”对话框，勾选“主轴速度”复选框，设置“主轴速度”为“8000”，注意单位为“rpm”；单击图标，系统自动计算表面速度与每齿进给量，“进给率”设置为“2000mmpm”，单击“确定”按钮，完成进给率和速度的设置。

第六步，设置非切削移动参数。单击图标，系统弹出“非切削移动”对话框。“进刀”选项卡如图 D2-63 所示。单击“确定”按钮，完成非切削移动参数的设置。

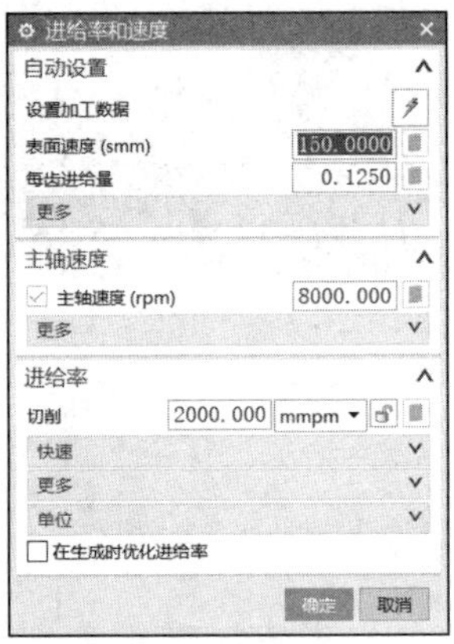

图 D2-62 “进给率和速度”对话框

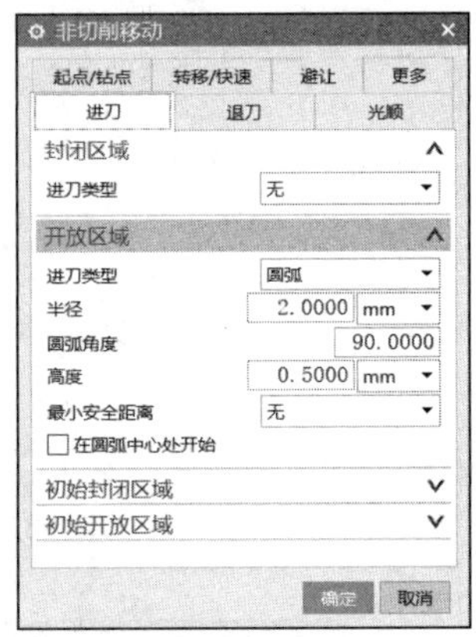

图 D2-63 “进刀”选项卡

第七步，生成半精加工刀轨。单击“深度轮廓铣-[虎口位半精]”对话框中的图标，系统自动完成半精加工刀轨的计算。虎口位半精加工刀轨效果如图 D2-64 所示。单击图标，打开“3D 动态”选项组，调整动画速度，单击按钮，虚拟切削效果如图 D2-65 所示。

图 D2-64 虎口位半精加工刀轨效果

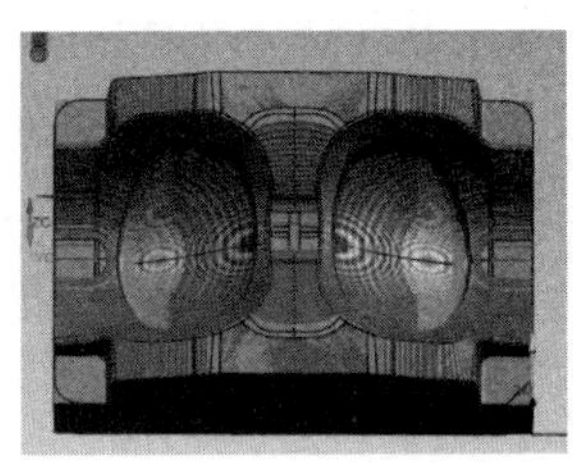

图 D2-65 虚拟切削效果

</td><td>能用深度轮廓铣工序进行半精加工</td></tr>
<tr><td>5</td><td>虎口位精加工</td><td>

第一步，复制虎口位半精加工程序并粘贴，重命名为“虎口位精加工”，双击该程序进入工序设置界面，设置“最大距离”为“0.1mm”，如图 D2-66 所示。

第二步，设置切削参数。单击图标，系统弹出“切削参数”对话框。在如图 D2-67 所示的“余量”选项卡中，勾选“使底面余量与侧面余量一致”复选框，设置“部件侧面余量”为“0”，同时设置“内公差”为“0.003”。“外公差”为“0.003”。其他选项卡中的参数不变。单击“确定”按钮，完成切削参数的设置。

</td><td>能熟练使用深度轮廓铣工序精加工</td></tr>
</table>

序号	操作步骤	操作方法及说明	能力要求
5	虎口位精加工	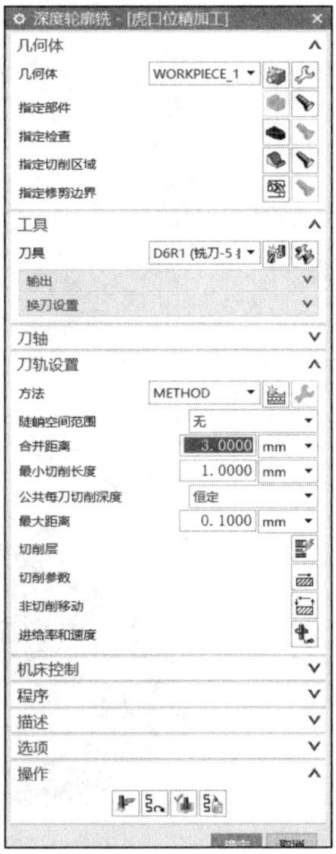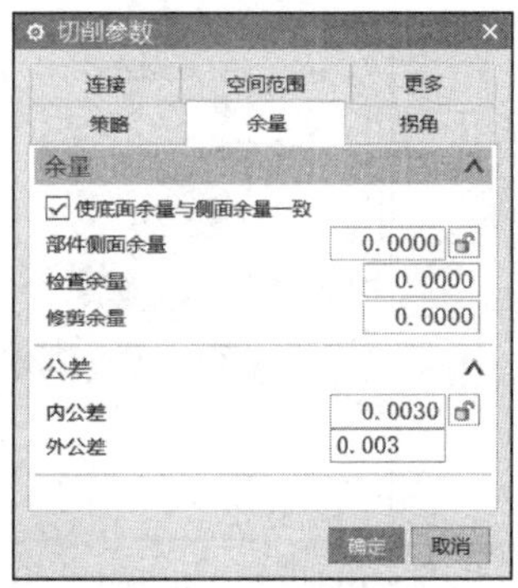 图 D2-66　“深度轮廓铣-[虎口位精加工]”对话框　图 D2-67　“余量”选项卡 第三步，生成虎口精加工刀轨。单击“深度轮廓铣-[虎口位精加工]”对话框中的图标，系统自动完成虎口精加工刀轨的计算。虎口位精加工刀轨效果如图 D2-68 所示。单击图标，打开“3D 动态”选项组，调整动画速度，单击按钮，虚拟切削效果如图 D2-69 所示。 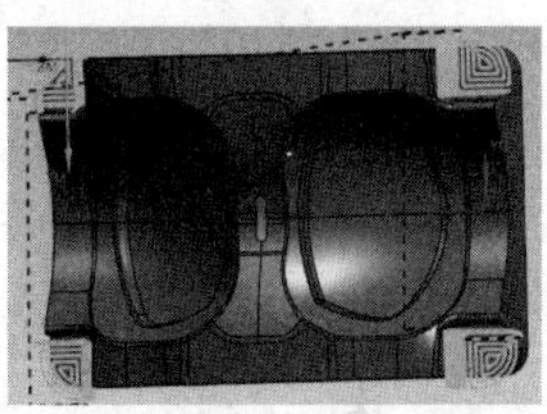 图 D2-68　虎口位精加工刀轨效果　图 D2-69　虚拟切削效果	能熟练使用深度轮廓铣工序精加工
6	避空位加工	第一步，复制虎口位精加工程序并粘贴，重命名为“避空位加工”，双击该程序进入工序设置界面，进行参数设置，如图 D2-70 所示。 第二步，设置切削区域，如图 D2-71 所示。	能用深度轮廓铣工序加工避空位

<table>
<tr><th>序号</th><th>操作步骤</th><th>操作方法及说明</th><th>能力要求</th></tr>
<tr><td>6</td><td>避空位加工</td><td>
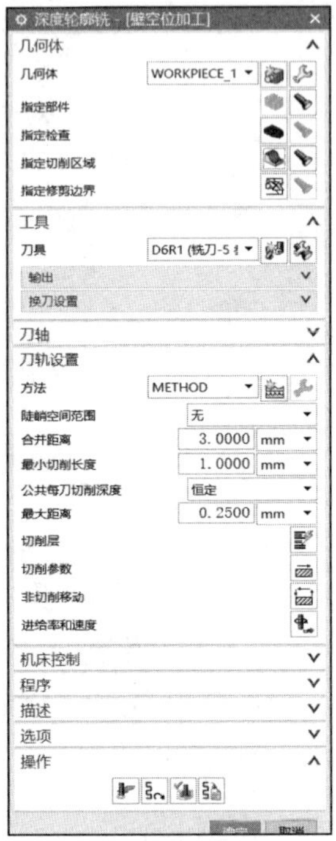

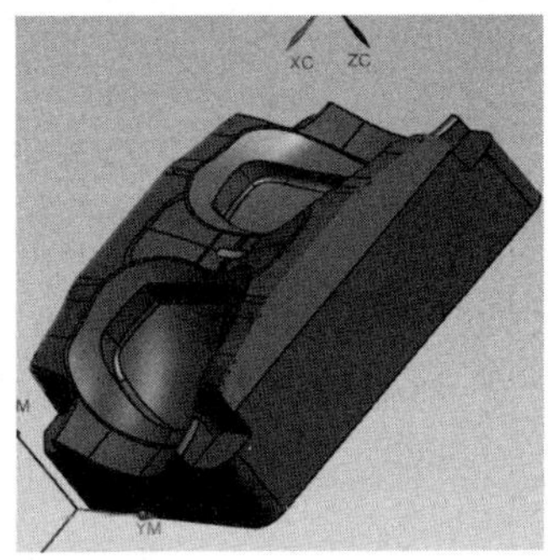

图 D2-70 “深度轮廓铣-[避空位加工]”对话框　　图 D2-71 设置避空位切削区域
第三步，设置切削层，如图 D2-72 所示。
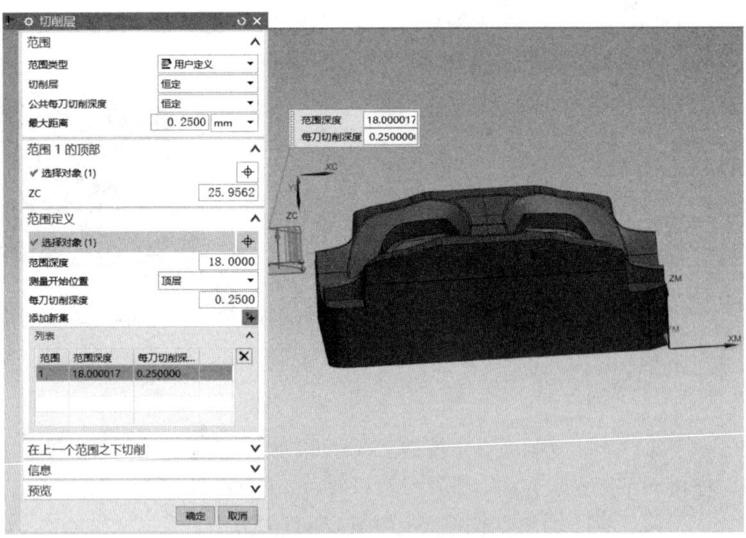

图 D2-72 设置切削层
</td><td>能用深度轮廓铣工序加工避空位</td></tr>
</table>

序号	操作步骤	操作方法及说明	能力要求
6	避空位加工	第四步，生成刀轨并进行仿真，如图 D2-73 和图 D2-74 所示。  图 D2-73　刀轨 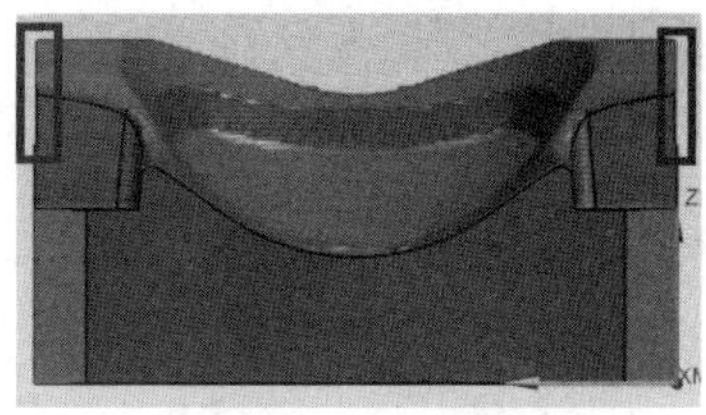 图 D2-74　仿真效果	能用深度轮廓铣工序加工避空位
7	腔体直壁半精加工	第一步，复制虎口位精加工程序，重命名为“腔体直壁半精加工”，如图 D2-75 所示。 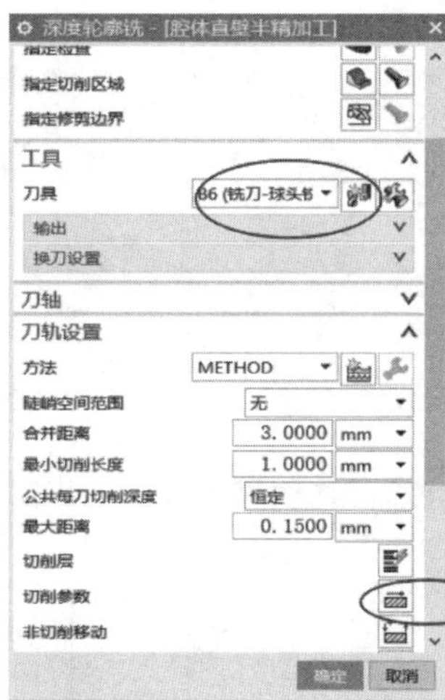 图 D2-75　“深度轮廓铣-[腔体直壁半精加工]”对话框 第二步，设置切削区域，如图 D2-76 所示。 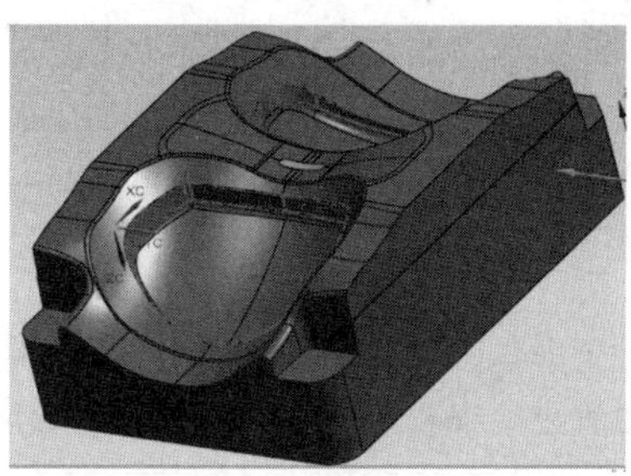 图 D2-76　设置腔体直壁半精加工切削区域	能用深度轮廓铣工序加工壁空位

<table>
<tr><th>序号</th><th>操作步骤</th><th>操作方法及说明</th><th>能力要求</th></tr>
<tr><td>7</td><td>腔体直壁半精加工</td><td>
第三步，设置切削层，如图 D2-77 所示。
第四步，设置切削参数。“策略”“连接”“余量”选项卡分别如图 D2-78～图 D2-80 所示。
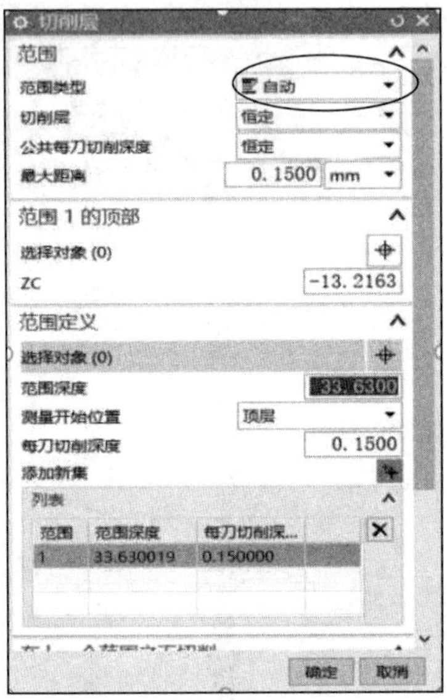

图 D2-77　设置切削层
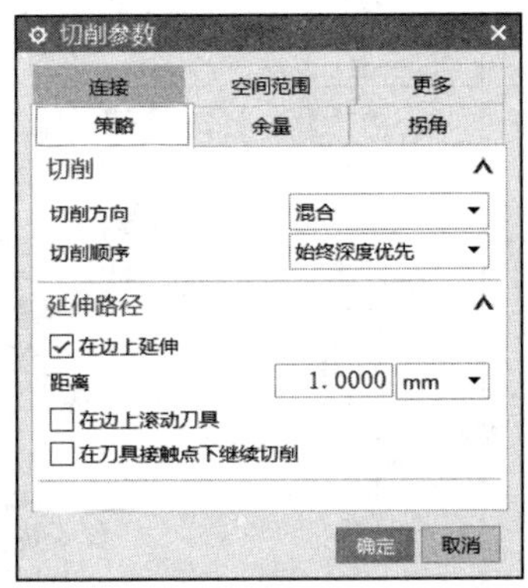

图 D2-78　“策略”选项卡

图 D2-79　“连接”选项卡
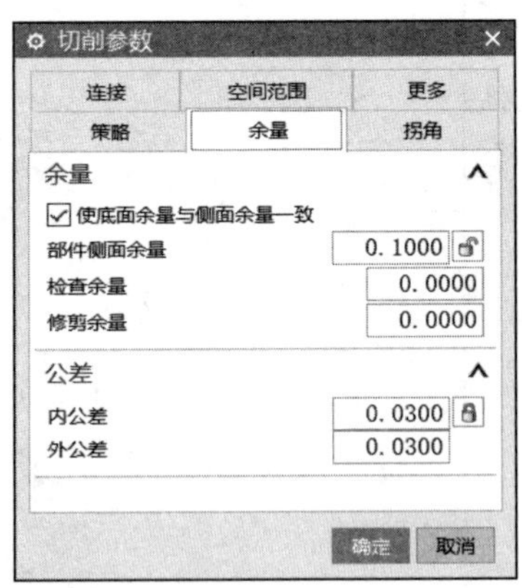

图 D2-80　“余量”选项卡
第五步，设置非切削移动参数，如图 D2-81 所示。
第六步，设置进给率和速度，如图 D2-82 所示。
</td><td>能用深度轮廓铣工序加工壁空位</td></tr>
</table>

序号	操作步骤	操作方法及说明	能力要求
7	腔体直壁半精加工	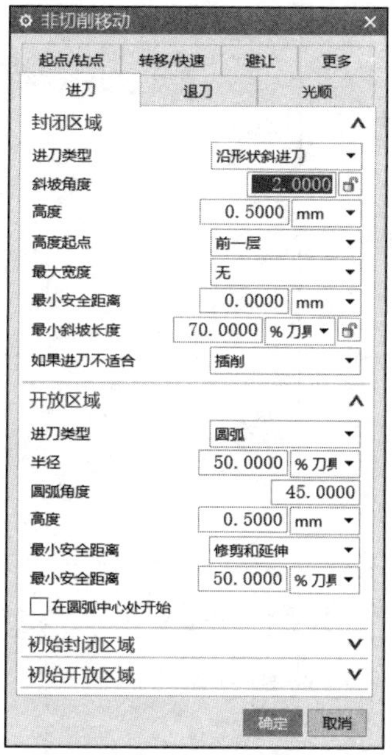 图 D2-81　设置非切削移动参数 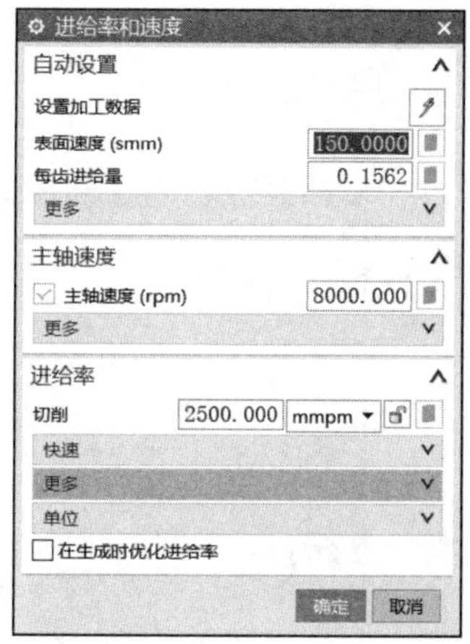 图 D2-82　设置进给率和速度 第七步，生成腔体直壁半精加工刀轨并进行仿真，如图 D2-83 和图 D2-84 所示。 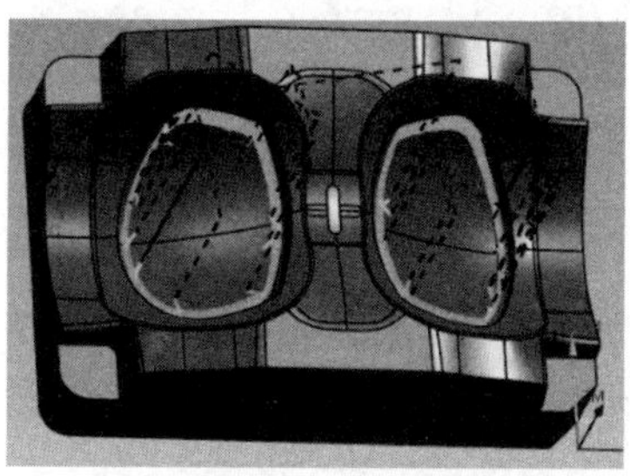 图 D2-83　腔体直壁半精加工刀轨 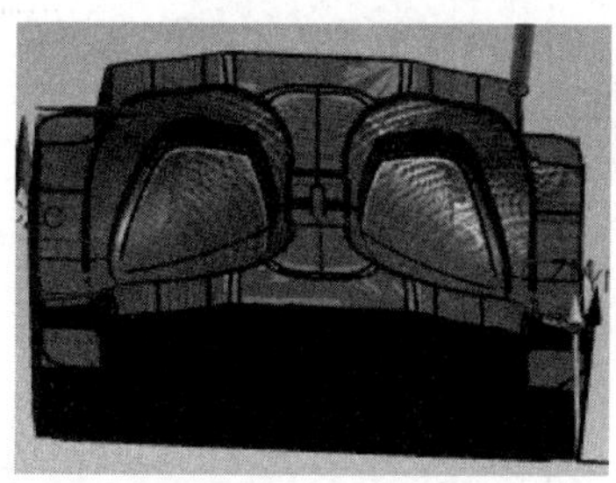 图 D2-84　仿真效果	能用深度轮廓铣工序加工壁空位
8	分型面半精加工	第一步，创建分型面半精加工程序。在插入工具条中单击（创建工序）图标，系统弹出如图 D2-85 所示的“创建工序”对话框，“类型”选择“mill_contour”，“工序子类型”选择（固定轮廓铣），“几何体”选择“WORKPIECE_1”，“名称”设置为“分型面半精加工”。单击“确定”按钮，系统弹出如图 D2-86 所示的“固定轮廓铣-[分型面半精加工]”对话框。	能熟练使用固定轮廓铣工序半精加工

<table>
<tr><th>序号</th><th>操作步骤</th><th>操作方法及说明</th><th>能力要求</th></tr>
<tr><td>8</td><td>分型面半精加工</td><td>

图 D2-85 “创建工序”对话框

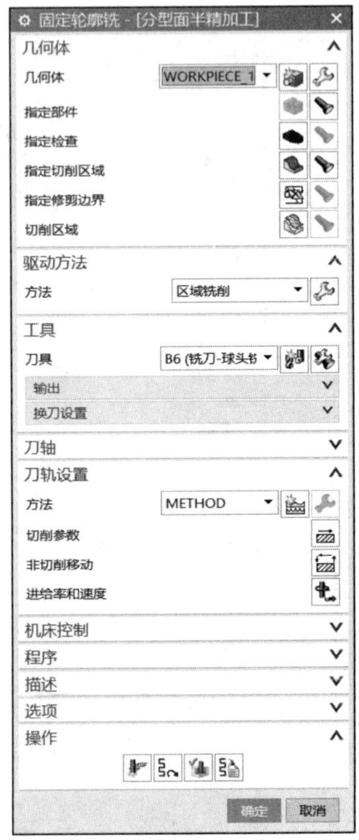

图 D2-86 “固定轮廓铣-[分型面半精加工]”对话框

第二步，指定切削区域，如图 D2-87 所示。

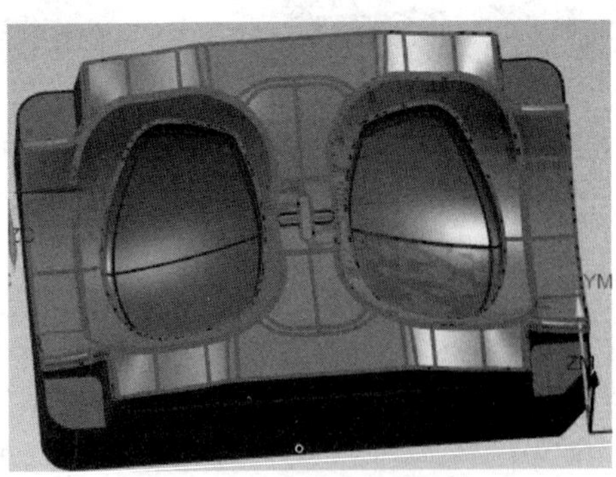

图 D2-87 指定切削区域

第三步，设置区域铣削驱动方法，如图 D2-88 所示。

</td><td>能熟练使用固定轮廓铣工序半精加工</td></tr>
</table>

<table>
<tr><th>序号</th><th>操作步骤</th><th>操作方法及说明</th><th>能力要求</th></tr>
<tr><td>8</td><td>分型面半精加工</td><td>
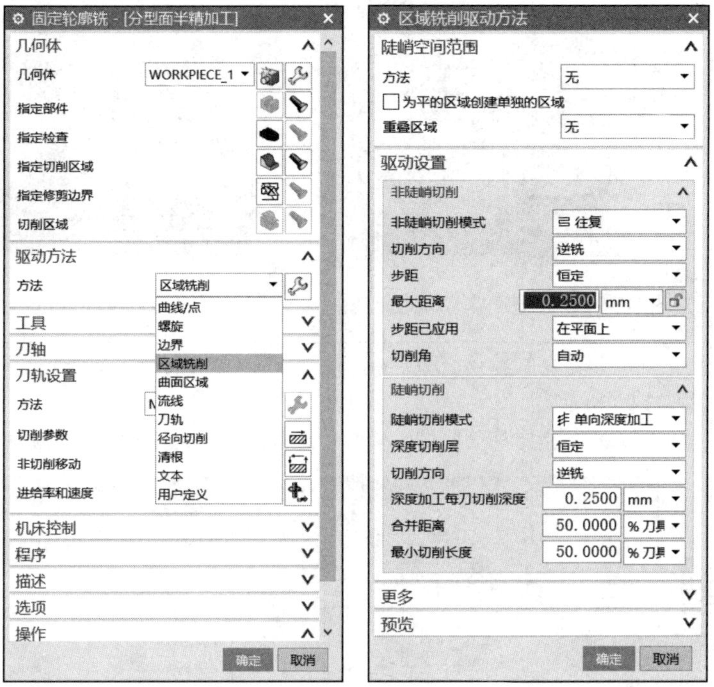

图 D2-88　设置区域铣削驱动方法
第四步，设置切削参数，如图 D2-89 所示。
第五步，设置进给率和速度，如图 D2-90 所示。

图 D2-89　设置切削参数
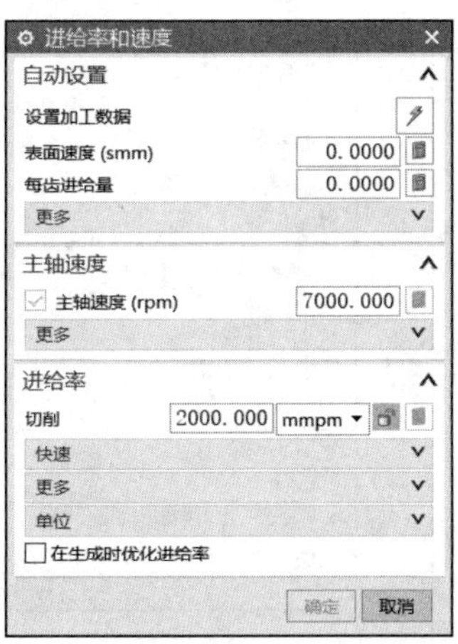

图 D2-90　设置进给率和速度
第六步，生成分型面半精加工刀轨并进行仿真，如图 D2-91 和图 D2-92 所示。
</td><td>能熟练使用固定轮廓铣工序半精加工</td></tr>
</table>

<table>
<tr><th>序号</th><th>操作步骤</th><th>操作方法及说明</th><th>能力要求</th></tr>
<tr><td>8</td><td>分型面半精加工</td><td>
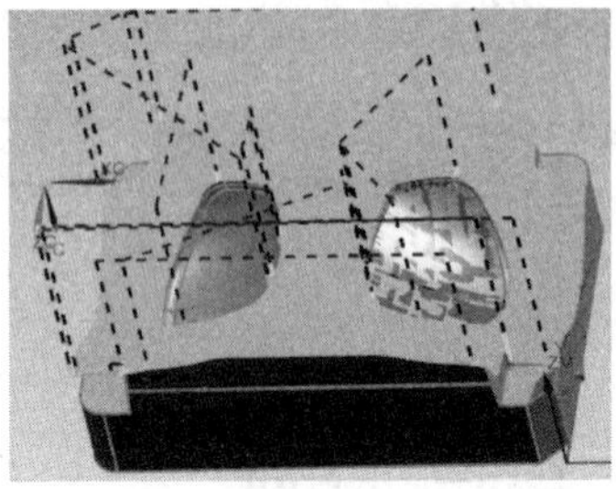

图 D2-91 分型面半精加工刀轨

图 D2-92 仿真效果
</td><td>能熟练使用固定轮廓铣工序半精加工</td></tr>
<tr><td>9</td><td>型腔垂直区域精加工</td><td>
第一步，复制腔体直壁半精加工程序，重命名为“型腔垂直壁精加工”，如图 D2-93 所示。

第二步，指定切削区域，修改“最大距离”为“0.1”，如图 D2-94 所示。

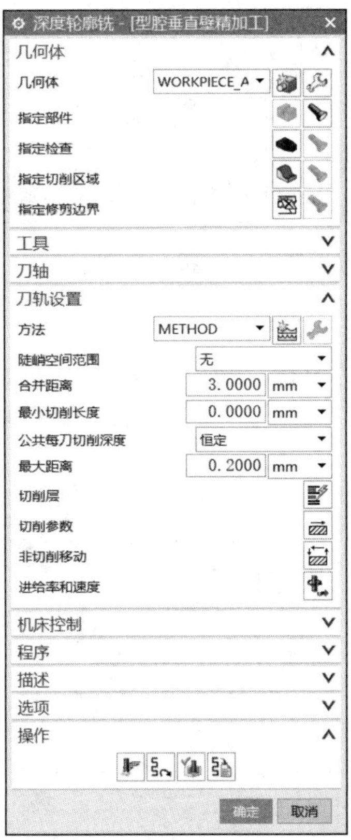

图 D2-93 “深度轮廓铣-[型腔垂直壁精加工]”对话框

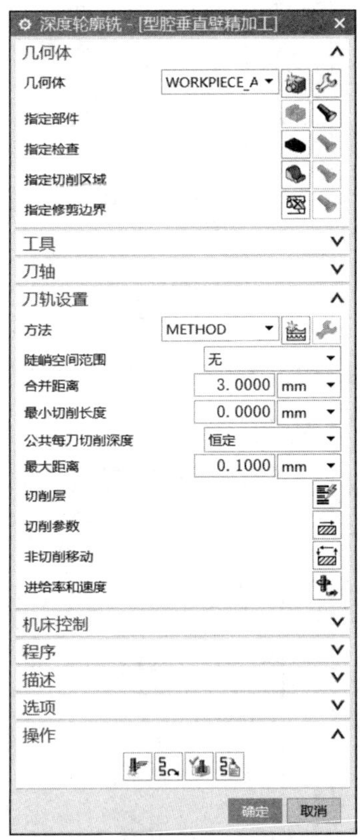

图 D2-94 指定切削区域

第三步，修改“余量”选项卡中的参数，如图 D2-95 所示。
</td><td>能熟练使用固定轮廓铣工序半精加工型腔平坦区域</td></tr>
</table>

序号	操作步骤	操作方法及说明	能力要求
9	型腔垂直区域精加工	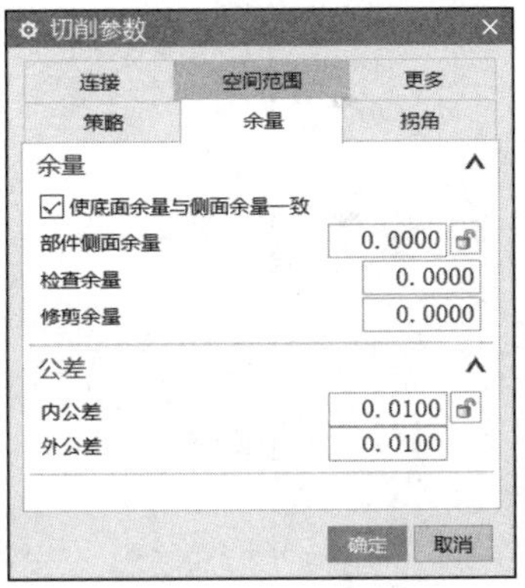 图 D2-95 “余量”选项卡 第四步，生成刀轨并进行仿真，如图 D2-96 和图 D2-97 所示。 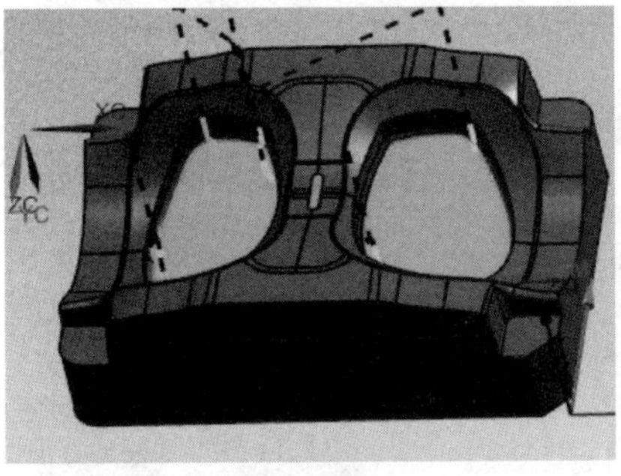 图 D2-96 型腔垂直壁精加工刀轨  图 D2-97 仿真效果	能熟练使用固定轮廓铣工序半精加工型腔平坦区域
10	型腔平坦区域半精加工	第一步，复制型腔垂直壁精加工程序，重命名为“分型面半精加工”，如图 D2-98 所示。 第二步，设置切削区域，如图 D2-99 所示。 第三步，生成刀轨并进行仿真，如图 D2-100 和图 D2-101 所示。	能熟练使用固定轮廓铣工序半精加工型腔平坦区域

序号	操作步骤	操作方法及说明	能力要求
10	型腔平坦区域半精加工	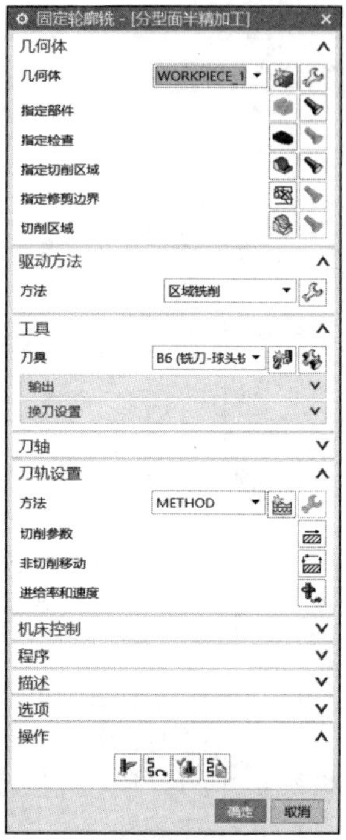 图 D2-98 “固定轮廓铣-[分型面半精加工]”对话框  图 D2-99 设置切削区域  图 D2-100 分型面半精加工刀轨  图 D2-101 仿真效果	能熟练使用固定轮廓铣工序半精加工型腔平坦区域
11	分型面精加工	第一步，复制分型面半精加工程序，重命名为“分型面精加工”。 第二步，设置区域铣削驱动方法，如图 D2-102 所示。 第三步，修改切削参数，如图 D2-103 所示。 第四步，生成刀轨并进行仿真，如图 D2-104 和图 D2-105 所示。	能熟练使用固定轮廓铣工序精加工分型面

<table>
<tr><th>序号</th><th>操作步骤</th><th>操作方法及说明</th><th>能力要求</th></tr>
<tr><td>11</td><td>分型面精加工</td><td>
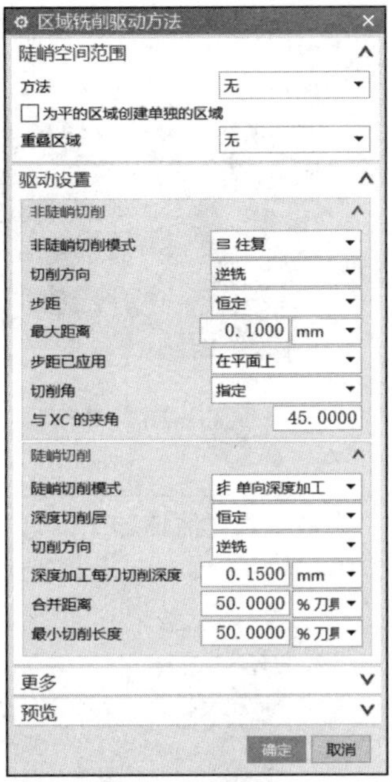

图 D2-102　设置区域铣削驱动方法

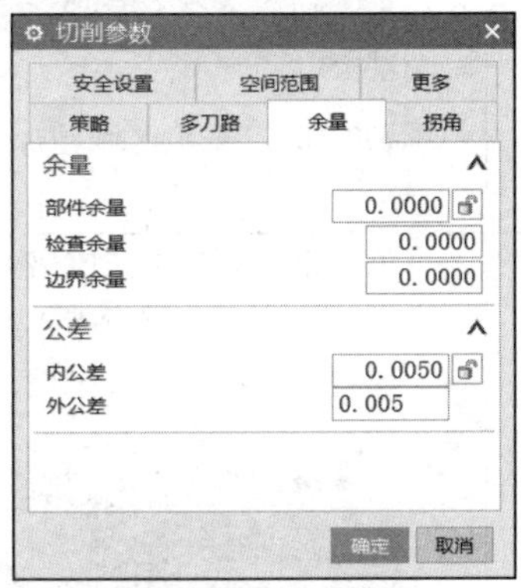

图 D2-103　修改切削参数

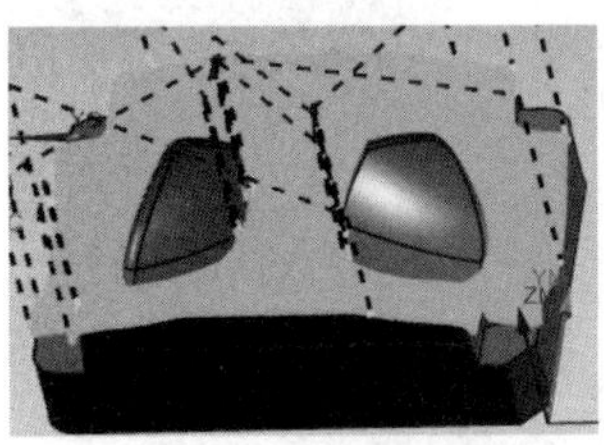

图 D2-104　分型面精加工刀轨

图 D2-105　仿真效果
</td><td>能熟练使用固定轮廓铣工序精加工分型面</td></tr>
<tr><td>12</td><td>平坦区域精加工</td><td>
第一步，复制分型面精加工程序，重命名为“平坦区域精加工”。
第二步，指定切削区域，如图 D2-106 所示。

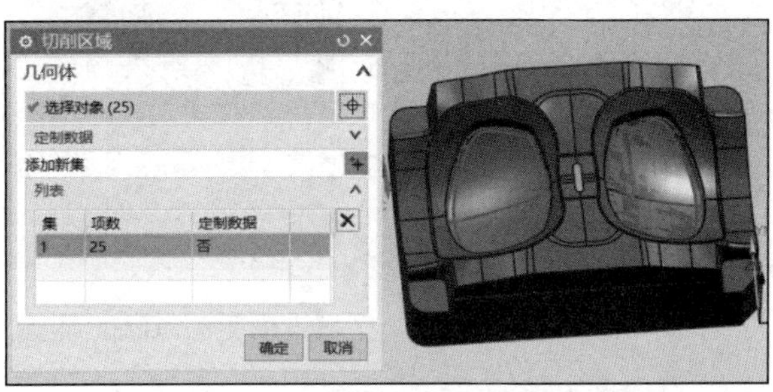

图 D2-106　指定切削区域
</td><td>能熟练使用固定轮廓铣工序精加工型腔平坦区域</td></tr>
</table>

<table>
<tr><th>序号</th><th>操作步骤</th><th>操作方法及说明</th><th>能力要求</th></tr>
<tr><td>12</td><td>平坦区域精加工</td><td>第三步，生成刀轨并进行仿真，如图 D2-107 和图 D2-108 所示。
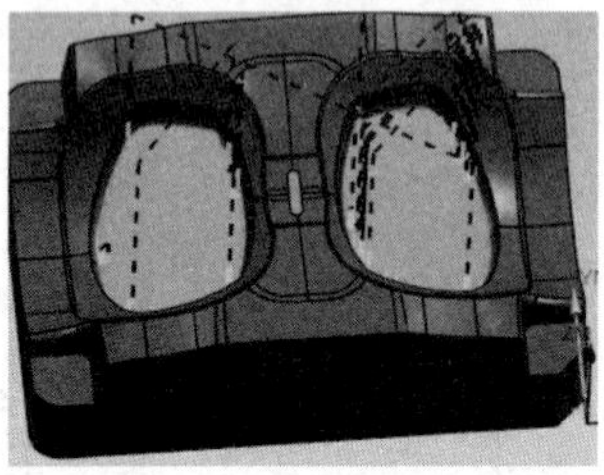
图 D2-107　平坦区域精加工刀轨

图 D2-108　仿真效果</td><td>能熟练使用固定轮廓铣工序精加工型腔平坦区域</td></tr>
<tr><td>13</td><td>流道加工</td><td>第一步，复制平坦区域精加工程序，重命名为“流道加工”。
第二步，显示流道中心线，如图 D2-109 所示。
第三步，指定切削区域，如图 D2-110 所示。
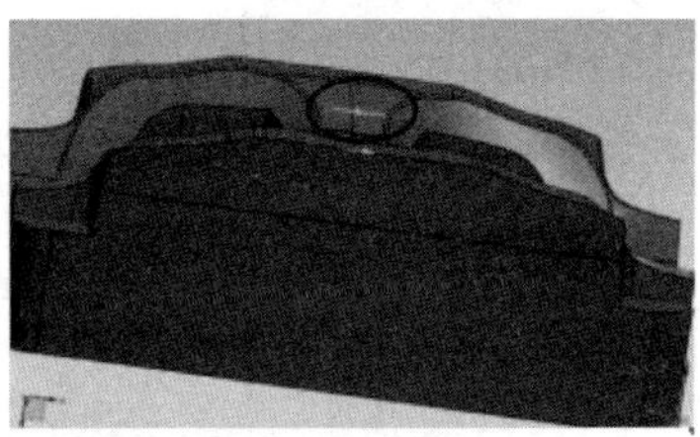
图 D2-109　显示流道中心线
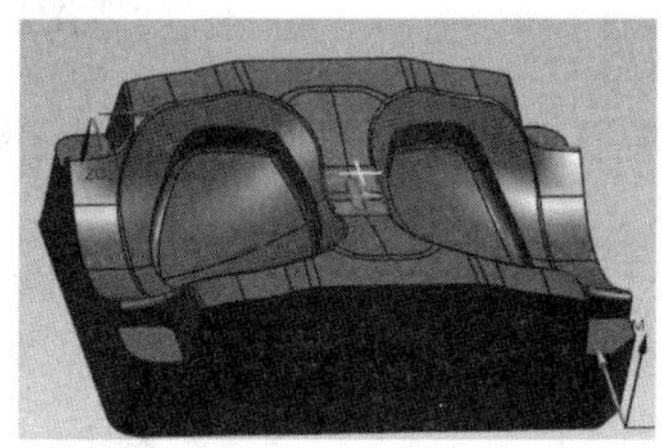
图 D2-110　指定切削区域
第四步，设置“驱动方法”为“曲线/点”，添加新集，分别为“驱动组 1”“驱动组 2”，如图 D2-111 所示。
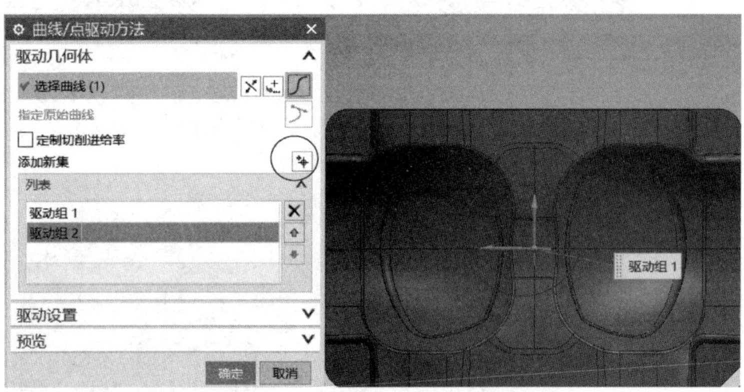

图 D2-111　区域铣削驱动方法的设置
第五步，设置切削参数。“多刀路”“余量”选项卡分别如图 D2-112 和图 D2-113 所示。</td><td>能熟练使用固定轮廓铣工序点和曲线驱动加工流道</td></tr>
</table>

<table>
<tr><th>序号</th><th>操作步骤</th><th>操作方法及说明</th><th>能力要求</th></tr>
<tr><td>13</td><td>流道加工</td><td>

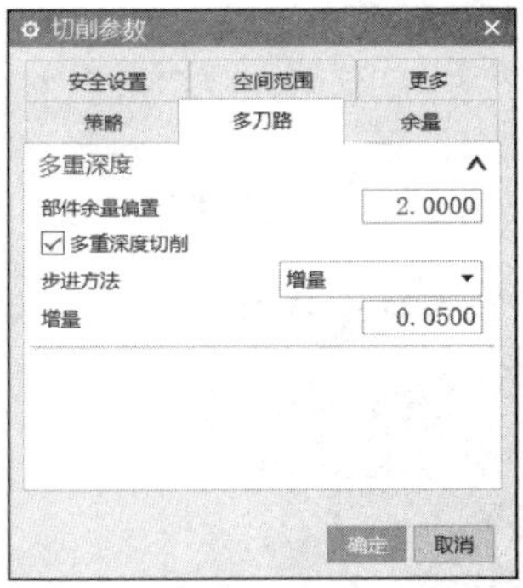

图 D2-112　“多刀路”选项卡

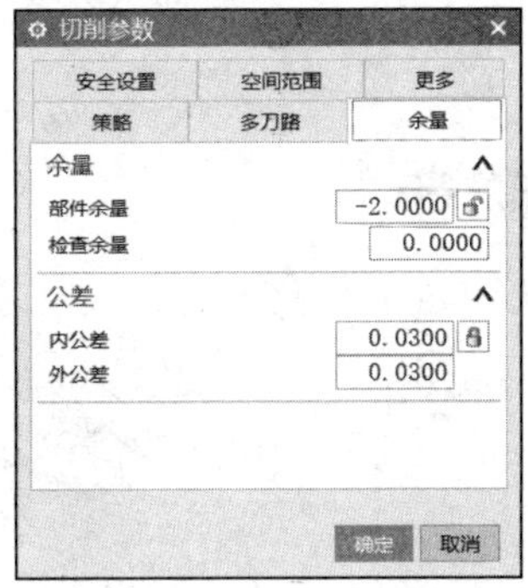

图 D2-113　“余量”选项卡

第六步，设置非切削移动参数，如图 D2-114 所示。

第七步，设置进给率和转速，如图 D2-115 所示。

图 D2-114　设置非切削移动参数

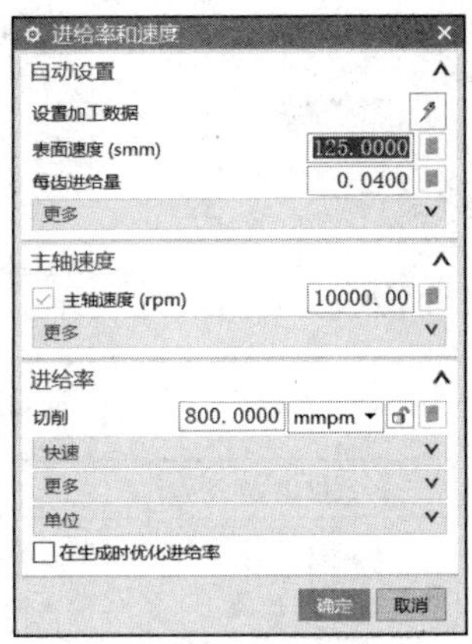

图 D2-115　设置进给率和速度

第八步，生成刀轨并进行仿真，如图 D2-116 和图 D2-117 所示。

图 D2-116　流道加工刀轨

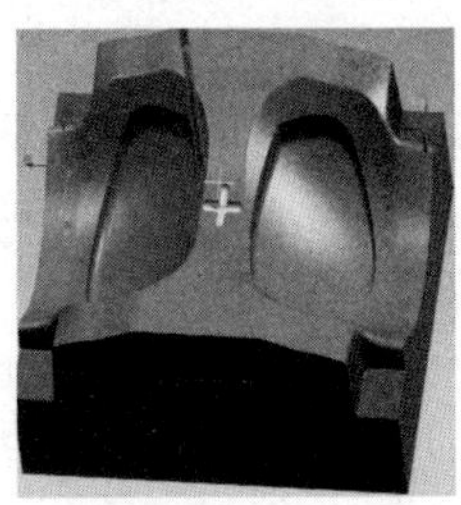

图 D2-117　仿真效果

</td><td>能熟练使用固定轮廓铣工序点和曲线驱动加工流道</td></tr>
</table>

能力拓展一

根据上述内容，完成型腔零件的开粗与补开粗操作。

能力拓展二

试对如图 D2-118 所示的凹模仁零件进行整体 CAM 操作。

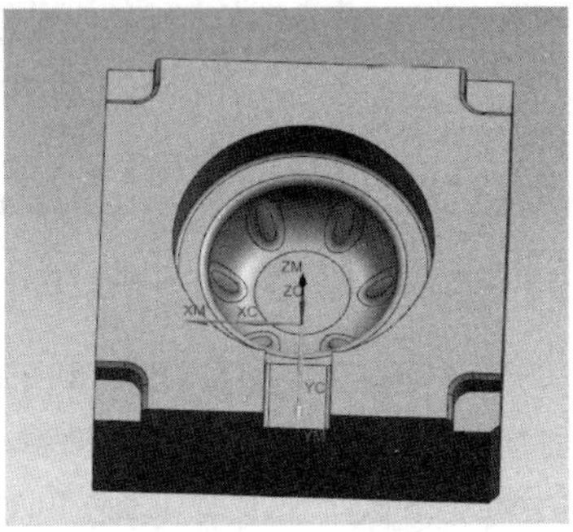

图 D2-118　凹模仁零件

5. 学习结果评价

学习结果评价表如表 D2-6 所示。

表 D2-6　学习结果评价表

序号	评价内容	评价标准	评价结果（是/否）
1	知识与技能	了解 CNC 在线传输的设置方法	□是　□否
		了解典型程序传输的操作方法	□是　□否
		能完成保护盒型腔零件的 CAM 参数设置	□是　□否
2	总评	“是”与“否”在本次评价中所占百分比	“是“占____% “否”占____%

课后作业

1. 刀轨完成后，进行后处理并将程序导入 U 盘或 CF 卡中。

2. 刀轨完成后处理后，一般可以通过哪两种形式传输至机床进行加工？请分别进行简要描述。

3. 将 U 盘中的后处理程序成功导入机床操作程序并运行。

参 考 文 献

蒋建强，曹振平，2011．模具数控加工技术[M]．北京：北京师范大学出版社．
李建国，张敬，2016．数控电切削加工实训教程[M]．成都：电子科技大学出版社．
齐孟雷，姜云宽，2018．数控铣削编程与加工[M]．北京：电子工业出版社．
钱红，康一格，2017．数控铣削技术与技能应用[M]．上海：同济大学出版社．
王卫兵，董贵荣，陈隶源，2012．UG NX 6.0 立体词典：数控编程[M]．2 版．杭州：浙江大学出版社．
武友德，彭雁，钟成明，2016．模具数控加工技术[M]．2 版．北京：机械工业出版社．
肖阳，吴爽，李健，2017．UG NX 10.0 数控编程与加工教程[M]．武汉：华中科技大学出版社．
周虹，2015．数控编程与仿真实训[M]．4 版．北京：人民邮电出版社．